徐宗刚
史丰荣
徐海峰 / 编著

Mastercam 2020
完全实战技术手册

清华大学出版社

北京

内 容 简 介

本书以 Mastercam 2020 为基础，向读者详细讲解了软件的基础操作、曲线、曲面及实体的产品造型设计，2.5 轴加工编程、三轴曲面粗加工和精加工、四轴和五轴加工等功能。

全书共 20 章，第 1、2 章主要介绍 Mastercam 2020 的软件界面、配置与基本操作等内容；第 3 ～ 10 章详细介绍 Mastercam 2020 的二维图形、三维曲线、曲面造型和实体造型等零件及产品的实战设计知识；第 11 章介绍在 Mastercam 2020 中如何进行模具拆模设计；第 12 ～ 20 章主要介绍 Mastercam 2020 两轴、三轴以及多轴车削、线切割、模具加工编程及应用方法。

本书配套网盘资料内容极其丰富，包含全书所有实例的毛坯和源文件，以及时长近 12 小时的高清教学视频，由专业工程师手把手讲解，可以大幅提高读者的学习兴趣和学习效率。

本书图文并茂、讲解层次分明、文字简明、难点突出、技巧独特，适合广大 CAD 工程设计、CAM 加工制造、模具设计、一线加工操作人员与相关专业的大中专院校学生学习使用，也可供加工设计制造业余爱好者作为参考资料。

图书在版编目（CIP）数据

Mastercam 2020 完全实战技术手册 / 徐宗刚，史丰荣，徐海峰编著 . -- 北京：清华大学出版社，2021.5（2022.9重印）

ISBN 978-7-302-56441-6

I. ① M… II. ①徐… ②史…③徐… III. ①计算机辅助设计－应用软件－手册 IV . ① TP391.73-62

中国版本图书馆 CIP 数据核字 (2020) 第 178267 号

责任编辑：陈绿春
封面设计：潘国文
责任校对：徐俊伟
责任印制：宋 林

出版发行：清华大学出版社
    网址：http://www.tup.com.cn，http://www.wqbook.com
    地址：北京清华大学学研大厦A座   邮编：100084
    社总机：010-83470000   邮购：010-62786544
    投稿与读者服务：010-62776969, c-service@tup.tsinghua.edu.cn
    质量反馈：010-62772015, zhiliang@tup.tsinghua.edu.cn
    课件下载：http://www.tup.com.cn，010-83470236
印 装 者：小森印刷霸州有限公司
经   销：全国新华书店
开   本：188mm×260mm   印   张：35.75   字   数：965千字
版   次：2021年5月第1版   印   次：2022年 9 月第 2 次印刷
定   价：109.00元

产品编号：082957-01

Mastercam 是由美国 CNC Software 公司推出的基于 PC 平台的 CAD/CAM 一体化软件，自 1981 年推出第一代产品，40 年来其功能不断更新与完善，被工业界及学校广泛采用。Mastercam 最新发行的版本对三轴和多轴功能做了大幅提升，包括三轴曲面加工和多轴刀具路径。Mastercam 2020 采用全新技术对软件的核心进行了重新设计，并与微软公司的 Windows 技术更加紧密地结合，以使程序运行更流畅，设计更高效。由于其卓越的设计及加工功能，在世界上拥有众多用户，被广泛应用于机械、电子、航空等领域，目前在我国的制造业及教育业都有着极为广阔的应用前景。

Mastercam 2020 对四轴、五轴和多轴功能做了大幅提升，包括四轴、五轴曲面加工和多轴刀具路径，相对之前的版本更具人性化，操作更加灵活。

本书内容

本书以 Mastercam 2020 为基础，向读者详细讲解软件基础操作、曲线、曲面及实体的产品造型设计，2.5 轴加工编程、三轴曲面粗加工和精加工、四轴和五轴加工等功能。

全书共 20 章，第 1、2 章主要介绍 Mastercam 2020 的软件界面、配置与基本操作等内容；第 3 ～ 10 章详细介绍二维图形、三维曲线、曲面造型和实体造型等零件及产品的实战设计知识；第 11 章介绍如何进行模具拆模设计；第 12 ～ 20 章主要介绍两轴、三轴及多轴车削、线切割、模具加工编程及应用方法。

本书特色

本书从软件的基本应用及行业知识入手，以 Mastercam 2020 软件应用为主线，以实例为导向，按照由浅入深、举一反三的方式，讲解造型技巧和刀具路径的操作步骤及分析方法，使读者能快速掌握 Mastercam 2020 的软件造型设计和编程加工的思维和方法。

本书各章内容基本以项目导读、项目分解、案例解析、界面与命令详解、技巧点拨、上机实战、实战案例、课后习题的结构来组织。

- 项目导读：给出本章的知识点与内容综述。
- 项目分解：列出本章的重点知识与知识内容。
- 界面与命令详解：详细讲解造型的思维方法、操作技巧，或者刀具路径操作步骤及其方法技巧。
- 技巧点拨：其中包括 Mastercam 2020 中重要造型和加工的重点和难点。

- 上机实战：介绍本章软件功能指令或技术点应用的实际操作，并列出详细的操作步骤。
- 实战案例：主要以本章造型或者刀具路径中的重点和难点内容，结合实际的运用技巧，通过对实例的分析和操作步骤，培养读者对造型设计的思维习惯和对加工工艺的分析能力。
- 课后习题：通过一些小练习加强读者的动手能力，做到举一反三。

本书适合广大 CAD 工程设计、CAM 加工制造、模具设计一线加工操作人员学习使用，也可作为大中专院校机械 CAD、模具设计与数控编程加工等专业的教材，还可作为对制造行业有浓厚兴趣的读者的自学教程。

本书的视频教学请通过微信扫描各章首页的二维码在文泉云盘进行下载。

本书的配套素材请通过微信扫描下面的二维码在文泉云盘进行下载。

配套素材

如果在配套素材下载过程中碰到问题，请联系陈老师，联系邮箱：chenlch@tup.tsinghua.edu.cn。

作者信息

本书由山东烟台工程职业技术学院机械工程系徐宗刚、史丰荣和徐海峰老师编著。鉴于编写时间有限，书中难免存在不足，敬请广大读者批评指正。

感谢你选择了本书，希望我们的努力对你的工作和学习有所帮助，也希望你把对本书的意见和建议告诉我们。

如果在使用过程中碰到技术性问题，请使用微信扫描下面的二维码，联系相关技术人员进行解决。

技术支持

作者

2021 年 3 月

目录

第 1 章　Mastercam 2020 软件概述

项目导读

　　作为一款 CAD/CAM 集成软件，Mastercam 系统包括设计（CAD）和加工（CAM）两大部分。本章将详细介绍 Mastercam 2020 软件的界面与基础操作方法，为学好该软件打下良好的基础。

扫码看教学视频

项目分解

- Mastercam 简介
- Mastercam 2020 的工作界面
- 文件管理
- 系统选项设置
- 系统配置设置

1.1　Mastercam 简介

　　Mastercam 软件是美国 CNC Software 公司开发的产品，在 CAD/CAM 领域，装机量最多、应用最广泛，成为 CAD/CAM 系统的行业标准。

　　Mastercam 软件是最经济有效的 CAD/CAM 软件系统，各工业大国皆一致采用该系统作为设计、加工制造的标准，也是工业界及学校广泛采用的 CAD/CAM 系统。

　　Mastercam 具有强大、稳定、快速的优势，使用户不论是在设计制图上，还是在 CNC 铣床、车床和线切割等加工上，都能获得最佳的效果，而且 Mastercam 能完美安装在 Microsoft Windows 操作系统中，且支持中文，让中国用户在软件操作上更能得心应手。

　　Mastercam 是一套全方位服务于制造业的软件，功能主要包括产品建模（CAD）和机床铣削（CAM）两大类型。其中产品建模又包括线框（草图）、曲面、实体、建模和标注等模块；机床铣削根据加工类型的不同又分为铣床加工、车床加工、线切割加工、木雕加工及浮雕加工等。

1.1.1　CAD 产品建模

　　产品建模模块的主要功能及特点如下。

- 可以绘制二维图形并标注尺寸等，如图 1-1 所示。
- 可以创建三维线框图形，如图 1-2 所示。

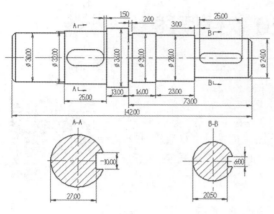

图 1-1

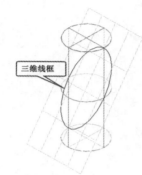

图 1-2

- 提供图层的设定功能，可隐藏和显示图层，使绘图变得更简单，显示更清楚。
- 提供字形设计，为各种标牌的制作提供了最好的方法。
- 可绘制曲线、曲面的交线，进行延伸、修剪、熔接、分割、倒直角、倒圆角等操作。
- 可以构建实体模型、曲面模型等三维造型，如图 1-3 和图 1-4 所示。

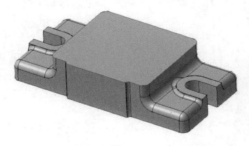

图 1-3

图 1-4

- 可以进行模具拆模设计，包括模具分型面设计、模具镶件设计等，如图 1-5 所示。

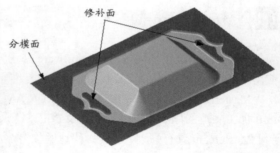

图 1-5

1.1.2　CAM 机床铣削

机床铣削模块的主要功能及特点如下。

1.CAM 任务管理器

CAM 铣削加工的任务管理器将同一加工任务的各项操作集中在一起，其界面简练、清晰，编辑、校验刀具路径也很方便。在操作管理中很容易复制和粘贴相关程序，如图 1-6 所示。

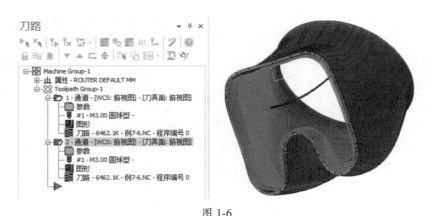

图 1-6

2. 刀具路径的关联性

在 Mastercam 系统中，挖槽铣削、轮廓铣削和点位加工的刀具路径与被加工零件的模型是相一致的。当零件几何模型或加工参数被修改后，Mastercam 能迅速、准确地自动更新相应的刀具路径，无须重新设计和计算刀具路径。用户可把常用的加工方法及加工参数存储于数据库中，以适合存储于数据库中的任务。这样可以大幅提高数控程序设计效率及计算的自动化程度。

3. 平面铣削、挖槽、外形铣削和雕刻加工

Mastercam 提供了丰富多样的 2D 加工方式，如图 1-7 所示，可迅速编制出优质、可靠的数控程序。极大地提高了编程者的工作效率和数控机床的利用率。

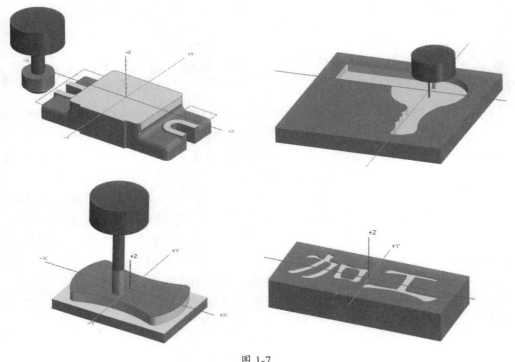

图 1-7

- 挖槽铣削具有多种走刀方式，如标准、平面铣、使用岛屿深度、残料和开放式挖槽。
- 挖槽加工时的入刀方法很多，如直接下刀、螺旋下刀、斜插下刀等。
- 挖槽铣削还能自动残料清角，如螺旋渐进式加工方式、开发式挖槽加工、高速挖槽加工等。

4.3D 曲面粗加工（高速高精度）

在数控加工中，在保证零件加工质量的前提下，尽可能提高粗加工时的生产效率。Mastercam 提供了多种先进的粗加工方式，包括平行粗切、投影粗切、挖槽粗切、残料粗切、钻削式粗切等，如图 1-8 所示。Mastercam 提供先进的粗加工方法，例如，曲面挖槽时，Z 向深度进给确定，刀具以轮廓或型腔铣削的走刀方式粗加工多曲面零件；机器允许的条件下，可进行高速曲面挖槽。

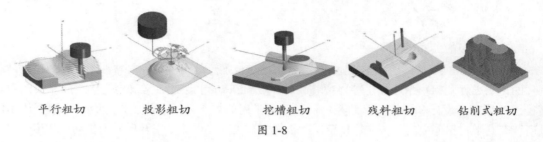

平行粗切　　投影粗切　　挖槽粗切　　残料粗切　　钻削式粗切

图 1-8

5.3D 曲面精加工（高速高精度）

Mastercam 提供多种曲面精加工方法，常见的精加工方式如图 1-9 所示。根据产品的形状及复杂程度，可以从中选择最好的方法。例如，比较陡峭的地方可用等高外形曲面加工；比较平坦的地方可用平行加工；形状特别复杂且不易分开时，可用 3D 环绕等距方式加工。

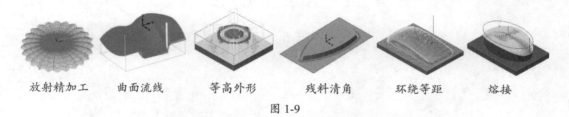

放射精加工　　曲面流线　　等高外形　　残料清角　　环绕等距　　熔接

图 1-9

Mastercam 能用多种方法控制精铣后零件表面的光洁度。例如，以程序过滤中的设置及步距来控制产品表面的质量等。根据产品的特殊形状如圆形时，可用放射精加工走刀方式（刀具由零件上任意一点沿着向四周散发的路径）加工零件。曲面流线走刀精加工的刀具沿曲面形状的自然走向产生刀具路径。用这样的刀具路径加工出的零件更光滑，某些地方余量较多时，可以设定一个范围进行单独加工。

6. 多轴加工

Mastercam 的多轴加工功能为零件的加工提供了更多的灵活性，应用多轴加工功能可方便、快速地编制高质量的多轴加工程序。Mastercam 的五轴铣削方式常见的有：曲线五轴、通道五轴、沿边五轴、多曲面五轴、沿面五轴、旋转五轴、叶片五轴等，如图 1-10 所示。

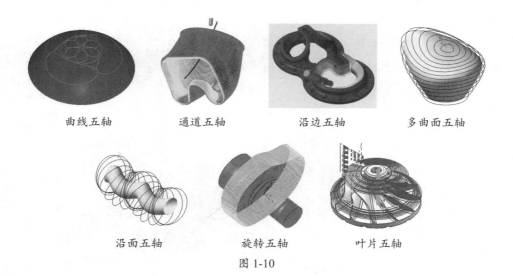

曲线五轴　　　通道五轴　　　沿边五轴　　　多曲面五轴

沿面五轴　　　旋转五轴　　　叶片五轴

图 1-10

1.2　Mastercam 2020 的工作界面

Mastercam 是由美国 CNC Software 公司推出的基于 PC 平台的 CAD/CAM 一体化软件，
Mastercam 2020 是其目前的最新版本。

在系统桌面上双击软件图标，弹出软件启动界面，如图 1-11 所示。

图 1-11

随后显示 Mastercam 2020 软件界面，该界面包括上下文选项卡、功能区、选择条、信息提示栏、
管理器、绘图区等，如图 1-12 所示。

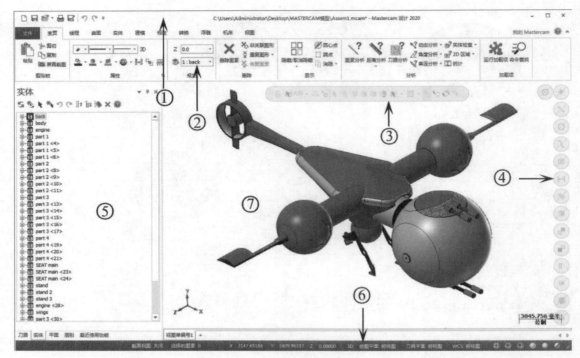

图 1-12

界面组成要素介绍如下。

- ① 上下文选项卡：提供快捷操作命令，可以定制上下文选项卡，将常用的命令放置在其中。
- ② 功能区：集合了 Mastercam 所有的设计与加工功能指令。根据设计需求，功能区中放置了从草图设计到视图控制的命令选项卡，如【主页】选项卡、【线框】选项卡、【曲面】选项卡、【视图】选项卡、【建模】选项卡、【标注】选项卡、【转换】选项卡、【机床】选项卡及【视图】选项卡等。在每个选项卡中根据功能不同又包含了多个命令面板，如【剪贴板】面板、【属性】面板、【规划】面板、【删除】面板、【显示】面板、【分析】面板和【加载项】面板等。
- ③ 上选择条：包含了用于快速、精确选择对象的辅助工具。
- ④ 右选择条：同样包含了用于快速、精确选择对象的辅助工具。
- ⑤ 管理器：用来管理实体建模、工作平面创建、图层管理和刀具路径，其可以折叠，也可以展开。当在功能区选项卡中执行某一个操作指令后，会在管理器中显示该指令的管理面板。
- ⑥ 信息提示栏：用来设置模型显示样式或更改视图方向，同时显示工作平面的属性信息。
- ⑦ 绘图区：进行绘图及建模操作的区域。

1.3 文件管理

文件管理是设计者进入软件建模界面、保存模型文件及关闭模型文件的重要工作，包括新建文件、打开文件、保存文件、插入已有文件、转换文件等。在创建产品模型、建立数控加工数据或绘制二维工程图后，可以保存数据文件或者将数据文件导出为其他格式，这些都是进行文件处理过程中经常使用的功能，用户必须要对文件有合理的管理，这样才能方便以后的调取或随时重新进行文件编辑。

1.3.1　新建文件

当启动 Mastercam 软件后，系统会自动创建一个新的 Mastercam 文件并进入绘图环境中，随即进行工程设计。在完成一定工作后，若想新建一个文件，可以在软件窗口顶部的快速访问工具栏中单击【新建】按钮或按快捷键 Ctrl+N，此时系统弹出【Mastercam 2020】信息提示对话框，询问用户是否对编辑的文件进行保存，如图 1-13 所示。

图 1-13

在【Mastercam 2020】信息提示对话框中单击【保存】按钮，则保存文件，会弹出【另存为】对话框，如图 1-14 所示。若在该对话框中单击【不保存】按钮，则不保存文件，删除先前的文件后再重新建立一个文件。

图 1-14

1.3.2　打开文件

如果要打开已有文件，可执行【文件】→【打开】命令，或者在快速访问工具栏中单击【打开】按钮，弹出【打开】对话框。通过该对话框查找所需文件的路径以打开该文件，如图 1-15 所示。在右侧的预览框中还可以对选中的图形进行预览，查看是否是自己需要的文件，从而快速、方便地做出正确的选择。

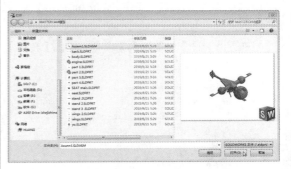

图 1-15

1.3.3　保存、另存、部分保存文件

当第一次完成模型创建后可执行【保存文件】命令，弹出【另存为】对话框，如图 1-16 所示，将其另保存为 Mastercam 文件，随后继续对模型进行修改，再次执行【保存文件】命令时，不再弹出【另存为】对话框，而是保存在原始位置。

图 1-16

执行【另存为】或【部分保存】命令，系统弹出的对话框相同。【另存为】命令是将当

前的文件复制一个副本另存到其他路径，相当于保存副本；【部分保存】命令是选取绘图区某一部分图素进行保存，而没有选取的部分则不保存。

1.3.4 转换文件

转换文件功能是将不同格式的文件相互转换，可以将使用其他软件绘制的模型文件转换为 mcam 格式的文件，也可以将 mcam 格式的文件转换为其他格式文件。

执行【文件】→【转换】命令，弹出【转换】对话框，如图 1-17 所示。

图 1-17

- 迁移向导：可以将旧版本文件转换为当前最新版本的文件。
- 导入文件夹：可将其他格式文件转换成 Mastercam 模型文件。
- 导出文件夹：可将 Mastercam 模型文件转换成其他软件支持的 CAD 模型文件。单击【导出文件夹】按钮，弹出【导出文件夹】对话框，在【输出文件类型】下拉列表中选择要转换成的文件格式，如图 1-18 所示。

图 1-18

1.4 系统选项设置

用户可以通过设置软件系统的选项，来管理软件的命令与菜单。执行【文件】→【选项】命令，弹出【选项】对话框，如图 1-19 所示。通过【选项】对话框可以自定义快速访问工具栏、功能区、菜单及管理器面板中的命令。

图 1-19

1.5　系统配置设置

系统配置主要用来控制 Mastercam 软件系统的配置参数，常见的配置参数包括 CAD 绘图设定、串联选项设置、公差设置、尺寸标注与注释、打印设置、系统颜色设置、着色显示以及刀具路径、机床、后处理设置等。

例如，需要为绘图区的背景颜色做出改变，在【文件】菜单中执行【配置】命令，弹出【系统配置】对话框，在对话框左侧的参数配置列表中选中【颜色】选项，在右侧展开的颜色选项中设置背景颜色，如图 1-20 所示。

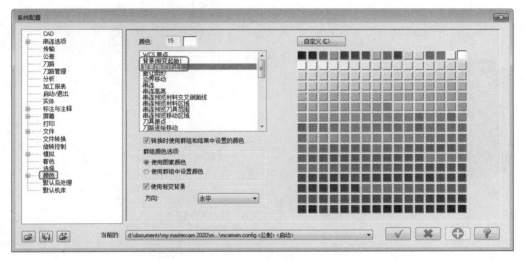

图 1-20

1.6　入门案例分析——弹簧建模

本例通过弹簧建模案例来演示 Mastercam 2020 软件在零件建模设计中的一般流程，让读者通过操作步骤熟悉 Mastercam 2020 软件的界面与绘图工具的基本使用方法。

在机械工程中，弹簧是常用件，是一种能够存储弹性势能的弹性元件，也是一种用于减振、夹紧、测量或缓冲的装置。弹簧在受载时能产生较大的弹性变形，并把机械功或动能转化为变形能，卸载后弹簧的变形消失并恢复原状，同时将变形能转化为机械功或动能。弹簧的载荷与变形之比称为"刚度"，弹簧刚度越大，则越硬。

弹簧在机械和电子行业中主要用于以下几个方面。

- 控制机构的运动。如内燃机中的阀门弹簧，离合器中的控制弹簧等。
- 缓冲和减振。如汽车、火车等车厢下的减振弹簧，各种缓冲器的缓冲弹簧等。
- 存储和输出能量。如钟表弹簧、枪栓弹簧等。
- 测量力的大小。如弹簧秤和测力器中的弹簧等。

按照弹簧的形状不同，可以将弹簧分为螺旋弹簧、蜗卷形弹簧和板簧等，如图 1-21 所示。

图 1-21

下面创建最常见的标准弹簧，其基本外形如图 1-22 所示，它是生活中最常见的弹簧。

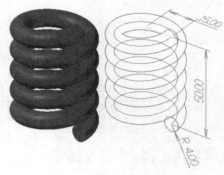

图 1-22

螺旋		

基本

基准点
　重新选择(R)

尺寸
半径(U)　15.0
高度(H)　50.0
圈数(V)　5.0
间距(P)　10.0
锥度角(A)　0.0

旋转角度(G)
0.0

方向
○ 逆时针(W)
● 顺时针(C)

图 1-23（续）

操作步骤

01 在【线框】选项卡的【形状】面板中单击【螺旋线（锥度）】按钮，管理器中弹出【螺旋】选项面板。在该选项面板中设置【尺寸】参数，如图 1-23 所示。再选取绘图区中的坐标系原点作为螺旋线的基准点，随后创建螺旋线，如图 1-24 所示。

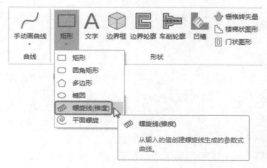

矩形
圆角矩形
多边形
椭圆
螺旋线(锥度)
平面螺旋

螺旋线(锥度)
从输入的值创建螺旋线生成的参数式曲线。

图 1-23

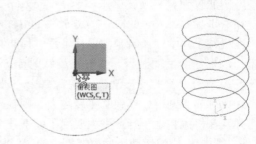

图 1-24

02 在【视图】选项卡的【屏幕视图】面板中单击【俯视图】按钮，将工作平面设为俯视图。

03 在【线框】选项卡的【圆弧】面板中单击【已知点画圆】按钮，弹出【已知点画圆】选项面板。在绘图区中选取螺旋线端点来绘制直径为 8 的圆，绘制圆后单击【已知点画圆】选项面板中的【确定】按钮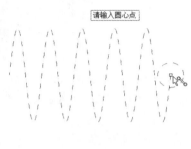完成圆的绘制，如图 1-25
所示。

图 1-25

04 在【实体】选项卡中单击【扫描】按钮，按照如图 1-26 所示操作绘制弹簧零件。

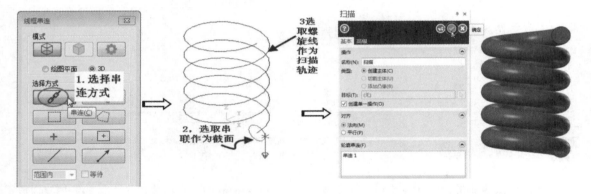

图 1-26

第 2 章　Mastercam 基本操作

迈出学习 Mastercam 2020 的第一步就是掌握如何操作界面、如何操控视图、如何选取与捕捉对象，以及如何设定对象属性等，本章就介绍这些基本操作内容。

项目分解

扫码看教学视频

- 定制快捷键
- 图素的一般选择方法
- 操作管理器面板
- 图素对象的操作
- 视图操控
- 绘图平面与坐标系
- 层别管理

2.1　定制快捷键

通过使用快捷键可以加快绘图及建模效率。在 Mastercam 中，系统提供了大量的快捷键，同时，也可以根据喜好定义自己的快捷键。

2.1.1　常用快捷键

在默认情况下，Mastercam 的常用快捷键如表 2-1 所示。

表 2-1　Mastercam 的常用快捷键

快捷键	功能按钮	功　能
Alt+1		切换视图至俯视图
Alt+2		切换视图至前视图
Alt+3		切换视图至后视图
Alt+4		切换视图至底视图
Alt+5		切换视图至右视图
Alt+6		切换视图至左视图
Alt+7		切换视图至等轴视图

续表

快捷键	功能按钮	功　能
Alt+A	✕	打开【自动保存】对话框，设置自动保存参数
Alt+C	✕	选择并执行动态连接库（CHOOKS）程序
Alt+D	✕	打开【自定义选项】对话框，设置工程制图的各项参数
Alt+E	🔲	启动图素隐藏功能，将选取的图素隐藏
Alt+G	⚙	打开【网格】对话框，设置栅格捕捉的各项参数
Alt+H	◎	启动在线帮助功能
Alt+O	🗂	打开或关闭【刀路】管理器面板
Alt+P	✕	自定义视图，可以将视图切换至自定义视图状态
Alt+S	✕	实体着色显示
Alt+T	✕	控制刀具路径的显示与隐藏
Ctrl+Z	↺	撤销功能，取消当前操作，恢复到上一步操作的状态
Alt+Z	✕	打开【层别】管理器进行层别设置
Ctrl+A	✕	选取所有图素
Ctrl+C	▢	复制功能，将图素复制到剪贴板中
Ctrl+V	▤	粘贴功能，将剪贴板中的图素复制到当前环境中
Ctrl+X	✂	剪切功能，将图素剪切到剪贴板中
Ctrl+Y	↻	重做功能，恢复已经撤销的操作
Ctrl+F1		环绕目标点进行放大
F1	◎	在屏幕窗口局部放大
Alt+F1	✥	关闭功能区
F2	🔍	以原点为基准，将视图缩小至原来的 50%
Alt+F2	🔍	以原点为基准，将视图缩小至原来的 80%
Alt+F3		缩小或放大软件窗口
F4	✎?	对图素进行分析，并修改图素的属性
Alt+F4	✕	关闭软件窗口，退出 Mastercam 软件
F5	✗	将选定的图素删除
Alt+F8	✕	规划 Mastercam 系统参数
F9	✳	显示或隐藏轴线
Alt+F9	↳	显示或隐藏指针（工作坐标系）
左箭头	键盘区域	将视图向左移动
右箭头	键盘区域	将视图向右移动
上箭头	键盘区域	将视图向上移动

续表

快捷键	功能按钮	功　能
下箭头	键盘区域	将视图向下移动
Page Up	键盘区域	将视图放大
Page Down	键盘区域	将视图缩小
Esc	键盘区域	结束正在执行的命令
End	键盘区域	自动旋转视图

2.1.2　自定义快捷键

执行【文件】→【选项】命令，打开【选项】对话框。选中【自定义功能区】选项，单击【自定义】按钮设置快捷键，如图 2-1 所示。

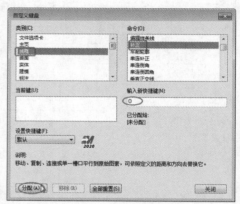

图 2-1

2.2　图素的一般选择方法

"图素"全称"图形元素"，或称"图元"，是指在模型环境中由点、线、面、实体及基准等构成实体模型的几何对象。

选择图素是软件最基本的操作，其目的是要对所选图素执行相关的变换、转移图层及属性修改等操作。随着绘图区中绘制的图素越来越多，要在众多图素中选择想要的图素并不是那么容易，因此，快速而准确地选取图素就显得非常必要了。Mastercam 图素的选择工具放置在上选择条和右选择条中。

2.2.1　临时选择

上选择条中的选择工具主要用于建模过程中的临时选择，是一种手动选择图素对象的工具。默认状态下的上选择条如图 2-2 所示。

图 2-2

临时选择工具主要分为锁定点（或叫"捕捉点"）和实体选择，接下来逐一介绍这些工具的实际用法。

1. 锁定点

在绘制草图（线框）、曲面或实体建模过程中，经常会参考一些点进行精确定位的操作。利用鼠标指针去捕捉已有曲线、面或实体上的点的过程称为"锁定点"。

- 切换锁定鼠标指针点🔒：在【线框】选项卡中执行某个绘图命令后，可以单击该按钮忽略【选择】对话框中自动锁定点的选择设定，而仅以【鼠标指针锁定】下拉列表中的锁定点类型进行点的捕捉。

- 【光标】下拉列表 🔲光标 ▾：该下拉列表中可以任选一种锁定点类型，以便使鼠标指针靠近几何对象时检测并捕捉到点。【光标】下拉列表中的锁定点类型如图 2-3 所示。

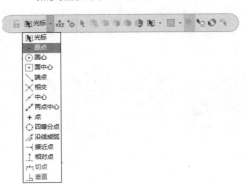

图 2-3

- 输入坐标点 📍：除了采用"鼠标指针锁定"的方法捕捉到点，绘图时还可以输入精确坐标值来确定点的位置。单击【输入坐标点】按钮 📍，绘图区左上角就会弹出坐标值文本框，输入二维坐标（如 0,0）或三维坐标（如 0,0,0）即可确定点位置。

- 选择设置 ⚙：单击该按钮，将弹出【选择】对话框。通过该对话框设置自动抓点选项及启用快捷键，如图 2-4 所示。

图 2-4

技术要点：

在绘图过程中也可以启用快捷键命令来快速捕捉点，也就是快速执行【鼠标指针锁定】下拉列表中的某几个锁定点命令。例如，当执行某一个绘图命令后，按以下快捷键可以快速锁定点。

O-原点、C-圆心、E-端点、G-沿线或弧、I-相交、M-中心、Q-四等分点、P-点、N-临时中心点、按空格、打开"输入坐标点"文本框。

2. 实体选择

实体选择包括实体面、实体边及实体的选择。仅当在【实体】选项卡和【建模】选项卡中执行某个工具命令后，才能使用实体选择工具。

- 标准选择 ▶：该模式仅能选择实体面和实体主体。【标准选择】模式的用法是：在【实体】选项卡中单击【由曲面生成实体】按钮 📦 后，在上选择条中单击【选择实体】按钮 🔲，由【选择实体】模式切换到【标准选择】模式，此时即可在绘图区中选择实体面或实体主体了。

- 选择实体 🔳：【选择实体】模式可以选择实体（由曲面缝合而成的实体），也是默认的选择模式。当执行了【由曲面生成实体】命令后，即可选择实体对象了，如图2-5所示。

> **提示：**
>
> 【选择实体】模式要选取的实体，其实是由封闭曲面缝合而成的组合实体，这个组合实体可以是两个或两个以上的开放曲面，也可以是形成完全封闭的空间曲面。并不是在【实体】选项卡中由实体工具创建的"实体"。曲面缝合工具就是【由曲面生成实体】工具。

- 选择实体边界 🔳：当执行了需要选取实体边界作为参考的相关命令时，可以利用此选择模式来选取实体对象上的边界。例如，在【建模】选项卡的【建模编辑】面板中单击【推拉】按钮🔳后，上选择条中的【选择实体边界】按钮自动亮显（被自动激活），然后选取实体的边作为推拉参考，如图2-6所示。

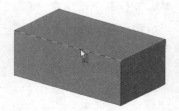

图2-5   图2-6

- 选择实体面 🔳：当需要选取实体面作为参考时，可以单击【选择实体面】按钮🔳来开启或关闭【选择实体面】选择模式。

- 选择主体 🔳：开启此选择模式，可以选取主要参考对象（目标主体）。例如，在【实体】选项卡中单击【布尔运算】按钮🔳，上选择条中的【选择主体】按钮🔳自动亮显（被自动激活），此时可以选取目标主体和目标工具体来操作布尔运算，如图2-7所示。

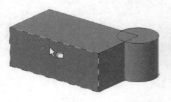

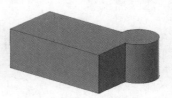

选择主体   选择工具体   布尔结合

图2-7

- 选择背面 🔳：利用此选择模式，可以选择实体中隐藏的表面。当需要选取背面作为参考时，可以使用此选择模式。例如，在【线框】选项卡中单击【已知点画圆】按钮⊙，接着在上选择条的【鼠标指针锁定】列表中选择【面中心】锁点类型，再单击【选择背面】按钮🔳，此时可选取实体背面的中心点作为圆的圆心，如图2-8所示。

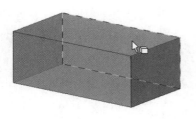

图 2-8

提示：

以上几种实体选择模式有时会在执行某种实体命令后所弹出的对话框中出现。例如，在【实体】选项卡中单击【固定半倒圆角】按钮◆，弹出【实体选择】对话框，如图2-9所示。该对话框中列出了4种实体选择模式。

图 2-9

- 临时中心点：选择图素后，为基准位置创建临时中心目标点。此按钮仅在提示"选择原点位置"时可用。

- 选择验证：当模型环境中有许多实体对象时，可以单击该按钮，然后在实体中单击打开【验证】对话框，接着在其中循环浏览图形窗口中的图素对象，直到找到要选择的图素（如选择一个圆形），如图 2-10 所示。

- 反选：反向选择未被选中的其他图素（除圆形外的其他图素），如图 2-11 所示。

图 2-10　　　　　　　　　　　图 2-11

- 选择最后：单击该按钮，可将最后一次选中的那个图素对象再次选中。

3.【选择方式】列表

【选择方式】列表中的选择方式为图素对象（包括点、线 / 边、实体面及实体）的选择方式，包括 7 种选择方式，如图 2-12 所示。此实体【选择方式】列表中的选择方式工具主要是在执行命令之前使用。实体选择方式仅在绘图区的图素对象比较少且单一的情况下才使用，反之，则会使用右选择条中的快速蒙版选择工具。

图 2-12

具体使用方法如下。

- 自动：默认的选择方式就是单击选取，称为"自动"。应用于单个图素对象的选取，如图 2-13 所示。

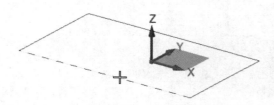

图 2-13

- 串连：此方式是以选取实体的某一个完整的、封闭的边界链来表示实体被选取，如图 2-14 所示。

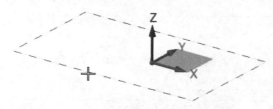

图 2-14

- 窗选：使用绘制矩形区域（完全包容图素）的方法来选取图素对象，如图 2-15 所示。

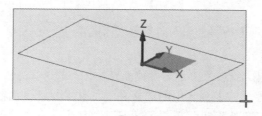

图 2-15

- 多边形：使用绘制多边形区域的方法来选取图素对象，如图 2-16 所示。

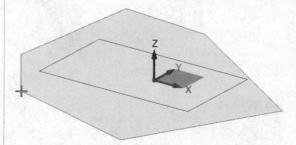

图 2-16

- 单体：单体选择是一次只选取一个图素，如果要选取的图素比较多，此方法比较费时费力，但是，在有些特殊情况下，多个图素相连并相切时，若需要只选取某一个单独的图素时，即可采用该选择方式。

- 区域：区域选择方式是在封闭区域内单击来选取图素，区域外的则不被选中，如图 2-17 所示。

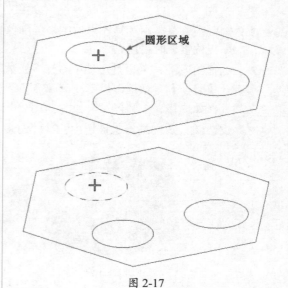

图 2-17

- 向量：向量选择方式是以绘制向量（包括起点和矢量直线）来覆盖图素对象的快速选择方式。向量所经过的图素被选中，没有经过的图素不被选中，如图 2-18 所示。向量可以连续绘制。

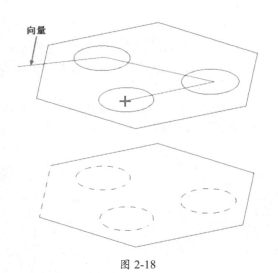

图 2-18

技术要点：

以上几种选择方式，有时会出现在执行某项命令后的对话框中。例如，在视图中已经绘制了线框的情况下，单击【实体】选项卡中的【拉伸】按钮，将弹出【线框串连】对话框，该对话框中的【选择方式】选项区中就包含了以上介绍的几种选择方式，如图2-19所示。

图 2-19

4. 窗选的对象确定方式

在上选择条中的【窗选选择方式】下拉列表中，包含几种窗选后的对象确定方式，如图 2-20 所示。

具体使用方法如下。

- 范围内：选择此方式，当在【实体选

择方式】列表中选择【窗选】选择方式并在绘图区中选取了图素后，窗选区域内的图素对象被选中。

- 范围外：选择此方式，当在【实体选择方式】列表中选择【窗选】选择方式并在绘图区中选取了图素后，窗选区域外的图素对象被选中。

- 内＋相交：选择此方式，窗选区域内和与区域相交的图素均被选中。

- 外＋相交：选择此方式，窗选区域外和与区域相交的图素均被选中。

- 交点：选择此方式，仅与窗选区域相交的图素被选中。

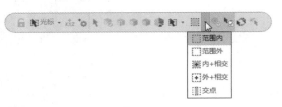

图 2-20

2.2.2　快速蒙版

快速蒙版的选择方法是通过设置一定的限定条件，根据限定条件来选取某一类的图素，此方法适合当绘图区中的图素非常多时使用。快速蒙版选择工具不仅是针对几何对象进行快速选择，还可以通过在模型环境中创建的群组、颜色、类型、层别等特性来快速选择对象。

Mastercam 的快速蒙版工具，垂直对齐在图形窗口的右选择条中，可让用户只需单击即可控制实体蒙版，如图 2-21 所示。每个快速蒙版工具都有两个功能，具体取决于是单击按钮的左半部分还是右半部分。快速蒙版工具是自动选择图素的高效选择工具，具有统一性，无须手动添加或移除一些不需要的对象。

快速蒙版工具分两类：限定全部（单击按钮的左半部分）和限定单一（单击按钮的右半部分）。

1. 限定全部

限定全部是选取某一类型所有的图素，类型可以是点、线、面、体，也可以是某一种颜色，还可以是通过转换的结果或群组等。因此，在很多场合，这种选取方式非常快捷有效，避免了图素多产生的干扰，而且效率很高。

除了单击右选择条中的快速蒙版按钮来选择对象，还可以单击【限定选择】按钮 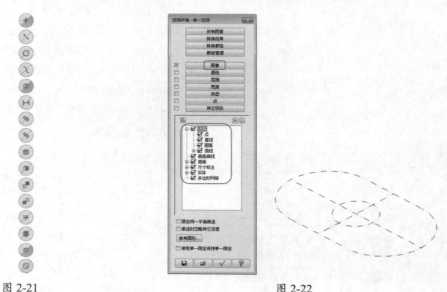，在弹出的【选择所有 -- 单一选择】对话框中进行快速选择，如图 2-22 所示。

图 2-21　　　　　　　　　　　　　　　　　　图 2-22

2. 限定单一

限定单一是选择具备一类特征的类型，然后再到绘图区中选择，与限定全部的区别是限定全部是选取具备该条件的所有图素，而限定单一是可以选取具备该条件的某一部分或全部图素，选取方式更加灵活，而且可以选取多个条件。如图 2-23 所示。

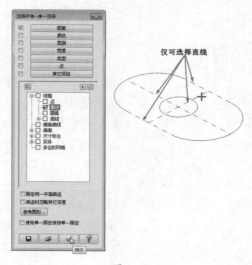

图 2-23

2.3 操作管理器

绘图区窗口左侧的管理器是用来管理实体建模、绘图平面创建、层别管理和刀具路径的选项面板。

当创建实体模型后，【实体】管理器面板的特征树中会列出创建实体所需的特征及特征创建步骤，如图 2-24 所示。

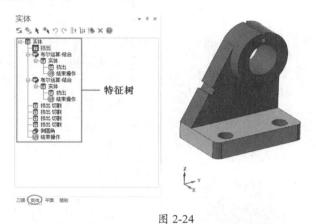

图 2-24

技术要点：

在管理器底部单击【刀路】【实体】【平面】及【层别】等标签按钮，切换操作面板。

特征树顶部的选项用来操作特征树中的特征对象，各选项含义如下。

- 重新生成选择 ⤴：在特征树中双击选择一个特征并编辑后，在绘图区中选取整个模型，再单击该按钮将特征编辑后的效果更新到整个模型，如图 2-25 所示。

图 2-25

- 重新生成 ⤶：当对特征树中单个或多个特征对象进行编辑后，单击该按钮后，无须到绘图区中选取模型对象，会直接将结果更新到整个模型。
- 选择 ↖：如果在特征树中不容易找到要编辑的特征，可以单击【选择】按钮 ↖，然后在模型中直接选取要编辑的特征面，此时会将选取的特征面反馈到特征树中，且该特征会高亮显示。
- 选择全部 ⁂：单击该按钮，将会自动选中特征树中所有的特征。

- 撤销 ⤺：单击该按钮，可撤销前一步
  的特征编辑操作。
- 重做 ⤻：单击该按钮，可恢复前一步
  撤销的特征编辑操作。
- 折叠选择 ▮▮：单击该按钮，将折叠特
  征树中所有展开的特征细节。
- 展开选择 ▮▮：单击该按钮，将展开特
  征树中所有折叠的特征细节。
- 自动高亮 ⬥：在特征树中选取要编辑
  的特征，再单击该按钮，可在模型中
  高亮显示此特征，如图 2-26 所示。

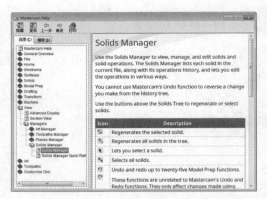

图 2-27

在特征树中右击，会弹出快捷菜单，如图
2-28 所示。通过该快捷菜单，可以执行相关的
实体、建模及特征树操作命令。

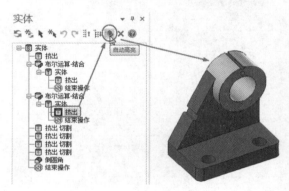

图 2-26

- 删除 ✕：在特征树中选择要删除的特
  征，单击该按钮，即可删除该特征。
- 帮助 ❓：单击该按钮，将跳转到帮助
  文档（英文帮助文档）中介绍【实体】
  管理器面板的页面中，如图 2-27 所示。

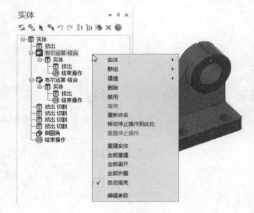

图 2-28

管理器中的操作面板（如【实体】面板、【平
面】面板等），可以通过【视图】选项卡的【管
理】面板中的各管理工具来显示或关闭。

2.4 图素对象的操作

在 Mastercam 中，可以对某些图素进行删除、属性修改、对象显示与隐藏等基本操作。图素
的操作工具在【主页】选项卡的【属性】面板、【删除】面板和【显示】面板中，如图 2-29 所示。

图 2-29

2.4.1　图素的属性修改与设置

图素（主要指点、线、面及实体）的属性包括图素样式、颜色、材质等。

1. 样式设置

图素的样式包括点的样式、线型和线宽，可在【属性】面板中进行设置。

- 【点型】列表：该列表中的点类型用于设置绘图区中的点样式。设置点样式的方法是，先选取要改变点样式的点，然后在【点型】列表中选择点样式即可，如图 2-30 所示。

图 2-30

- 【线型】列表：该列表中列出了用于设置线框对象的线型。选取要改变线型的线框曲线，然后在【线型】列表中选择线型，即可完成线型的设置，如图 2-31 所示。

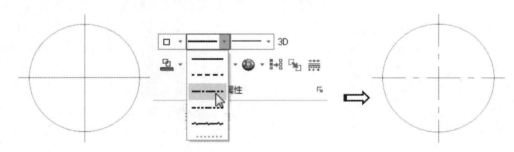

图 2-31

- 【线宽】列表：该列表中列出了用于设置线框对象的线宽度。选取要改变线宽的线框曲线，然后在【线宽】列表中选择线型宽度，即可完成线宽的设置，如图 2-32 所示。

图 2-32

2. 颜色设置

图素的颜色设置包括线框颜色、实体颜色和曲面颜色。例如，选中线框曲线后，在【属性】面板中单击【线框颜色】按钮 🔲，并在颜色列表中选择一种颜色即可完成线框颜色的改变，如图 2-33 所示。实体和曲面的颜色设置也可按此方法操作。

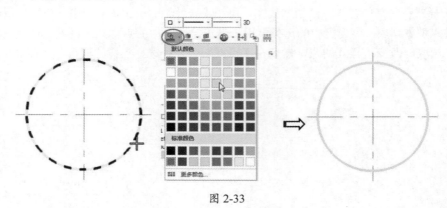

图 2-33

在【属性】面板中单击【清除颜色】按钮 ▦，可清除模型中设置的所有颜色，并还原为默认颜色。

在【属性】面板中单击【设置全部】按钮 ▦，在绘图区中选取所有的图素后会弹出【属性】对话框，如图 2-34 所示。通过该对话框，可以为选取的多个图素进行颜色、线型、点样式、线宽、层别及曲面密度的统一设置。

图 2-34

3. 图素属性管理

如果模型中的图素属性在默认情况下不能满足设计需要，可以在【属性】面板的右下角单击【图素属性】按钮 🔲，弹出【图素属性管理】对话框。

选中【激活】复选框，激活所有默认属性设置选项，此处可以设置符合要求的默认图素属性。例如，需要将默认的点样式设为其他样式，方法是：选中【类型】复选框，然后在列表中选择其他点样式即可，如图 2-35 所示。

图 2-35

单击【应用于已存在的图素】按钮，可以将修改的默认属性应用于当前模型。单击确定按钮，将默认属性的设置保存到配置文件，以保证重启 Mastercam 软件后能够使用新属性设置，如图 2-36 所示。

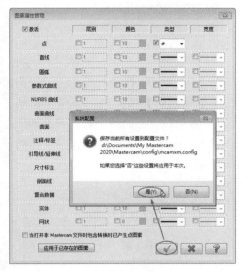

图 2-36

2.4.2　删除图素

当模型创建完成后，有时会存在许多与模型无关的图素，可以使用图素删除工具将这些图素删除。如果仅有个别图素需要删除，可以利用 Delete 键删除即可。利用 Delete 键删除重叠图素的缺点是：不能全面、正确地删除重叠图素。

删除图素工具在【主页】选项卡的【删除】面板中，如图 2-37 所示。

图 2-37

具体使用方法如下。

- 删除图素✖：单击该按钮，系统会提示"选择图素"，在绘图区中选取要

删除的图素，选取完成后单击【结束选择】按钮，完成删除图素操作，如图 2-38 所示。

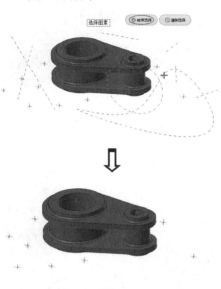

图 2-38

- 恢复图素✖：单击一次【恢复图素】按钮，将恢复被删除的倒数第一个图素，如图 2-39 所示。连续单击该按钮，将逐一恢复被删除的其余图素。

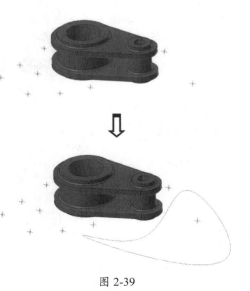

图 2-39

- 非关联图形✖：单击该按钮，可以删除不关联的刀路、加工操作和实体的

图素，如图 2-40 所示。

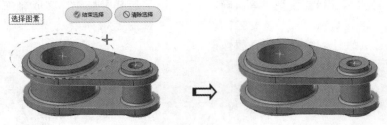

图 2-40

- 重复图形 ⁕：单击该按钮可以删除重叠的图素。如果模型中存在重叠的图素，肉眼是无法直接分辨的。先框选所有图素，然后单击【重复图形】按钮 ⁕，系统会自动计算重叠的图素，并弹出【删除重复图形】对话框。可看见统计的结果中存在重叠的图素，最后单击【确定】按钮 ✓ 完成删除操作。重新单击【重复图形】按钮，可见统计结果中再无重叠图素，如图 2-41 所示。

图 2-41

- 高级 ⁑：【高级】工具比【重复图形】的删除功能更强大，可以通过颜色、线条样式、层别、线宽及点型等来判断重叠图素，如图 2-42 所示。

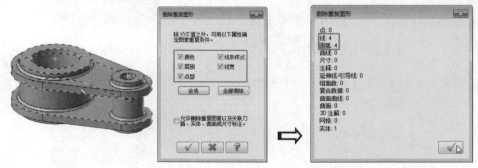

图 2-42

2.4.3 图素的显示与隐藏

在建模或绘图时，为了清晰表达局部特征的结构，有时会将遮挡的部分图形或特征进行隐藏或消隐。

图素的显示与隐藏工具在【主页】选项卡的【显示】面板中，如图 2-43 所示。

1. 隐藏 / 取消隐藏

在【隐藏 / 取消隐藏】菜单中包含 3 种图素隐藏与显示工具，如图 2-44 所示。

图 2-43　　　　　　　　　　　　　　图 2-44

具体使用方法如下。

- 隐藏 / 取消隐藏：可隐藏或显示图素。单击该按钮，系统会提示"选择保留在屏幕上的图素"，选择要显示的图素后，单击【结束选择】按钮，将没有选取的图素隐藏，如图 2-45 所示。

图 2-45

- 隐藏更多：单击该按钮，可以将不需要显示的更多图素隐藏，如图 2-46 所示。此工具是选取要隐藏的图素，与【隐藏 / 取消隐藏】工具相反。

图 2-46

提示：

【隐藏更多】工具仅在使用【隐藏/取消隐藏】工具后才可用。

- 取消部分隐藏：可将隐藏的部分或所有图素显示出来。单击【取消部分隐藏】按钮，绘图区中将显示先前隐藏的所有图素，选取要显示的图素，单击【结束选择】按钮，将选取的图素显示在屏幕中，如图 2-47 所示。

图 2-47

2. 显示圆心点和图素端点

利用【圆心点】工具和【端点】工具，可以显示图形中圆弧及圆形的中心点，以及直线段的端点。

- 圆心点 ⊘：单击该按钮，将显示绘图区中所有圆弧及圆形的圆心，如图 2-48 所示。
- 端点 ▯：单击该按钮，将显示绘图区中所有直线段的端点，如图 2-49 所示。

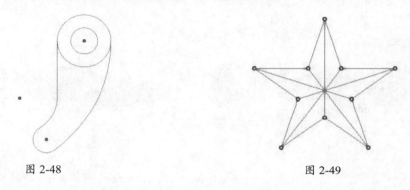

图 2-48   图 2-49

3. 消隐

"消隐"原意为"消除隐藏的线框"或"消除隐藏的面"，但在【显示】面板中的【消隐】工具的作用并非是将视图中的模型对象消隐显示，而是临时隐藏一些不必要显示的图素，使构图更清晰。

- 消隐 ▯：单击该按钮，选择要消隐的图素，再单击【结束选择】按钮，所选图素被"消隐"，如图 2-50 所示。

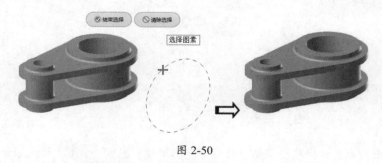

图 2-50

- 恢复消隐 ▯：单击该按钮，将消隐的图素恢复显示。

2.5 视图操控

　　绘图区就是设计师进行工作的区域，也称作"视图窗口"。若要熟练、高效地进行设计与操作，需要掌握软件的视图操控技巧。

　　Mastercam 2020 的视图操控工具在【视图】选项卡中，如图 2-51 所示。

图 2-51

2.5.1 视图缩放、旋转与平移

　　视图的缩放、旋转与平移操作是为了让设计者从不同的角度都能观察到模型的整体与细节情况。视图的操作可以通过【缩放】面板中的工具来进行，也可以通过快捷键来操作。

1. 缩放视图

　　视图的缩放分定向缩放和自由缩放。定向缩放需要使用【视图】选项卡的【缩放】面板中的视图操控工具来完成。自由缩放则需要使用鼠标键来完成。

- 适度化（Alt+F1）：单击该按钮，可在视图中最大化地完整显示模型，如图 2-52 所示。

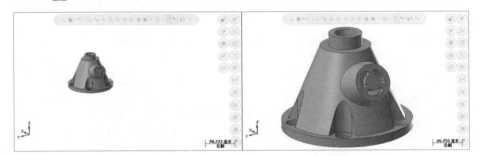

图 2-52

- 指定缩放：当视图中有许多实体图素时，可以先在视图中选取某一个实体图素，然后单击【指定缩放】按钮，将其最大化显示在视图窗口中，如图 2-53 所示。

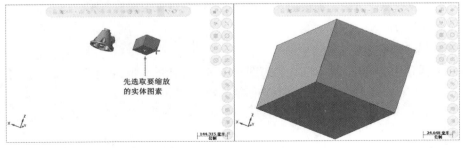

图 2-53

- 窗口放大（F1）：可以在想要局部放大的位置绘制一个矩形区域，系统会通过绘制的

矩形区域来放大视图，如图 2-54 所示。

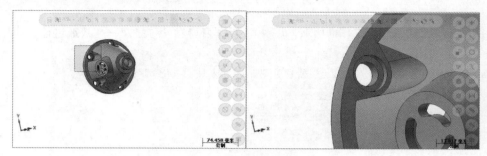

图 2-54

- 比先前缩小 50% ⊖（F2）：单击该按钮，视图比例将缩小一半，如图 2-55 所示。

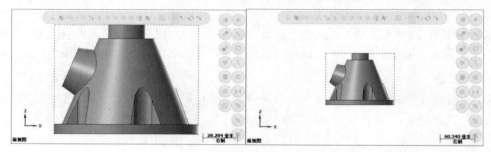

图 2-55

- 缩小图形 80% ⊙（Alt+F2）：单击该按钮，可将视图缩放至原来的 80%，如图 2-56 所示。

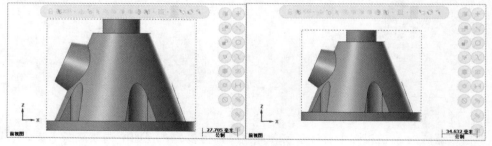

图 2-56

- 自由缩放视图：滚动鼠标滚轮（中键滚轮），可以自由缩放视图。视图缩放的基点就是鼠标指针的位置。

2. 视图的旋转与平移

视图的旋转分为视图的环绕和自由翻转两种。另外在【屏幕视图】面板中，使用【旋转】工具也可以按照自定义的旋转角度绕指定的坐标轴旋转。

- 环绕视图：按 Ctrl+鼠标中键，视图将在平面内环绕屏幕（视图窗口）中心点旋转，如图 2-57 所示。
- 自由翻转：按住鼠标中键，可以自由翻转视图，默认的旋转中心就是屏幕中心点。如果需要自定义旋转中心，可以将鼠标指针放置于将作为旋转中心的位置，按住鼠标中键停留数秒，即可在新旋转中心自由翻转视图，如图 2-58 所示。

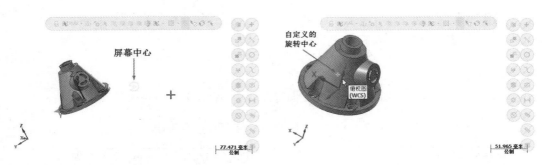

图 2-57　　　　　　　　　　　　　　　　　图 2-58

- 绕轴旋转：在【屏幕视图】面板中单击【旋转】按钮，弹出【旋转平面】对话框，如图 2-59 所示。在该对话框中的【相对于 Y】选项中输入 90.0，单击确定按钮 ✓ 视图绕 Y 轴旋转 90°，如图 2-59 所示。

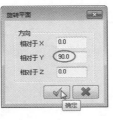

图 2-59

提示：

"绘图区""视图窗口"和"屏幕"其实指的是同一个区域，但为什么出现不同的叫法呢？"绘图区"是工作区域，包含了空间与平面，一般在三维建模、数控加工或模具设计时会描述为"在绘图区中……"。"视图窗口"其实是具体指某个视图的界面窗口，一般在绘制线框时会描述为"在××视图窗口中绘制……"或"在××视图中绘制……"。"屏幕"一词主要是在描述视图旋转的中心点时才会引用。

关于视图旋转的控制和鼠标中键滚轮的作用，可以在【系统配置】对话框中进行设置。可以通过执行【文件】→【配置】命令，打开【系统配置】对话框，如图 2-60 所示。

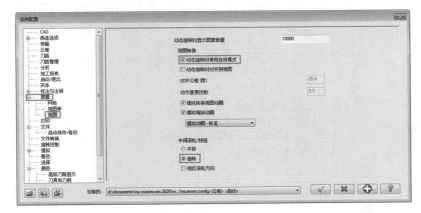

图 2-60

2.5.2 定向视图

定向视图就是定向到某一个正向视图或等轴测视图。Mastercam 包含 6 个基本的正向视图和 3 个等轴测视图。

表 2-1 列出了【屏幕视图】面板中各定向视图命令的使用方法及说明。

表 2-1 定向视图命令的使用方法及说明

图标与说明	图 解	图标与说明	图 解
前视：将零件模型以前视图显示		仰视：将零件模型以上视图显示	
后视：将零件模型以后视图显示		俯视：将零件模型以下视图显示	
左视：将零件模型以左视图显示		等轴测：将零件模型以西南等轴测图显示	
右视：将零件模型以右视图显示		反向等轴测：将零件模型以东南等轴测图显示	
不等角轴测：将零件模型以左右二等角轴测图显示		绘图平面：正向于当前的工作视图平面	

2.5.3 模型外观

调整模型以线框或着色来显示，这有利于模型分析和设计操作。模型外观的设置工具在【外观】面板中，如图 2-61 所示。

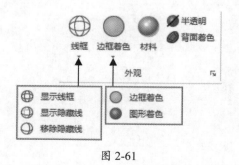

图 2-61

表 2-2 列出了模型外观样式的说明及图解。

表 2-2　模型外观的说明及图解

图　标	说　明	图　解
边框着色	对模型进行带边线上色	
图形着色	对模型进行上色	
移除隐藏线	模型的隐藏线不可见	
显示隐藏线	模型的隐藏线以细虚线表示	
显示线框	模型的所有边线可见	
材料着色	仅当在【主页】选项卡的【属性】面板中使用【设置材料】工具对模型应用材质后，此外观才可用。在着色模式状态中显示模型材质	
半透明	仅当在边框着色和图形着色模式下才可用，可使模型呈半透明状态	
背面着色	在着色状态下，可使曲面背面（反面）着色。默认情况下，曲面正面与反面的颜色一致	

在【外观】面板的右下角单击【着色选项】按钮 ⌐，弹出【着色】对话框。通过该对话框，可以设置模型的不透明度、隐藏边、网格等外观参数及选项，如图 2-62 所示。

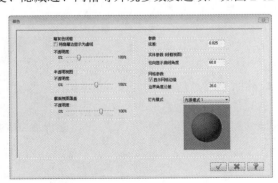

图 2-62

2.6 绘图平面与坐标系

在 Mastercam 中绘制图形或创建模型特征时，需要建立平面参考与坐标系参考，用作草图放置、视图定向、矢量参考、特征定位及定形的参考。这个平面参考称为"绘图平面"或"平面"。所有平面都是相对于工作坐标系（WCS）定义的。

可以通过【平面】面板来创建或调整，如图 2-63 所示。

图 2-63

2.6.1 利用基本视图作为绘图平面

通常在三维软件（如 UG、CREO、Solidworks 等）建模过程中，会把 6 个基本视图所在的平面（Mastercam 中简称为"视图平面"）作为绘图平面，这 6 个基本视图平面常称为"基准面"或"基准平面"。在 Mastercam 中虽然没有"基准面"或"基准平面"的叫法，但是所有三维软件中都有此通用功能，为了便于融会贯通地学习，有必要了解这一叫法。

1. 绘图平面列表

绘图平面列表中列出了所有可用绘图平面，如图 2-64 所示。

名称	G*	WCS	C	T	补正	显示	单节
俯视图		WCS	C	T			
前视图							
后视图							
仰视图							
右视图							
左视图							
等视图							
反向等视图							
不等角视图							

图 2-64

列表中的列标题含义如下。

- 名称：该列是所有默认的绘图平面或自定义绘图平面的名称，自定义的绘图平面的名称可以重命名。

- G：有此标记说明当前平面不仅是绘图平面，还将当前平面指定为 Gview（视图平面）。如果是自定义的绘图平面，在绘图区中右击坐标系并在弹出的快捷菜单中选择【屏幕视图】命令，可定向到自定义的绘图平面视图，如图 2-65 所示。

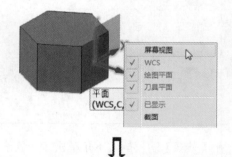

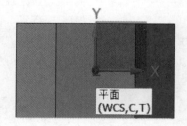

图 2-65

- WCS：该列用来确定所选平面是否对

齐到 WCS 坐标系。在 WCS 列中任意单击某一视图平面行，可将该视图平面设为绘图平面并对齐到 WCS。

- T：该标记表示当前平面是绘图平面。未定义为绘图平面的平面，是不会显示此标记的。在标记旁单击 ▲ 按钮，可将作为绘图平面的视图平面自动排序到第一行。

- 补正：该列显示在平面属性选项中手动设定的加工坐标的补正值，如图 2-66 所示。"补正"与"偏移"意义相同。

图 2-66

- 显示：此列显示的 X 标记，表示在绘图区中与绘图平面对齐的坐标系（指针）已经显示。如果没有显示坐标系，那么【显示】列将不会显示 X 标记。

- 单节：此列中显示的 X 标记，表示当前绘图平面已作为截面，可以创建截面视图。反之，没有 X 标记则说明当前绘图平面没有设定为"截面"。

2. 平面工具栏中

在【平面】面板工具栏中的工具用来操作管理器面板，各工具的使用方法如下。

- 创建新平面 ➕ ▾：单击该按钮，展开创建新平面的命令列表。通过创建新平面的命令列表，可以指定任意的平面、模型表面、屏幕视图、图素法向等来创建绘图平面。

- 选择车削平面 📕 ▾：单击该按钮，展开车削平面列表，如图 2-67 所示。根据从列表中选中的车床坐标系选择或创建新平面。使用车床时，可以将施工计划定向为半径（X / Z）或直径（D / Z）坐标。

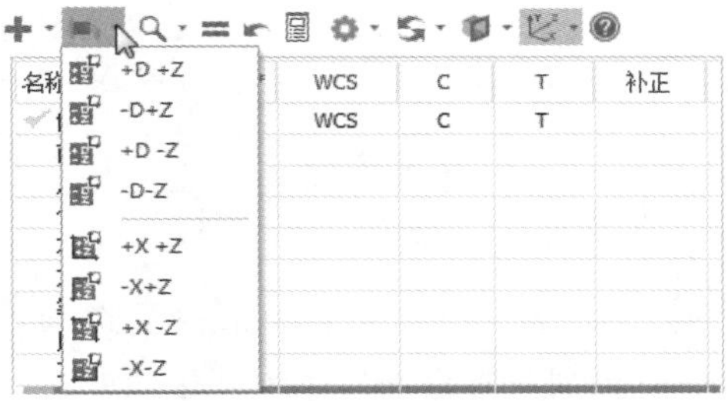

图 2-67

- 找到一个平面 🔍 ▾：单击该按钮，展开"找到一个平面"列表，如图 2-68 所示。从列表中选择一个选项来寻找并高亮显示视图平面。此功能等同于在视图列表中手动选择视图平面。

图 2-68

- 设置绘图平面 ≡：根据在视图列表所选的视图来设置绘图平面。

- 重设 ↰：单击该按钮，将重新设置绘图平面。

- 隐藏平面属性 ▤：单击该按钮，可隐藏或显示【平面】面板下方的平面属性设置选项，如图 2-69 所示。

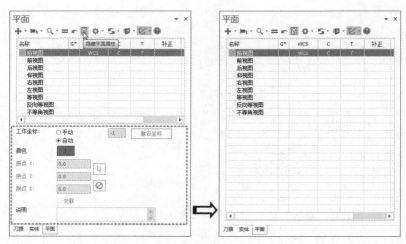

图 2-69

- 显示选项 ⚙ ：该列表中的选项用来控制管理器面板中绘图平面的显示与隐藏，如图 2-70 所示。

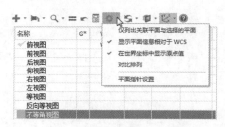

图 2-70

- 跟随规则 ⤵ ：该列表中的选项用来定义绘图平面与坐标系、绘图平面与视图之间的对齐规则，如图 2-71 所示。

图 2-71

- 截面视图 📦 ：该列表中的选项用于控制所建立截面视图的显示状态，截面就是剖切模型所用的平面，这里的剖切不是真正意义上的剖切，只是临时剖切后创建一个视图便于观察模型

内部的情况。例如，在绘图平面列表中选择一个视图平面（选择右视图平面作为范例讲解），将其设为绘图平面。然后在绘图区选中坐标系并右击，在弹出的快捷菜单中选择【截面】选项，即可将右视图平面指定为截面。最后在【截面视图】列表中选择【着色图素】与【显示罩盖】选项，再单击【截面视图】按钮 📦 ，即可创建剖切视图并观察模型，如图 2-72 所示。

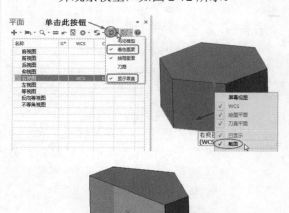

图 2-72

技术要点：

坐标系的显示与隐藏，需要到【视图】选项卡的【显示】面板中单击【显示指针】按钮 ，或者在【平面】面板的工具栏中展开【显示指针】列表，在列表中选中相关的指针显示选项即可。

- 显示指针："指针"指的就是工作坐标系。【显示指针】列表中的选项用于控制绘图区中是否显示工作坐标系。

3. 视图平面的用法

在【平面】面板的绘图平面列表中，列出了 6 个基本视图和 3 个轴测视图。

视图平面在坐标系中以紫色平面表示，其作为绘图平面的基本用法如下（以俯视图平面为例）。

（1）在视图列表中选中俯视图平面。

（2）在【平面】面板的工具栏（在绘图平面列表上方）中单击【设置绘图平面】按钮 ，或者在【俯视图】行、WCS 列的表格中单击，将所选视图平面设为绘图平面。

（3）随后俯视图的名称前面会显示 图标，这表示俯视图平面已经成为了绘图平面。

（4）在绘图区中，俯视图平面就是坐标系的 XY 平面，此时绘制的二维线框都将在俯视图平面中进行，如图 2-73 所示。

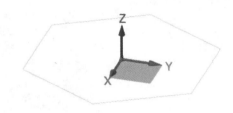

图 2-73

（5）同理，若选择其他视图作为绘图平面，也按此步骤进行操作即可。

2.6.2　新建绘图平面

除了绘图平面列表中的基本视图平面可以作为建模时的绘图平面，还可以使用【平面】面板工具栏中的【创建新平面】列表选项来创建自定义的绘图平面。

【平面】面板中的【创建新平面】列表选项如图 2-74 所示。

图 2-74

- 依照图形 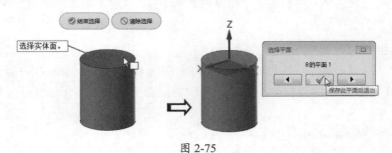：此选项依照在绘图区中所选的实体形状来定义绘图平面。一般情况下，依照规则几何体来定义的绘图平面，默认为俯视图平面。
- 依照实体面：此选项根据用户所选的实体面（必须是平面）来创建绘图平面，如图 2-75 所示。选择实体面后，还可以调整坐标系的轴向。

图 2-75

- 依照屏幕视图：此选项根据用户的实时屏幕视图来创建绘图平面，如图 2-76 所示。
- 依照图索法向：此选项根据所选曲线的所在平面和直线法向来定义绘图平面，如图 2-77 所示。

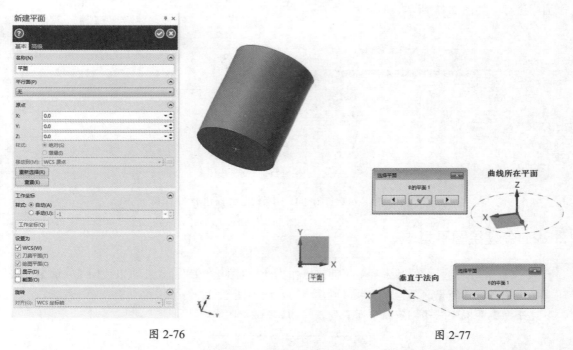

图 2-76   图 2-77

- 相对于 WCS：此选项根据 WCS 坐标系中的 6 个视图平面来创建新的绘图平面，一般采用此选项来创建与视图平面有一定偏移的绘图平面。如果绘图平面与视图平面重合，则无须使用此选项来新建平面，直接在绘图平面列表中选择视图平面作为当前绘图平面即可。
- 快捷绘图平面：此选项根据用户所选的实体平面来创建绘图平面，虽然作用与【依照实体面】选项类似，但不能调整坐标系的轴向。

- 动态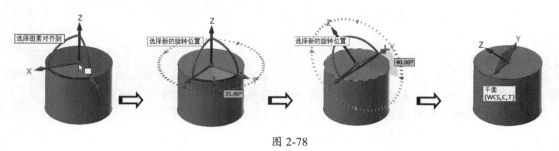：此选项通过用户定义新坐标系（包括原点与轴向）的 *XY* 平面来创建新绘图平面，如图 2-78 所示。

图 2-78

2.6.3　WCS（世界坐标系）

WCS 坐标系的作用就是用于定位和确定绘图平面，坐标系包含原点、坐标平面和坐标轴。

在 Mastercam 中，坐标系根据作用不同分为世界坐标系、建模坐标系和加工坐标系，其中建模坐标系和加工坐标系合称为 WCS（工作坐标系）。

1. 世界坐标系

世界坐标系是计算机系统自定义的计算基准，默认出现在屏幕中心。当工作坐标系（WCS）没有显示的时候，世界坐标系可供用户在建模时作定向参考，因此会在绘图区的左下角实时显示，其不能进行编辑与操作，如图 2-79 所示。世界坐标系原点的坐标值为（0,0,0）。

图 2-79

在绘图区左下角单击世界坐标系，可以新建绘图平面，如图 2-80 所示。此操作的意义等同于在【平面】面板的【创建新平面】列表中选择【动态】选项来创建绘图平面。

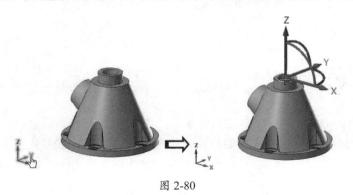

图 2-80

2. WCS 工作坐标系

WCS 是用户在建模或数控加工时的设计基准。新建绘图平面的过程其实就是确定 WCS 工作坐标系的 *XY* 平面的过程。默认情况下，WCS 与世界坐标系是重合的，如图 2-81 所示为模型中的 WCS。

WCS 是可以编辑（编辑其原点位置）和操作（旋转与平移）的，其原点位置在默认情况下与世界坐标系原点重合。当用户新建了绘图平面后，其 WCS 原点的位置是可以改变的，如图 2-82 所示。可在【平面】面板底部的平面属性选项中选中【手动】单选按钮，再在【原点 X】【原点 Y】和【原点 Z】文本框中重新输入原点坐标值，并按 Enter 键确认。

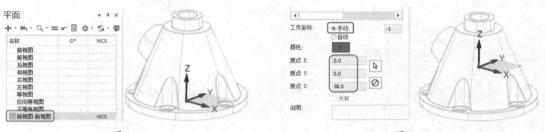

图 2-81   图 2-82

3. 显示与隐藏坐标系

在【视图】选项卡的【显示】面板中，【显示轴线】工具列表和【显示指针】工具列表中的工具用于控制坐标系的显示与隐藏。

轴线的显示可以帮助用户在建模或数控加工时快速定位，可以按 F9 键开启或隐藏轴线。如图 2-83 所示为显示的轴线。

单击【显示指针】按钮，或按快捷键 Alt+F9，显示或隐藏 WCS 坐标系，如图 2-84 所示。

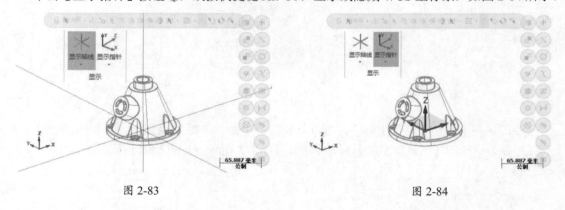

图 2-83   图 2-84

2.7 层别管理

"层别"是 Mastercam 提供的管理图形对象的工具。用户可以根据层别，对图形、填充、文字、标注等进行归类管理，这不仅能使图形的各种信息清晰、有序，便于观察，而且也会给图形的编辑、修改和输出带来很大的方便。层别相当于图纸绘图中使用的重叠图纸，如图 2-85 所示。

提示：

无论是何种平面设计或三维设计软件都有"层别"功能，只不过在其他软件中，层别被称为"图层"。

层别的作用不仅于此，在模具设计时，可用来分层管理构成模具的各组成结构和模具系统。Mastercam 的层别创建与管理工具在【层别】面板中，如图 2-86 所示。

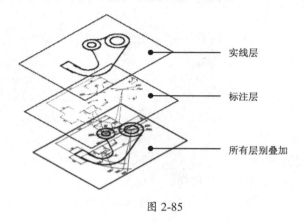

实线层

标注层

所有层别叠加

图 2-85　　　　　　　　　　　　　　　　图 2-86

1. 创建与使用层别

在【层别】面板中，默认的层别与新建的层别都在层别列表中显示。在激活的层别前显示 ，表示后续创建的模型几何将在此层别中保存。若要选择其他层别作为当前的工作层别，在"号码"列中选中某个该层别即可。

一般来讲，绘制二维线框或设计模具都需要多个层别来管理对象。在工具栏中单击【添加新层别】按钮 ✚ 会新建层别，且新建的层别自动激活为当前工作层别，如图 2-87 所示。

用户可以为创建的层别命名，便于管理对象。在【层别】面板的【名称】文本框中输入层别名，在层别列表的【名称】列中会即时显示输入的层别名，如图 2-88 所示。

图 2-87　　　　　　　　　　　　　　　　图 2-88

2. 将图素转移到层别（分层）

如果绘图或模具设计前没有建立层别，那么所创建的图素对象将默认保存在仅有的"层别 1"中。为了便于管理不同的图素对象，需要进行分层操作。

分层的操作步骤如下。

（1）在默认的"层别1"中绘制如图2-89所示的图形。

（2）在绘图区中选中圆（粗实线）。

（3）在【主页】选项卡的【层别】面板中单击【更改层别】按钮 ，弹出【更改层别】对话框，如图2-90所示。

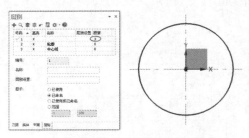

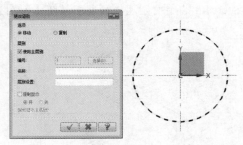

图 2-89　　　　　　　　　　　　　　　　　图 2-90

【更改层别】对话框中主要选项含义如下。

- 移动：选中该单选按钮，将选取的图素移至其他层别。
- 复制：选中该单选按钮，将选取的图素复制到其他层别，且保留原图素。
- 使用主层别：选中该复选框，选取的图素移至当前工作层别。
- 编号：取消选中【使用主层别】复选框，输入要转移的层别号码。如输入2并按Enter键，将会移动图素到"层别2"中。
- 选择：也可以单击【选择】按钮，在弹出的【选择层别】对话框中选择要转移的层别，如图2-91所示。
- 名称：在该文本框内可以输入层别的新名称。
- 层别设置：用来描述层别的用途，也可在层别属性选项中设置。
- 强制显示：控制层别中的图素是否强制显示。选中【开】单选按钮，将强制显示；选中【关】单选按钮，将隐藏所有层别中的图素。要想让隐藏的图素重新显示，需要在【层别】面板底部的层别属性选项中输入图素所在的层别号，按Enter键确认后可重新显示。

（4）单击【更改层别】对话框中的【确定】按钮 ，选取的圆被转移到"层别2"中，如图2-92所示。同理，将中心线转移到层别3中。

图 2-91

图 2-92

第 3 章　绘制二维图形

　　二维平面图形是实体建模和曲面造型的基础。二维图形既可以作为模型的截面图形，也可以作为曲面的框架，在标注图形尺寸后还可以输出为零件设计与加工图纸。

扫码看教学视频

　　本章主要介绍 Mastercam 二维图形的功能指令和图形绘制方法。

项目分解

- 二维图形概述
- 绘制点
- 绘制直线
- 绘制圆 / 圆弧
- 绘制样条曲线
- 绘图平面与坐标系

3.1　二维图形概述

　　二维图形是由点、直线、圆及圆弧等构成的几何图形，它构成了实体特征的截面轮廓或路径，并由此生成特征。

3.1.1　二维图形的绘制环境

　　Mastercam 2020 的图形绘制工具在【线框】选项卡中，如图 3-1 所示。

图 3-1

　　在【线框】选项卡中的绘图工具包含了二维平面图形的绘制工具和三维空间曲线的绘制工具。

　　在默认情况下，绘图将依照 Mastercam 系统的默认配置进行，例如图线线型、线宽、点类型，以及中心线类型和是否启用预览功能等。执行【文件】→【配置】命令，打开【系统配置】对话框。在其左侧的配置列表中选中 CAD 选项，右侧将显示所有关于 CAD 的配置选项，用户可根据绘图习惯和技术标准对这些选项进行重新设定，以备长期使用，如图 3-2 所示。

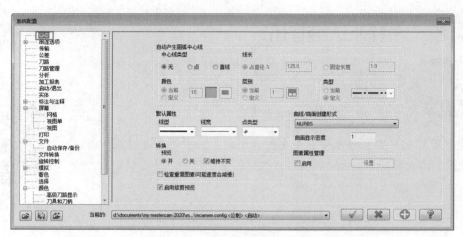

图 3-2

除了设置图形属性，还可以在【主页】选项卡的【属性】面板的右下角单击【图素属性】按钮，弹出【图素属性管理】对话框。在其中根据个人绘图习惯设定图形属性。如图 3-3 所示为设置图素颜色的【颜色】对话框。

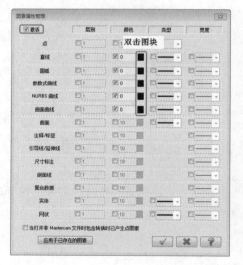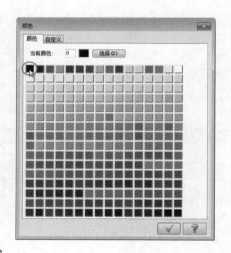

图 3-3

3.1.2 掌握基本绘图方法

二维图形的绘制要领除了掌握草绘中的图元命令，更应该熟悉二维图形的基本要求——图纸表达清晰、整齐、完整、合理。

对于新手来说，绘制二维图形最大的问题不是命令的掌握程度，而是不知道从何处开始绘制。当然还有其他次要问题，下面逐一解决这些问题。

1. 难点一：从何处着手

二维图形的绘制首先要找到参考基准，从参考基准开始绘制。

- 一般来说，在有圆、圆弧或椭圆的图中，参考基准就是其圆心，如图 3-4 所示。如果有多个圆出现，那么以最大圆的圆心作为参考基准中心。
- 如果整个图形中没有圆，那么从测量基准点开始绘制，也就是左下角点或者左上角点（从左到右的绘图顺序），如图 3-5 所示。

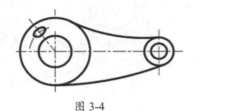

图 3-4   图 3-5

- 某些图形中有圆、圆弧或椭圆等，但不是测量基准，不足以作为参考基准使用，那么仍然以左下角点为参考基准中心，如图 3-6 所示。

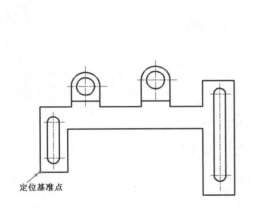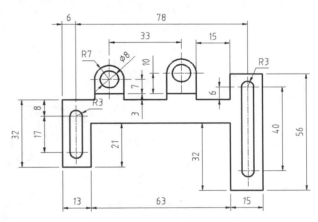

图 3-6

技术要点：

综上所述，对于参考基准不是很明确的情况，我们要进行综合分析，首先要确定图形中的圆是不是主要的轮廓线；其次确定是不是测量基准（对于有尺寸的图形来讲）；若没有尺寸标注，最后需要分析下这个圆是不是主要轮廓圆（主要轮廓是以此截面是否为主体特征截面而言的），不是主要轮廓，就以直线型图形的角点作为参考基准中心。

2. 难点二：图形的结构分析

新手绘图的第二个难点莫过于此了，这个问题若解决了也就不再是新手了。看到一个图形，首先就要分析此图形的结构。为什么要分析结构？理由很简单，就是要找到快速绘图的捷径，下面举例说明。

- 对称结构：对称结构的图形会用到【转换】选项卡中的【镜像】⚏工具，先绘制对称中心线一侧的图形，再镜像出另一侧的图形，如图 3-7 所示。
- 旋转结构：对于此结构图形，可以先在水平或者竖直方向上绘制图形，然后使用【旋转】⟲工具旋转一定角度即可，可以减少倾斜绘制图形的麻烦，如图 3-8 所示。

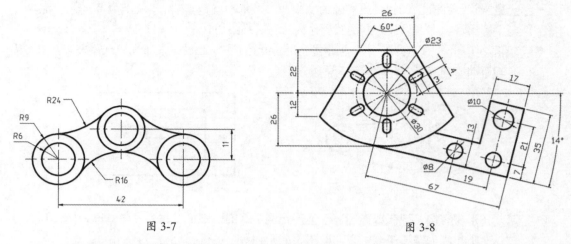

图 3-7   图 3-8

- 阵列结构：具有阵列特性的图形分直角阵列和圆周阵列（旋转复制）。在 Mastercam 中，直角阵列和圆周阵列可以使用【直角阵列】和【旋转】工具完成，不过有些费事，一次只能阵列一个成员。具有阵列特性的图形，如图 3-9 所示。

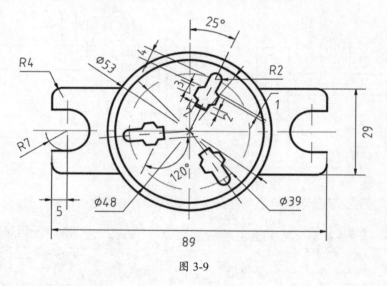

图 3-9

3. 难点三：确定作图顺序

每一个二维几何图形都由已知线段、中间线段和连接线段构成。找到绘制的基准中心后，接着就以"已知线段→中间线段→连接线段"的顺序展开绘制，如下案例。

绘制手柄支架草图的步骤如下。

（1）先绘制出基准线和定位线，如图 3-10 所示。

（2）绘制已知线段，如标注尺寸的线段，如图 3-11 所示。

（3）绘制中间线段，如图 3-12 所示。

（4）绘制连接线段，如图 3-13 所示。

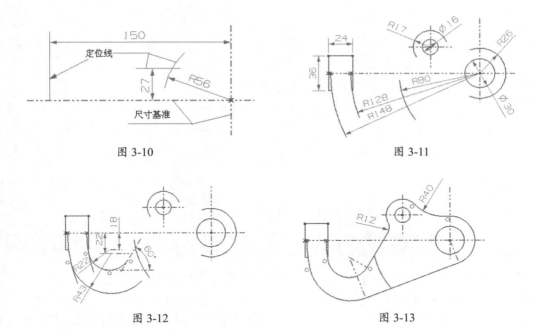

图 3-10　　　　　　　　　　　　　　　　图 3-11

图 3-12　　　　　　　　　　　　　　　　图 3-13

不同线段含义如下。

- 已知线段：在图形中起到定形和定位作用的主要线段，定形尺寸和定位尺寸齐全。
- 中间线段：主要起到定位作用，定形尺寸齐全，定位尺寸只有一个。另一个定位由相邻的已知线段来确定。
- 连接线段：起连接已知线段和中间线段的作用，只有定形尺寸无定位尺寸。

技巧点拨：

一个完整图形的尺寸包括定形尺寸和定位尺寸。"定形尺寸"是指用于确定几何图形中图元形状大小的尺寸，如直径\半径尺寸、长度尺寸、角度大小等；"定位尺寸"是指从基准点、基准线引出的距离尺寸，诸如用来表达圆弧圆心位置、圆弧轮廓位置等，如图3-14所示。

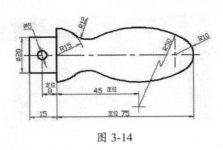

图 3-14

3.2　绘制点

　　点是几何图形中最基本的组成部分，点没有实际的大小，仅作为定位参考，例如直线的端点、圆心点、象限点、模型的顶点、曲线上的一点以及样条曲线的控制点等。绘制点的工具如图 3-15 所示。

图 3-15

1. 绘点

【绘点】工具主要用于在任意位置上绘制点或在图素上捕捉特殊点后再绘点。

上机实战——在指定位置绘点

本例先绘制一个 100（宽）×100（高）的矩形，再将矩形的 4 个角倒圆角（*R*20），最后在圆角曲线与矩形边线相切的切点上添加点。

01 在【线框】选项卡的【形状】面板中单击【矩形】按钮□，在管理器中弹出【矩形】选项面板。输入矩形的宽度和高度并按 Enter 键确认。

02 系统提示"为第一个角选择一个新位置"，然后在 WCS 坐标系原点位置单击放置矩形，如图 3-16 所示。放置矩形后单击【确定】按钮◉或者按 Esc 键关闭【矩形】选项面板，完成绘制。

技术要点：

在绘图过程中可以随时按快捷键Alt+F9显示与隐藏WCS，以便于快速捕捉坐标系原点。或者按F9键显示轴线，也能帮助及时捕捉到WCS原点。

03 在【线框】选项卡的【修剪】面板中单击【图素倒圆角】按钮◠，管理器中弹出【图素倒圆角】选项面板。在其中输入圆角半径值 20.0 并按 Enter 键确认，然后在绘图区中选取矩形的直角边来绘制圆角，如图 3-17 所示。完成后按 Esc 键关闭管理器中的【图素倒圆角】选项面板。

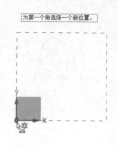

图 3-16　　　　　　　　　　　　　　　　图 3-17

04 在【绘点】面板的【绘点】列表中单击【绘点】按钮✚，弹出【绘点】选项面板，同时系统提示"绘制点位置"。鼠标指针靠近矩形并移动，可捕捉到每一条边上的 3 个特殊点（端点、中点和端点），依次选取所有的 9 个特殊点，即可完成点的绘制，如图 3-18 所示。最后按 Esc 键关闭【绘点】选项面板。

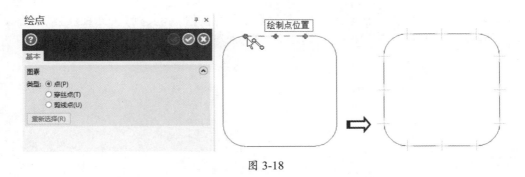

图 3-18

2. 动态绘点

　　【动态绘点】命令用于在几何图素对象中（如直线段、圆／圆弧、样条曲线、模型边线及实体表面、曲面等组成几何图形的元素）动态绘制点。

　　动态绘点可以在曲线上动态选取某个位置来绘制点，如图 3-19 所示。

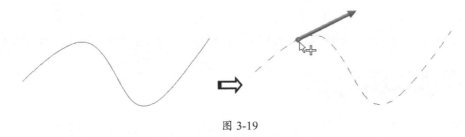

图 3-19

　　除了可以使用鼠标指针选取点位置来绘点，还可以在管理器的【动态绘点】选项面板中通过输入曲线起点至绘点之间的曲线长度值（非两点之间的直线距离）来精确控制点的位置，如图 3-20所示。

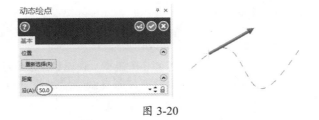

图 3-20

3. 节点

　　【节点】命令用于在样条曲线的节点处绘制点。曲线的节点就是 NURBS 曲线的控制点。如果是直线和圆、圆弧等曲线，需要先利用【曲线】面板的【转为 NURBS 曲线】工具转换成NURBS 曲线后，才可以使用【节点】命令绘点。

提示：

NURBS曲线称为"非均匀有理B样条曲线"或"B样条曲线"。NURBS曲线形状控制方便，是CAD/CAM领域描述曲线和曲面的标准，Mastercam中绘制的样条曲线就是NURBS曲线。

在【绘点】面板的【绘点】列表中单击【节点】按钮，选取 NURBS 曲线后自动在 NURBS 曲线的节点处绘制点，如图 3-21 所示为几种曲线类型中绘制的节点。

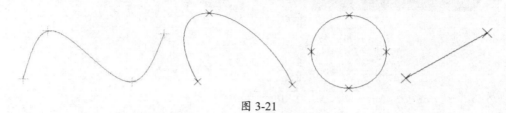

图 3-21

4. 等分绘点

【等分绘点】命令主要用于在图素上创建等分点，从而等分图素。等分绘点包括距离等分和点数等分两种。下面举例说明两种等分绘点的操作步骤。

上机实战——绘制等分点

点数等分

01 在【曲线】面板中单击【手动画曲线】按钮，然后在绘图区中绘制样条曲线，如图 3-22 所示。

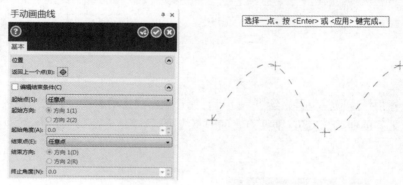

图 3-22

02 在【绘点】面板的【绘点】列表中单击【等分绘点】按钮，弹出【等分绘点】选项面板。输入【点数】为 5，并按 Enter 键确定，然后按系统提示选取样条曲线来绘制等分点，如图 3-23 所示。完成后按 Esc 键结束操作。

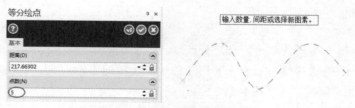

图 3-23

距离等分

01 在【绘线】面板中单击【连续线】按钮，绘制一段长度为 500.0 的直线，如图 3-24 所示。

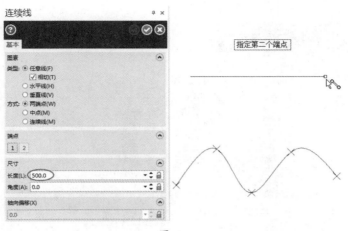

图 3-24

02 在【绘点】面板的【绘点】列表中单击【等分绘点】按钮 ，弹出【等分绘点】选项面板。输入【距离】值为 100.0，按 Enter 键确认后再在绘图区选取直线，自动绘制等分点，如图 3-25 所示。完成后按 Esc 键结束操作。

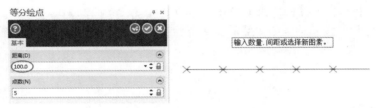

图 3-25

5. 端点

　　【端点】命令能够捕捉到所有图素的端点并自动绘点。在【绘点】面板的【绘点】列表中单击【端点】按钮 ，系统会捕捉到绘图区中所有曲线的端点，然后在曲线端点上自动绘点，如图 3-26 所示。

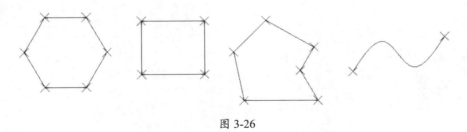

图 3-26

6. 小圆心点

　　【小圆心点】命令用于自动捕捉圆或圆弧的圆心来绘点，圆心点的半径可以设置。在【绘点】面板的【绘点】列表中单击【小圆心点】按钮 ，弹出【小圆心点】选项面板。

　　可以在【小圆心点】选项面板中设置【最大半径】值，然后按系统提示选择圆 / 圆弧曲线，绘制的小圆心点如图 3-27 所示。

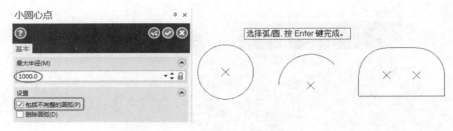

图 3-27

提示：

【最大半径】是为了区分绘图区中不同半径的圆/圆弧。输入一个【最大半径】值后，在此值范围内的圆/圆弧可以绘制小圆心点，超出此范围的圆/圆弧则不能创建出小圆形点。此外，如果是绘制圆弧的小圆心点，必须在【小圆心点】选项面板中选中【包括不完整的圆弧】复选框，如图3-27所示。

7. 圆周点

【圆周点】命令可以在正多边形端点位置绘制圆点。在确定正多边形的原点位置后，通过设置圆点的数量和阵列角度来绘制。

在【绘点】面板中单击【圆周点】按钮🔘，弹出【螺栓中心圆】选项面板。在绘图区中选取一点作为正多边形外接圆的圆心，然后在【螺栓中心圆】选项面板中设置螺栓中心圆参数，最后单击【确定】按钮✅完成绘制，如图 3-28 所示。

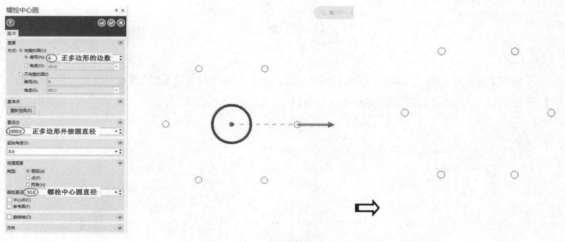

图 3-28

由此可见，【圆周点】命令绘制的螺栓中心圆不但可以作为点标记，还可以作为圆形的圆周阵列画法使用。

3.3　绘制直线

Mastercam 提供了 7 种绘制直线的工具，全部放置在【绘线】面板中，如图 3-29 所示。其中，

【法线】工具主要用于曲面曲线的创建，并非用于二维平面图形的绘制，因此，本节不会介绍。

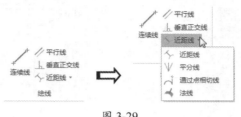

图 3-29

技术要点：

为了快速调取绘制图形的相关命令，可以设置相关命令为键盘快捷键命令，可以执行【文件】→【选项】命令，在弹出的【选项】对话框中单击【自定义】按钮，弹出【自定义键盘】对话框，选择【线框】类别，然后依次设置绘图命令的快捷键。例如，【连续线】的快捷键设置为L、【已知点画圆】的快捷键设置为C、【分割】的快捷键设置为T、【串连补正】的快捷键设置为O等。

1. 连续线

利用【连续线】命令可在绘图区的任意两点创建一条线段，或者通过输入两个点的坐标值来绘制线段，再或者通过捕捉已有几何图素的两个端点来创建线段。可以创建单条线段，也可创建连续的线段。图 3-30 所示为通过捕捉矩形的对角点创建的一条矩形对角线。

2. 近距线

【近距线】命令可在两个几何图素之间绘制最短距离的连接线，在【草图】选项卡的【绘线】面板中单击【近距线】按钮，选取绘图区的直线和圆弧，即可创建圆弧和直线之间最近距离的线段，如图 3-31 所示。

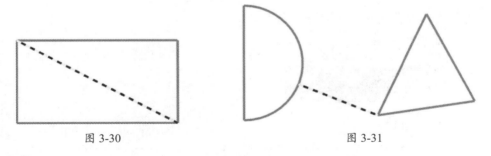

图 3-30　　　　　　　　　　　　　　　　　图 3-31

3. 平分线

【平分线】命令用于绘制两相交线的角平分线。由于直线可以无限延伸，两相交直线所产生的夹角共有 4 个，其角平分线也相应产生 4 种情况，用户可以根据所需选择合适的角平分线。

单击【平分线】按钮并选取两条线，根据选取的直线位置绘制出角平分线，如图 3-32 所示。

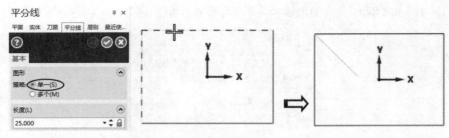

图 3-32

如果在【平分线】选项面板中选择【多个】单选按钮再选取两条线，将出现 4 条角平分线，然后选取其中一条符合要求的角平分线即可，如图 3-33 所示。

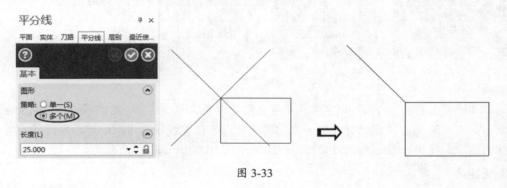

图 3-33

4. 垂直正交线

【垂直正交线】命令可以在直线或圆弧曲线上绘制基于某一点（或切点）的法向直线。单击【垂直正交线】按钮⊥，弹出【垂直正交线】选项面板，在其中选中【点】单选按钮，将绘制出直线的垂线，如图 3-34 所示。

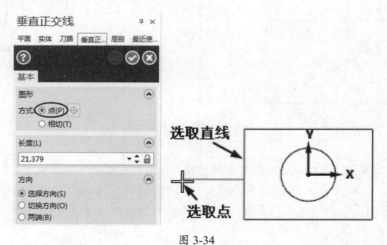

图 3-34

若在【垂直正交线】选项面板中选中【相切】单选按钮，选取一个圆再选取一条辅助直线，即可绘制出垂直于辅助线且经过圆切点的切线，如图 3-35 所示。

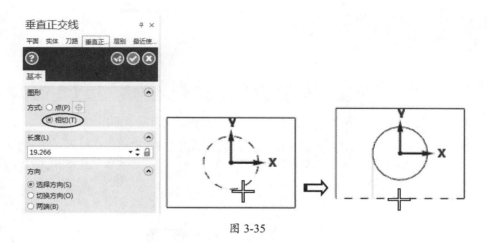

图 3-35

5. 绘制平行线

利用【平行线】命令可以绘制直线的平行线。在【平行线】面板中选中【点】单选按钮，仅创建直线平行线，若选中【相切】单选按钮，在创建直线平行线的同时，选取圆弧或圆可使平行线与圆或圆弧相切。如图 3-36 所示为选取直线作为平行参考而绘制的平行线。

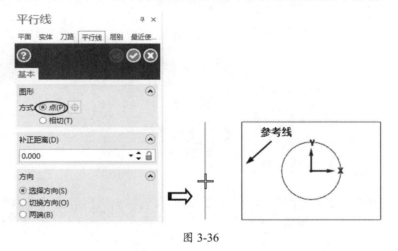

图 3-36

6. 通过点相切线

利用【通过点相切线】命令绘制切线的过程是：先选择曲线，鼠标指针选取位置即为切点，再在曲线一侧单击以确定切线位置，即可创建出该曲线的相切线，如图 3-37 所示。

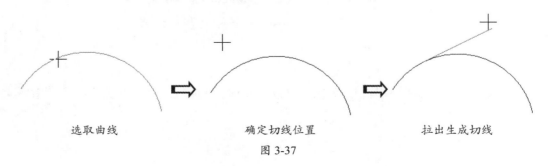

选取曲线　　　　　　　　确定切线位置　　　　　　　　拉出生成切线

图 3-37

技术要点：

选取曲线后，由于确定切线的位置不同，生成的切线也会不同。

使用【连续线】【正多边形】【分割】等命令绘制如图3-38所示的图形。

01 绘制正8边形。在【线框】选项卡的【形状】面板中单击【多边形】按钮 ⬠，弹出【多边形】选项面板。设置【边数】值为8，内接圆的【半径】值为50.000，然后在绘图区中工作坐标系的原点放置8边形，如图3-39所示。

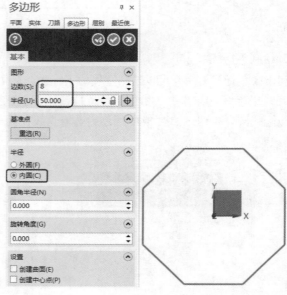

图 3-38　　　　　　　　　　　　　　图 3-39

02 绘制连续线。在【绘线】面板中单击【连续线】按钮 ✏，在弹出的【连续线】选项面板中选中【连续线】单选按钮，再选取8边形顶点（每隔一个顶点选择一个）绘制连线，结果如图3-40所示。

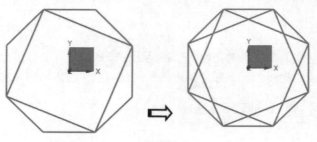

图 3-40

03 继续选取8边形的顶点绘制连线，如图3-41所示。选取先前连线的交点进行连线，如图3-42所示。

图 3-41　　　　　　　　　　　　　　　图 3-42

04 在【修剪】面板中单击【分割】按钮 ✖，弹出【分割】选项面板，在选项面板中选中【修剪】单选按钮，然后选取要修剪的线，修剪结果如图 3-43 所示。

图 3-43

3.4　绘制圆 / 圆弧

Mastercam 系统提供了 7 种绘制圆 / 圆弧的工具，这些工具在【线框】选项卡的【圆弧】面板中，如图 3-44 所示。如图 3-45 所示就是由圆和圆弧构成的图形，全部采用圆 / 圆弧命令绘制。

图 3-44　　　　　　　　　　　　　　　图 3-45

1. 已知点画圆

【已知点画圆】命令是通过指定圆心点位置来绘制完整圆的。

上机实践——已知点画圆

下面利用【已知点画圆】绘制一个花瓣图形，此图形由 4 个半圆相互修剪得到，如图 3-34 所示，具体步骤如下。

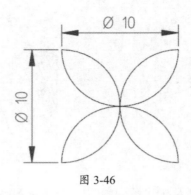

图 3-46

01 在【圆弧】面板中单击【已知点画圆】按钮⊕，弹出【已知点画圆】选项面板。

02 系统提示输入圆心点，按 Enter 键弹出坐标输入框。在坐标输入框中输入坐标值 0,5，按 Enter 键确认后再在【已知点画圆】选项面板中输入【半径】值为 5，单击【确定】按钮✓完成圆的绘制，如图 3-47 所示。

提示：

绘制圆后可以按F9键显示轴线，便于图形的观察和原点的捕捉，不需要时再次按F9键隐藏即可。

03 按照同样的方法，输入其他 3 个圆心的坐标为 0,–5、–5,0、5,0，且半径均为 5，绘制完成的结果如图 3-48 所示。

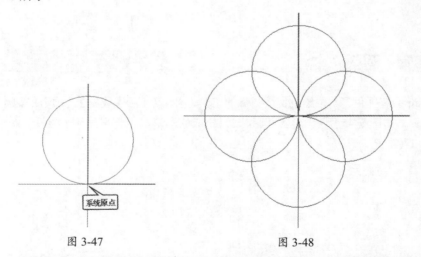

图 3-47   图 3-48

技术要点：

对于这样的图形，如果不是为了介绍【已知点画圆】工具的用法，其实最好使用【绘点】面板中的【圆周点】工具来绘制，可以更快速高效，如图3-49所示。

04 在【修剪】面板中单击【分割】按钮✕分割，选取多余的图线进行修剪，修剪结果如图 3-50 所示。

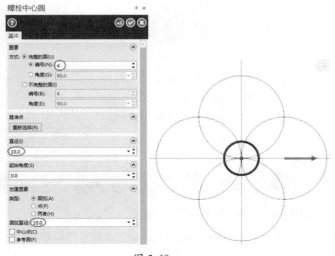

图 3-49

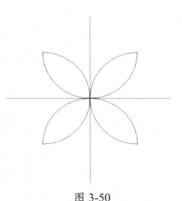

图 3-50

2. 已知边界点画圆

　　【已知边界点画圆】命令是指定圆上三点来绘制完整圆，这是由"经过不在同一条直线上的三点确定一个圆"的几何公理得来的。在【圆弧】面板中单击【已知边界点画圆】按钮○，弹出【已知边界点画圆】选项面板，如图 3-51所示，该选项面板中有 4 种画圆方式，下面详解。

图 3-51

- 两点：此方式是通过确定圆上两个点（镜像对称的两个象限点）的位置来画圆，如图 3-52 所示。这两个点可以在绘图区中任意指定，也可以选取已知的点。
- 两点相切：此方式可以绘制出与任意两条曲线同时相切的圆，如图 3-53 所示。

图 3-52

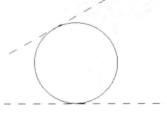

图 3-53

- 三点：此方式是通过确定圆上的任意三点位置来画圆，如图 3-54 所示。
- 三点相切：此方式可以绘制出与任意三条曲线同时相切的圆，如图 3-55 所示。有且只有一个圆符合几何条件。

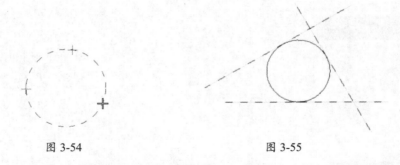

图 3-54　　　　　　　　　　　　　　　　　　图 3-55

　　采用【已知边界点画圆】命令绘制八卦图形，如图 3-56 所示。

01 按 F9 键显示轴线。在【圆弧】面板中单击【已知点画圆】按钮⊙，选取 WCS 原点作为圆心，在【已知点画圆】选项面板中输入圆的【直径】值为 60.0，单击【确定】按钮，完成圆的绘制，如图 3-57 所示。

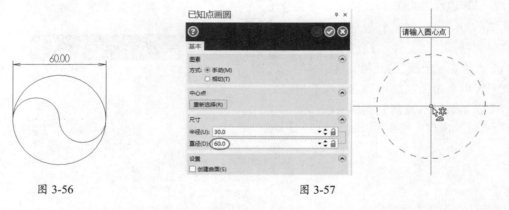

图 3-56　　　　　　　　　　　　　　　　　　图 3-57

02 在【圆弧】面板中单击【已知边界点画圆】按钮，在弹出的【已知边界点画圆】选项面板中选中【两点】单选按钮，然后在绘图区中选取已知圆的象限点和圆心来画两个小圆，如图 3-58 所示。

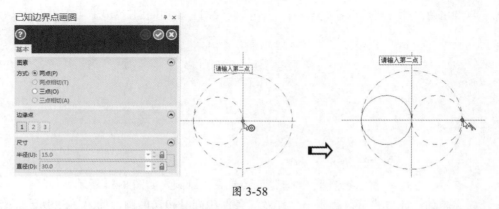

图 3-58

03 在【圆弧】面板中单击【分割】按钮 分割，　完成图形的修剪操作，结果如图 3-59 所示。

图 3-59

3. 三点画弧

　　【三点画弧】命令与【已知边界点画圆】选项面板中的【三点】方式画圆类似，都是采用确定 3 个点位置来画圆弧。若是捕捉到相切点，可以绘制三切弧。

上机实战——三点画弧

　　采用三点画弧命令绘制如图 3-60 所示的图形。

01 在【形状】面板的形状列表中单击【多边形】按钮⬠，弹出【多边形】选项面板。

02 在【多边形】选项面板中设置多边形的【边数】值为 6，内接圆【半径】值为 50.0，基准点为 WCS 原点。单击【确定】按钮◉，完成多边形的绘制，如图 3-61 所示。

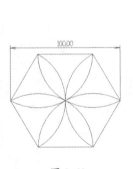

图 3-60

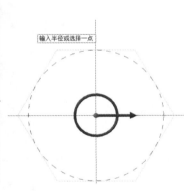

图 3-61

03 在【圆弧】面板中单击【三点画弧】按钮↖，依次选取六边形的角点、原点和角点来绘制圆弧，如图 3-62 所示。

04 采用同样的操作，依次绘制出其他圆弧，最终结果如图 3-63 所示。

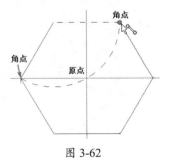

图 3-62

图 3-63

4. 切弧

【切弧】命令可用来绘制与图素相切的圆弧。在【圆弧】面板中单击【切弧】按钮，弹出【切弧】选项面板，其中包含了 7 种画弧方式，如图 3-64 所示。

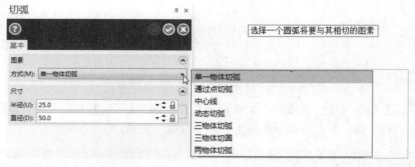

图 3-64

上机实战——利用【切弧】命令绘制图形

采用【切弧】命令绘制图形，如图 3-65 所示。

01 在【圆弧】面板中单击【已知点画圆】按钮⊙，并在 WCS 原点位置绘制直径为 60 的圆，如图 3-66 所示。

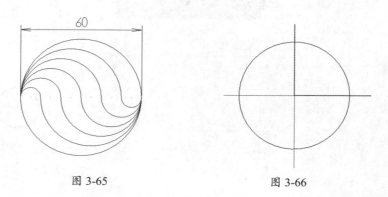

图 3-65   图 3-66

02 在【圆弧】面板中单击【切弧】按钮，弹出【切弧】选项面板。选取切弧方式为【单一物体切弧】，并输入【直径】值为 50.0，选取已有的圆作为要相切的图素，再选取圆的象限点作为切点，随后在切点两侧显示两个虚线整圆供用户选取，如图 3-67 所示。

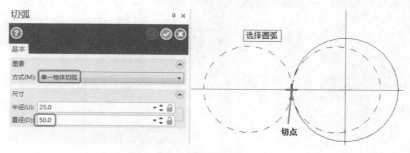

图 3-67

03 保留切点右侧的整圆，注意鼠标指针的选取位置决定了该部分圆弧是否保留，如图 3-68 所示。单击【确定并创建新操作】按钮，完成当前圆弧的绘制。

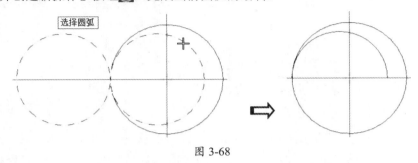

图 3-68

04 在【切换】选项面板没有关闭的情况下，将【直径】值分别修改为 40、30、20、10 后，重复以上一步绘制切弧，结果如图 3-69 所示。

05 在【转换】选项卡的【位置】面板中单击【旋转】按钮，将绘制的切弧旋转并复制，最终结果如图 3-70 所示。

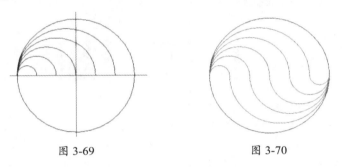

图 3-69　　　　　　　　　　　　　　　　图 3-70

5. 两点画弧

【两点画弧】命令是通过确定圆弧起点、终点和圆弧上一点来绘制圆弧，如图 3-71 所示。

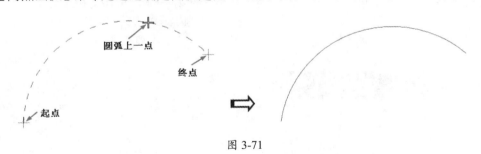

图 3-71

6. 极坐标画弧

【极坐标画弧】命令通过选择中心点、圆弧起点和终点来绘制圆弧。中心点为圆弧的圆心，圆半径为极径，圆弧的起点和终点作为极坐标终点。

利用【极坐标画弧】命令绘制一个由多段相切弧连接而成的图形，如图 3-72 所示。

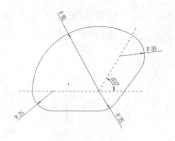

图 3-72

01 在【圆弧】面板中单击【极坐标画弧】按钮，弹出【极坐标画弧】选项面板。

02 按 F9 键显示轴线，选取 WCS 原点作为圆心，接着在【极坐标画弧】选项面板中输入【半径】值为 80.0，【起始】角度值为 60.0，【结束】角度值为 180.0，最后单击【确定并创建新操作】按钮，完成第 1 段圆弧的绘制，如图 3-73 所示。

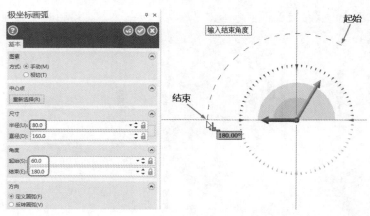

图 3-73

03 按空格键显示坐标输入框，在输入框中输入圆心坐标为-55,0，再在【极坐标画弧】选项面板中输入【半径】值为 25.0，设置圆弧的【起始】角度为 180.0，【结束】角度值为 270.0 并按 Enter 键确认。最后单击【确定并创建新操作】按钮，完成第 2 段圆弧的绘制，如图 3-74 所示。

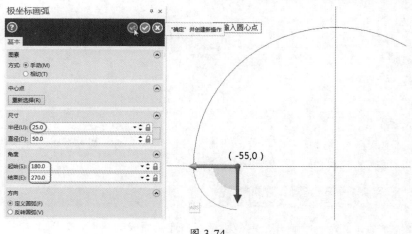

图 3-74

04 继续绘制第三段弧。拾取轴线交点（WCS 原点）作为圆心，在【极坐标画弧】选项面板中输入【半径】值为 25.0，设置【起始】角度值为 270.0，【结束】角度值为 60.0，最后单击【确定】按钮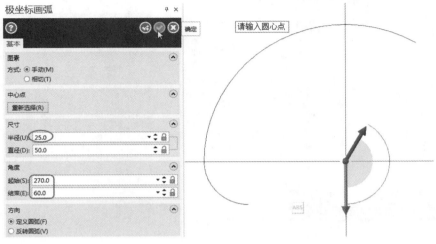，完成第 3 段圆弧的绘制，同时关闭【极坐标画弧】选项面板，如图 3-75 所示。

图 3-75

05 在【绘线】面板中单击【连续线】按钮，弹出【连续线】选项面板。选取 R80 圆弧的起点和圆心绘制直线，在【连续线】选项面板中修改直线【长度】值为 30.0，最后单击【确定】按钮，完成绘制，如图 3-76 所示。

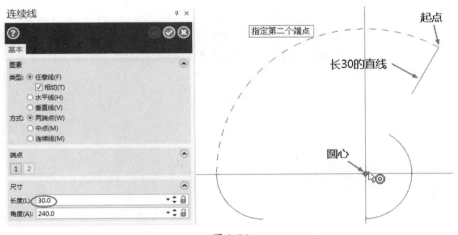

图 3-76

06 再次单击【极坐标画弧】按钮并打开【极坐标画弧】选项面板。输入【半径】值为 30.0，设置【起始】角度值为 270.0、【结束】角度值为 60.0 并按 Enter 键确认。选取直线终点为圆心并放置圆弧，最后单击【确定】按钮，完成第 4 段圆弧的绘制，如图 3-77 所示。

07 单击【连续线】按钮，弹出【连续线】选项面板。选中该选项面板中的【相切】复选框，接着在绘图区中将鼠标指针靠近（不能接触到线）R30 圆弧并单击获取第一个切点，然后再靠近 R25 圆弧并单击来获取第二个切点，以此完成相切线的绘制，如图 3-78 所示。最后按 Esc 键关闭【连续线】选项面板。

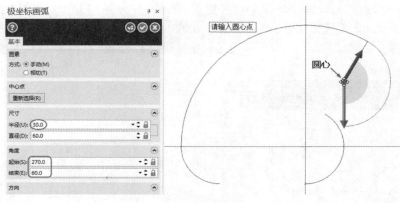

图 3-77

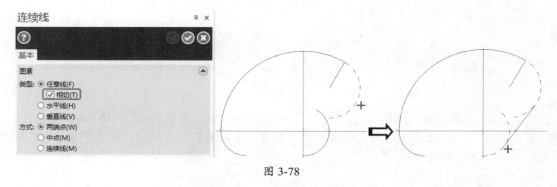

图 3-78

08 绘制直线，连接两个 *R*25 圆弧，如图 3-79 所示。

09 单击【修剪】面板中的【分割】按钮 ✕，将多余的线修剪掉，结果如图 3-80 所示。

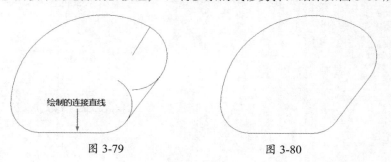

绘制的连接直线

图 3-79   图 3-80

7. 极坐标点画弧

【极坐标点画弧】命令是通过指定圆弧起始点（或终止点）、圆弧半径（或直径）、起始与终止角度来绘制圆弧的，圆弧计算角度的正方向为逆时针方向。

上机实战——极坐标点画弧

利用【极坐标点画弧】命令绘制如图 3-81 所示的图形。已知该图形中圆弧的半径、起始位置，圆弧终止角度任意设定，两个圆弧绘制完成后再进行修剪，即可得到最终的图形。

01 在【圆弧】面板中单击【连续线】按钮 ╱，弹出【连续线】选项面板。按空格键显示坐标输入框，在其中输入水平直线的起点与终点坐标值分别为–5,0 和 5,0，绘制的水平直线如图 3-82 所示。

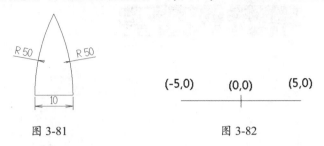

图 3-81　　　　　　　　　　　　　　图 3-82

02 单击【极坐标点画弧】按钮 ，并在弹出的【极坐标点画弧】选项面板中选中【起始点】单选按钮，输入【半径】值为 50.0、【起始】角度值为 0.0，【终止】角度值为 90.0 并按 Enter 键确认，将预定义的圆弧放置于水平直线的终点。单击【确定并创建新操作】按钮 ，完成第 1 段圆弧的绘制，如图 3-83 所示。

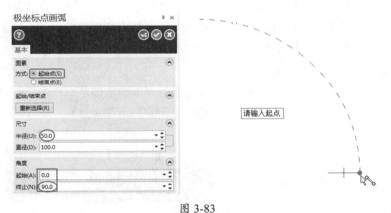

图 3-83

03 继续绘制圆弧。在【极坐标点画弧】选项面板中选中【结束点】单选按钮，再输入【半径】值为 50.0，【起始】角度值为 90.0、【终止】角度值为 180.0 并按 Enter 键确认，将预定义的圆弧放置于水平直线的起点上，最后单击【确定】按钮 ，完成第 2 段圆弧的绘制，如图 3-84 所示。

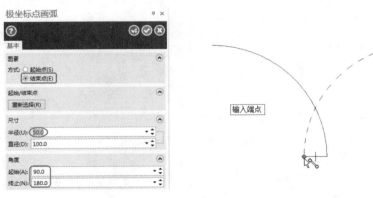

图 3-84

04 单击【分割】按钮 ，修剪多余的线，结果如图 3-85 所示。

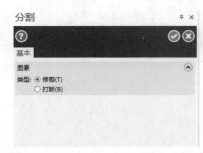

图 3-85

3.5 绘制样条曲线

在【线框】选项卡中有两个相同命名的面板——【曲线】。第一个【曲线】面板中的工具主要用来绘制样条曲线；第二个【曲线】面板则用于空间曲线的创建。

本节仅介绍第一个【曲线】面板中的样条曲线绘制命令，如图 3-86 所示。

1. 手动画曲线

【手动画曲线】命令是通过指定（或输入坐标点）样条曲线的节点（曲线经过点）来绘制自由曲线。样条节点可以预先定义，也可以在绘图区中任意单击指定位置。

单击【手动画曲线】按钮～，弹出【手动画曲线】选项面板，如图 3-87 所示。

图 3-86　　　　　　　　　　图 3-87

【手动画曲线】选项面板中主要选项含义如下。

- 返回上一个点⊕：当指定了样条曲线的经过点后此按钮亮显，若发现选取的点不符合要求，可以单击该按钮返回上一个点位置。
- 编辑结束条件：选中该复选框，绘制完样条曲线后会显示起始点与结束点的切向，如图3-88 所示。

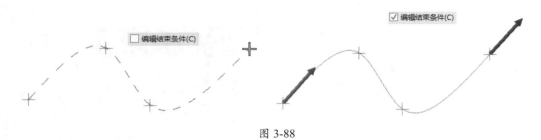

图 3-88

- 起始点：此下拉列表实际上是通过选择不同的方式来控制起始点的切向，包括【任意点】【三点】【到图素】【到结束点】和【角度】。

提示：

【任意点】方法是通过任意选取屏幕位置点来定义样条曲线，系统会优化样条曲线中控制点的切向（切向向量）；【三点】方式是使用样条曲线的最初3个点来设置切线向量；【到图素】方式是基于所选图素（曲线）来定义样条曲线的控制点切线向量；【到结束点】方式是以所选图素（曲线）的端点切向来定义样条曲线的切线向量；【角度】方式通过输入【起始角度】值来控制样条曲线的控制点切线向量。

- 起始方向：仅当在【起始点】下拉列表中选中【到图素】或【到结束点】选项后，才可设置【起始方向】选项，从而定义按所选点的顺序来定义方向或是反向。
- 起始角度：仅当在【起始点】下列列表中选取【角度】选项时，【起始角度】文本框才可用。
- 结束点：与起始点的设置选项相同。
- 结束方向：仅当在【结束点】下拉列表中选取【到图素】和【到结束点】选项后，才可设置【结束方向】选项。
- 终止角度：仅当在【结束点】下拉列表中选取【角度】选项时，【终止角度】选项才可用。

系统提示选取点，在绘图区中连续选取几点作为样条曲线通过点，按 Enter 键即可完成曲线的绘制，如图 3-89 所示。

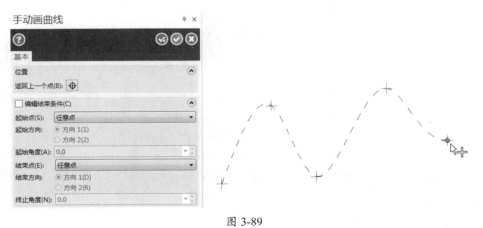

图 3-89

2. 曲线熔接

【曲线熔接】命令通过连接两条曲线的端点来绘制相切连续的样条曲线，如图 3-90 所示。单击【曲线熔接】按钮，弹出【曲线熔接】选项面板，如图 3-91 所示。

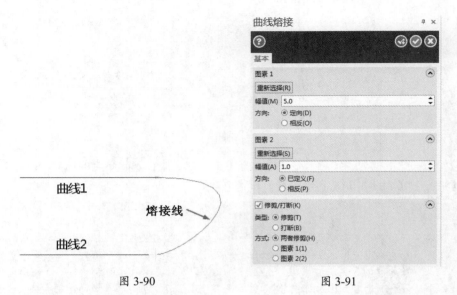

图 3-90   图 3-91

【曲线熔接】选项面板中主要选项含义如下。

- 图素 1：选取要熔接的第一条曲线。
- 重新选择：单击该按钮，可以重新选取图素 1。
- 幅值：在熔接的位置设置切点的曲率值，曲率越大所产生的弧度就越大。
- 方向：包括【定向】和【相反】两种。【定向】是按所选曲线产生的默认方向；选中【相反】单选按钮，可以更改默认方向。
- 修剪／打断：选中该复选框，将会使用以下选项来设置参考曲线的修剪或打断，如图 3-92 所示。

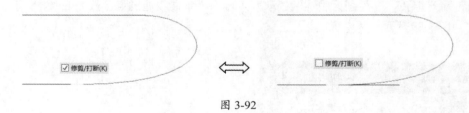

图 3-92

> 修剪：选中该单选按钮，即为修剪曲线。
> 打断：选中该单选按钮，即为打断曲线而不修剪。
> 两者修剪：选中该单选按钮，两条参考曲线均为修剪。
> 图素 1：选中该单选按钮，仅修剪第一条参考曲线。
> 图素 2：选中该单选按钮，仅修剪第二条参考曲线。

3. 转成单一曲线

【转成单一曲线】命令可以将现有的图形曲线（如直线、圆弧、矩形等）转换成单一的样条曲线，如图 3-93 所示。

单击【转成单一曲线】按钮 ，弹出【转成单一曲线】选项面板和【线框串连】对话框，如图 3-94 所示。

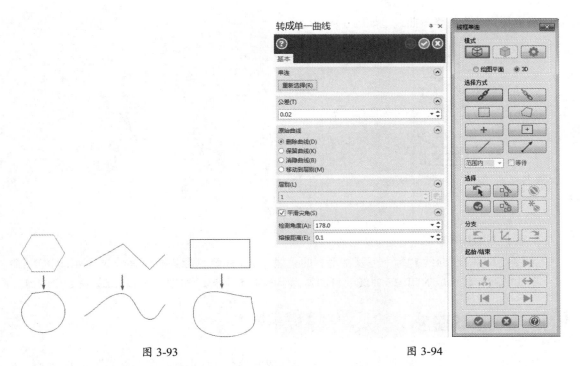

图 3-93　　　　　　　　　　　　　　　　　　　　　　图 3-94

【转成单一曲线】选项面板中主要选项含义如下。

- 串连：选取要转成样条曲线的连续线和形状图形等。
- 公差：设置此值可以使最终的样条曲线最大限度地逼近系统优化的原始样条，公差值越大，越偏离原始样条，如图 3-95 所示。

公差为 0.1　　　　　　　　　　　　　　　　　公差为 20

图 3-95

- 删除曲线：选中该单选按钮，将保留样条曲线而删除原始的参考曲线。
- 保留曲线：不删除原始的参考曲线。
- 消隐曲线：不删除原始参考曲线，但消隐曲线。
- 移动到层别：将原始参考曲线移动到其他层别中，同时下方的【层别】文本框被激活，可以输入层别号来完成自动转层。
- 平滑尖角：选中该复选框将转成平滑尖角的样条曲线。反之，仅是转成具有 NURBS 曲线性质的与原始参考曲线形状相同的曲线。
- 检测角度：输入角度，使带有尖角的图形变得平滑、连续，值越大尖角越平滑。
- 熔接距离：调整尖角时的熔接曲线的起始点与终止点位置。

4. 自动生成曲线

【自动生成曲线】命令根据用户选取的第一点、第二点和最后一个点来统计出其他点，并自动绘制连接这些点的样条曲线，如图 3-96 所示。

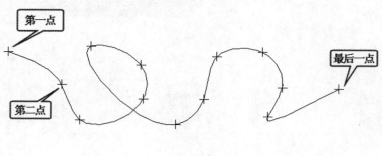

图 3-96

5. 转为 NURBS 曲线

【转为 NURBS 曲线】命令可以将现有的直线、圆 / 圆弧、形状曲线等转成具有 NURBS 曲线性质的曲线。转换成 NURBS 曲线的目的是为了利用【绘点】面板中的【节点】命令绘制点。

3.6 绘制形状图形

形状图形是由直线、圆 / 圆弧及参数方程来构成的具有几何形状的图形，如图 3-97 所示。

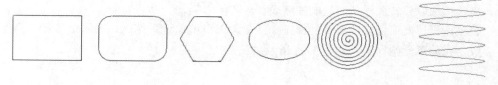

图 3-97

1. 绘制标准矩形

标准矩形的形状是由宽度和高度控制的，有对角线定位，也有中心定位，如图 3-98 所示。在【形状】面板中单击【矩形】按钮□，弹出【矩形】选项面板，如图 3-99 所示。

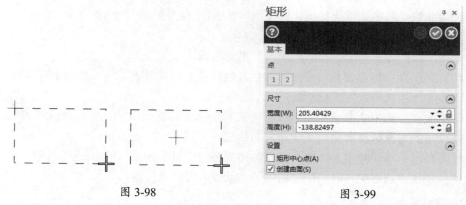

图 3-98   图 3-99

【矩形】选项面板中主要选项含义如下。

- 点 1、点 2：用于矩形定位的两个点。如果是对角点定位，可以单击 1 和 2 按钮来重新定位两个对角点。点 1 为矩形的第一个角点，点 2 为矩形的第二个角点。
- 宽度：输入矩形的宽度值。
- 高度：输入矩形的高度值。

提示：

【矩形】选项面板中的【宽度】与【高度】是按立面来定义的，【长度】和【宽度】则是按水平平面来定义的。

- 矩形中心点：选中该复选框，矩形将以中心点进行定位，反之，则以矩形对角点定位。
- 创建曲面：选中该复选框，系统会自动填充矩形，形成矩形曲面。

2. 绘制圆角矩形

使用【圆角矩形】命令可以绘制标准矩形、矩圆形（键槽形）、单 D 形和双 D 形 4 种，如图 3-100 所示。此外，圆角矩形不仅可以中心定位，还可以在矩形的特殊点处进行定位。

单击【圆角矩形】按钮 □，弹出【矩形形状】选项面板，如图 3-101 所示。

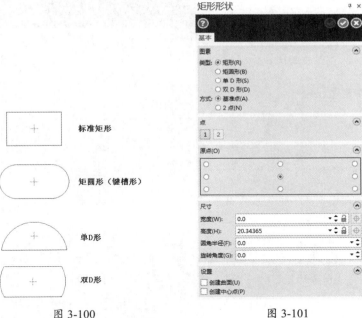

图 3-100　　　　　　　　　　　　　　图 3-101

【矩形形状】选项面板中主要选项含义如下。

- 类型：4 种矩形形状，包括【矩形】【矩圆形】【单 D 形】和【双 D 形】（图 3-100 所示）。
- 方式：包括【基准点】和【2 点】两种方式。【基准点】方式通过原点定位的方式来绘制矩形；【2 点】方式通过对角点定位的方式来绘制矩形。
- 【点】选项区：用来修改对角点或中心点位置。
- 【原点】选项区：用来确定"基准点"的位置。
- 【尺寸】选项区：用来确定矩形的宽度及高度。【圆角半径】值确定标准矩形中是否绘制圆角，如图 3-102 所示。【旋转角度】值确定矩形是否旋转，如图 3-103 所示。

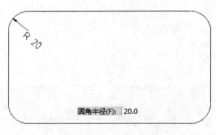

图 3-102

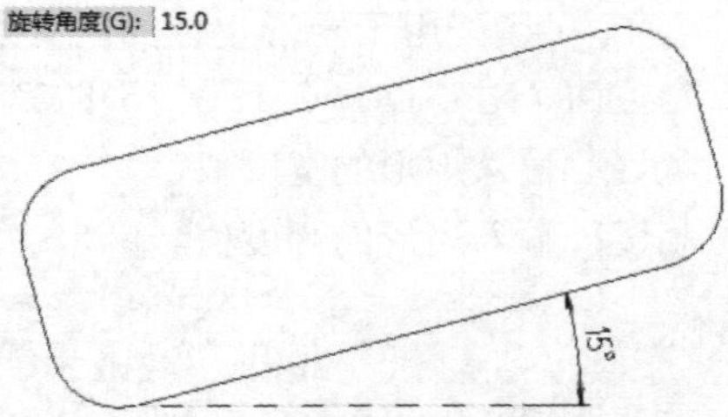

图 3-103

- 创建曲面：选中该复选框，自动填充矩形，形成矩形曲面。
- 创建中心点：选中该复选框，在矩形中心点位置绘制点。

3. 绘制多边形

【多边形】命令可以用来绘制边数为 3 ～ 360 的正多边形，如图 3-104 所示。单击【多边形】按钮⬠，弹出【多边形】选项面板，如图 3-105 所示。

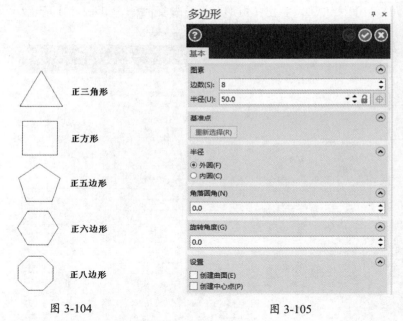

图 3-104

图 3-105

【多边形】选项面板中主要选项含义如下。

- 边数：多边形的边数，边数越大，越接近于圆。
- 半径：外切圆或内接圆的半径。
- 基准点：此基准点为外切圆或内接圆的圆心点。
- 外圆：以"正多边形外切于圆"方式控制多边形的大小，如图 3-106 所示。
- 内圆：以"正多边形内接于圆"方式控制多边形的大小，如图 3-107 所示。

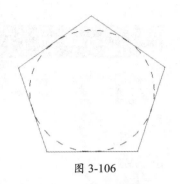

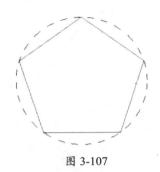

图 3-106   图 3-107

- 角落圆角：控制正多边形的尖角处是否绘制圆角，如图 3-108 所示。
- 旋转角度：控制正多边形是否倾斜一定角度，如图 3-109 所示。

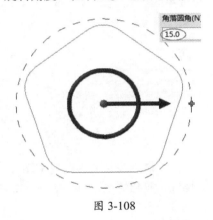

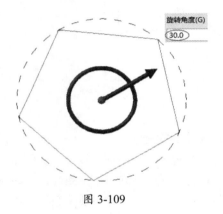

图 3-108   图 3-109

4. 绘制椭圆

椭圆是二次曲线的一种，由平面以某种角度切割圆锥所得截面的轮廓线即是椭圆。椭圆有两个轴：长轴和短轴（每个轴的中点都在椭圆的中心）。椭圆的最长直径就是长轴；最短直径就是短轴。长半轴和短半轴的值指的是这些轴长度的一半，如图 3-110 所示。

在【形状】面板中单击【椭圆】按钮 ◯ ，弹出【椭圆】选项面板，该选项面板用来设置椭圆参数，如图 3-111 所示。

【椭圆】选项面板中主要选项含义如下。

- 类型：选择椭圆曲线的 3 种曲线连接性质。
    - ＞ NURBS：表示将创建为单一的样条曲线。
    - ＞ 圆弧段：表示绘制的椭圆将由无数段圆弧连接而成。
    - ＞ 区段直线：表示绘制的椭圆将由无数段直线连接而成。
- 半径 A：长半轴的长度值。
- 半径 B：短半轴的长度值。
- 起始：确定椭圆弧的起始角度，默认为 0°。
- 结束：确定椭圆弧的结束角度，默认为 360°。
- 旋转角度：椭圆的旋转角度。

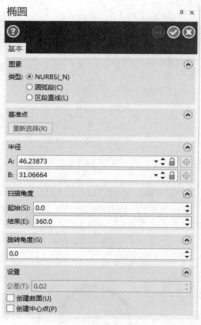

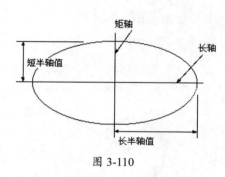

图 3-110

图 3-111

5. 绘制平面螺旋线

螺旋线按维度分有两种：三维螺旋线和平面螺旋线。三维螺旋线又分为圆柱螺旋线和圆锥螺旋线。平面螺旋线包括阿基米德螺线、费马螺线、等距螺线、等角螺线、双曲螺线、圆内螺线、弯曲螺线、连锁螺线、克鲁螺线及欧拉螺线等。

【平面螺旋】命令可以绘制平面螺线和三维螺线，如图 3-112 所示。在【形状】面板中单击【平面螺旋】按钮 ◎，弹出【螺旋形】选项面板，如图 3-113 所示。

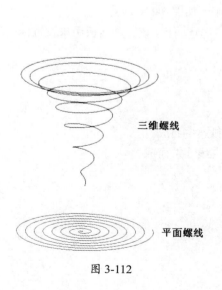

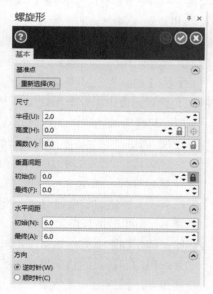

图 3-112

图 3-113

【螺旋形】选项面板中主要选项含义如下。

- 基准点：定义平面螺旋线中心点。
- 半径：平面螺旋线中心基圆的半径。
- 高度：如果要绘制三维等距螺旋线，在此输入螺旋线的整体高度。
- 圈数：平面螺旋线的螺线圈数。
- 垂直间距 - 初始：三维螺线的起始螺线间距。
- 垂直间距 - 最终：三维螺线的最终螺线间距。
- 水平间距 - 初始：平面螺线的起始螺线间距。
- 水平间距 - 最终：平面螺线的最终螺线间距。
- 方向：逆时针螺旋与顺时针螺旋。

6. 绘制文字

【文字】命令常用于产品外观装饰、厂家名称、产品名称、产品标记及产地的文字输入。在【形状】面板中单击【文字】按钮 A，弹出【创建文字】选项面板，如图 3-114 所示。在【字母】文本框输入文本后，可以为其设置文字样式、文字高度与间距，以及水平或垂直放置等，如图 3-115 所示。

图 3-114

图 3-115

7. 凹槽

利用【凹槽】命令可以绘制车削零件的退刀槽平面图形，此工具主要是为了绘制车削轮廓。在【形状】面板单击【凹槽】按钮 ，弹出【标准环切凹槽参数】对话框，如图 3-116 所示。

【标准环切凹槽参数】对话框中主要选项含义如下。

- 外螺纹：选中该单选按钮，将绘制车削外螺纹的退刀槽图形。
- 内螺纹：选中该单选按钮，将绘制车削内螺纹的退刀槽图形。
- 轴肩：选中该单选按钮，将绘制车削零件的轴肩图形。

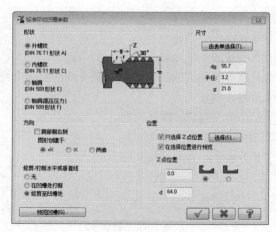

图 3-116

- 轴肩（高压压力）：选中该单选按钮将绘制车削零件的轴肩（高压压力）图形。以上 4 种凹槽图形如图 3-117 所示。

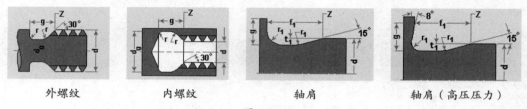

外螺纹　　　　　　内螺纹　　　　　　轴肩　　　　　轴肩（高压压力）

图 3-117

- 【方向】选项区：此选项区中的选项用于控制凹槽的生成方向与位置。
- 【修剪 / 打断水平或垂直线】选项区：此选项区用来设置凹槽图形的修剪方式。
- 【尺寸】选项区：此选项区用于设置凹槽的详细尺寸，也可以单击【由表单选择】按钮，在弹出的【释放槽表单 -DIN 509 Shape F】对话框中选择一种标准规格，如图 3-118 所示。
- 【位置】选项区：确定凹槽图形中 Z 点的位置。

设置好参数及选项后，单击【确定】按钮 ✓ ，自动绘制凹槽图形，如图 3-119 所示。

图 3-118

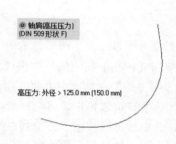

图 3-119

8. 楼梯状图形

【楼梯状图形】命令可用来绘制楼梯剖面形状。在【形状】面板中单击【楼梯状图形】按钮，弹出【画楼梯状图形】对话框，如图 3-120 所示。

楼梯状图形包括开放式和封闭式两种，如图 3-121 所示。

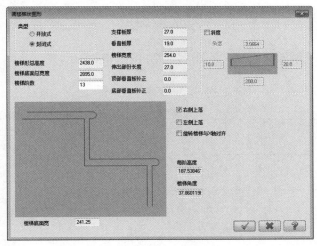

图 3-120　　　　　　　　　　　　　　　　　图 3-121

按照设计要求，在【画楼梯状图形】对话框中设置参数和相关选项，单击【确定】按钮，在绘图区中单击以放置楼梯状图形。

9. 门状图形

【门状图形】命令可绘制门样式的图形，图形包括门边框和内部形状。单击【门状图形】按钮，弹出【画门状图形】对话框，如图 3-122 所示。

选择门类型后，根据预览的门图形设置各选项及参数，最后单击【确定】按钮，在绘图区中单击以放置门状图形，可以连续放置门图形，如图 3-123 所示。

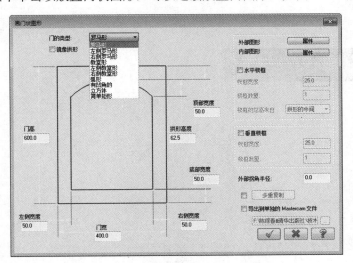

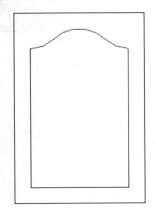

图 3-122　　　　　　　　　　　　　　　　　图 3-123

3.7 综合训练

本节将通过几个零件图形的绘制来说明二维图形绘制的一般步骤。值得注意的是，如果没有把握好几何关系，绘制时会比较麻烦，下面将具体说明。

3.7.1 训练一：绘制扳手图形

扳手是生活中常见的工具，主要用来装卸螺丝等。其图形尺寸如图 3-124 所示。

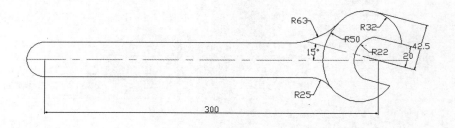

图 3-124

绘图分析：

- 从图形的完整标注来看，两条基准线的交点所引出的尺寸标注最多，故将此交点作为图形的绘制基点。
- 另外，起初绘制图形时，并不知道视图的比例是多大，一般来讲最好是先绘制出基点位置的主要轮廓曲线以此确定绘图比例，然后再补充基准线，这样做可以提高绘图效率。

操作步骤：

01 新建 Mastercam 文件。按 F9 键显示轴线。

02 在【圆弧】面板中单击【已知点画弧】按钮⊙，然后在 WCS 原点处绘制【半径】值为 22.0 的圆，如图 3-125 所示。

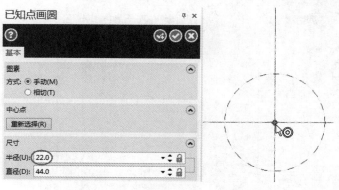

图 3-125

03 单击【连续线】按钮╱，过原点绘制两条直线，如图 3-126 所示。

04 选取两条直线，将其线型设为中心线，颜色更改为红色，如图 3-127 所示。

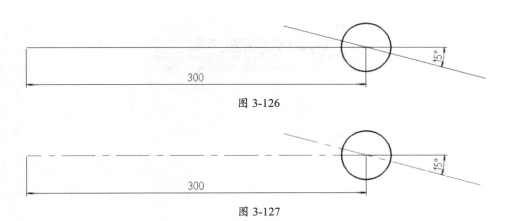

图 3-126

图 3-127

05 单击【已知点画弧】按钮，绘制 ∅100 的圆，如图 3-128 所示。

06 在【绘线】面板中单击【平行线】按钮 ⁄⁄，分别绘制出偏移距离为 20 和 22.5 的平行线，如图 3-129 所示。

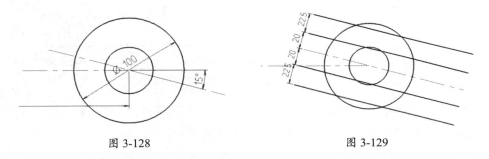

图 3-128　　　　　　　　　　　　　　　图 3-129

07 绘制倒圆角。在【修剪】面板中单击【图素倒圆角】按钮 ⌐，弹出【图素倒圆角】选项面板。在该选项面板中输入倒圆角【半径】值为 32.0，再按 Enter 键确认，然后选取要倒圆角的曲线，如图 3-130 所示。

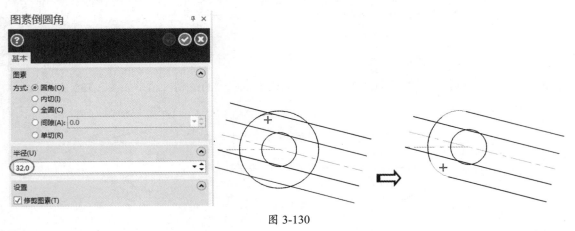

图 3-130

08 在【修剪】面板中单击【分割】按钮 ✗，选取多余的线进行修剪，结果如图 3-131 所示。

09 在【修剪】面板中单击【修改长度】按钮 ⁄，在弹出的【修改长度】选项面板中输入【距离】值为 50.0，然后选取圆弧增加长度，如图 3-132 所示。

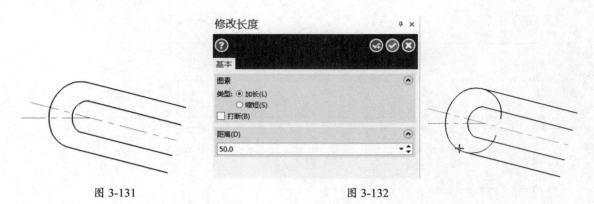

图 3-131   图 3-132

10 单击【分割】按钮✂，修剪多余曲线，结果如图 3-133 所示。

11 单击【平行线】按钮⫽，绘制出偏移距离为 16 平行线，如图 3-134 所示。

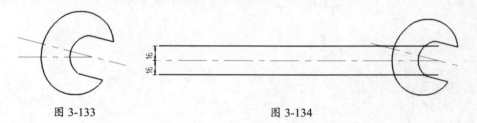

图 3-133   图 3-134

12 在【圆弧】面板中单击【两点画弧】按钮↷，在左侧绘制半径为 16 的圆弧。

13 单击【图素倒圆角】按钮⌒，绘制半径为 63 和 25 的两个圆角，如图 3-135 所示。

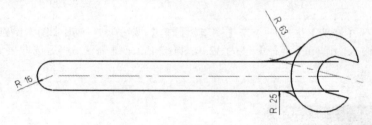

图 3-135

14 最后单击【分割】按钮✂，修剪多余曲线，完成扳手图形的绘制，结果如图 3-136 所示。

图 3-136

3.7.2 训练二：绘制连接片图形

如图 3-137 所示中，$A=66$，$B=55$，$C=30$，$D=36$，$E=155$。在这个案例中，将会使用图形绘

制及图形编辑工具来共同完成绘制。

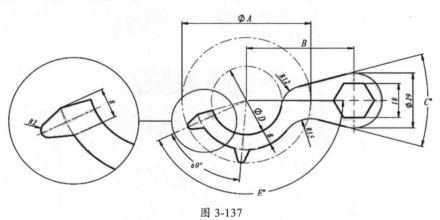

图 3-137

绘图分析：

- 确定整个图线的尺寸基准中心，从基准中心开始，陆续绘制出主要线段、中间线段和连接线段。
- 基准线可以先画出图形再进行补充。
- 绘图顺序图解如图 3-138 所示。

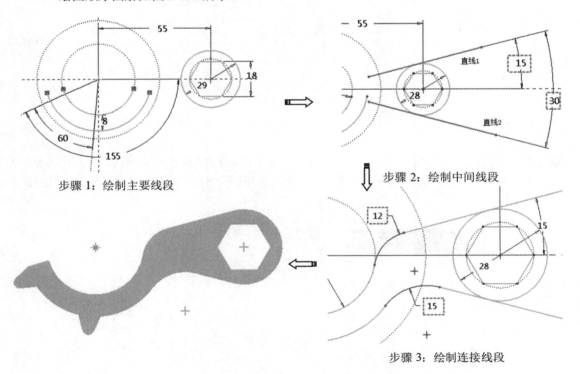

图 3-138

01 新建 Mastercam 文件，按 F9 键显示轴线，以默认的俯视图平面作为工作平面。

02 首先绘制已知线段。在【线框】选项卡的【圆弧】面板中单击【已知点画圆】按钮⊕，以坐标系原点为圆心，先绘制 Ø66、Ø36 与 Ø29 的同心圆，如图 3-139 所示。

03 选中 Ø29 的圆，在弹出的【线框选择 - 工具】上下文选项卡的【位置】面板中单击【平移】按钮，将此圆向右平移 55.0（在【平移】选项面板中输入 X 增量值即可），如图 3-140 所示。

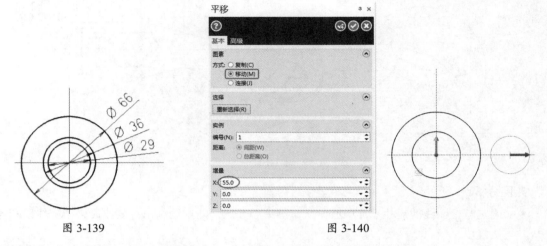

图 3-139   图 3-140

04 选取左侧的两个同心圆，并将其线型更改为中心线，如图 3-141 所示。

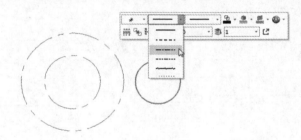

图 3-141

05 在【形状】面板中单击【多边形】按钮 ⬠，弹出【多边形】选项面板，在该选项面板中设置【边数】值为6，【半径】值为9.0，选中【外圆】单选按钮后按 Enter 键确认，然后将预定义的正六边形放置于 Ø29 圆的圆心，如图 3-142 所示。

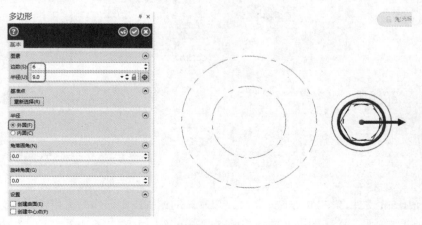

图 3-142

06 在【圆弧】面板中单击【极坐标画弧】按钮 ，拾取 Ø36 圆的圆心作为圆弧圆心，圆弧就绘制在 Ø36 圆上，即此圆弧与 Ø36 的圆重合，如图 3-143 所示。

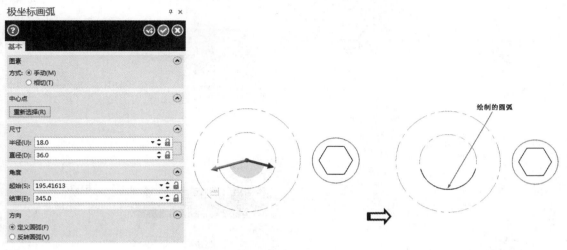

图 3-143

07 在【修剪】面板中单击【补正】按钮 ，以上一步绘制的圆弧作为参考，偏移复制出（往下方偏移）距离为 8.0 的新圆弧，如图 3-144 所示。

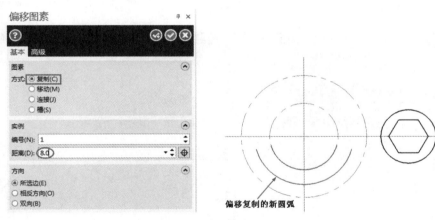

图 3-144

08 单击【连续线】按钮 ，绘制两条斜线，并将斜线线型转换成中心线线型，如图 3-145 所示。

09 单击【补正】按钮 ，绘制偏移复制直线，偏移距离为 4，如图 3-146 所示。

10 单击【连续线】按钮，过坐标系原点和交点（是斜中心线与偏移复制出来的新圆弧的交点）绘制直线，如图 3-147 所示。

11 单击【切弧】按钮 ，在弹出的【切弧】选项面板中选择【单一物体切弧】方式，输入【直径】值为 4.0 并按 Enter 键确认。在绘图区中选取 Ø66 的圆（线型为中心线）作为相切参考，再选取切点来绘制直径为 4 的小圆，如图 3-148 所示。

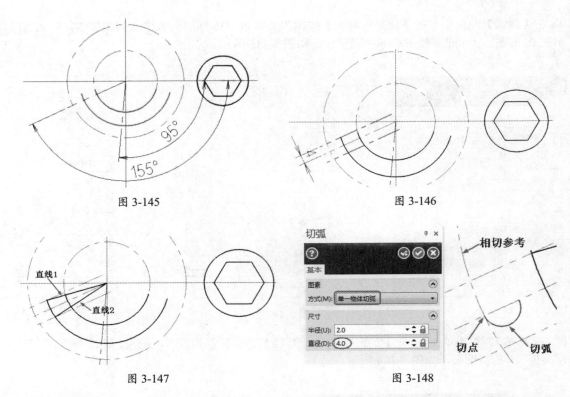

图 3-145

图 3-146

图 3-147

图 3-148

12 在【修剪】面板中单击【封闭全圆】按钮 ◯，选取切弧以将其转换成全圆，如图 3-149 所示。

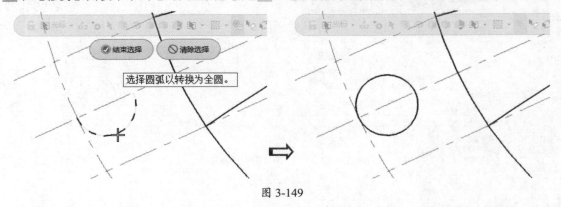

图 3-149

13 绘制图形的中间线段。单击【连续线】按钮 ✎ 绘制两斜线，两条斜线均与小圆相切，如图 3-150 所示。

技术要点：

如果不能捕捉到切点或是捕捉到切点，但是直线却没有在切点上，可以先在上选择条中单击【选择设置】按钮 ⚙，弹出【选择】对话框，将不相干的自动抓点选项关闭即可。

14 单击【分割】按钮 ✂，修剪图形，结果如图 3-151 所示。

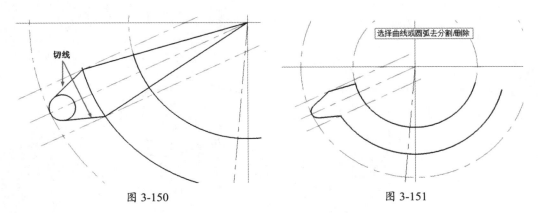

图 3-150　　　　　　　　　　　　　　　　　图 3-151

15 选取如图 3-152 所示的 3 条曲线，在【线框选择 - 工具】上下文选项卡的【位置】面板中单击【旋转】按钮 ✍，弹出【旋转】选项面板。选中【复制】单选按钮，输入旋转【角度】值为 60.0，按 Enter 键确认后再选取坐标系原点作为旋转中心，系统自动完成旋转复制。

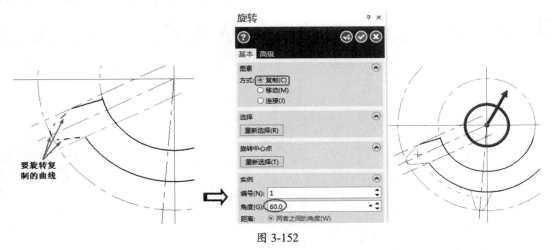

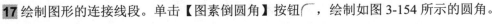

图 3-152

16 单击【连续线】按钮 ✏，绘制如图 3-153 所示的两条斜线，两条斜线均与 Ø29 的圆相切。

17 绘制图形的连接线段。单击【图素倒圆角】按钮 ⌐，绘制如图 3-154 所示的圆角。

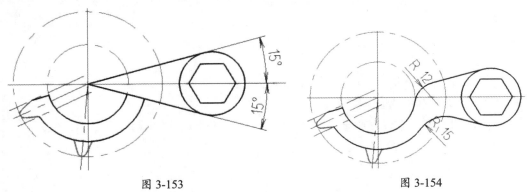

图 3-153　　　　　　　　　　　　　　　　　图 3-154

18 单击【分割】按钮 ✂，修剪多余的线段，完成整个图形的绘制，结果如图 3-155 所示。

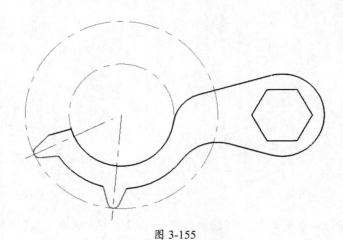

图 3-155

19 保存最终的结果文件。

3.8 课后习题

（1）利用多边形创建如图 3-156 所示的五角星形。

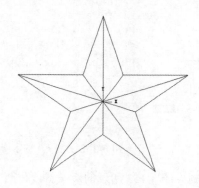

图 3-156

【操作提示】

- 创建正五边形，五边形内接圆半径为 100mm。
- 以直线连接相对角。
- 再以直线顺次连接中心点到五角星边上交点。
- 将多余的线修剪或删除即可。

（2）采用【切弧】命令绘制香皂盒外形，香皂盒的外形尺寸如图 3-157 所示。

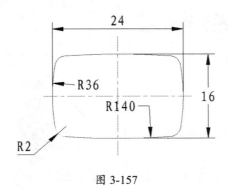

图 3-157

【操作提示】

- 绘制两条基准线。
- 创建矩形尺寸为 24mm×16mm，中心定位。
- 采用切弧切于某点命令绘制 R=140mm 和 R=36mm 的切弧，切点在矩形的边上中点。
- 进行倒圆角处理。

（3）采用【切弧】命令绘制叉架类零件外形，尺寸如图 3-158 所示。

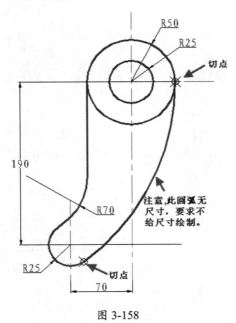

图 3-158

【操作提示】

- 绘制基准线。
- 绘制圆和直线。
- 绘制倒圆角。
- 将下方 R25 的圆镜像到上方。
- 构造三切弧，分别与刚才镜像的两个 R25 的圆和 R50 的图三相切。

第 *4* 章 二维图形编辑

 扫码看教学视频

项目导读

　　使用基本的绘线工具去绘制较为复杂的图形会感到十分困难，需要耗费大量的时间去处理一些细节。如果利用二维图形的编辑工具，可以轻松解决这些烦琐的绘图问题。本章将重点讲解修剪、打断、倒圆角和倒角等二维图形编辑命令的应用方法。

项目分解

- 图形倒角
- 图形的修剪与打断
- 二维图形的转换

4.1 图形倒角

　　对图形进行倒角（对最终生成的零件进行倒角），一是为了避免因零件碰损而破坏外观，二是为了避免因应力集中导致零件刚度降低，三是为了避免在零件装配过程中划伤手。图形倒角分为倒圆角和倒斜角。其中，倒圆角又分两种模式：图素倒圆角和串连倒圆角。倒斜角也有两种模式：倒角和串联倒角。

4.1.1 图素倒圆角

　　【图素倒圆角】命令是在两条曲线的交叉处剪裁掉尖角部分，从而生成一个切线弧。在【修剪】面板中单击【图素倒圆角】按钮，会弹出【倒圆角】选项面板，如图 4-1 所示。

　　【倒圆角】选项面板中主要选项含义如下。

- 方式：选择绘制圆角时圆角曲线与原曲线之间的修剪方式，包括 5 种，如图 4-2 所示。

图 4-1

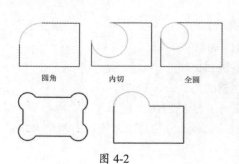

图 4-2

- 半径：设置圆角曲线的半径。
- 修剪图形：选中该复选框，将修剪原曲线，反之则不修剪，如图 4-3 所示。

图 4-3

上机实践——应用【图素倒圆角】命令绘制图形

采用【倒圆角】命令绘制如图 4-4 所示的图形。

01 绘制圆。在【圆弧】面板中单击【已知点画圆】按钮 ⊙ ·，弹出【已知点画圆】选项面板。选取原点为圆心，再输入【直径】值为 36.0 并按 Enter 键确认，绘制圆的结果如图 4-5 所示。

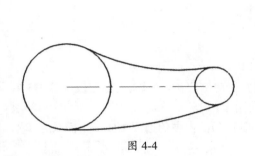
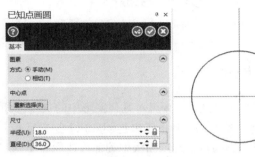

图 4-4　　　　　　　　　　　　　　　　　　　图 4-5

02 绘制连续线。单击【连续线】按钮 ╱，选取原点为起点，输入水平长度为 60，绘制水平线，如图 4-6 所示。

03 绘制圆。单击【已知点画圆】按钮 ⊙ ·，选取直线右端点为圆心，绘制直径为 16 的圆，如图 4-7 所示。

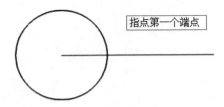
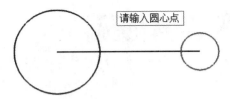

图 4-6　　　　　　　　　　　　　　　　　　　图 4-7

04 将水平直线转换成中心线。在【修剪】面板中单击【图素倒圆角】按钮 ⌒，弹出【倒圆角】选项面板。在该选项面板中输入圆角【半径】值为 80.0，取消选中【修剪图素】复选框，在绘图区中选取直径为 36 的圆和直径为 16 的圆上部分，此时出现多种圆角的可能性，选取合理的圆角曲线，如图 4-8 所示。单击【确定并创建新操作】按钮 ⊛ 继续绘制圆角。

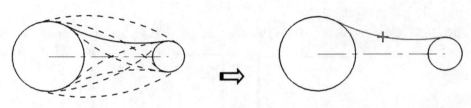

图 4-8

05 输入新的倒圆角【半径】值为 160.0，并按 Enter 键确认，再选取直径为 36 的圆和直径为 16 的圆的下部分，同样出现了多种圆角可能性，选取合理的圆角曲线，最后单击【确定】按钮，完成圆角的绘制，结果如图 4-9 所示。

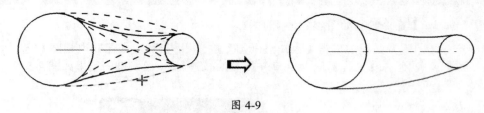

图 4-9

4.1.2 串连倒圆角

【串连倒圆角】命令可对几何图形中的尖角部分进行自动倒圆角。在【修剪】面板中单击【串连倒圆角】按钮，弹出【串连倒圆角】选项面板，如图 4-10 所示。

【串连倒圆角】选项面板中的部分选项与【倒圆角】选项面板中的选项相同，下面只介绍不同的选项。

- 全部：将对所选的串连曲线全部倒圆角。
- 顺时针：将对所选串连曲线形成的凸角倒圆角。
- 逆时针：将对所选串连曲线形成的凹角倒圆角。

所有角落倒圆角、正向扫描倒圆角和负向扫描倒圆角的区别如图 4-11 所示。

图 4-10

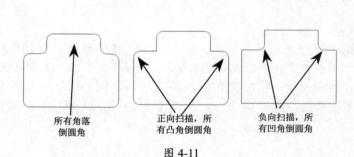

所有角落　　　正向扫描，所　　　负向扫描，所
倒圆角　　　　有凸角倒圆角　　　有凹角倒圆角

图 4-11

4.1.3　倒角

　　【倒角】命令用于对几何图形中的尖角部分进行倒斜角处理。在【修剪】面板中单击【倒角】
按钮 ⁄，弹出【倒角】选项面板，如图 4-12 所示。

　　【倒角】选项面板中主要选项含义如下。

- 方式：形成倒角的方式，包括 4 种方式，如图 4-13 所示。

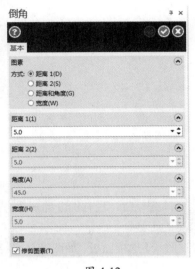

图 4-12

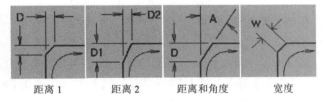

图 4-13

　　> 距离 1：以"距离 1"方式创建斜角时，输入倒角距离。
　　> 距离 2：以"距离 2"方式创建斜角时，D1 和 D2 距离可以相同，可以不同。
　　> 距离和角度：以"距离和角度"方式创建斜角时，确定 D1 单边距离和 A 角度。
　　> 宽度：以"宽度"方式创建斜角时，输入斜边宽度值。

4.1.4　串连倒角

　　【串连倒角】命令根据所选的串连曲线（或几何封闭图形）自动进行倒斜角处理。单击【串
连倒角】按钮 ⁄，弹出【串连倒角】选项面板，如图 4-14 所示。选取串连后，系统自动倒斜角。

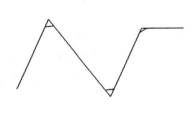

图 4-14

　　【串连倒角】选项面板中仅有两种倒斜角方式——距离和宽度。这两种方式与【倒角】选项
面板中的"距离 1"方式和"宽度"方式相同。

图形的修剪与打断

在绘制图形过程中总会产生一些多余的曲线，那么，就需要将这些多余曲线删除、修剪或打断。

4.2.1 修剪工具

修剪工具包括【修剪到图素】【修剪到点】【多图素修剪】和【在相交处修改】4 种，如图 4-15所示。

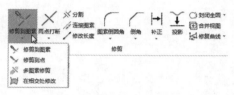

图 4-15

1. 修剪到图素

【修剪到图素】工具采用一条边界来修剪一个图素，选取的部分保留，没有选取的部分被删除，先选中的物体是要被修剪的物体，后选中的物体是用来修剪的工具。

在【修剪】面板中单击【修剪到图素】按钮，弹出【修剪到图素】选项面板，如图 4-16 所示。【修剪到图素】选项面板中主要选项含义如下。

- 修剪：选取的图素将被修剪掉一部分。
- 打断：选取的图素仅被打断，而不会被修剪。
- 自动：此方式允许同时使用【修剪单一物体】方式和【修剪两物体】方式。【自动】方式其实是两种方式的切换应用。
- 修剪单一物体：此方式仅修剪单条曲线。例如，选取直线 P2 作为修剪工具，再选取曲线 P1，鼠标指针选取的位置被保留，如图 4-17 所示。

图 4-16

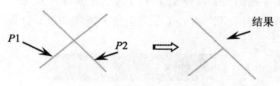

图 4-17

- 修剪两物体：选取两个图素相互修剪，两个图素之间相互作为边界，选取的部分是保留的部分，没有选取的部分被修剪。如图 4-18 所示，先用 P2 修剪 P1，再用 P1 修剪 P2。

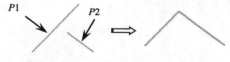

图 4-18

- 修剪三物体：选取 3 个物体进行修剪。一个三物体修剪相当于两个两物体修剪，即三物体修剪是第一物体和第三物体进行两物体修剪，同时，第二物体和第三物体进行两物体修剪，所得结果即是三物体修剪。例如，选取直线 P1 和 P2，再选取直线 P3，修剪结果如图 4-19 所示。

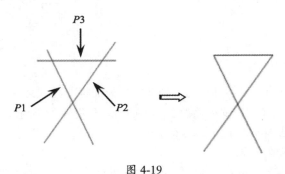

图 4-19

2. 修剪到点

【修剪到点】命令是直接在图素上选取某点作为修剪位置，所有在此点之后的图素将全部修剪，而在此点之前的图素将全部延伸到此点终止。

在【修剪】面板中单击【修剪到点】按钮，再单击【修剪到点】按钮，选取直线 P1，再单击修剪点 P2，完成修剪，如图 4-20 所示。

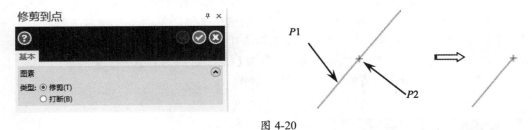

图 4-20

3. 多图素修剪

【多图素修剪】命令可以一次性修剪掉多个图素，而不是逐一修剪图素。在【修剪】面板中单击【多图素修剪】按钮，弹出【多图素修剪】选项面板，如图 4-21 所示。

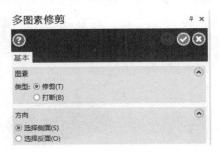

图 4-21

首先选择要修剪或打断的曲线（也就是修剪目标），单击【结束选择】按钮后再选择要修剪的曲线（即修剪工具），在要保留的一侧单击，即可完成修剪，如图 4-22 所示。

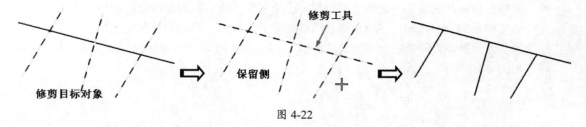

图 4-22

4. 在相交处修改

【在相交处修改】命令是利用曲线与曲面或实体表面相交，以交点来修剪曲线。单击【在相交处修改】按钮 ，弹出【在相交处修改】选项面板，如图 4-23 所示。

【在相交处修改】选项面板中主要选项含义如下。

- 修剪：结果是修剪曲线。
- 创建点：修剪曲线后将会在曲线与曲面相交处创建点。
- 打断：结果是打断曲线而不修剪。
- 仅创建点：仅在曲线与曲面相交处创建点，既不修剪曲线也不打断曲线。
- 【选择】列表：此列表显示用户选择的直线、圆弧或其他样条曲线。
- 【添加选择】按钮 ：单击该按钮，可以继续增加曲线。
- 【全部重选】按钮 ：单击该按钮，可以重新选择曲线。
- 【曲面 / 实体面】列表：此列表显示用户选择的曲面或实体面。
- 【重新选择】按钮 ：单击该按钮，可以重新选择曲面。
- 【重新选择】按钮：单击该按钮，可以重新选择要保留的部分曲线。

在绘图区选择一条或多条曲线（修剪目标），单击【结束选择】按钮 <结束选择>后再选择曲面（修剪工具），即可自动完成修剪或打断操作，如图 4-24 所示。

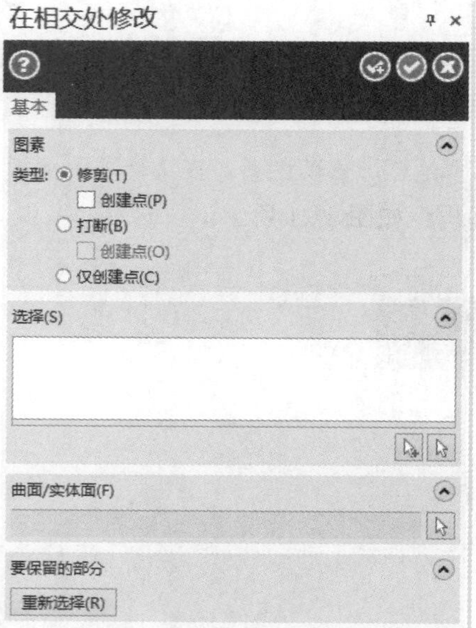

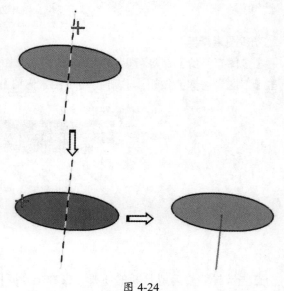

图 4-23

图 4-24

4.2.2　打断工具（点打断）

在使用修剪工具修剪曲线时，若在该修剪工具的选项面板中选择【打断】类型，那么结果就是打断曲线。另外，Mastercam 系统还提供了其他打断工具，如图 4-25 所示。

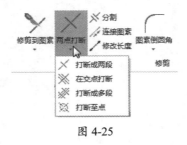

图 4-25

本节的打断工具是利用点来打断曲线，而上一节中的修剪工具则是利用曲线来打断曲线。

1. 打断成两段

【打断成两段】命令是以指定打断点的方式来打断曲线。单击【打断成两段】按钮✕，按系统提示选择要打断的图素（曲线），然后在曲线上指定要打断的位置（在指定位置上单击即可），一条完整曲线随即被打成两段，如图 4-26 所示。

选择曲线　　　　　　　　　指定打断位置　　　　　　　　　曲线被打断

图 4-26

2. 在交点打断

【在交点打断】命令是利用曲线与曲线之间的交点来打断曲线。单击【在交点打断】按钮※，在绘图区中框选形成相交的多条曲线，按 Enter 键完成曲线的打断操作，如图 4-27 所示。

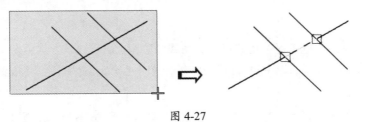

图 4-27

3. 打断成多段

【打断成多段】命令是利用曲线均分点或任意点来分割曲线。单击【打断成多段】按钮※，选取要打断的曲线后会弹出【打断成若干段】选项面板，如图 4-28 所示。

【打断成多段】选项面板中主要选项含义如下。

- 创建曲线：仅打断曲线成分段。
- 创建线：将创建连接各打断点的连接线，如图 4-29 所示。

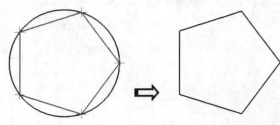

图 4-28　　　　　　　　　　　　　　　　　　　　图 4-29

- 数量：打断点的数量。
- 公差：主要体现在选中【创建线】单选按钮后，连接线与原曲线的拟合公差值，值越小，越接近于原曲线，反之，则与原曲线相似度相差越大。
- 精确距离：可以输入精确距离值来控制打断点在曲线上的位置。此值是打断点与打断点之间的距离。此距离值不能等分曲线，如图 4-30 所示。
- 完整距离：此距离值可以完全等分曲线，如图 4-31 所示。此值与【数量】值对应，也是打断点到打断点之间的距离。此值越大，打断点的数量就越少。反之，打断点的数量越多。

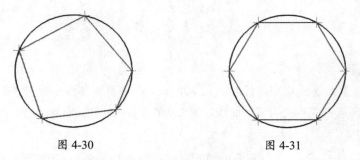

图 4-30　　　　　　　　　　　　　　　　　图 4-31

- 【原始曲线 / 线】选项区：用来确定原曲线的去留。

在【打断成若干段】选项面板中设置选项及参数，单击【确定】按钮，完成曲线的打断操作。

4. 打断至点

【打断至点】命令是将曲线打断在绘制的点位置。如图 4-32 所示，圆上绘制了 4 个任意位置点，单击【打断至点】按钮，并框选圆与点，按 Enter 键完成打断操作。

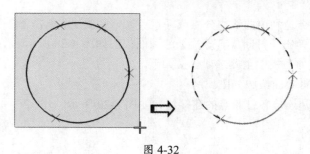

图 4-32

4.2.3　快速修剪与延伸

利用鼠标指针快速指定要修剪或延伸的曲线，即可快速修剪或延伸该曲线。快速修剪与延伸工具包括分割、连接图素、修改长度、封闭全圆、打断全圆与修复曲线等。

1. 分割

【分割】命令也是用于曲线修剪和打断的命令，与前面介绍的修剪工具所不同的是，【分割】命令无须指定修剪目标和修剪工具，因为所选的曲线既是修剪工具，也是修剪目标对象。

单击【分割】按钮✕，弹出【分割】选项面板。在绘图区中直接选取修剪对象，即可将对象快速分割并删除，如图 4-33 所示。

图 4-33

也可以采用画线的方式来快速修剪曲线，如图 4-34 所示。

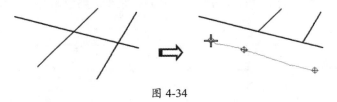

图 4-34

2. 连接图素

【连接图素】命令可将两个图素连接在一起，两图素必须具有某些共性条件。

- 两个图素完全相互独立。
- 两个图素（直线）必须共线。
- 两个图素（圆弧）必须同心且半径相等。
- 两个图素（样条曲线）必须是源自同一样条曲线的，否则就不能连接在一起。

在【修剪】面板中单击【连接图素形】按钮✎，弹出【连接图素】选项面板。系统会提示"选取要连接的图素"，选取要连接的两个图素后，单击【结束选择】按钮，即可将图素连接在一起，如图 4-35 所示。

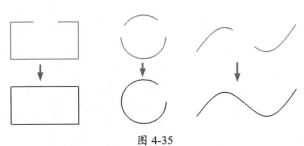

图 4-35

3. 修改长度

【修改长度】命令可用来延伸或缩短曲线。单击【修改长度】按钮 ✎ ，弹出【修改长度】选项面板，如图 4-36 所示。

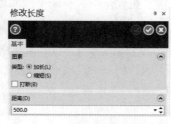

图 4-36

【修改长度】选项面板中主要选项含义如下。

- 加长：将延伸曲线。
- 缩短：将缩短曲线。
- 打断：选中该复选框，延伸部分曲线与原曲线分离。反之，延伸部分曲线与原曲线合并。
- 距离：在此文本框中输入要延伸或缩短的距离。

对于延伸和缩短，不同曲线类型会产生不同结果。

- 直线：延伸及缩短的部分直线与原直线共向、共线，如图 4-37 所示。

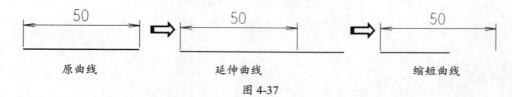

原曲线　　　　　　　　　延伸曲线　　　　　　　　　缩短曲线

图 4-37

- 圆弧：延伸及缩短的圆弧曲线与原圆弧曲线共弧，如图 4-38 所示。

原曲线　　　　　　　　　延伸曲线　　　　　　　　　缩短曲线

图 4-38

- 样条曲线：延伸部分的曲线与原曲线相切，缩短部分曲线则是与原曲线共线，如图 4-39 所示。

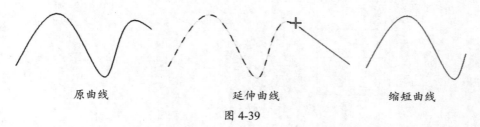

原曲线　　　　　　　　　延伸曲线　　　　　　　　　缩短曲线

图 4-39

4. 恢复全圆与打断全圆

【恢复全圆】命令是将圆弧的两端进行延伸以恢复为整圆。在【修剪】面板中单击【恢复全圆】按钮 ○，系统提示"选取圆弧"，选取绘图区的圆弧，单击【确定】按钮，即可将圆弧封闭成全圆，如图 4-40 所示。

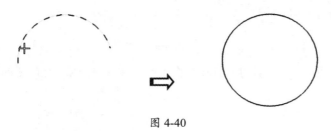

图 4-40

【打断全圆】命令是将一个整圆进行等分并分割成几部分，分割后的各部分圆弧都是独立的。

在【修剪】面板中单击【打断全圆】按钮 ○，系统提示"选取要打断的圆"，选取绘图区中的圆，按 Enter 键确认后弹出【所需圆弧数量】文本框，输入圆弧的等分数后再按 Enter 键，即可将整圆等分，如图 4-41 所示。

图 4-41

有时也会失败，可以调整误差值，使误差值慢慢增大，直到变成圆弧为止。

5. 修复曲线

在【修复曲线】列表中的样条曲线修复工具用来简化样条曲线、恢复修剪曲线和编辑样条线，如图 4-42 所示。

- 修复曲线 ：对于样条曲线具有太多节点或节点处有尖角，使用此工具可以重新定义不明确的样条曲线，使其更平滑、节点间距更小，如图 4-43 所示。

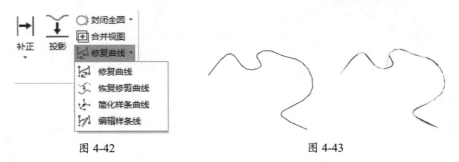

图 4-42　　　　　　　　　　　　　图 4-43

- 恢复修剪曲线 ：此工具可以取消修剪样条曲线至原始状态，如图 4-44 所示。

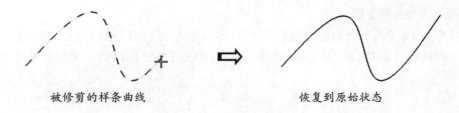

被修剪的样条曲线　　　　　　　　　恢复到原始状态

图 4-44

- 简化样条曲线 ：此工具可将开放的样条曲线转换成圆弧，将封闭的样条曲线转换成圆，如图 4-45 所示。

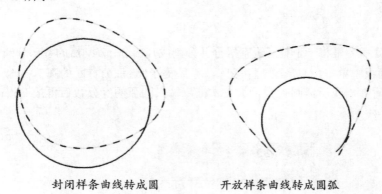

封闭样条曲线转成圆　　　　　　开放样条曲线转成圆弧

图 4-45

- 编辑样条线 ：此工具可以编辑样条曲线的节点与控制点的位置。单击【编辑样条线】按钮 ，弹出【编辑样条线】选项面板。样条曲线的编辑有两种模式，一种是"节点"编辑，另一种是"控制顶点"编辑，如图 4-46 所示。拖动鼠标指针到节点或控制顶点上，即可移动节点或控制顶点到新位置。

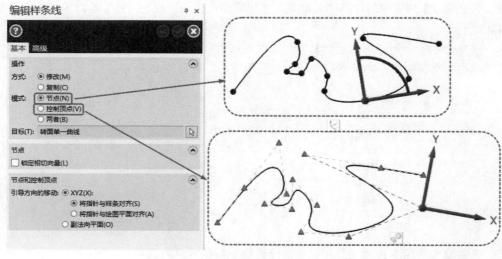

图 4-46

4.3　二维图形的转换

在创建复杂的二维图形时，除了使用编辑功能，还需要使用转换功能，包括镜像、旋转、平移等。转换功能能提高设计效率，用户需要熟练掌握。

二维图形的转换工具在【转换】选项卡中，如图 4-47 所示。

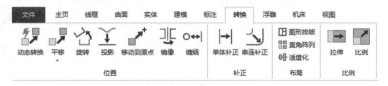

图 4-47

如果先在绘图区中选取要进行转换的图形，会弹出【线框选择 - 工具】选项卡。在此选项卡中也包含了图形的转换工具，如图 4-48 所示。

图 4-48

提示：

【转换】选项卡中的工具不仅用于二维图形（包括点、线及面），也同样可以应用于三维几何模型的转换中。这里的"图形"，可以是一个完整的几何图形，也可以是单个或多个的点图素、线图素或者是面图素。

4.3.1　位置的转换

二维图形的位置转换，包括动态转换、平移、转移到平面、旋转、投影、移至原点、镜像及缠绕等。在位置转换过程中，可以产生副本对象。

1. 动态转换

【动态】命令是通过动态指针来改变图形的位置与方向。单击【动态】按钮🔧，弹出【动态】选项面板。选取要进行转换的图形并确认后，鼠标指针上会显示一个可移动的动态指针，将动态指针放置于参考位置上，即可进行平移或旋转操作，如图 4-49 所示。

动态指针的构成如图 4-50 所示。

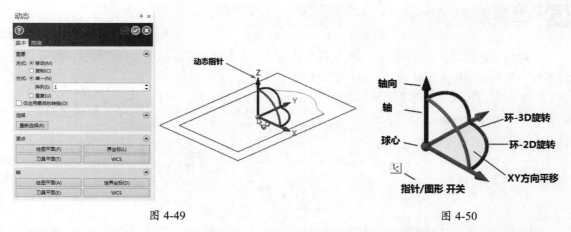

图 4-49　　　　　　　　　　　　　　　　　　　　　图 4-50

　　当鼠标指针在动态指针的轴上时会出现动态卡尺，作为平移的距离参考，拖动指针轴，可以做平移操作，如图 4-51 所示。

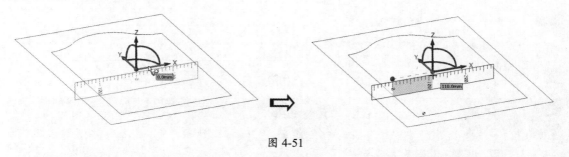

图 4-51

　　当鼠标指针放置于动态指针的环上时会出现旋转标尺，以此作为旋转角度的参考，单击环并环绕动态指针的中心点进行旋转，即可完成图形的旋转转换操作，如图 4-52 所示。

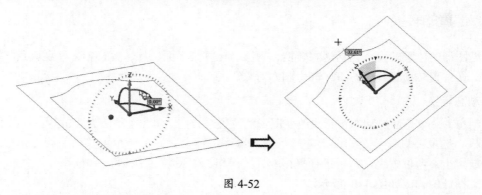

图 4-52

【动态】选项面板中主要选项含义如下。

- 移动：选中该单选按钮，仅对图形进行平移或旋转转换操作，不会产生副本。
- 复制：选中该单选按钮，在进行平移或旋转转换操作后，将会产生原图形的副本。
- 单一：选中该单选按钮，可以创建单个副本或多个副本对象。
- 阵列：阵列数为 1，即为创建单个对象，阵列数大于 1，可以创建多个副本对象。如图 4-53 所示为在【阵列】文本框中输入 4 时的图形平移结果。

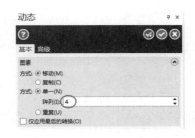 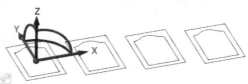

图 4-53

- 重复：该单选按钮与【复制】参数结合使用，可重复执行图形的平移复制或旋转复制。
  一次只能复制一个副本，如图 4-54 所示。

 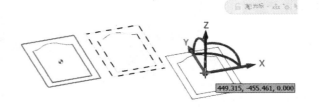

图 4-54

- 仅应用最后的转换：选中该复选框，当进行多次平移或旋转转换后，仅对最后的转换有效。
- 重新选择：单击该按钮，将重新选择要转换的图形。
- 【原点】选项区：在【原点】选项区中单击【绘图平面】【界坐标】【刀具平面】或 WCS 按钮，可以将平移 / 旋转基点（动态指针的球心）定位在绘图平面上、世界坐标系的原点、刀具平面上或 WCS 工作坐标系的原点。
- 【轴】选项区：在【轴】选项区中单击【绘图平面】【世界坐标】【刀具平面】或 WCS 按钮，可以将动态指针的轴与绘图平面、世界坐标系的轴、刀具平面或 WCS 工作坐标系的轴对齐。

2. 平移

【平移】命令是通过平移操控器的控制来平移图形。单击【平移】按钮，弹出【平移】选项面板，当选取要转换的图形后，会显示平移操控器，如图 4-55 所示。

【平移】选项面板中主要选项含义如下。

- 【方式】选项区：包括 3 种平移方式，分别产生 3 种平移转换的结果。【复制】方式可产生图形的副本；【移动】方式仅移动图形不产生副本；【连接】方式将图形进行拉伸，此方式可产生三维空间曲线。
- 【选择】选项区：单击【重新选择】按钮，可以重新选择要进行平移转换的图形对象。
- 【实例】选项区：此选项区用来定义副本数和副本间距。
  - 编号：在此文本框内输入数值，不是标记，而是副本数。此选项与【方式】选项区中的 3 种方式无关联。如选择了【移动】选项，仍可以产生副本。
  - 距离：确定副本之间的距离。选择【间距】选项，可以设定副本与副本之间的距离；选择【总距离】选项，可以设定第一个副本到最后一个副本的距离。

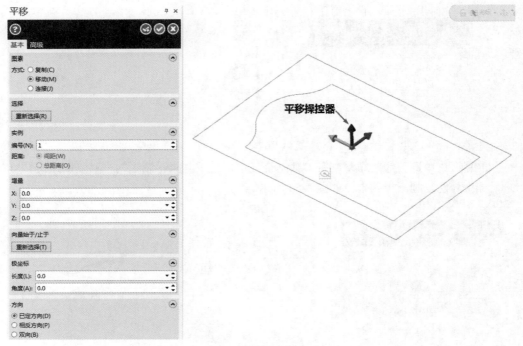

图 4-55

- 【增量】选项区：用来定义转换图形在平移操控器的 3 个轴向上的平移增量。
- 【向量始于 / 止于】选项区：用来确定平移的基点位置（也就是平移操控器的球心位置）。单击【重新选择】按钮可重新选择基点位置。
- 【极坐标】选项区：用来确定在平面内的平移向量角度和长度。
- 【方向】选项区：用来确定平移向量的方向。

上机实践——利用【平移】工具绘制图形

本节主要使用【平移】工具绘制如图 4-56 所示的零件图形。

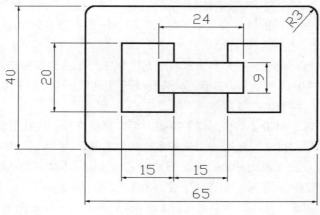

图 4-56

01 在【线框】选项卡的【形状】面板中单击【矩形】按钮 ⬜，绘制 65.0×40.0 的矩形，如图 4-57 所示。

02 同理，再继续绘制 24.0×9.0 的矩形，结果如图 4-58 所示。

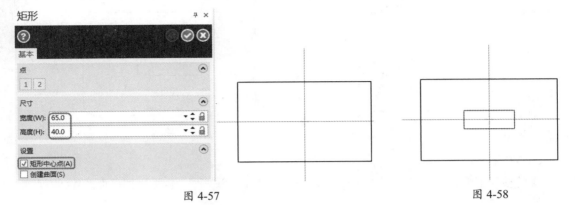

图 4-57   图 4-58

03 继续绘制 15.0×20.0 的矩形，如图 4-59 所示。

04 在【转换】面板中单击【平移】按钮 ↗，弹出【平移】选项面板。选取 15.0×20.0 的矩形作为要进行平移转换操作的对象，在【平移】选项面板中选中【移动】单选按钮，在【编号】文本框中输入 1，输入 X 增量值为 15.0，设置【方向】为【双向】，单击【确定】按钮 ✓，完成平移操作，结果如图 4-60 所示。

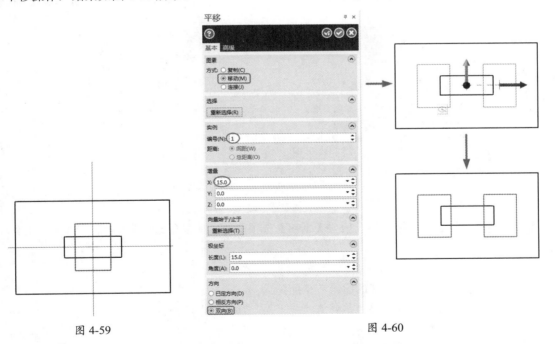

图 4-59   图 4-60

技术要点：

平移时可以通过单击箭头来切换平移的方向，单击是改变方向，双击是将箭头快速切换两次变成双向，即同时向两个方向平移，有时采用双向平移非常方便。

05 在【线框】选项卡的【修剪】面板中单击【图素倒圆角】按钮 $\cap$，输入倒圆角的半径为5，选取矩形边线并倒圆角，结果如图4-61所示。

06 在【修剪】面板中单击【分割】按钮 $\times$，对图形进行快速修剪，结果如图4-62所示。

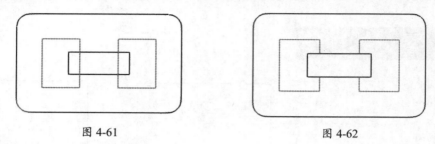

图 4-61   图 4-62

3. 转移到平面

【转移到平面】命令可将图素从一个平面转移到另一个平面，包括绘图平面、WCS视图平面及模型平面等。

单击【转换到平面】按钮 ，选取要转换的图形对象，弹出【转换到平面】选项面板，如图4-63所示。

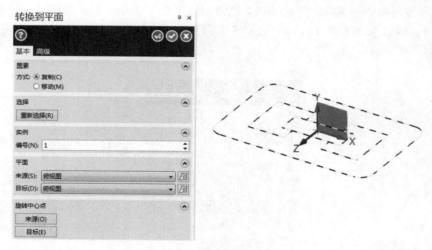

图 4-63

【转换到平面】选项面板中的选项与【平移】选项面板中的部分选项含义相同。下面仅介绍不同的选项。

- 【平面】选项区：用来确定转移平面。
  > 来源：图形对象所在的原绘图平面。
  > 目标：图形对象将要转移到的绘图平面。除了可以选择视图列表中的视图平面，还可以单击【选择平面】按钮 ，在弹出的【选择平面】对话框中指定新平面，如图4-64所示。
- 【旋转中心点】选项区：用来确定视图平移转换的起点与终点。起点在"来源"平面，终点在"目标"平面。

指定转换的平面后，即可将所选图形转移（或复制）到新平面，如图4-65所示。

图 4-64

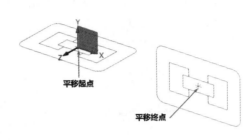

图 4-65

4. 旋转

【旋转】命令可将图形对象绕轴或点旋转。单击【旋转】按钮👌，选取要进行旋转转换的图形后弹出【旋转】选项面板，与此同时在图形中显示旋转操控器，如图 4-66 所示。旋转操控器由旋转环和旋转起始角度的矢量箭头组成，旋转环所在平面就是当前工作平面（绘图平面），也就是可以临时变更旋转环所在的绘图平面。

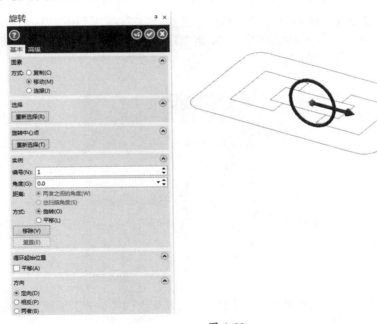

图 4-66

下面介绍【旋转】选项面板中尚未介绍过的选项含义。

- 【旋转中心点】选项区：此选项区用来定义旋转中心点。默认的旋转中心点是 WCS 的原点。可以单击【重新选择】按钮指定已有的点、模型顶点、曲线端点或曲线上的点作为新的旋转中心。

- 【距离】选项区：此选项区用来定义旋转复制的成员之间的角度或总旋转角度。
- 【方式】选项区：此选项区用来定义旋转复制成员与旋转中心点的对应关系。
- 旋转：选择该单选按钮，图形将按照"径向"旋转复制的方式进行布局，如图 4-67 所示。
- 平移：选择该单选按钮，将以"图形的恒定方向"方式进行旋转复制，如图 4-68 所示。
- 移除：单击该按钮，可以选择不需要的副本成员将其移除。
- 重置：单击该按钮，重新定义"移除"。

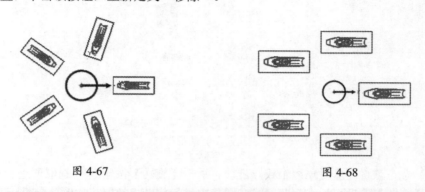

图 4-67   图 4-68

上机实践——利用【旋转】命令绘制图形

使用【旋转】命令绘制如图 4-69 所示的花纹图形。

01 在【线框】选项卡的【绘线】面板中单击【已知点画圆】按钮⊙，弹出【已知点画圆】选项面板。按空格键显示坐标输入框，在坐标输入框中输入 0,20，然后输入【直径】值为 40.0，最后单击【确定】按钮✓，完成圆的绘制，如图 4-70 所示。

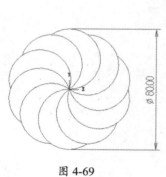

图 4-69   图 4-70

02 选中绘制的圆，在弹出的【线框选择 - 工具】上下文选项卡的【位置】面板中单击【旋转】按钮↻，弹出【旋转】选项面板。

03 选中【移动】单选按钮，输入【编号】值为 10 并按 Enter 键确认，再输入总扫描【角度】值为 360.0，最后单击【确定】按钮✓，完成圆形的旋转复制，如图 4-71 所示。

04 在【修剪】面板中单击【分割】按钮✂，将图形中的多余曲线修剪掉，结果如图 4-72 所示。

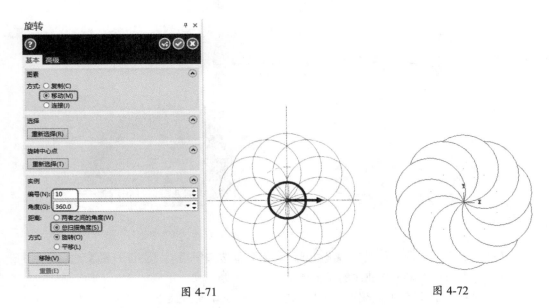

图 4-71　　　　　　　　　　　　　　图 4-72

5. 投影

【投影】命令可将图形投影到指定的曲面上。单击【投影】按钮 ，选取要投影的曲线后，弹出【投影】选项面板，如图 4-73 所示。

【投影】选项面板中尚未介绍的选项含义如下。

- 【投影到】选项区：该选项区用来定义投影的目标对象。
  > 深度：选择该单选按钮，将会按指定的深度进行投影，此深度可定义一个平面，如图 4-74 所示。

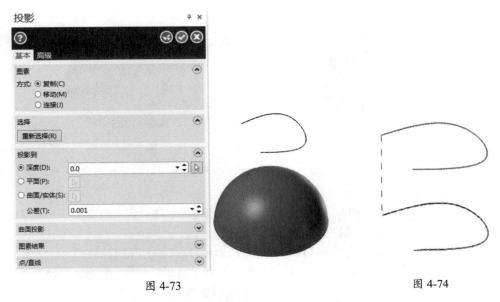

图 4-73　　　　　　　　　　　　　　图 4-74

> 平面：选择该单选按钮，将曲线投影到指定的平面上，如图 4-75 所示。
> 曲面/实体：选择该单选按钮，将曲线投影到指定的曲面或实体面上，如图 4-76 所示。

图 4-75   图 4-76

- 【曲面投影】选项区：当选中【曲面/实体】单选按钮后，【曲面投影】选项区中的选项变得可用，用来定义曲线的投影结果。

  > 视图：选择该单选按钮，曲线将进行平行投影，也就是投影曲线与原曲线的形状及大小均相等，如图 4-77 所示。

  > 查找多项：当存在多个曲面重叠时，利用此选项可以预览多种投影情况以供选择。

  > 法向：选择该单选按钮，曲线将进行法向投影，即投影曲线与原曲线之前的连线就是曲面的法线，如图 4-78 所示。

图 4-77   图 4-78

  > 最大距离：当投影曲线存在多种可能时，选择此选项可以确定在【最大距离】值范围内搜索到最佳投影。

  > 连接结果：当所选曲线为多段曲线时，可以使用此选项来定义投影曲线的连接公差。值越大，连接效果越好（越平滑）。

- 【图素结果】选项区：此选项区用来确定多段曲线投影时的平滑效果。

  > 混合平滑：选择该单选按钮，将以投影的曲线（而非原曲线）来创建熔接样条曲线。

  > 1:1 比率：选择该单选按钮，100% 地匹配投影曲线与原曲线。

- 【点/直线】选项区：此选项区仅当投影点图素到所选曲面上时才变得可用，如图 4-79 所示。

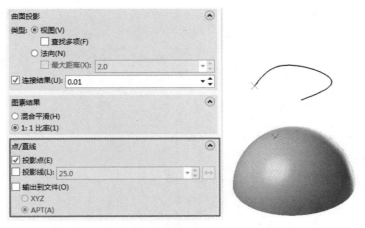

图 4-79

> 投影点：选中该复选框，将会投影点到曲面或实体面上。
> 投影线：选中该复选框，原图素点到投影点之间将创建连接线，如图 4-80 所示。
> 输出到文件：选中该复选框，可将投影的数据输出。

● 【高级】选项卡：【投影】选项面板中有两个选项卡：【基本】和【高级】。【基本】选项卡中的选项已经在前面介绍了。【高级】选项卡中的选项用来定义投影的预览和投影曲线的属性，如图 4-81 所示。

图 4-80

图 4-81

6. 移至原点

【移至原点】命令可将所见图形基于选取点平移到 WCS 原点。利用此命令可将图形快速移至坐标系原点。例如，移动一个圆形，单击【移至原点】按钮 ，选取圆形的圆心作为移动起点，随后系统自动将图形移至 WCS 的原点上，如图 4-82 所示。

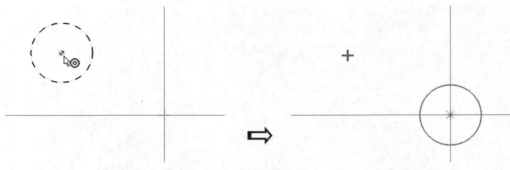

图 4-82

7. 镜像

【镜像】命令可将图素镜像复制、对称到镜像轴的对称侧。镜像轴可以是直线、点、X 轴或 Y 轴。在【转换】选项卡的【位置】面板中单击【镜像】按钮 ，弹出【镜像】选项面板，如图 4-83 所示。

【镜像】选项面板中尚未介绍的选项含义如下。

- 【轴】选项区：此选项区中的选项用来定义镜像轴。
  - X 轴：以 WCS 的 X 轴为镜像轴。
  - Y 偏移：以在 Y 轴上的偏移量来新建镜像轴。
  - Y 轴：以 WCS 的 Y 轴为镜像轴。
  - X 偏移：以在 X 轴上的偏移量来新建镜像轴。
  - 角度：输入一个角度值将创建新的镜像轴，新轴将与 X 轴呈一定角度。
  - 向量：选中该单选按钮，可以选择直线、两个点、模型边等图素来建立新的镜像轴。

上机实践——利用【镜像】命令绘制图形

利用【镜像】命令绘制如图 4-84 所示的对称图形。

图 4-83

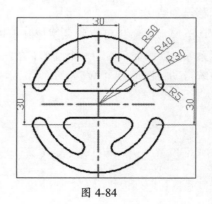

图 4-84

01 按 F9 键显示轴线。在【圆弧】面板中单击【已知点画圆】按钮⊕，在弹出的【已知点画圆】选项面板中输入【半径】值为 50.0，选取 WCS 坐标系原点为圆心，绘制的圆如图 4-85 所示。

02 在【修剪】面板中单击【修剪到点】按钮✎，弹出【修剪到点】选项面板，选取圆作为要修剪的对象，再捕捉到圆的第二象限点，即可完成修剪，结果如图 4-86 所示。

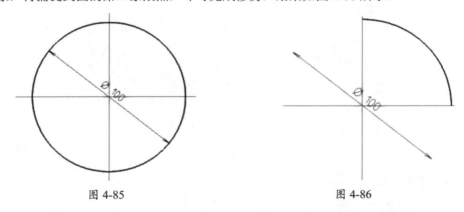

图 4-85　　　　　　　　　　　　　　　　图 4-86

03 在【修剪】面板中（或在【转换】选项卡的【补正】面板中）单击【单体补正】按钮⊢|，弹出【偏移图素】选项面板。在该选项面板中选中【复制】单选按钮，输入【编号】值为 2，输入偏移【距离】值为 10.0。到绘图区中选取圆弧作为要偏移的对象，并指定偏移方向为圆弧外，最后单击【确定】按钮完成圆弧的偏移复制，如图 4-87 所示。

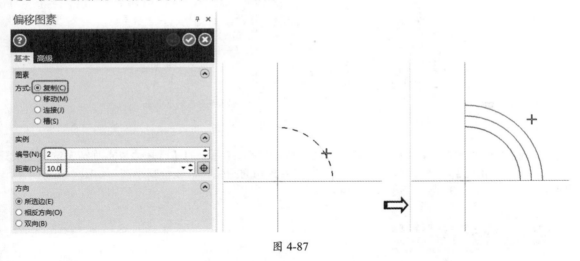

图 4-87

04 绘制竖直线。单击【连续线】按钮✐，在弹出的【连续线】选项面板中选中【垂直线】和【两端点】单选按钮，从坐标系原点往上绘制竖直线，然后返回【连续线】选项面板中，设置【轴线偏移】的值为 10.0 并确认，最后单击【确定并创建操作】按钮，完成竖直线的绘制，如图 4-88 所示。

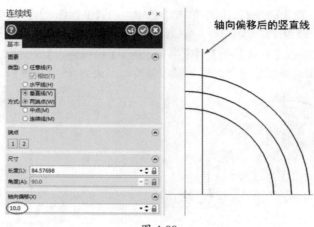

图 4-88

05 同理，再绘制水平线，如图 4-89 所示。

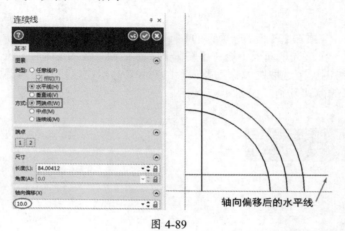

图 4-89

06 在【圆弧】面板中单击【已知边界点画圆】按钮 ⟳，在弹出的【已知边界点画圆】选项面板中选中【三点相切】单选按钮，在绘图区中选取要相切的圆弧和直线绘制小圆，如图 4-90 所示。同理，再绘制另一个小圆，如图 4-91 所示。

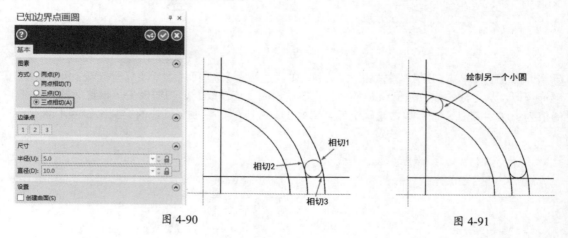

图 4-90   图 4-91

07 在【修剪】面板中单击【分割】按钮 ✖，弹出【分割】选项面板。快速修剪掉不需要的线，修剪结果如图 4-92 所示。

08 倒圆角。在【修剪】面板中单击【图素倒圆角】按钮 ⌐，输入倒圆角的【半径】值为 5.0，然后选取圆弧与水平直线来绘制圆角，结果如图 4-93 所示。

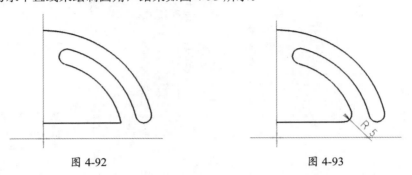

图 4-92　　　　　　　　　　　　　　图 4-93

09 在【转换】选项卡的【位置】面板中单击【镜像】按钮 ，选取绘图区中所有图素后，在弹出的【镜像】选项面板中选中【复制】单选按钮，在【轴】选项区中选中【Y 轴】单选按钮，单击【确定并创建新操作】按钮 ，完成图形的镜像，如图 4-94 所示。

10 继续选取绘图区中所有图形作为镜像对象，然后以 X 轴进行镜像，镜像结果如图 4-95 所示。

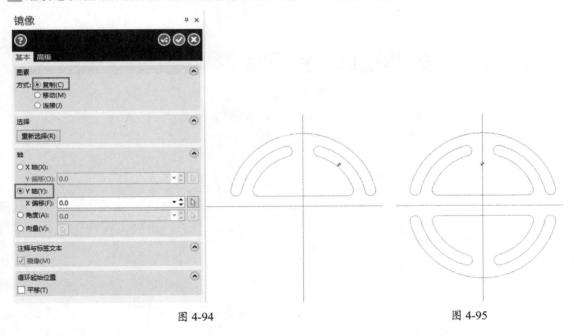

图 4-94　　　　　　　　　　　　　　图 4-95

8. 缠绕

　　【缠绕】命令可将曲线从平面缠绕至圆锥或圆柱面上，或者将曲线从圆锥或圆柱面展开至平面上。在【转换】选项卡的【位置】面板中单击【缠绕】按钮 ，弹出【线框串连】对话框，该对话框用来选取要进行缠绕的串连曲线。选取串连曲线后会弹出【缠绕】选项面板，如图 4-96 所示。

图 4-96

上机实践——利用【缠绕】命令绘制图形

利用【缠绕】命令绘制如图 4-97 所示的立体图形。

01 在【线框】选项卡的【圆弧】面板中单击【已知点画圆】按钮⊙，在 WCS 坐标系原点处绘制直径为 20 的圆，如图 4-98 所示。

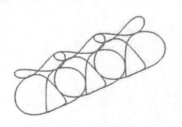 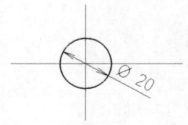

图 4-97　　　　　　　　　　　　　　　　图 4-98

02 选中绘制的圆，在弹出的【线框选择 - 工具】上下文选项卡的【布局】面板中单击【矩形数组】按钮▦，弹出【阵列选项】选项面板。在该选项面板中设置【方向1】和【方向2】的阵列【实例】值均为2，方向均为【双向】，【距离】值均为20.0，如图 4-99 所示。单击【确定】按钮✅，完成圆形的阵列。

提示：

【线框选择-工具】上下文选项卡的【布局】面板中的【矩形数组】工具，就是【转换】选项卡的【布局】面板中的【直角阵列】工具。这是由Mastercam软件在中文汉化时不够准确造成的，此类问题在软件的其他位置还有。

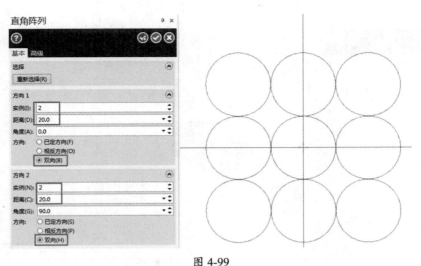

图 4-99

03 在【转换】选项卡的【位置】面板中单击【缠绕】按钮 ◯▯, 弹出【线框串连】选项面板。框选绘图区中阵列的所有圆形, 单击【确定】按钮 ⊘, 完成选取, 如图 4-100 所示。

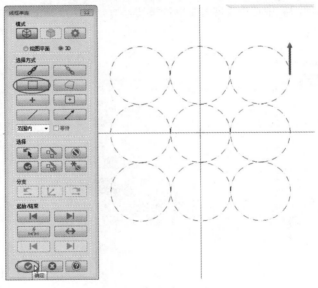

图 4-100

04 在随后弹出的【缠绕】选项面板中选中【移动】和【缠绕】单选按钮, 输入缠绕【直径】值为 19.0, 设置缠绕后的曲线样式为【样条线】, 最后单击【确定】按钮 ⊘, 创建缠绕曲线, 如图 4-101 所示。

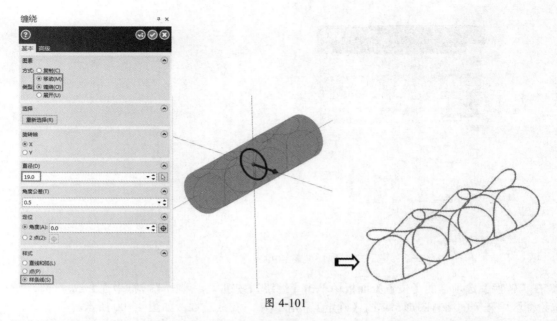

图 4-101

05 如果在【缠绕】选项面板中选中【展开】单选按钮，则会产生展开的缠绕曲线结果，如图 4-102 所示。

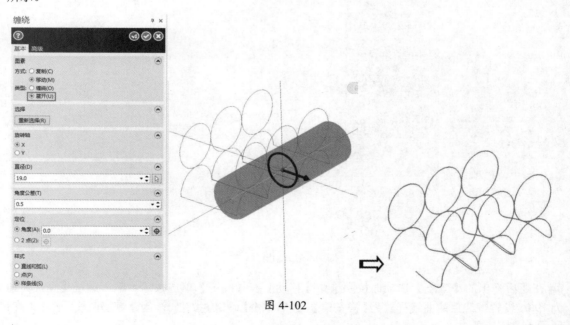

图 4-102

4.3.2 图素的偏移

在 Mastercam 软件中，"补正"的意思就是偏移。"补正"一词来自于数控加工中的刀具半径补正。

> **注意：**
>
> 严格地讲，绘制二维图形与三维建模时，只能使用"偏移"一词，这在其他三维软件中都有所体现。在本书的建模部分也会将"补正"统一为"偏移"，但是按钮名称与面板名称仍然使用"补正"一词，以便于读者快速找到相应命令。

在【转换】选项卡的【补正】面板中（或【线框】选项卡的【修剪】面板中），包含了图形元素的两个偏移工具：单体补正和串连补正。偏移工具仅用于二维平面曲线、曲面曲线和实体边。

1. 单体补正

【单体补正】命令可将单条曲线偏移。单击【单体补正】按钮 ⊩，弹出【偏移图素】选项面板，如图 4-103 所示。

图 4-103

【偏移图素】选项面板中主要选项含义如下。

- 【方式】选项区：用于确定偏移方式，4 种方式产生的结果不同，如图 4-104 所示。
  - ▷ 复制：选中该单选按钮，将会创建偏移复制曲线。
  - ▷ 移动：选中该单选按钮，仅将曲线偏移。
  - ▷ 连接：选中该单选按钮，创建偏移曲线的同时，与原曲线形成直线连接。
  - ▷ 槽：选中该单选按钮，创建偏移曲线的同时，与原曲线形成圆弧连接。

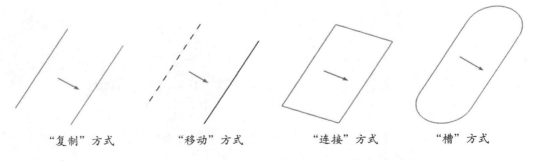

图 4-104

- 【方向】选项区：用来确定偏移方向。
  - ▷ 所选边：以选取的曲线来定义偏移方向。可在曲线的任意一侧单击来确定方向。

> 相反方向：与【所选边】中指定的方向相反。
> 双向：在所选曲线的两侧同时偏移。

2. 串连补正

　　【串连补正】命令用来偏移单条、多条或连续不断的曲线。单击【串连补正】按钮，弹出【线框串连】对话框，选取要偏移的曲线并制定偏移方向后弹出【偏移串连】选项面板，如图4-105所示。

图 4-105

　　【偏移串连】选项面板中大部分选项与【偏移图素】选项面板中的选项相同，其他选项含义如下。

- 深度：此值控制在 Z 轴方向上的偏移距离，如图4-106所示。
- 角度：此值控制在 Z 轴方向上的偏移角度，如图4-107所示。

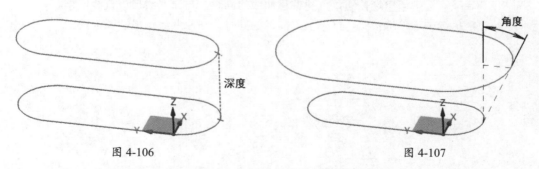

图 4-106　　　　　　　　　　　　　　　　图 4-107

- 增量：基于相对坐标点（偏移起点与终点的相对位置关系）计算的偏移量。
- 绝对：基于绝对坐标系的原点计算的偏移量。
- 修改圆角：选中该复选框，偏移曲线中将会自动创建圆角。
- 尖角：选中该单选按钮，仅在等于或小于135°的凸角（正向尖角）上创建圆角，凹角（反向尖角）不能创建圆角，如图4-108所示。

- 全部：选中该单选按钮，将在所有的凸角（角度不限制）上创建圆角，如图 4-109 所示。

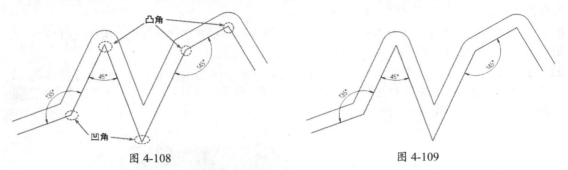

图 4-108　　　　　　　　　　　图 4-109

- 寻找自相交：选中该复选框，将搜索连续线段中是否存在自相交，如果有自相交，可以设置公差值和最大深度值来解决自相交问题，如图 4-110 所示。

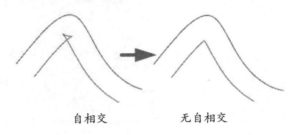

自相交　　　　　　　无自相交

图 4-110

上机实践——利用【串连补正】命令绘制图形

利用【串连补正】命令绘制如图 4-111 所示的具有一定排列规则的图形。

01 按 F9 键显示轴线。在【线框】选项卡的【圆弧】面板中单击【已知点画圆】按钮⊕，弹出【已知点画圆】选项面板，输入【半径】值为 20.0。按空格键显示坐标输入框，输入圆心点坐标为（0,20），绘制圆，如图 4-112 所示。

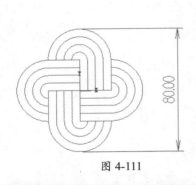

图 4-111　　　　　　　　　　　图 4-112

技术要点：

按空格键主要有两个作用。一是打开某个命令的选项面板后按空格键能打开坐标输入框；二是当执行某个命令并结束后，按空格键可以重复执行该命令。

02 绘制直线。在【修剪】面板中单击【连续线】按钮╱，捕捉圆的第一象限点作为直线起点，竖直向下绘制长度为 20 的直线，如图 4-113 所示。

03 在【修剪】面板中单击【修剪到点】按钮╲，选取圆并制定偏移方向后，再捕捉圆的第三象限点进行修剪，修剪结果如图 4-114 所示。

04 串连补正。在【修剪】面板中单击【串连补正】按钮╲，选取串连曲线后弹出【偏移串连】选项面板。设置偏移【距离】值为 5.0，【编号】值（偏移数量）为 4，单击【确定】按钮◎创建偏移复制曲线，如图 4-115 所示。

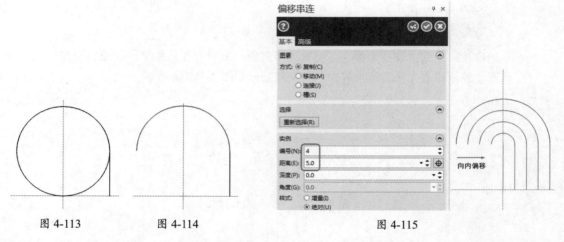

图 4-113　　　　图 4-114　　　　　　　　　　图 4-115

05 框选所有的曲线，在【位置】面板中单击【旋转】按钮⟳，弹出【旋转】选项面板。设置旋转方式为【移动】，设置【编号】值为 4，总扫描【角度】值为 360.0，单击【确定】按钮◎，完成图形的旋转，如图 4-116 所示。

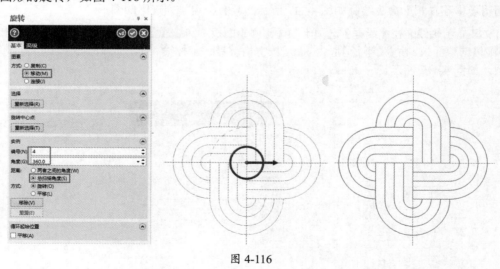

图 4-116

4.3.3　直角阵列

　　通过使用【直角阵列】命令，可以将图形按相互垂直的两个方向进行线性阵列。【直角阵列】

属于二维平面阵列，不可以进行三维阵列。

在【布局】面板中单击【直角阵列】按钮 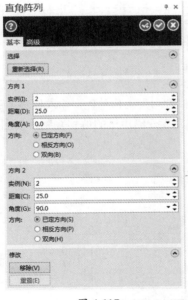，弹出【直角阵列】选项面板，如图 4-117 所示。

【直角阵列】选项面板中主要选项含义如下。

- 【方向 1】选项区：该选项区中的选项用来指定在第一方向（X 轴方向）上的线性阵列。
    - 实例：阵列的成员。在此文本框中输入阵列的成员数。
    - 距离：阵列成员之间的间距。
    - 角度：设定角度值，可以与第一方向呈一定角度地阵列。
    - 已定方向：按默认方向进行阵列，默认的阵列方向为 X 轴正方向。
    - 相反方向：选中该单选按钮，将在 X 轴负方向上阵列。
    - 双向：选中该单选按钮，将在 X 轴的正、负方向上进行阵列。
- 【方向 2】选项区：该选项区中的选项用来指定在第二方向（Y 轴方向）上的线性阵列。
- 移除：单击该按钮，将阵列中的某一个或多个成员手动移除。
- 重置：单击该按钮，将重新恢复被手动移除的成员。

上机实践——利用【直角阵列】命令绘制图形

利用【直角阵列】命令绘制如图 4-118 所示的几何图形。

图 4-117

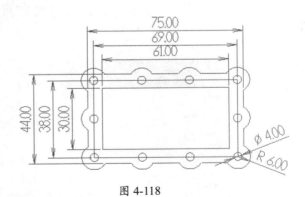

图 4-118

01 在【线框】选项卡的【形状】面板中单击【矩形】按钮，在弹出的【矩形】选项面板中输入【宽度】值为 69.0、【高度】值为 30.0，选中【矩形中心点】复选框，选取定位点为原点，绘制矩形的结果如图 4-119 所示。

02 在【线框选择 - 工具】上下文选项卡中单击【串连补正】按钮，弹出【线框串连】对话框，选取矩形并指定偏移方向（矩形外单击）后再弹出【偏移串连】选项面板。输入偏移【距离】值为 4.0，其他选项保持默认，单击【确定并创建新操作】按钮，完成矩形的偏移绘制，如图 4-120 所示。

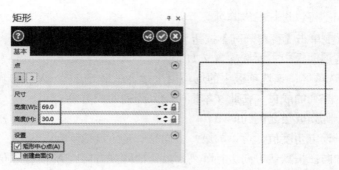

图 4-119

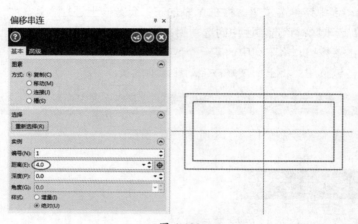

图 4-120

03 继续串连补正。选取外侧的矩形作为要偏移的对象，偏移方向为矩形外侧，输入偏移【距离】值为 3.0，其余选项保持默认，最后单击【确定】按钮，完成外侧矩形的偏移复制，如图 4-121 所示。

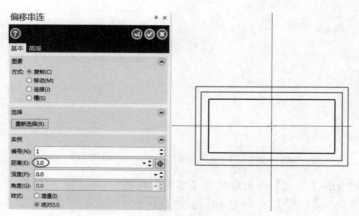

图 4-121

04 在【圆弧】面板中单击【已知点画圆】按钮，选取中间矩形的左上角点为圆心，再输入【半径】值为 6.0，绘制完成的圆如图 4-122 所示。

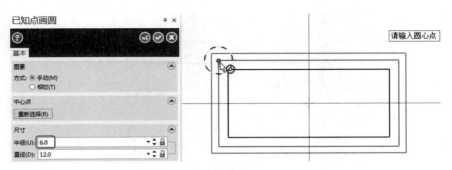

图 4-122

05 在【转换】选项卡的【布局】面板中单击【直角阵列】按钮 ▦，弹出【直角阵列】选项面板。选取圆作为阵列对象，并在选项面板中设置【方向 1】选项区中的【实例】值为 4、【距离】值为 25.6；在【方向 2】选项区中设置【实例】值为 3、【距离】值为 19.0，选中【相反方向】单选按钮；在【修改】选项区中单击【移除】按钮，将中间的阵列成员删除，如图 4-123 所示。最后单击【确定】按钮 ✓，完成圆形的直角阵列。

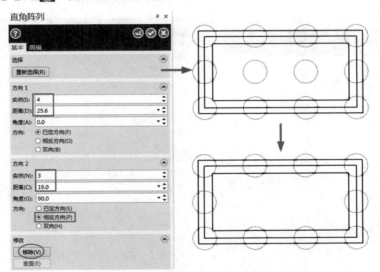

图 4-123

06 在【修剪】面板中单击【分割】按钮 ✕，修剪掉多余的曲线，结果如图 4-124 所示。
07 在【圆弧】面板中单击【已知点画圆】按钮 ⊕，选取圆弧的圆心来绘制半径为 2 的小圆，如图 4-125 所示。

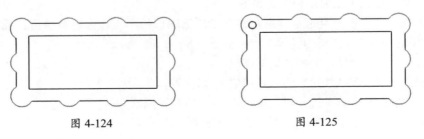

图 4-124　　　　　　　　　　　　　图 4-125

08 按照步骤 05 的操作，将小圆直角阵列，结果如图 4-126 所示。

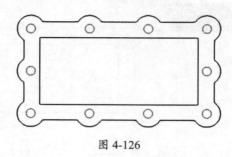

图 4-126

4.3.4 图形的比例缩放

【比例】命令可将某个图素或完整几何图形以某个定点为基准，进行等比例或不等比例缩放。在【比例】面板中单击【比例】按钮![按钮]，弹出【比例】选项面板，如图 4-127 所示。

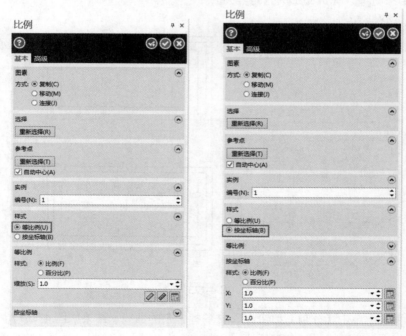

图 4-147

【比例】选项面板中主要选项含义如下。

- 自动中心：选中该复选框，系统将会以所选图形的中心作为缩放基点。反之，则会以 WCS 坐标系的原点作为缩放基点。
- 等比例：按所选图形的整体比例缩放。
- 比例：选中该单选按钮，将以几何倍数进行缩放。
- 百分比例：选中该单选按钮，将以百分比值进行缩放。
- 缩放：在此文本框中输入比例值或百分比值。

- 按坐标轴：按 WCS 坐标轴的 3 个轴向定义缩放量。可以单向缩放，也可以多向缩放。3 个轴向的比例值可以相同，也可以不同。若相同，则缩放效果与选中【等比例】单选按钮的缩放效果相同。
- X、Y、Z：WCS 的 3 个轴向缩放值的文本框。除了输入已知的值，还可以单击【计算】按钮，打开【比例计算】对话框（缩放计算器）来计算缩放值，如图 4-128 所示。

图 4-128

上机实践——利用【比例】命令绘制图形

采用【比例】命令绘制如图 4-129 所示的图形。

01 在【圆弧】面板中单击【已知点画圆】按钮⊕，在坐标系原点绘制【半径】值为 5.0 的圆，如图 4-130 所示。

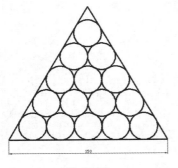

图 4-129

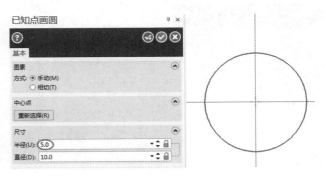

图 4-130

02 选中绘制的圆，在【转换】选项卡的【布局】面板中单击【直角阵列】按钮，弹出【直角阵列】选项面板，在该选项面板中设置选项参数，单击【移除】按钮，将多余的成员删除，最终阵列完成的结果如图 4-131 所示。

技术要点：

此处的阵列技巧非常重要，首先采用两个60°的方向绘制出菱形阵列，然后采用【删除副本】命令删除阵列中多余的副本，这样采用一步阵列命令完成了多个步骤才能完成的操作，方便快捷。

03 绘制切线。在【修剪】面板中单击【连续线】按钮，在弹出的【连续线】选项面板中选中【相切】复选框，然后选取圆来绘制相切线，结果如图 4-132 所示。

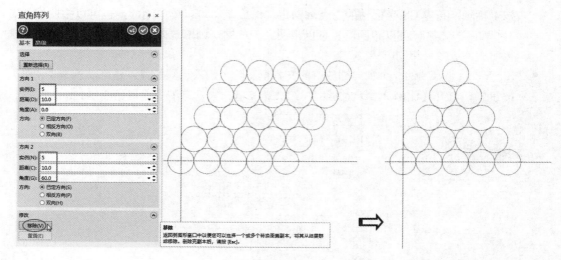

图 4-131

提示:

在捕捉切点时，不要选中圆，只需要将鼠标指针靠近圆即可。

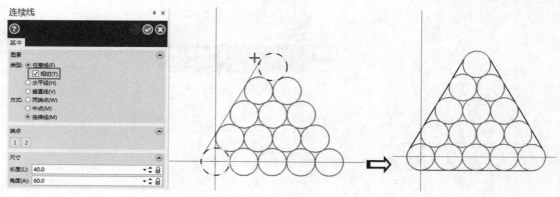

图 4-132

04 在【修剪】面板中单击【修剪到图素】按钮，弹出【修剪到图素】选项面板。在该选项面板中选择【修剪两物体】复选框，然后选取相切线两两修剪，修剪结果如图 4-133 所示。

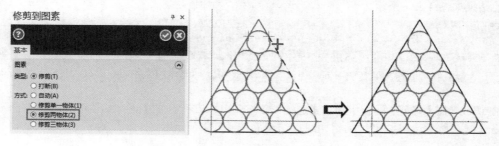

图 4-133

05 分析长度。在【主页】选项卡的【分析】面板中单击【图素分析】按钮 ，选取一条切线作为分析对象，随后弹出【线的属性】对话框，如图 4-134 所示。该对话框中显示分析长度为 57.321。

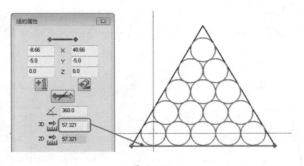

图 4-134

技术要点：

此处分析的结果是为了给下一步的放缩命令提供缩放参考，使缩放的结果更精确。

06 比例缩放。在【转换】选项卡的【比例】面板中单击【比例】按钮 ，再选取所有图素作为要进行缩放的对象，随后弹出【比例】选项面板。设置缩放方式为【移动】，输入等比例的缩放因子为 150/57.321，系统会自动计算并进行缩放，如图 4-135 所示。

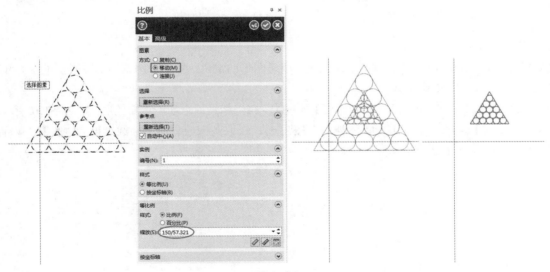

图 4-135

4.4　综合训练——绘制垫片图形

参照如图 4-136 所示的图纸来绘制垫片图形，注意其中的水平、竖直、同心、相切等几何关系。

绘图分析：

（1）参数：A=54，B=80，C=77，D=48，E=25。

（2）此图形结构比较特殊，许多尺寸都不是直接给出的，需要经过分析得到，否则容易出错。

（3）由于图形的内部有一个完整的封闭环，这部分图形也是一个完整图形，但这个内部图形的定位尺寸参考均来自于外部图形中的"连接线段"和"中间线段"，所以绘图顺序是先绘制外部图形，再绘制内部图形。

（4）此图形很轻易地就可以确定绘制的参考基准中心位于 ∅32 圆的圆心，从标注的定位尺寸就可以看出。

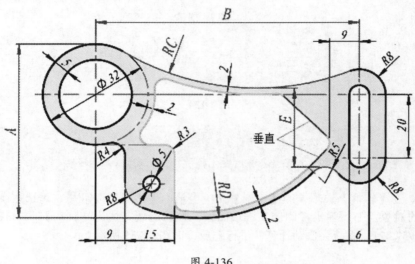

图 4-136

操作步骤：

01 新建 Mastercam 文件。按 F9 键显示轴线，便于图形的定位。绘制本例图形的参考基准中心线，暂以坐标系原点作为 ∅32 圆的圆心。

02 在【线框】选项卡中单击【已知点画圆】按钮⊕，在坐标系原点绘制 ∅32 的圆，如图 4-137 所示。

03 在【转换】选项卡中单击【单体补正】按钮➡│，选取圆来绘制偏移曲线（向圆内偏移），偏移距离为 5，如图 4-138 所示。

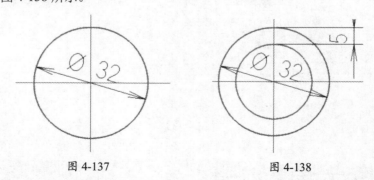

图 4-137　　　　　　　　　图 4-138

04 利用【连续线】【已知点画圆】【平移】【分割】等命令，绘制右侧部分（虚线框内部分）的已知线段，然后单击【删除段】按钮✂修剪，如图 4-139 所示。

05 单击【图素倒圆角】按钮╭，绘制两个圆之间的中间线段（R77）的圆角曲线（圆弧），如图 4-140 所示。

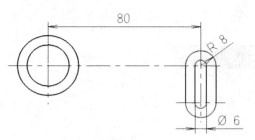

图 4-139

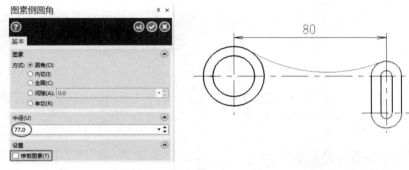

图 4-140

06 利用【连续线】命令绘制圆角曲线的水平切线，如图 4-141 所示。再利用【单体补正】命令将水平切线向下偏移 25，如图 4-142 所示。

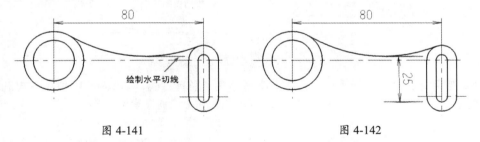

图 4-141　　　　　　　　　　　　　图 4-142

07 单击【已知边界点画圆】按钮○，弹出【已知边界点画圆】选项面板。选中【两点相切】单选按钮，选取偏移线与圆弧作为相切参考，在该选项面板中输入【直径】值为 5.0，单击【确定】按钮○，完成圆的绘制，如图 4-143 所示。删除两条水平直线。

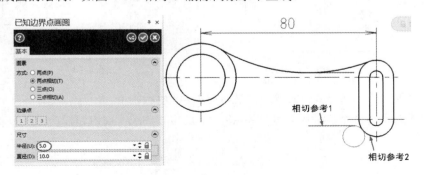

图 4-143

08 利用【连续线】命令绘制一条水平线，如图 4-144 所示。

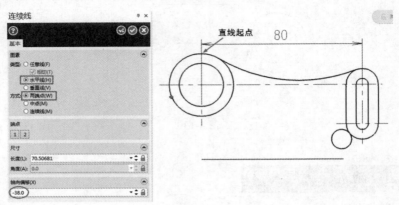

图 4-144

09 单击【切弧】按钮 ，在弹出的【切弧】选项面板中选中【两物体切弧】选项，设置【半径】值为 48.0，然后选取水平线与 Ø10 的圆来绘制切弧，如图 4-145 所示。

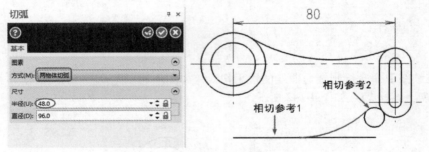

图 4-145

10 利用【连续线】命令绘制【轴向偏移】距离为 9 的竖直直线，如图 4-146 所示。再利用【图素倒圆角】命令绘制半径为 4 和 8 的圆角曲线（取消选中【修剪图素】复选框），如图 4-147 所示。

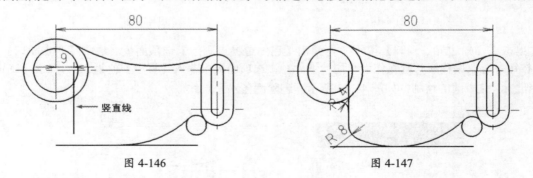

图 4-146   图 4-147

11 利用【分割】命令，修剪多余曲线，结果如图 4-148 所示。

12 利用【串连补正】命令，绘制出如图 4-149 所示的偏移曲线（向内偏移、距离为 2）。

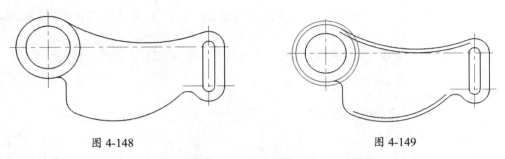

| 图 4-148 | 图 4-149 |

13 利用【连续线】命令绘制切线，如图 4-150 所示。再绘制一条竖直线（轴向偏移的值为 71），如图 4-151 所示。

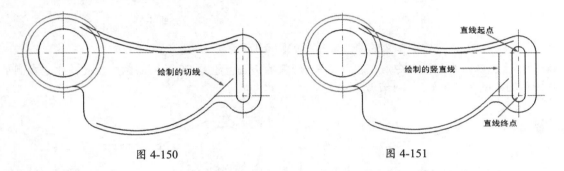

| 图 4-150 | 图 4-151 |

14 利用【已知边界点画圆】命令绘制 *R*3 的小圆，小圆与切线和竖直线同时相切，如图 4-152 所示。

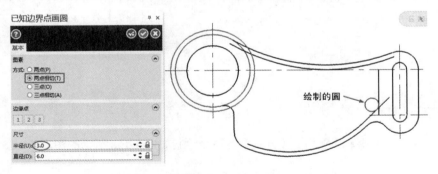

图 4-152

15 利用【垂直正交线】命令，选取切线和 *R*3 小圆来绘制垂直正交线，如图 4-153 所示。

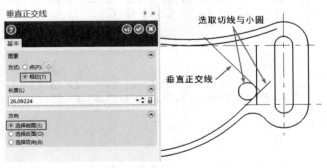

图 4-153

16 利用【连续线】命令在左侧绘制一条竖直线（轴线偏移值为24，）和一条水平线，如图 4-154 所示。

17 利用【图素倒圆角】命令，绘制 R3 圆角（未标注圆角均为 R3），如图 4-155 所示。

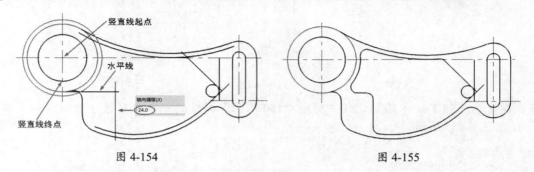

图 4-154 　　　　　　　　　　　　　　　　图 4-155

18 利用【分割】命令修剪多余的曲线，结果如图 4-156 所示。

19 利用【已知点画圆】命令，在左下角 R8 圆弧的圆心上绘制 Ø5 的同心圆。至此，完成本例垫片图形的绘制，结果如图 4-157 所示。

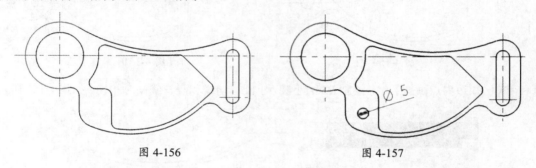

图 4-156 　　　　　　　　　　　　　　图 4-157

4.5　课后习题

（1）利用【连续线】【阵列】【分割】等命令绘制如图 4-158 所示的图形。

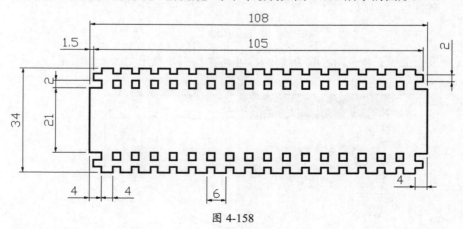

图 4-158

（2）利用【矩形】【复制】【分割】等命令绘制如图 4-159 所示的键盘草图。

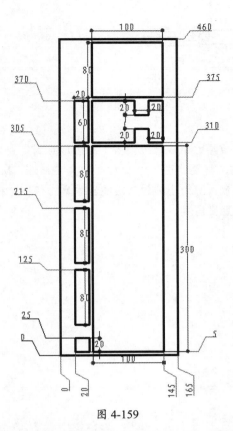

图 4-159

（3）利用【圆弧】【矩形】【分割】等命令绘制如图 4-160 所示的挂钩草图。

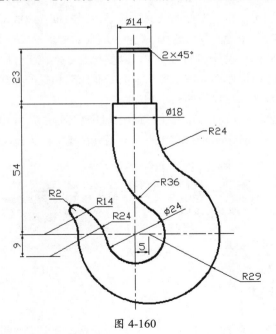

图 4-160

第 **5** 章　标注二维图形

项目导读

尺寸标注是机械图纸最重要的组成部分。当二维图形绘制完成后，为了能够表达设计者的设计意图，需要为图形添加尺寸和文字标注。Mastercam中的尺寸标注不具备修改图素本身大小的约束功能。本章将详细介绍二维图形的尺寸标注与文字注释等重要内容。

扫码看教学视频

项目分解

- 图形标注简介
- 常规尺寸标注
- 坐标标注
- 注释

5.1　图形标注简介

零件图中的尺寸是加工、检验零件的依据，是零件图的重要组成部分。在零件图上标注尺寸要求做到正确、完整、清晰、合理。其中正确、完整、清晰的要求已在组合体的尺寸标注中阐述了。合理是指所标注的尺寸能满足设计和加工要求，既要符合零件在工作时的要求，又要便于加工、测量和检验。而尺寸的合理标注必须在掌握一定的专业知识和生产实践的基础上才能全面掌握，这需要设计者具备一定合理标注尺寸的初步知识。

在 Mastercam 中，二维图形的尺寸标注不是用来驱动图形的，其作用主要是为平面零件图形和三维零件模型进行标注。Mastercam 2020 的标注工具在【标注】选项卡中，如图 5-1 所示。

图 5-1

5.1.1　尺寸标注的组成

尺寸标注由尺寸界线、尺寸线和尺寸数字 3 部分组成。每个零件都有长、宽、高 3 个方向的尺寸基准，每个方向只设一个主要尺寸基准。为了便于加工和测量，还经常设有一些辅助基准，如图 5-2 所示。

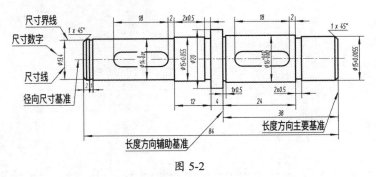

图 5-2

5.1.2　尺寸标注的基本原则

在进行尺寸标注时应遵循 GB 国标"尺寸标注"中的有关规定，应注全定形、定位和总体尺寸，做到不重复、不遗漏，要清晰。尺寸配置要清楚，排列要整齐，以便于零件加工者阅读。尺寸标注必须首先满足正确的要求，其次才是美观。尺寸尽量标注在基准上，不要标注无法加工的尺寸或间接进行计算的尺寸，造成累计误差。除此之外，还应按照以下基本原则进行尺寸标注。

（1）要考虑设计要求。

（2）要符合加工顺序并便于测量。

（3）应根据加工顺序进行标注。

（4）标注尺寸应考虑测量的方便。

（5）避免出现封闭的尺寸链。

5.1.3　尺寸标注设置

零件工程图的标注要满足 GB 国标技术要求，Mastercam 中的标注设置是基于 ISO 国际标准而建立起来的，所以需要对相关的标注进行预定义才能满足 GB 机械制图标准的一些基本要求。Mastercam 2020 中的尺寸标注设置可从两方面进行。

1. 系统配置

执行【文件】→【配置】命令，打开【系统配置】对话框。在该对话框左侧的参数配置列表中选择【标注与注释】选项，在其中可以设置尺寸属性、尺寸文字、注释文字、引导线 / 延伸线及尺寸标注等参数。右侧展示标注与注释的相关选项，首先设置【尺寸属性】参数，如图 5-3 所示。

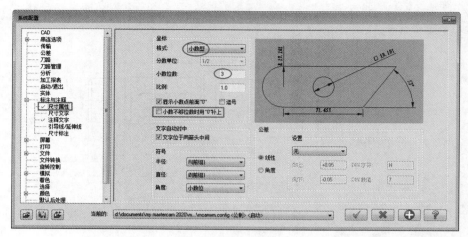

图 5-3

在【尺寸文字】参数中，按如图 5-4 所示的配置进行设置。

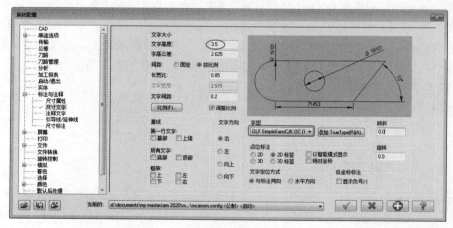

图 5-4

在【注释文字】参数中进行相关设置，如图 5-5 所示。

图 5-5

在【引导线 / 延伸线】参数中进行相关设置，如图 5-6 所示。

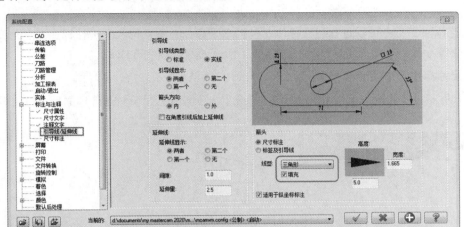

图 5-6

2. 自定义选项

在【标注】选项卡的【尺寸标注】面板右下角单击【尺寸标注设置】按钮 ，弹出【自定义选项】对话框，如图 5-7 所示。从该对话框中也可以进行尺寸标注的相关设置。该对话框中的设置效果与在【系统配置】对话框中的设置相同。

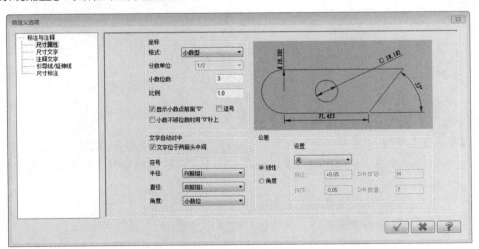

图 5-7

5.2 常规尺寸标注

Mastercam 提供了多种尺寸标注形式，包括线性标注、半径\直径标注、角度标注、基线标注、相切标注等，下面介绍常用的尺寸标注命令。

5.2.1　快速标注

【快速标注】命令可以进行线性标注（包括水平标注、垂直标注及平行标注）、角度标注和半径\直径等标注。也就是说，快速标注集成了所有的常规标注方式。

1.【尺寸标注】选项面板

在【尺寸标注】面板中单击【快速标注】按钮，弹出【尺寸标注】选项面板，如图5-8所示。

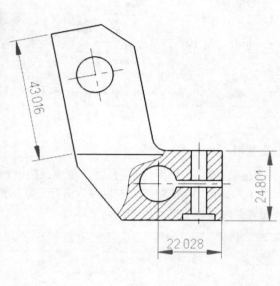

图 5-8

【尺寸标注】选项面板中主要选项含义如下。

- 【图素】选项区：该选项区用来定义尺寸标注方式及尺寸角度定位等，"方式"也称"样式"。
  > 自动：选中该单选按钮，可以在零件图形中完成线性标注、角度标注及半径\直径标注。
  > 水平：选中该单选按钮，只能标注出水平尺寸。
  > 垂直：选中该单选按钮，只能标注出垂直尺寸。
  > 平行：选中该单选按钮，只能标注平行尺寸。
  > 角度定位：定义平行标注和水平标注的倾斜角度，如图5-9所示。

技术要点：

此选项仅针对鼠标指针在图素上捕捉点而创建的尺寸标注。若是靠近选取图素来标注尺寸，是无法使用此选项的。

  > 保持垂直到圆弧中心：选中该复选框，将使设定角度定位的垂直线始终穿过圆弧中心。
  > 锁定：当选中【自动】单选按钮时，选中该复选框，可以在放置尺寸的过程中锁定

某一种标注方式（或者标注方向）。

- 【圆弧符号】选项区：此选项区控制直径或半径标注时的符号设定。

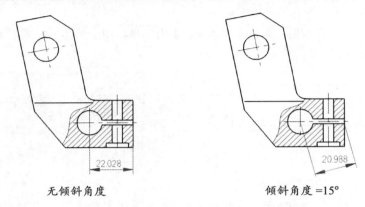

无倾斜角度　　　　　　　　　　　倾斜角度 =15°

图 5-9

> 半径：选中该单选按钮，无论是圆还是圆弧，都将标注为半径尺寸样式，如图 5-10
所示。

> 直径：选中该单选按钮，无论是圆还是圆弧，都将标注为直径尺寸样式，如图 5-11
所示。

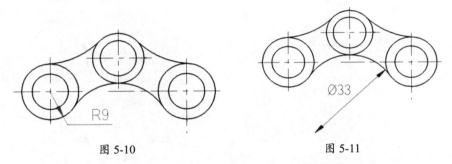

图 5-10　　　　　　　　　　　　　图 5-11

> 应用到线性尺寸：当标注轴类零件的剖面图形时，可以为线性尺寸的尺寸文字添加
直径或半径符号，如图 5-12 所示。

- 【延伸线】选项区：此选项区中的选项用于控制尺寸界线的显示。

> 两端：尺寸线的两侧均显示尺寸界线。

> 右：仅尺寸线右侧显示尺寸界线，如图 5-13 所示。

> 左：仅尺寸线左侧显示尺寸界线。

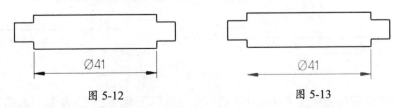

图 5-12　　　　　　　　　　　　图 5-13

- 【引导线】选项区：在此选项区中设置尺寸线的箭头位置。

> 内侧：选中该单选按钮将在尺寸界线内显示尺寸线箭头。

> 外侧：选中该单选按钮将在尺寸界线外显示尺寸线箭头，如图 5-14 所示。

- 【字型格式】选项区：此选项区用来编辑当前尺寸的字体样式、文字内容和高度。此处的设置仅对当前尺寸标注产生影响。

  > 字体：单击该按钮，弹出【字体编辑】对话框，用于选择尺寸文字的字体样式，如图 5-15 所示。

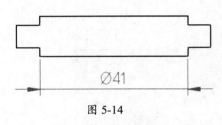

图 5-14

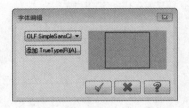

图 5-15

  > 编辑文字：单击该按钮，将弹出【编辑尺寸文字】对话框。在该对话框中可以重新编辑尺寸文字的内容及符号，如图 5-16 所示。

  > 高度：单击该按钮，弹出【高度】对话框。在该对话框中可以设置尺寸文字的高度、箭头高度及公差值的高度，如图 5-17 所示。

图 5-16

图 5-17

  > 小数位：设置当前尺寸的小数位数。

  > 文本居中：选中该复选框，尺寸文字在尺寸线中间显示。

2. 尺寸标注方法

对于线性尺寸，当鼠标指针靠近图素时单击，可以标注图素的长度，如图 5-18 所示。

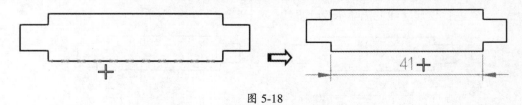

图 5-18

当鼠标指针在图形中的图素上捕捉两个点时，可以标注两点之间的距离，如图 5-19 所示。

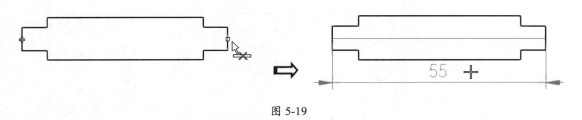

图 5-19

对于角度标注需要指定 3 个点：第一个点为角度顶点，第二个点和第三个点为两条相交曲线上的点。如图 5-20 所示。

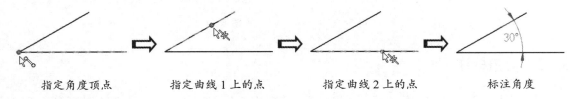

指定角度顶点　　　　指定曲线 1 上的点　　　　指定曲线 2 上的点　　　　标注角度

图 5-20

标注圆或圆弧的直径或半径时，鼠标指针靠近圆或圆弧时单击即可，如图 5-21 所示。不要在圆上或圆弧上捕捉点后再单击，那样只会标注出线性尺寸。

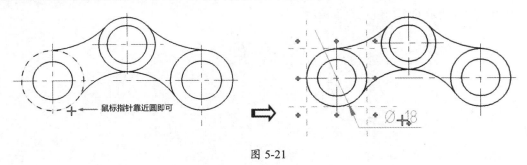

图 5-21

5.2.2　水平标注

【水平标注】命令用于标注两点之间的水平直线距离或某水平线段的长度。在【标注】选项卡的【尺寸标注】面板中单击【水平标注】按钮，即可执行【水平标注】命令。

上机实践——水平标注

对如图 5-22 所示的图形进行水平标注。

01 打开源文件 5-1.mcam。

02 在【标注】选项卡的【尺寸标注】面板中单击【水平标注】按钮，鼠标指针靠近选取右侧线和圆心处的数值轴线进行标注，结果如图 5-23 所示。

03 再选取右侧线上的中点和另一圆心点进行标注，结果如图 5-24 所示。

04 同理，对其他位置进行水平标注，结果如图 5-25 所示。

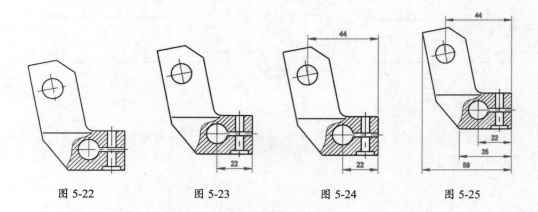

图 5-22　　　　　　　图 5-23　　　　　　　图 5-24　　　　　　　图 5-25

5.2.3　垂直标注

　　【垂直标注】命令用于标注两点之间的垂直距离或竖直线的长度。在【标注】选项卡的【尺寸标注】面板中单击【垂直标注】按钮 I，即可执行【垂直标注】命令。

上机实践——垂直标注

　　对如图 5-26 所示的图形进行垂直标注。

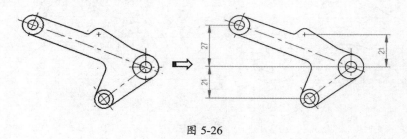

图 5-26

01 打开源文件 5-2.mcam。

02 垂直标注。在【标注】选项卡的【尺寸标注】面板中单击【垂直标注】按钮 I，选取右侧圆心点和左上角圆心点进行标注，结果如图 5-27 所示。

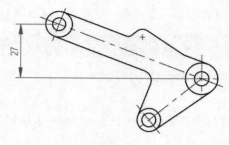

图 5-27

03 同理，继续垂直标注，标注结果如图 5-28 所示。

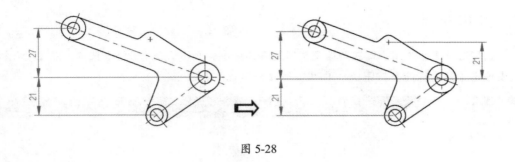

图 5-28

5.2.4　平行标注

【平行标注】命令用于标注平行于两点之间的连线或某直线（不限角度）的距离或长度。在【标注】选项卡的【尺寸标注】面板中单击【平行标注】按钮，即可执行【平行标注】命令。

上机实践——平行标注

对如图 5-29 所示的图形进行平行标注。

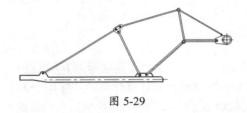

图 5-29

01 打开源文件 5-3. mcam。

02 平行标注。在【标注】选项卡的【尺寸标注】面板中单击【平行标注】按钮✎，鼠标指针靠近选取左侧的斜线，系统自动引出平行标注，结果如图 5-30 所示。

图 5-30

03 同理，继续平行标注，标注完成的结果如图 5-31 所示。

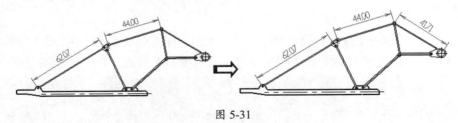

图 5-31

5.2.5 角度标注

【角度标注】命令用于标注两相交直线的夹角或圆弧角度。在【标注】选项卡的【尺寸标注】面板中单击【角度标注】按钮△，即可执行【角度标注】命令。

上机实践——角度标注

对如图 5-32 所示的图形进行角度标注。

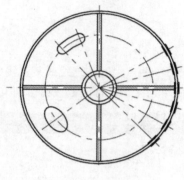

图 5-32

01 打开源文件 5-4.mcam。

02 在【标注】选项卡的【尺寸标注】面板中单击【角度标注】按钮△，先选取圆心点作为角度顶点，再选取轮辐上的水平中心线和倾斜径向中心线进行标注，如图 5-33 所示。

03 同理，继续角度标注。选取轮辐上的水平中心线和椭圆中心线进行标注，结果如图 5-34 所示。

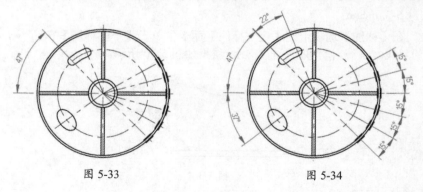

图 5-33   图 5-34

5.2.6 正交标注

【尺寸标注】面板中的另一个【垂直】标注命令用于标注点和线或两平行线之间的垂直正交距离。在【标注】选项卡的【尺寸标注】面板中单击【垂直】按钮，即可执行该标注命令。

提示：

由于Mastercam软件中文汉化错误，此处的【垂直】按钮名称应该为"正交"，这不同于线性标注中的【垂直】标注。为了表示两者的区别，后者暂称为"正交标注"，如图5-35所示。

图 5-35

对如图 5-36 所示的图形进行正交标注。

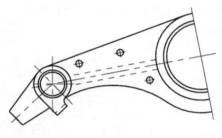

图 5-36

01 打开源文件 5-5. mcam。

02 在【标注】选项卡的【尺寸标注】面板中单击【正交标注】（垂直）按钮下，选取左侧圆的倾斜中心线和右侧的小圆圆心进行标注，正交标注结果如图 5-37 所示。

03 同理，完成其余的正交标注，结果如图 5-38 所示。

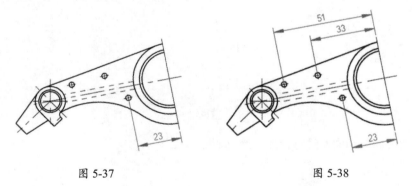

图 5-37　　　　　　　　　　　　　　　　图 5-38

5.2.7　相切标注

　　【相切】标注用于标注圆弧上尺寸边界线与该两点在圆弧上的切线是共线的。在【标注】选项卡的【尺寸标注】面板中单击【相切】按钮，即可执行【相切】标注命令。

　　对如图 5-39 所示的图形进行相切标注。

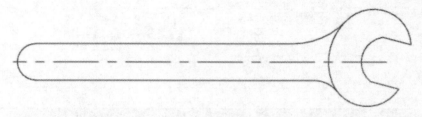

图 5-39

01 打开源文件 5-6.mcam。

02 在【标注】选项卡的【尺寸标注】面板中单击【相切】按钮，选取左侧的圆弧和右侧圆的圆心进行标注，结果如图 5-40 所示。

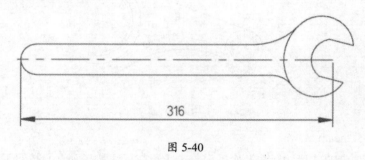

图 5-40

03 选取右上角的圆弧和圆心进行标注，结果如图 5-41 所示。

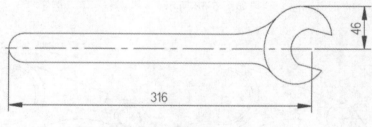

图 5-41

04 选取右下角的圆弧和圆心进行标注，结果如图 5-42 所示。

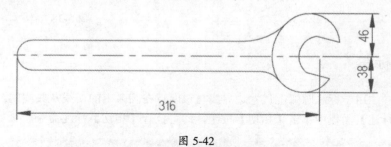

图 5-42

5.2.8　基线标注与串连标注

1. 基线标注

【基线】命令是从上一个标注或选定标注的基线处创建线性标注、角度标注或坐标标注，如图 5-43 所示。

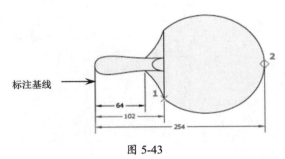

图 5-43

使用【基线】命令进行尺寸的标注，需要先建立一个尺寸标注。单击【基线】按钮，选取一个尺寸标注作为基准参考，然后选取其他的点进行标注即可，如图 5-44 所示。

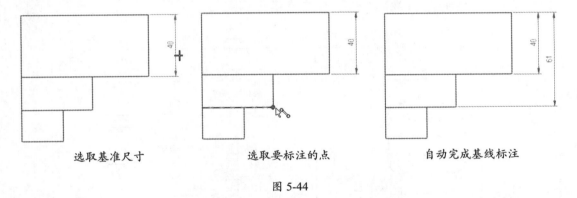

选取基准尺寸　　　　　　选取要标注的点　　　　　　自动完成基线标注

图 5-44

2. 串连标注

串连标注又称"连续标注"，是从上一个标注或选定标注的第二条延伸线处开始，创建线性标注、角度标注或坐标标注，如图 5-45 所示。连续标注将自动排列尺寸线。连续标注的标注方法与基线标注的方法相同。

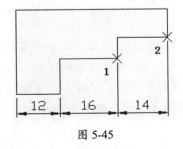

图 5-45

使用【串连】命令进行尺寸的标注，需要先建立一个尺寸标注。单击【串连】按钮，选取一个尺寸标注作为基准参考，然后选取其他的点进行标注即可，如图 5-46 所示。

| 选取基准尺寸 | 选取要标注的点 | 自动完成串连标注 |

图 5-46

5.3 坐标标注

坐标标注是测量从原点（基准）到要素（如部件上的一个孔）的水平或垂直距离。这种标注保持特征点与基准点的精确偏移量，从而避免误差增大。坐标标注在模具工程图中的应用范例如图 5-47 所示。坐标标注主要用于模具零件工程图的标注。

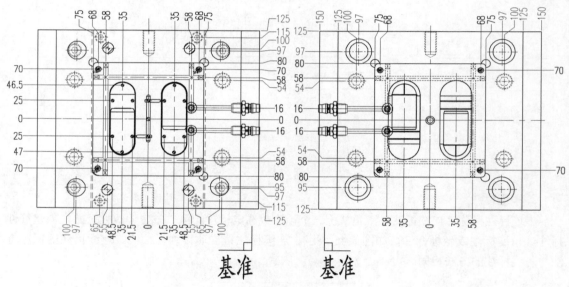

图 5-47

坐标标注工具在【纵坐标】面板中，如图 5-48 所示。下面简要介绍这些坐标标注工具。坐标标注的第一点是标注的基点，也称"标注坐标系的原点"。也就是说，要进行坐标标注，必须先确定标注坐标系。标注坐标系并不是绘图坐标系，是临时的、假想的，也是看不见的。一般将零件的一个角点假想为标注坐标系原点，如图 5-49 所示。

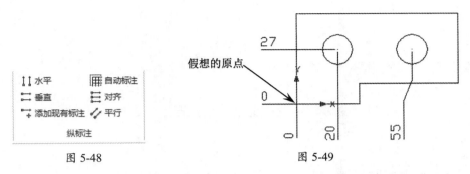

图 5-48　　　　　　　　　　　　　　　图 5-49

- 【水平】⌁⌁：水平标注是在 X 轴上进行横坐标标注，如图 5-50 所示。标注方法是，选取图形左上角或左下角顶点作为标注基点，然后拉出标注线并放置在上方，最后依次选取其余点并拉出标注线。
- 【垂直】⊏⊐：垂直标注是在 Y 轴上进行纵坐标标注，如图 5-51 所示。

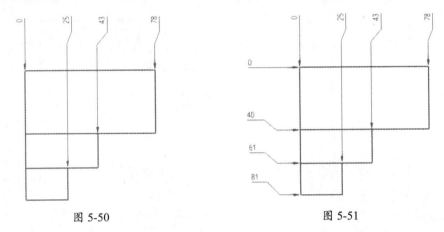

图 5-50　　　　　　　　　　　　　　　图 5-51

- 【添加现有标注】⌁：此工具可以在现有的坐标标注上添加新标注线。用法是，先选择已有的基点标注，然后在同一坐标轴方向选取点来添加标注线，如图 5-52 所示。

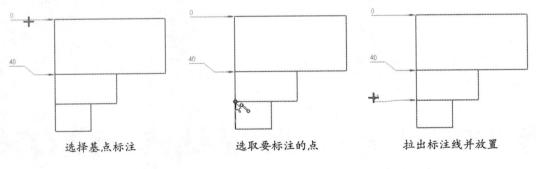

　　选择基点标注　　　　　　　　选取要标注的点　　　　　　　拉出标注线并放置

图 5-52

- 【自动标注】▦：此工具可以为图形自动添加坐标标注。单击【自动标注】按钮▦，弹出【纵坐标标注 / 自动标注】对话框。单击【选择】按钮，在图形中选取一个顶点作为标注基点，单击【确定】按钮✓并选取整个图形后即可完成自动标注，如图 5-53 所示。

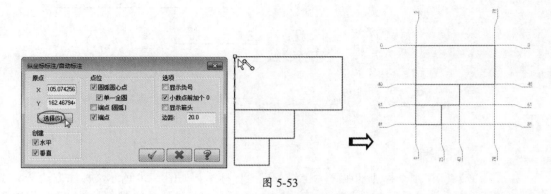

图 5-53

- 【对齐】：此工具可以将自动标注（手动标注的坐标尺寸不可用）的坐标尺寸对齐，如图 5-54 所示。

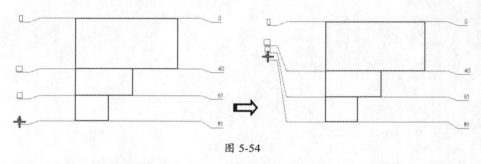

图 5-54

- 【平行】：此工具用于标注平行的图素，如图 5-55 所示。

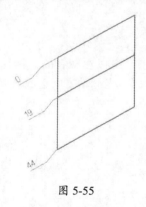

图 5-55

5.4 注释

为图形标注尺寸后，还要添加说明文字和明细表格，这样才算完成一幅完整的工程图。

5.4.1 文字注释

文字注释是二维图形中很重要的图形元素，也是机械制图、建筑工程图等不可或缺的重要组成部分。在一个完整的图样中，通过一些文字注释来标注图样中的非图形信息。例如，机械图形中的技术要求、装配说明、标题栏信息、选项卡，以及建筑工程图中的材料说明、施工要求等。

在【注释】面板中单击【注释】按钮，弹出【注释】选项面板，如图 5-56 所示。通过该选项面板可以添加文字注解、设置字体样式，设置文字高度及注释文字的属性设置等。

图 5-56

【注释】选项面板中主要选项含义如下。

- 注释：选中该单选按钮，将创建不带引线的注释。
- 标签：选中该单选按钮，将创建 3 种带引线的注释。
- 单一引线：文字注释由引导线和文字构成。引导线又由引线和箭头组成。单一引线指的是只有一段引线，如图 5-57 所示。
- 分段引线：引导线由多段引线和箭头组成，如图 5-58 所示。

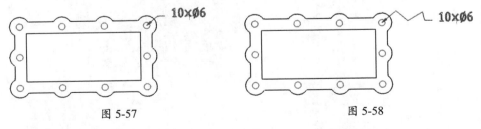

图 5-57　　　　　　　　　　　　　　图 5-58

- 多重引线：同时引出多条引线到同一注解中，如图 5-59 所示。
- 字体：在此列表中为注释文字设置字体，如图 5-60 所示。如果列表中没有所需的字体，可以单击列表旁的【True Type 样式】按钮，从【字体】对话框中选择字体。

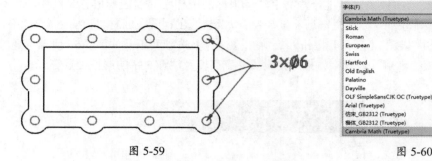

图 5-59   图 5-60

- 注释：在此文本框中输入注释内容，可以是纯文本，也可以在文本中加入运算字符、符号及数字等，如图 5-61 所示。

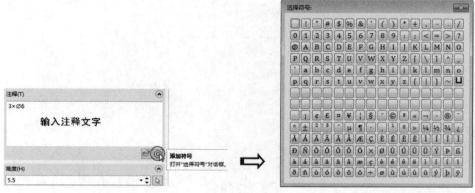

图 5-61

- 高度：设置注释文字的高度。
- 属性：如果需要更多的注释文字及引线的设置，可以单击【属性】按钮，弹出【自定义选项】对话框，如图 5-62 所示。在该对话框中设置注释文字及引线箭头样式。

图 5-62

5.4.2　孔表

【孔表】命令可以为零件图形中的孔建立孔表。在零件工程图中，一个零件如果有许多孔，可以通过孔表的方式来表达众多孔的位置及大小，使整个工程图更加清晰明了。

单击【孔表】按钮，弹出【孔表】选项面板，如图 5-63 所示。

【孔表】选项面板中主要选项含义如下。

- 线框：选中该复选框，将以绘制窗框的方式窗交选择零件孔。
- 面：选中该复选框，选择零件表面，系统会自动识别面上的孔。
- 边缘：选中该复选框，通过选取孔的边缘来选择孔。
- 主体：选中该复选框，通过选取整个零件模型来自动选择孔。
- 孔：该列表中以编号的形式显示所选取的孔。
- 移动：单击该按钮，在绘图区中移动孔表到新位置。
- 文字高度：控制孔表中文本的高度。
- 【标签】选项区：此选项区中的选项用来定义孔标签的位置和文本高度。
  > 对齐：控制孔名称与孔的对齐方式，包括"中心""端点"和"中点"，3 种对齐方式如图 5-64 所示。

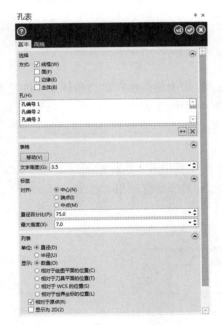

图 5-63

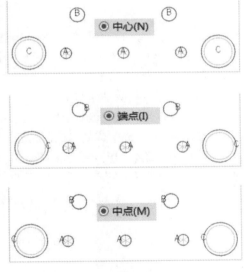

图 5-64

  > 直径百分比：设置孔标签的文字比例，最大值为 100%（最大值就是"最大高度"值），最小为 1%。
  > 最大高度：设置孔标签的文字高度。
- 【列表】选项区：该选项区中的选项用来定义孔表中的内容。
  > 直径：选中该单选按钮，孔表中将列出孔直径参数，如图 5-65 所示。
  > 半径：选中该单选按钮，孔表中将列出孔半径参数，如图 5-66 所示。

参考	直径	数量
A	12.02	6
B	16.0	5
C	36.4	4

图 5-65

参考	半径	数量
A	6.01	6
B	8.0	5
C	18.2	4

图 5-66

> 数量：选中该单选按钮，孔表中将列出不同类型的孔数量。

> 相对于绘图平面的位置：选中该单选按钮，孔表中将列出在绘图平面中的孔坐标，当重新建立绘图平面并选取新 WCS 坐标原点时，坐标位置会根据新坐标列出，如图 5-67 所示。

> 相对于刀具平面的位置：选中该单选按钮，孔表中将列出在刀具平面中的孔坐标，如果不重新设置刀具平面，刀具平面与绘图平面是重合的。

> 相对于 WCS 的位置：选中该单选按钮，孔表中将列出在 WCS 坐标系中的孔坐标，如图 5-68 所示。

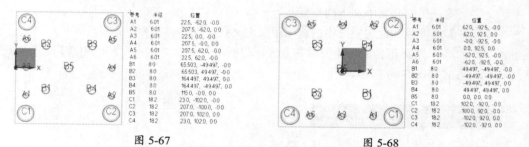

图 5-67

图 5-68

> 相对于世界坐标的位置：选中该单选按钮，孔表中将列出在世界坐标系中的孔坐标。原则上 WCS 工作坐标系（除了 9 个标准视图中的 WCS）是可以移动的，而世界坐标系是绝对不变的。所以，相对于世界坐标系的位置不会随着绘图平面、WCS 或刀具平面的变动而产生变化。

> 相对于原点：选中该复选框，孔表中的坐标位置是基于坐标系的原点进行确定的。

> 显示为 2D：选中该复选框，孔表中的坐标位置参数仅列出 X 坐标与 Y 坐标。若取消选中，还会列出 Z 坐标参数。

● 创建：单击该按钮，将创建孔表的活动报告，如图 5-69 所示。

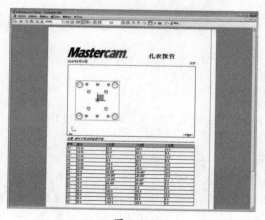

图 5-69

5.4.3　剖面线

剖面线的填充是一种使用指定线条、图案、颜色来充满指定区域的操作，经常用于表达金属剖切面和不同类型物体对象的外观纹理等，被广泛应用在绘制机械图形中。在【标注】选项卡的【注释】面板中单击【剖面线】按钮▨，弹出【交叉剖面线】选项面板，如图 5-70 所示。

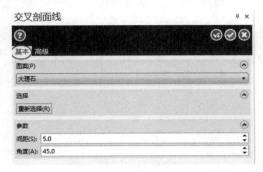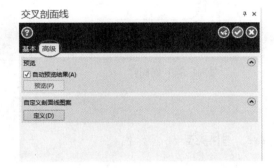

图 5-70

【交叉剖面线】选项面板中主要选项含义如下。

- 图案：在此下拉列表中列出了常用的机械与建筑材质图案，如图 5-71 所示。
- 重新选择：单击该按钮，可以重新选择要填充的边界。
- 间距：设置剖面线中线与线之间的距离。
- 角度：设置剖面线的旋转角度。
- 定义：在【高级】选项卡下的【自定义剖面线图案】选项区中，单击【定义】按钮，可以打开【自定义剖面线图案】对话框。通过该对话框自定义符合设计要求的剖面线图案，如图 5-72 所示。

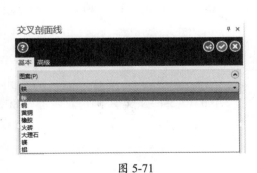

图 5-71　　　　　　　　　　　　　　　　图 5-72

在绘图区中选取封闭的图形区域后，选择一种合适的剖面线图案，即可自动填充剖面线，如图 5-73 所示。

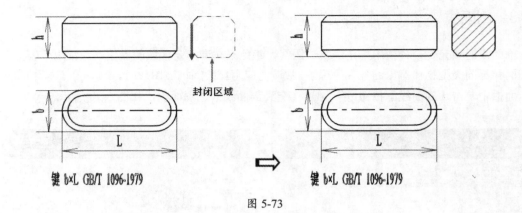

图 5-73

5.4.4 引导线

"引导线"就是引线注释中的箭头与引线部分。引导线的用法在【注释】选项面板中已经介绍过。单击【引导线】按钮，弹出【导引线】选项面板，如图 5-74 所示。

【导引线】选项面板中主要选项含义如下。

- 两端点：选中该单选按钮，引导线中仅有一段引线和箭头，如图 5-75（a）所示。
- 多段：选中该单选按钮，引导线中可以有多段引线，如图 5-75（b）所示。

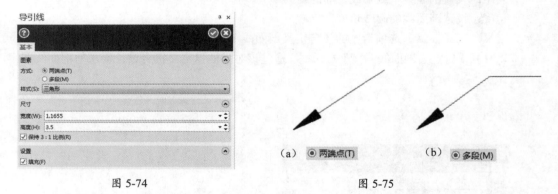

图 5-74　　　　　　　　　　　　　　　　图 5-75

- 样式：在此下拉列表中，包含多种样式，例如常见的三角形、圆、斜线等。如图 5-76 所示中的引导线箭头样式为"无"。

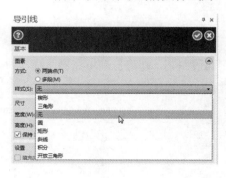

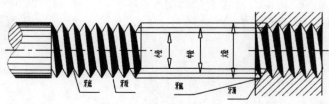

图 5-76

- 宽度：当箭头样式为三角形、楔形、矩形和开放三角形时，设置箭头的宽度（长度）。
- 高度：设置箭头的高度。
- 保持 3:1 比例：选中该复选框，无论是设置箭头宽度还是高度，都将按照 3:1 的比例进行统一缩放。
- 填充：选中该复选框，当箭头样式为封闭的三角形、圆和矩形时，可以填充黑色。反之则不填充，如图 5-77 所示。

图 5-77

5.5　综合训练——绘制轴套剖面图

在一些转速较低，径向载荷较高且间隙要求较高的地方（如凸轮和轴），轴套用来替代滚动轴承（其实轴套也算是一种滑动轴承），其制作材料要求硬度低且耐磨，轴套内孔经研磨刮削，能达到较高配合精度，内壁上一定要有润滑油的油槽。轴套的润滑非常重要，如果干磨，轴和轴套很快就会报废，这里推荐安装时刮削轴套内孔壁，这样可以留下许多小凹坑，增强润滑。

要绘制的轴套剖面图，如图 5-78 所示。

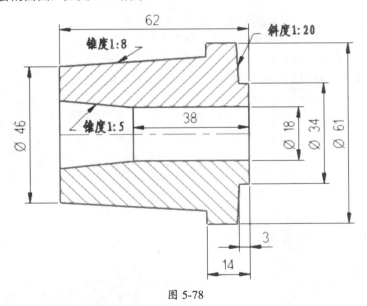

图 5-78

轴套剖面图的绘制思路如下。

（1）首先绘制定位中心线，接着绘制由水平线段和竖直线段构成的外形轮廓。

（2）绘制圆柱面上的斜度和锥度。

（3）完成尺寸标注。

操作步骤：

01 绘制定位中心线。在【线框】选项卡中单击【连续线】按钮，从坐标系原点处绘制一条长度为 62mm 的水平直线，并将该水平直线的线型改变为点画线，如图 5-79 所示。

02 绘制部分外形轮廓线。按空格键重新执行【连续线】命令，再绘制一条长度为 23mm 的竖直线，如图 5-80 所示。

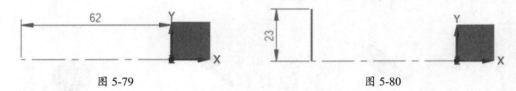

图 5-79   图 5-80

03 按空格键重新执行【连续线】命令，在坐标系原点绘制一条长度为 17mm 的竖直线，如图 5-81 所示。

04 在【线框】选项卡中单击【平行线】按钮，选取定位中心线作为偏移参考，绘制一条向上偏移距离为 30.5mm 的平行线，结果如图 5-82 所示。

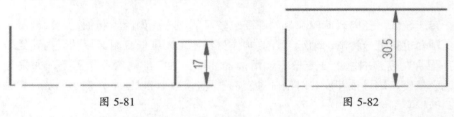

图 5-81   图 5-82

05 单击【连续线】按钮，在【连续线】选项面板中设置【垂直线】和【两端点方式】类型，在坐标系原点处指定直线起点，指定直线终点为水平直线（用定位中心线进行偏移复制的直线）的右端点，设置轴向偏移距离为 -14mm，最终绘制的结果如图 5-83 所示。

06 单击【分割】按钮，修剪平行线，修剪结果如图 5-84 所示。

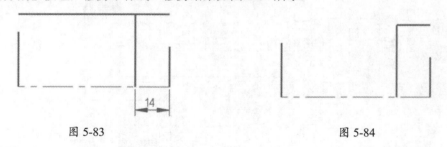

图 5-83   图 5-84

07 绘制斜度线。在【线框】选项卡中单击【连续线】按钮，绘制两段长度分别为 3mm 和 13.5mm 的水平与竖直线，如图 5-85 所示。

提示：

锥度专用于表示圆锥面与轴端面的倾斜程度，斜度用于表示平面与基准面之间的倾斜程度。锥度和斜度不是角度，不能直接用角度值去表示，绘制图形时需要进行转换。锥度（或斜度）为锥面（或斜平面）与基准面（垂直投影平面）之间的比值。如果用直角三角形中的直角边来表达，即较短直角边比较长直角边。也就是说，如果锥度为1:8，假定直角短边为1，则长边应为8。

08 已知斜线斜度为 1:20，长直角边为 13.5mm，可求得短直角边为 0.675mm（13.5÷20）。接下来将 13.5mm 长的竖直线向左偏移 0.675mm 并复制，最后连接两竖直线的端点，此连接线即为斜度线，如图 5-86 所示。

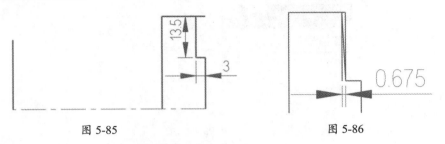

图 5-85　　　　　　　　　　　　　　图 5-86

09 同样的计算与操作方法，绘制锥度为 1:16 的斜线，如图 5-87 所示。

10 利用【分割】命令对斜线进行修剪，修剪结果如图 5-88 所示。

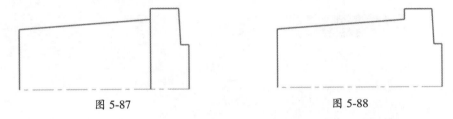

图 5-87　　　　　　　　　　　　　　图 5-88

11 绘制轴套内部的剖面轮廓线。利用【连续线】命令，过原点向左绘制一条长为 38mm、水平线高度为 9mm 的水平直线，如图 5-89 所示。

12 按照前面绘制斜线的方法，绘制锥度为 1:10 的斜线，如图 5-90 所示。

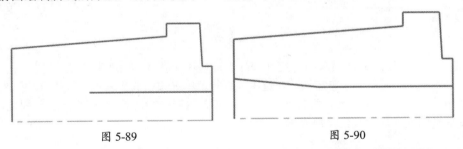

图 5-89　　　　　　　　　　　　　　图 5-90

13 绘制竖直线。利用【连续线】工具，绘制一条竖直线，结果如图 5-91 所示。

14 填充图案。在【标注】选项卡的【注释】面板中单击【剖面线】按钮▨，选取填充区域，如图 5-92 所示。

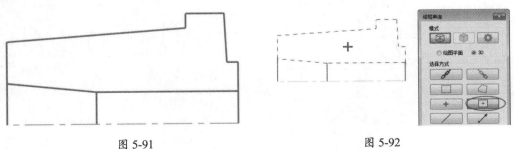

图 5-91　　　　　　　　　　　　　　图 5-92

15 弹出【交叉剖面线】选项面板，选择【铁】图案，设置间距为 3mm、角度为 45°，填充结果如图 5-93 所示。

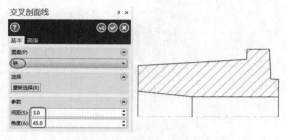

图 5-93

16 镜像图形。将刚绘制的所有图素选中，并单击【转换】选项卡中的【镜像】按钮，弹出【镜像】选项面板。以 X 轴为镜像轴，镜像图形的结果如图 5-94 所示。

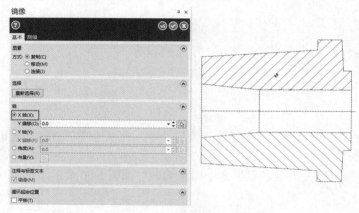

图 5-92

17 标注直径。在【标注】选项卡的【尺寸标注】面板中单击【快速标注】按钮，在【尺寸标注】选项面板中选中【垂直】单选按钮，选中【直径】单选按钮和【应用到线性尺寸】复选框后，在绘图区中选取要标注的两点，标注线性尺寸（带直径符号），如图 5-95 所示。同理，完成其余带直径符号的线性尺寸标注，结果如图 5-96 所示。

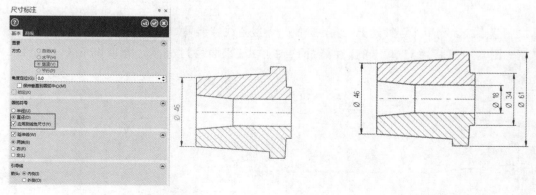

图 5-95

图 5-96

18 继续标注水平尺寸。在【尺寸标注】选项面板中选中【水平】单选按钮，选取要标注的两点，单击放置水平尺寸，标注完成的结果如图 5-97 所示。

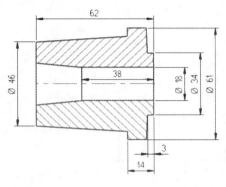

图 5-97

19 标注斜度和锥度。在【注释】面板中单击【注解文字】按钮，在弹出的【注释】选项面板中输入文字"锥度 1:5"，然后选取图形中的点进行文字注释，结果如图 5-98 所示。同理，完成其余文字注释，如图 5-99 所示。

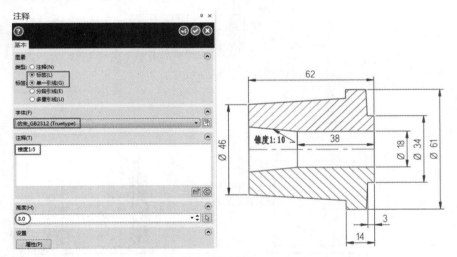

图 5-98

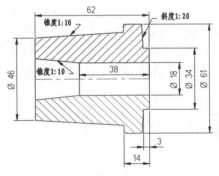

图 5-99

5.6　课后习题

（1）绘制如图 5-100 所示的二维剖面图形，并标注尺寸。

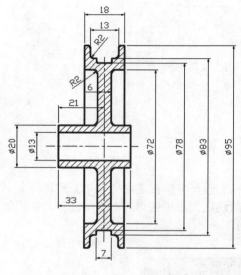

图 5-100

（2）绘制如图 5-101 所示的多视图图形，并标注尺寸。

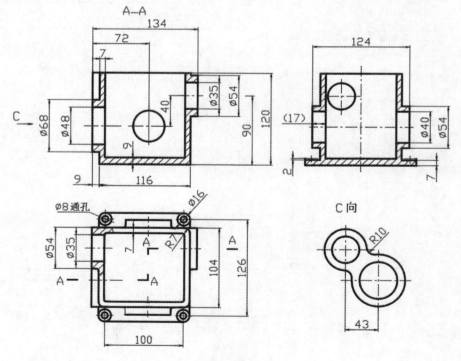

图 5-101

第 **6** 章 构建造型曲线

项目导读

在工业造型设计过程中，造型曲线是创建曲面的基础，曲线创建得越平滑、曲率越均匀，则获得的曲面效果越好。曲线分二维平面曲线和三维造型曲线，本章重点介绍三维造型曲线的构建方法。

扫码看教学视频

项目分解

- 曲线概述
- 三维形状曲线
- 曲面曲线
- 绘制三维螺旋线

6.1 曲线概述

曲线是构成实体、曲面的基础，尤其是曲面造型必需的过程。曲线分二维平面曲线和三维造型曲线。在 Mastercam 中可以创建直线、圆弧 / 圆、椭圆、矩形等简单曲线，也可以创建样条曲线、多边形、文本、螺旋形等二维平面曲线，如图 6-1 所示。通常，二维平面曲线用作实体建模的截面轮廓。

图 6-1

三维曲线是进行曲面造型的框架。总体来讲，三维实体模型和曲面模型的每一条边界线都是三维曲线，如图 6-2 所示。

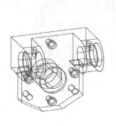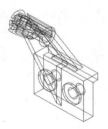

图 6-2

6.1.1 曲线基础

曲线可看作是一个点在空间连续运动的轨迹。按点的运动轨迹是否在同一平面来分，曲线可分为平面曲线和空间曲线。按点的运动有无一定规律来说，曲线又可分为规则曲线和不规则曲线。

1. 曲线的投影性质

因为曲线是点的集合，将绘制曲线上的一系列点投影，并将各点的同面投影依次光滑连接，即可得到该曲线的投影，这是绘制曲线投影的一般方法。若能绘制出曲线上一些特殊点（如最高点、最低点、最左点、最右点、最前点及最后点等），则可更确切地表示曲线。

曲线的投影一般仍为曲线，如图 6-3 所示的曲线 L，当它向投影面进行投射时，形成一个投射柱面，该柱面与投影平面的交线必为一条曲线，故曲线的投影仍为曲线；属于曲线的点，它的投影属于该曲线在同一投影面上的投影，如图 6-3 中的点 D 属于曲线 L，则它的投影 d 必属于曲线的投影 l，属于曲线某点的切线，它的投影与该曲线在同一投影面的投影仍相切于切点的投影。

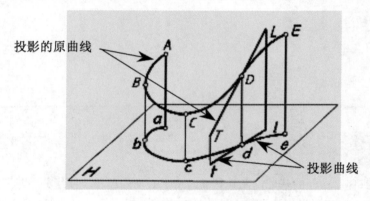

图 6-3

2. 曲线的阶次

由不同幂指数变量组成的表达式称为多项式。多项式中最大指数称为多项式的阶次。例如，$5X^3+6X^2-8X=10$（阶次为 3 阶），$5X^4+6X^2-8X=10$（阶次为 4 阶）。

曲线的阶次用于判断曲线的复杂程度，而不是精确程度。简单来说，曲线的阶次越高，曲线就越复杂，计算量就越大。使用低阶曲线更加灵活，更加靠近它们的极点，使后续操作（显示、加工、分析等）运行速度更快，便于与其他 CAD 软件进行数据交换，因为许多 CAD 软件只接受 3 次曲线。

使用高阶曲线常会带来很多弊端：灵活性差，可能引起不可预知的曲率波动，造成与其他CAD 软件数据交换时的信息丢失，使后续操作（显示、加工、分析等）运行速度变慢。一般来讲，最好使用低阶多项式，这就是为什么在 UG、Pro/E 等 CAD 软件中默认的阶次都为低阶的原因。

3. 规则曲线

规则曲线顾名思义就是按照一定规则分布的曲线特征。规则曲线根据结构分布特点可分为平面和空间规则曲线。曲线上所有的点都属于同一平面，则该曲线称为平面曲线，常见的圆、椭圆、抛物线和双曲线等都属于平面曲线。凡是曲线上有任意 4 个连续的点不属于同一平面，则称该曲线为空间曲线。常见的规则空间曲线有圆柱螺旋线和圆锥螺旋线，如图 6-4 所示。

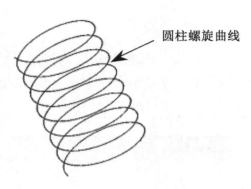

圆柱螺旋曲线

圆锥螺旋曲线

图 6-4

4. 不规则曲线

不规则曲线又称自由曲线，是指形状比较复杂、不能用二次方程准确描述的曲线。自由曲线广泛用于汽车、飞机、轮船等计算机辅助设计中。涉及的问题有两个方面：其一是由已知的离散点确定曲线，多是利用样条曲线和草绘曲线获得的，如图 6-5 所示为在曲面上绘制的样条曲线。其二是对已知自由曲线利用交互方式予以修改，使其满足设计者的要求，即对样条曲线或草绘曲线进行编辑获得的自由曲线。

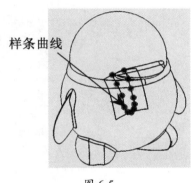

样条曲线

图 6-5

6.1.2　Mastercam 三维曲线设计工具

几何体是通过"点→线→面→体"这样一个设计过程形成的。因此，设计一个好的曲面，其基础是曲线的精确构造，避免出现诸如曲线重叠、交叉、断点等缺陷，否则会造成后续设计的一系列问题。

有时实体需要通过曲线的拉伸、旋转等操作去构造特征；也有时用曲线创建曲面进行复杂实体造型；在特征建模过程中，曲线也常用作建模的辅助线（如定位线等）。

Mastercam 的三维曲线工具在【线框】选项卡的【形状】面板和【曲线】面板中，如图 6-6 所示。

图 6-6

6.2　三维形状曲线

三维形状曲线是基于已有模型来建立的边界曲线和切削轮廓曲线。

6.2.1 边界框

【边界框】命令可以创建由二维图素及三维圆柱面构成的空间边框曲线，也就是空间边界框（也称"包容框"）能完全包容所选的图素或三维面。单击【边界框】按钮 ，弹出【边界框】选项面板，如图 6-7 所示。

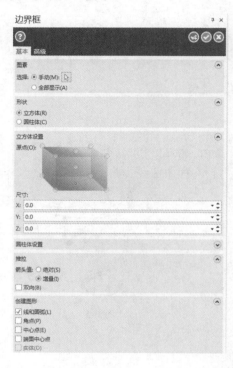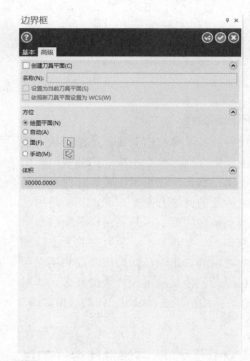

图 6-7

1.【基本】选项卡

【边界框】选项面板的【基本】选项卡中主要选项含义如下。

- 手动：选中该单选按钮，手动选取要创建边界框的图素或三维圆柱面。
- 全部显示：选中该单选按钮，系统会自动识别绘图区中的图素或三维圆柱面来创建边界框。
- 立方体：选中该单选按钮，将创建立方体的边界框，如图 6-8 所示。
- 圆柱体：选中该单选按钮，将创建圆柱体的边界框，如图 6-9 所示。

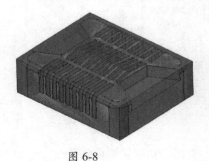

图 6-8   图 6-9

- 【立方体设置】选项区：当选中【立方体】单选按钮时，此选项区变得可用。可以在边界框的图例中设置原点，此原点非坐标系原点，而是边界框的增量参考点。例如，选取不同的原点，在 X 文本框中虽输入相同的值，却得到不同的增量效果，如图 6-10 所示。

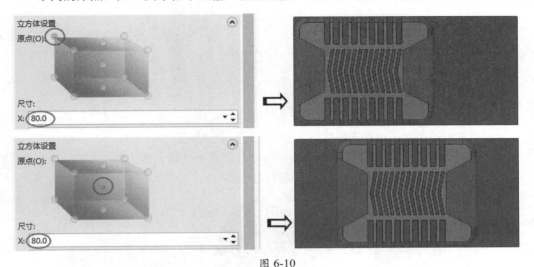

图 6-10

> X：在 X 轴上的增量值。
> Y：在 Y 轴上的增量值。
> Z：在 Z 轴上的增量值。

- 【推拉】选项区：此选项区仅用于立方体形状。
   > 绝对：选中该单选按钮，将以世界坐标系为参考，推拉边界框时计算推拉值，如图 6-11 所示。
   > 增量：选中该单选按钮，将以相对坐标值来计算推拉值，如图 6-12 所示。
   > 双向：选中该复选框，将同时向正、反两个方向推拉边界框，如图 6-13 所示。取消选中则单向推拉边界框。

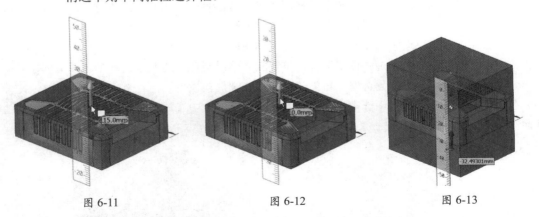

<table>
<tr><td>图 6-11</td><td>图 6-12</td><td>图 6-13</td></tr>
</table>

- 【圆柱体设置】选项区：当选中【圆柱体】单选按钮时，此选项区变得可用，如图 6-14 所示。设置圆柱体的原点，便于控制圆柱半径和高度。

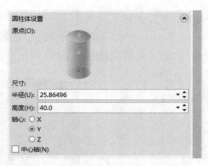

图 6-14

> 半径、高度：定义圆柱体边界框的半径和高度值。
> 轴心 X、Y、Z：这 3 个单选按钮用于确定轴心（底面圆的圆心）在 X 轴、Y 轴或 Z 轴上。不同的轴心将产生不同方向的圆柱体，如图 6-15 所示。

轴心在 X 轴   轴心在 Y 轴   轴心在 Z 轴

图 6-15

> 中心轴：取消选中该复选框，圆柱体边界框的中心轴穿过模型中心。若选中该复选框，圆柱体边界框的中心轴将穿过世界坐标系的原点。
• 【创建图形】选项区：此选项区中的选项控制最终的图形形式，包括 5 种图形，可以选择单项或多项来创建图形。
> 线和圆弧：选中该复选框，将创建立方体边界框曲线或圆柱体边界框曲线。
> 角点：选中该复选框，仅在立方体边界框的各个顶点上创建点。
> 中心点：选中该复选框，将在立方体或圆柱体边界框的中心创建点。
> 端面中心点：选中该复选框，将在立方体或圆柱体边界框的各个端面上创建点。
> 实体：选中该复选框，将创建立方体或圆柱体模型。

在【边界框】选项面板中选中【立方体】单选按钮，选中【线和圆弧】复选框，创建的边界框曲线如图 6-16 所示。若选择【实体】复选框，创建的边界框立方体如图 6-17 所示。

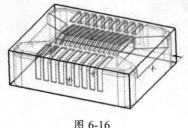

图 6-16

图 6-17

2. 【高级】选项卡

在【高级】选项卡中的主要选项含义如下。

- 创建刀具平面：选中该复选框，将自动创建一个刀具平面。其意义在于，如果创建的边界框就是加工零件的毛坯，那么就避免了在数控加工时重新定义刀具平面。
- 名称：输入刀具平面的名称。
- 设置为当前刀具平面：选中该复选框，将指定的新刀具平面设置为当前工作的刀具平面。
- 依照新刀具平面设置为 WCS：选中该复选框，将新刀具平面设置为 WCS 工作坐标系中的 XY 平面。
- 绘图平面：选中该单选按钮，相对于绘图平面对齐边界框。
- 自动：选中该单选按钮，可将模型中的最大平面与边界框的端面自动对齐。
- 面：选中该单选按钮，以所选的实体面来对齐边界框的端面。
- 手动：选中该单选按钮，手动将工作坐标系移至新位置，使其 XY 平面对齐到边界框端面。
- 体积：此文本框中列出了边界框的总体积。

6.2.2　轮廓边界

【轮廓边界】命令可以在模型的外边界上创建曲线，也就是创建模型轮廓的投影曲线。

单击【轮廓边界】按钮，选取要投影轮廓的模型（包括实体或曲面）后，弹出【轮廓边界】选项面板，如图 6-18 所示。

图 6-18

【轮廓边界】选项面板中主要选项含义如下。

- 重新选择：重新选择要投影轮廓的实体或曲面。
- 曲面细分 - 公差：设置投影轮廓得到的曲线与模型轮廓的允许偏差值。
- 过滤 - 公差：此公差值评估生成的边界点，如果投影后生成的点到图形的距离与公差值相等或小于公差值，那么该点将不在轮廓曲线中。
- 过滤点数：在输入此值的范围内，可以将轮廓拟合成一条直线或连续的多段圆弧。
- 圆弧拟合：选中该复选框，可以将轮廓拟合成连续的多段圆弧。
- 样条拟合：选中该复选框，在【平滑角度】角度值范围内，将轮廓中出现的尖角进行样条拟合，也就形成平滑过渡。

不同的视图（绘图平面）会得到不同的轮廓投影曲线。例如，在俯视图平面中，投影模型轮廓后，会得到如图 6-19 所示的投影曲线。

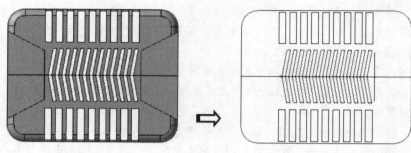

图 6-19

若切换到前视图平面，再对模型轮廓进行投影，会得到如图 6-20 所示的投影曲线。

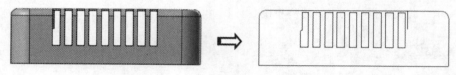

图 6-20

6.2.3　车削轮廓

【车削轮廓】命令可将模型剖切后进行投影，得到剖面的轮廓曲线。单击【车削轮廓】按钮 ，弹出【车削轮廓】选项面板，如图 6-21 所示。

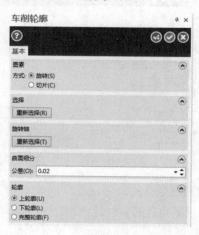

图 6-21

- 旋转：选中该单选按钮，将以旋转剖切模型的形式创建轮廓投影曲线。
- 切片：选中该单选按钮，使用切片全剖模型后创建轮廓投影曲线。切片可以自定义（选择实体面或曲面），也可以采用绘图平面作为切片。如图 6-22 所示为采用系统默认的前视图平面剖切模型获得的投影曲线。

图 6-22

- 选择 - 重新选择：单击该按钮，重新选择要进行投影的实体或曲面。
- 旋转轴 - 重新选择：此功能仅与【旋转】方式相关，若单击此按钮，将会创建旋转剖视图的轮廓投影曲线。也就是说，最终的投影曲线为"绘图平面投影曲线 + 绘图平面旋转 90°后的投影曲线"，如图 6-23 所示。

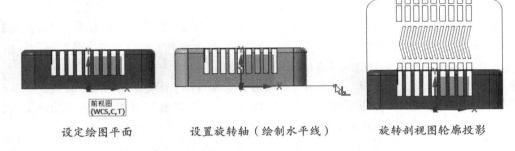

设定绘图平面　　　　设置旋转轴（绘制水平线）　　　　旋转剖视图轮廓投影

图 6-23

- 曲面细分：此选项仅在选中【旋转】单选按钮后才可用。用于设定投影曲线与剖面轮廓线的最大允许误差。
- 上轮廓：选中该单选按钮，仅创建轮廓的上半部分投影曲线，如图 6-24 所示。
- 下轮廓：选中该单选按钮，仅创建轮廓的下半部分投影曲线，如图 6-25 所示。
- 完整轮廓：选中该单选按钮，将创建完整的轮廓投影曲线。

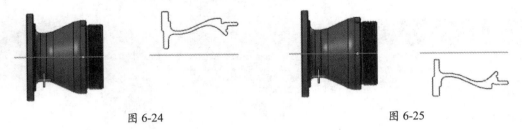

图 6-24　　　　　　　　　　　　　　　　图 6-25

6.3　曲面曲线

曲面曲线是根据现有的曲面来获取的，可以是曲面边缘，也可以是曲面相交线，还可以是曲面投影曲线等。常见的曲面曲线工具如图 6-26 所示。

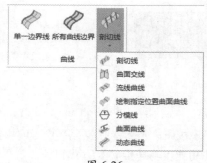

图 6-26

6.3.1　单一边界线

【单一边界线】命令用于在单一曲面上创建曲线。在【曲线】面板中单击【单一边界线】按钮📎，弹出【单一边界线】选项面板，如图 6-27 所示。

【单一边界线】选项面板中主要选项含义如下。

- 打断角度：此文本框仅对修剪曲面（被修剪的曲面和实体转化的曲面）有效。当确定起始或结束边缘时，在修剪曲面边缘上创建曲线。如果边缘与边缘之间的连接角度大于设定的角度值，将不会创建曲线。
- 公差：该值将对网格模型中的"锐角"进行识别，如图 6-28 所示。较小的公差值，将有更多图素被识别为边界，反之，将会忽略较多的边界。
- 拟合线或圆弧：如果曲面中出现不平滑的边界线时，可以选中该复选框尝试拟合边界线，即简化边界线。

【单一边界线】命令一次只能创建一条边界线。选择曲面后会显示曲面法向的箭头，将此箭头放置在曲面上要创建曲线的边界处，即可创建该边界的曲线，如图 6-29 所示。

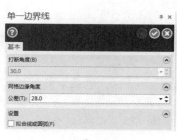

图 6-27

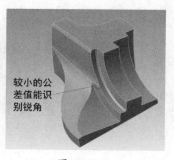

较小的公差值能识别锐角

图 6-28

图 6-29

6.3.2　所有曲线边界

【所有曲线边界】命令用于在实体或曲面的所有边缘创建边界线。在【曲线】面板中单击【所有曲线边界】按钮📎，弹出【创建所有曲面边界】选项面板，如图 6-30 所示。同时，系统会提示如何选择实体面、曲面或网格，如图 6-31 所示。

图 6-30　　　　　　　　　　　　　　　　图 6-31

【创建所有曲面边界】选项面板中的部分选项与【单一边界线】选项面板中的选项含义相同，下面介绍不同选项的含义。

- 重新选择：单击该按钮，可以重新选择要创建边界线的实体面、曲面或网格模型。
- 仅开放边缘：选中该复选框，仅在封闭的边缘上创建曲线，未封闭的边缘上不会创建边界曲线。反之，则创建所有边缘的曲线，如图 6-32 所示。

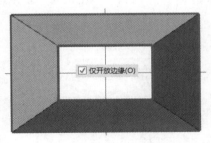
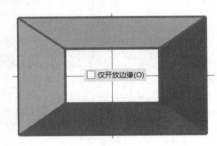

图 6-32

- 【实体边缘】选项区：此选项区中的选项仅对实体模型有效。
- 两者：选中该单选按钮，将在实体模型内部和外部创建边界线。
- 内侧：选中该单选按钮，仅在实体内部创建边界线。
- 外侧：选中该单选按钮，仅在实体外部创建边界线。
- 忽略共享边缘：选中该复选框，相邻的实体边缘将会被忽略，如图 6-33 所示。

不忽略共享边缘　　　　　　　　　　忽略共享边缘

图 6-33

6.3.3 剖切线

【剖切线】命令用于创建剖切平面与曲面的相交曲线。单击【剖切线】按钮 ，弹出【剖切线】选项面板，如图 6-34 所示。

【剖切线】选项面板中主要选项含义如下。

- 重新选择：单击该按钮，弹出【选择平面】对话框，通过此对话框定义剖切平面，如图 6-35 所示。如果不重新选择，将以绘图平面作为剖切平面。

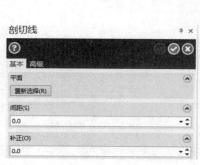

图 6-34

图 6-35

- 间距：设置此值，将会产生多个剖切平面。剖切平面之间的距离就是【间距】值。从剖切平面开始计算，在所选曲面的范围内创建多剖切平面，进而剖切面与所选曲面产生剖切线（相交线）。默认情况下，新增的剖切面是不可见的，仅显示剖切线，如图 6-36 所示。

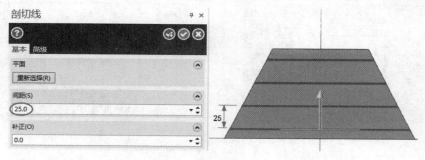

图 6-36

- 补正：此参数用于设置剖切线与所选曲面之间的偏移距离，如图 6-37 所示。

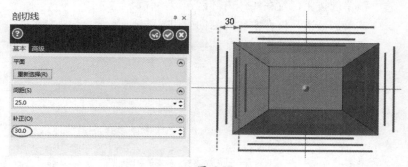

图 6-37

6.3.4　曲面交线

　　【交线】命令用于在两组曲面的相交处创建交线。单击【交线】按钮 ，弹出【曲面交线】选项面板，如图 6-38 所示。

图 6-36

　　【曲面交线】选项面板中主要选项含义如下。

- 第一组曲面 - 重新选择：单击该按钮，重新选择第一组相交曲面。
- 第二组曲面 - 重新选择：单击该按钮，重新选择第二组相交曲面。选择的第一组曲面和第二组曲面如图 6-39 所示。
- 弦高公差：设置测定公差，可以将相交曲线最大限度地拟合到相交曲面上。
- 【补正】选项区：此选项区中的参数用来设定相交曲线与相交曲面的偏移距离。
    - 第一组：设置相交曲线与第一组相交曲面的偏移距离。
    - 第二组：设置相交曲线与第二组相交曲面的偏移距离。

　　设置选项后，单击【曲面交线】选项面板中的【确定】按钮 ，完成曲面交线的创建，如图 6-40 所示。

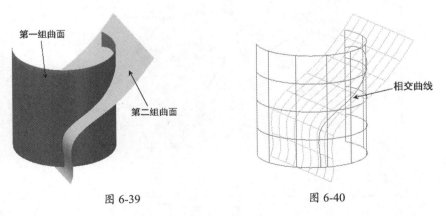

图 6-39　　　　　　　　　　　　　图 6-40

6.3.5 流线曲线

【流线曲线】命令可由给定的精度计算方式及设置值在曲面上创建 U 向或 V 向的所有常参数曲线。单击【流线曲线】按钮 ✐，弹出【流线曲线】选项面板，如图 6-41 所示。

图 6-41

> **提示：**
>
> 在三维软件中都包括点做的曲线、控制点曲线和B样条曲线等，曲面就是由这些曲线构成的。我们可以把曲面看成布，布上面有很多经纬线，实际上曲面中也有经、纬线。构成曲面的这些经、纬线则称为行和列。行定义了片体U方向，而列是大致垂直于片体行的纵向曲线方向（V方向），如图6-42所示，6个点定义了曲面的第一行。

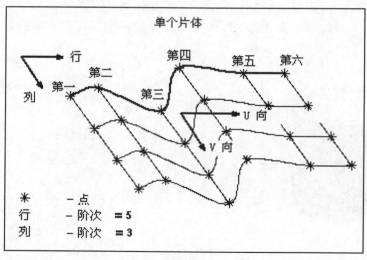

图 6-42

【流线曲线】选项面板中主要选项含义如下。

- 【曲线质量】选项区：此选项区中的选项可定义曲线参数。

> 弦高：设置流线曲线与原曲面之间的分离距离。
> 距离：设置流线曲线与流线曲线的间距。值越小，流线曲线越密，反之越稀疏，如图 6-43 所示。此值也是控制流线曲线数量的关键参数。

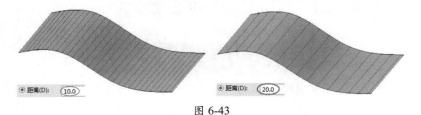

图 6-43

> 数量：此值控制流线曲线的数量，数量越多，流线曲线越密，反之越稀疏，如图 6-44 所示。

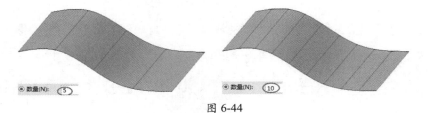

图 6-44

> 缀面边界：缀面边界也就是构成曲面的骨架曲线。无论是什么形状的曲面，都可以找到完整的骨架曲线。如图 6-45 所示，选中此单选按钮后，可以看见构成此曲面所需的骨架曲线。

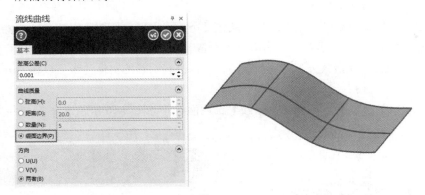

图 6-45

- 【方向】选项区：此选项区中包括 3 个单选按钮，用来确定创建 U 向、V 向还是同时创建 UV 向的流线曲线，如图 6-46 所示。

图 6-46

6.3.6 绘制指定位置曲面曲线

【绘制指定位置曲面曲线】命令用于选择曲面上某点产生在此点处的*U*向或*V*向的单条曲线。单击【绘制指定位置曲面曲线】按钮 ✎，弹出【绘制指定位置曲面曲线】选项面板，如图 6-47 所示。

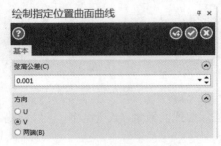

图 6-47

选择曲面，然后将箭头移至要建立曲线的位置，随后自动创建 *UV* 曲线，如图 6-48 所示。

图 6-48

6.3.7 分模线

分模线也称"模具分型线"，也就是产品在某个投影方向（绘图平面的法向）上产生的外形轮廓线。一般来说，仅当设计者使用肉眼不能判断出分型线时，可以使用【分模线】命令。例如图 6-49 所示的模型，在最大外形轮廓投影方向上，没有明确的实体边缘可以作为分模线使用，需要拆分圆弧面才能得到。

单击【分模线】按钮 ⊖，弹出【分模线】选项面板，如图 6-50 所示。

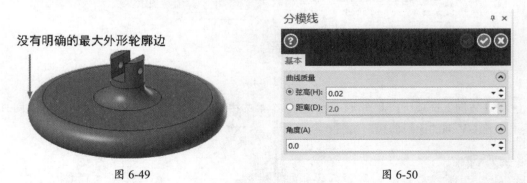

图 6-49

图 6-50

系统会提示"设置绘图平面，单击【应用】按钮完成"，此时应选择与投影方向法线垂直的模型上的实体平面作为绘图平面，保持【分模线】选项面板中的默认设置，按 Enter 键确认，自动完成分模线的创建，如图 6-51 所示。

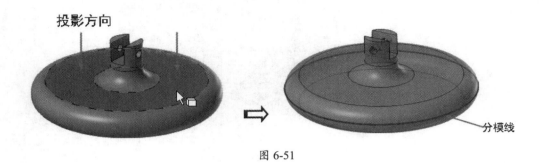

图 6-51

6.3.8　曲面曲线

　　【曲面曲线】命令用来在所选曲面上创建曲线。曲面曲线是曲面的一部分，就是曲面自身的结构线。曲面曲线是不能进行编辑的，其性质与线框曲线不同，不能用来创建实体或曲面。

　　例如，图 6-52 中的样条曲线性质是 NURBS 曲线，也就是普通的线框曲线。选中此曲线，在【主页】选项卡的【分析】面板中单击【图素分析】按钮 ，可以对其进行属性分析。

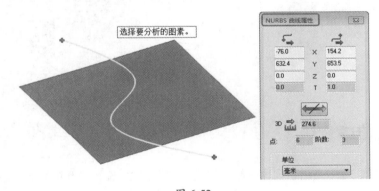

图 6-52

　　单击【曲面曲线】按钮 ，选取样条曲线将其转换成曲面曲线，如图 6-53 所示。

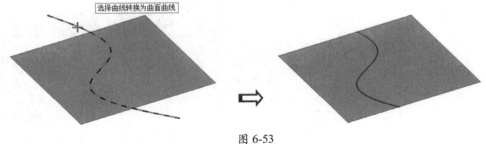

图 6-53

　　选中曲面曲线再进行图素分析，结果显示该曲线为曲面曲线形状，如图 6-54 所示。

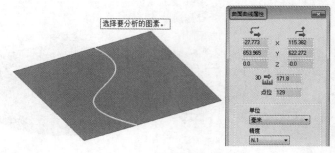

图 6-54

6.3.9 动态曲线

【动态曲线】命令用于在曲面上的选取点位置创建曲线。在【曲线】面板中单击【动态曲线】按钮 ，弹出【动态曲线】选项面板。选取要建立动态曲线的曲面，然后在曲面上选取几个点，按 Enter 键后自动创建曲线，如图 6-55 所示。

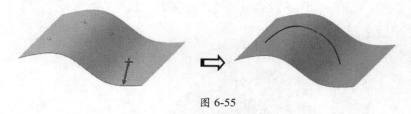

图 6-55

6.4 绘制三维螺旋线

【螺旋线（锥度）】命令用于创建三维螺旋线，包括圆柱螺旋线和圆锥螺旋线，如图 6-56 所示。

在【圆弧】面板中单击【螺旋线（锥度）】按钮 ，弹出【螺旋】选项面板，该选项面板用来设置螺旋线的相关参数，如图 6-57 所示。

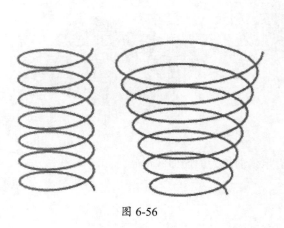

图 6-56

图 6-57

【螺旋】选项面板中主要选项含义如下。

- 基准点：指定螺旋线外轮廓圆的圆心。
- 半径：设置螺旋线外轮廓圆的半径。
- 高度：设置螺旋线的整体高度。
- 圈数：设置螺旋线的螺线圈数。
- 间距：设置螺线与螺线之间的距离。
- 锥角度：设置此值可以创建锥度螺旋线。如图 6-58 所示为锥度为 0° 和带有 15° 锥度的两种螺旋线。

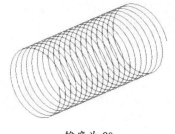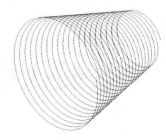

锥度为 0°　　　　　　　　　　锥度为 15°

图 6-58

- 旋转角度：设置螺旋线的起点旋转角度。
- 【方向】选项区：用以确定螺旋线的旋向。包括【逆时针】和【顺时针】，如图 6-59 所示，【逆时针】是默认的旋向。

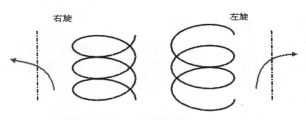

图 6-59

6.5 综合训练——绘制足球

　　本节通过一个足球建模案例来说明平面曲线和空间曲线的构建方法，足球模型主要是由两个基本块（五边形块和六边形块）进行旋转复制来构成，即将 12 个五边形块和 20 个六边形块拼合成一个足球，也就是说，这两个基本块的创建是本节的重点。

　　利用曲线命令和曲面命令来构建的足球模型，如图 6-60 所示。

图 6-60

设计分析：

（1）足球是由多个五边形块和六边形块组成的拼合球体。

（2）这个拼合球体包括 12 个五边形块和 20 个六边形块。

（3）每个五边形块的 5 条边均与六边形块连接。

（4）每个六边形块同时与 3 个五边形块和 3 个六边形块交错相接。

操作步骤：

01 新建 Mastercam 文件。按 F9 键显示轴线，以默认的俯视图作为绘图平面。

02 在【线框】选项卡的【形状】面板中单击【多边形】按钮 ⬠，弹出【多边形】选项面板。设置【边数】值为 5，内接圆（多边形外切于圆，简称"外圆"）的【半径】值为 50.0，选取原点为定位点，绘制的正五边形如图 6-61 所示。

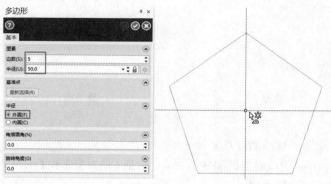

图 6-61

03 在【转换】选项卡中单击【旋转】按钮 ⟳，选取五边形的一条边作为旋转图素。

04 在弹出的【旋转】选项面板中单击【旋转中心点】选项区中的【重新选择】按钮，将旋转中心点设置于正五边形右下角的顶点上，再设置旋转【角度】值为 −120.0，最后单击【确定并创建新操作】按钮 ⟳，完成边的旋转复制，如图 6-62 所示。

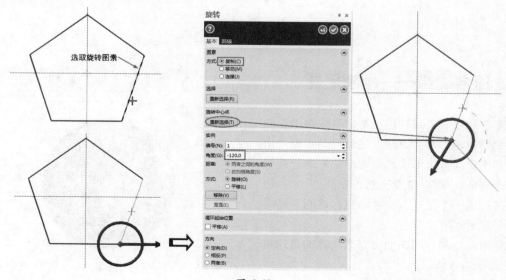

图 6-62

05 同理，继续选取正五边形底部的边为旋转图素，设置旋转角度为 120，旋转中心点不变，旋转复制边的结果如图 6-63 所示。

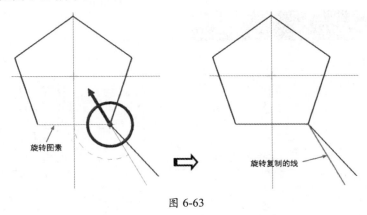

图 6-63

06 在【曲面】选项卡的【创建】面板中单击【旋转】按钮🔘，弹出【旋转曲面】选项面板。选取旋转截面和旋转轴，并设置旋转【角度】值为 180.0，单击【确定并创建新操作】按钮🔘，完成旋转曲面 1 的绘制，如图 6-64 所示。

07 同理，再选择旋转截面和旋转轴来创建旋转曲面 2，如图 6-65 所示。

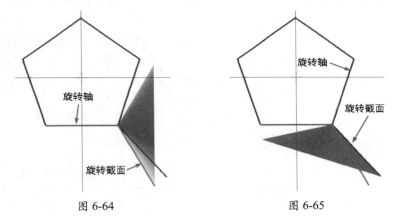

图 6-64　　　　　　　　　　　　　　图 6-65

08 在【线框】选项卡的【曲线】面板中单击【曲面交线】按钮🔘，选取两个旋转曲面创建曲面交线，如图 6-66 所示。

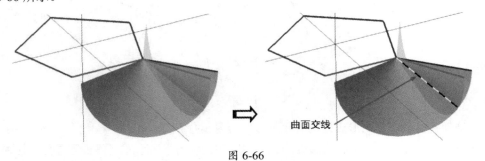

图 6-66

09 删除两个旋转曲面和旋转复制的曲线，仅保留正五边形和曲面交线。

10 在【转换】选项卡中单击【镜像】按钮▓，将曲面交线以Y轴镜像，镜像结果如图6-67所示。

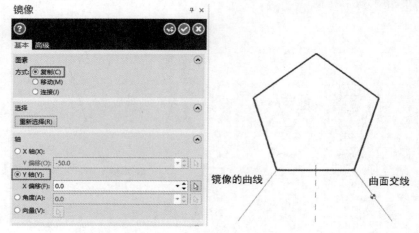

图 6-67

11 利用【连续线】命令绘制直线，如图6-68所示。

12 在【平面】面板中单击【创建新平面】下拉列表中的【依照图形】按钮▓，选取两条直线确定新绘图平面，如图6-69所示。

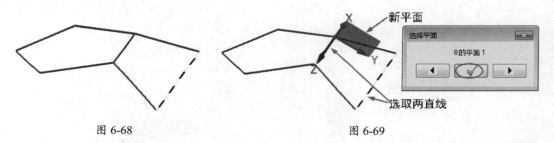

图 6-68　　　　　　　　　　　　　　　图 6-69

13 单击【镜像】按钮▓，选取3条直线作为镜像图素。在【镜像】选项面板中选中【向量】单选按钮，单击【选择向量】按钮▓，然后选择镜像中心线，如图6-70所示。

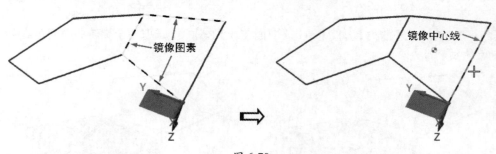

图 6-70

14 随后自动创建镜像曲线，形成封闭的六边形，如图6-71所示。

15 绘制五边形和六边形的过中心的法线。设置左视图作为绘图平面，在【线框】选项卡中单击【连续线】按钮，绘制长度为200的直线，如图6-72所示。

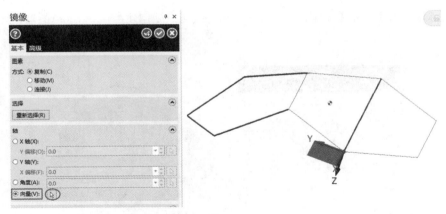

图 6-71

16 在【曲面】选项卡中单击【平面修剪】按钮 ，选取六边形来创建平面，如图 6-73 所示。

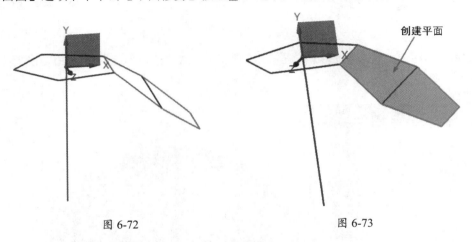

图 6-72　　　　　　　　　　　　　　　　　图 6-73

17 在【线框】选项卡的【绘线】面板中单击【法线】按钮 ，选择上一步创建的平面作为法线参考，选取镜像中心线的中点作为法线起点，创建长度为 100 的法线，如图 6-74 所示。

18 利用【分割】命令修剪曲线，如图 6-75 所示。

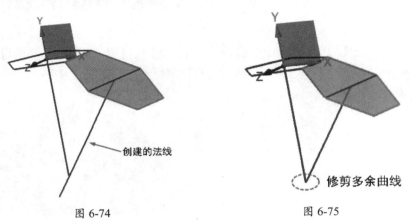

图 6-74　　　　　　　　　　　　　　　　　图 6-75

19 在【曲面】选项卡中单击【球体】按钮 ●，在两直线交点处创建半径为 160.0 的球面，如图 6-76 所示。

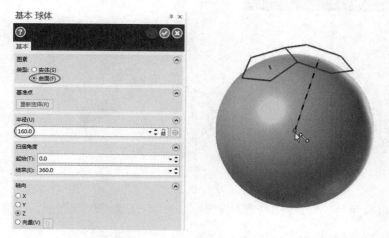

图 6-76

20 在【线框】选项卡中单击【投影】按钮 ⬆，将拥有公共边的五边形和六边形法向投影到球面上，如图 6-77 所示。

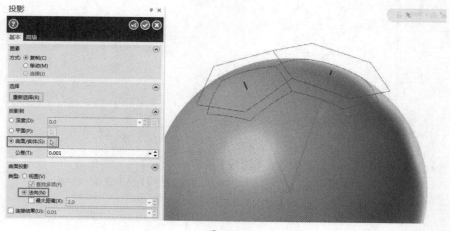

图 6-77

21 在【曲面】选项卡的【修剪】面板中单击【修剪到曲线】按钮 ⊕，选取球面作为修剪目标对象，再选取封闭的正五边形作为修剪工具，并选择要保留的区域，如图 6-78 所示。

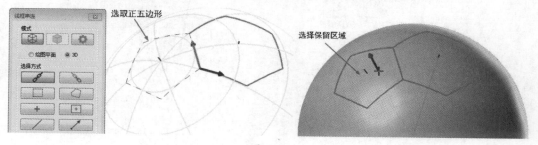

图 6-78

22 在【修剪到曲线】选项面板中设置选项，单击【确定并创建新操作】按钮，完成球面的分割，如图 6-79 所示。

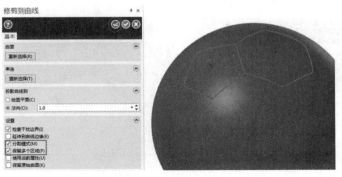

图 6-79

23 同理，完成封闭正六边形的球面分割操作。将正五边形和正六边形区域外的曲面按 Delete 键删除，得到如图 6-80 所示的结果。

24 在【实体】选项卡的【创建】面板中单击【由曲面生成实体】按钮，选取五边形和六边形的曲面转换成实体面，如图 6-81 所示。

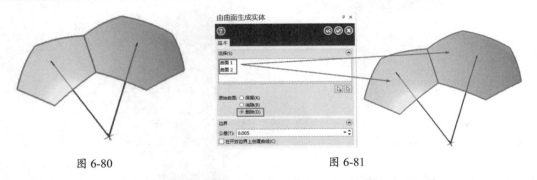

图 6-80　　　　　　　　　　　　　　　　　图 6-81

> **提示：**
>
> 若某个曲面转换实体面失败，可以重新将球面分割。分割工具不再用投影曲线，而是将投影曲线拉伸成曲面。

25 在【实体】选项卡的【修剪】面板中单击【薄片加厚】按钮，选取正五边形实体面进行加厚，【方向 2】值为 5.0，如图 6-82 所示。同理，选择正六边形实体面进行加厚，结果如图 6-83 所示。

图 6-82　　　　　　　　　　　　　　　　　图 6-83

26 在【实体】选项卡的【修剪】面板中单击【固定半倒圆角】按钮 ，选取所有实体，创建【半径】值为 2.0 的圆角，结果如图 6-84 所示。

图 6-84

27 创建旋转。设置俯视图作为绘图平面，选取六边形实体块，再单击【旋转】按钮，设置参数进行实体的旋转复制，如图 6-85 所示。

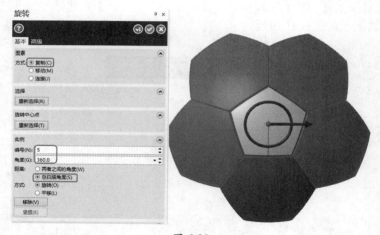

图 6-85

28 在【平面】面板中的【新建平面】列表中单击【依照图素法向】按钮，选择正六边形的平面法线作为参考，创建新绘图平面，如图 6-86 所示。

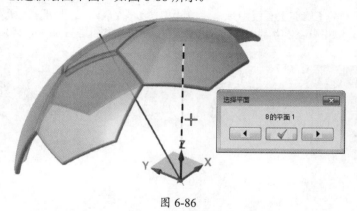

图 6-86

29 选择正五边形实体块，单击【旋转】按钮 🔄，创建一个旋转【角度】值为 120.0 的副本实体，如图 6-87 所示。

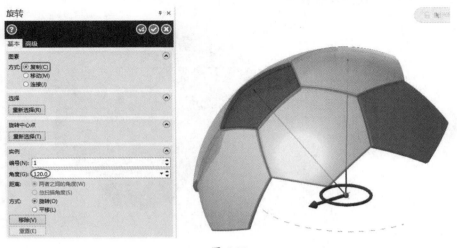

图 6-87

30 设置俯视图平面作为绘图平面。选取上一步复制的五边形实体块，再单击【旋转】按钮 🔄，进行正五边形实体块的旋转复制，结果如图 6-88 所示。

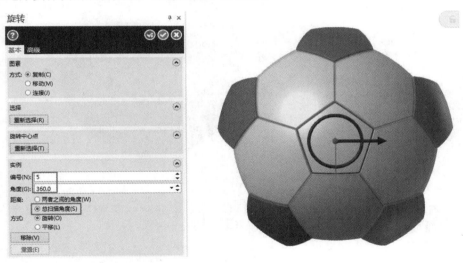

图 6-88

31 按步骤 28 和步骤 29 的操作，将正六边形实体块绕正六边形的平面法线旋转复制，如图 6-89 所示。

32 设置俯视图为绘图平面，选取上一步复制的正六边形实体块，进行旋转复制，结果如图 6-90 所示。

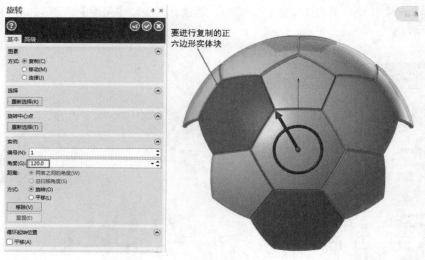

图 6-89

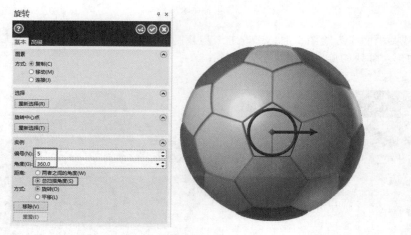

图 6-90

33 在【平面】面板的【新建平面】列表中单击【动态】按钮 ⬚，将 WCS 坐标系移至新位置，再将坐标系绕 Y 轴旋转 90.00°，如图 6-91 所示。

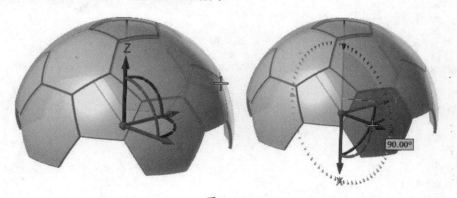

图 6-91

34 选取所有实体，单击【旋转】按钮 🏅，进行旋转复制，结果如图 6-92 所示。

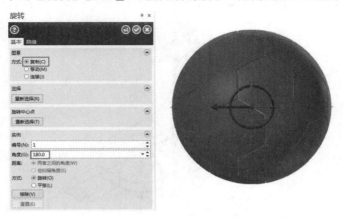

图 6-92

35 至此，完成了足球的造型创建，如图 6-93 所示。

图 6-93

6.6　课后习题

（1）参考如图 6-94 所示的空间曲线，自行完成构建，利用相关的曲线及曲面指令绘制一个简单的台灯模型。

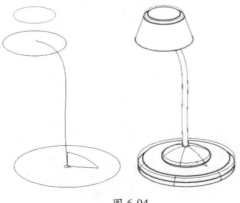

图 6-94

（2）采用基本的绘图命令绘制空间鞋形线架，如图 6-95 所示。

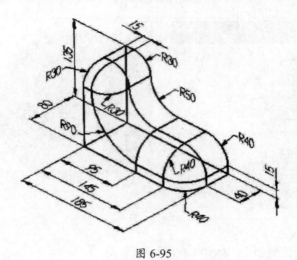

图 6-95

第 7 章　曲面造型工具

　　曲面造型是 Mastercam 三维实体造型的基础，在实际工作中时常会通过曲面来建立产品外形。在实体造型时，一些复杂的外形往往很难用一般的实体命令来构建，此时就需要先构建曲线，再由曲线来构成曲面，最后由多块曲面组合成外形。本章主要介绍曲面造型的相关指令。

扫码看教学视频

- 创建基本曲面
- 创建基于曲线的曲面
- 创建基于实体或曲面的曲面
- 曲面综合训练

7.1　创建基本曲面

　　常见的基本曲面类型包括圆柱体、圆锥体、立方体、球体和圆环体 5 种，如图 7-1 所示。基本曲面工具在【曲面】选项卡的【基本曲面】面板中，如图 7-2 所示。

图 7-1　　　　　　　　　　　　　　　图 7-2

　　值得注意的是，基本曲面工具与【实体】选项卡的【基本实体】面板中的基本实体工具的建模方法是相同的，都可以创建实体或曲面。也就是说，使用基本曲面工具或基本实体工具都能创建出实体或曲面。实体内部有填充物，是有质量的，而曲面没有质量，内部是空心的。

7.1.1　圆柱曲面

　　【圆柱】曲面命令可将底面圆向指定方向拖拉而生成柱形曲面。在【曲面】选项卡的【基本曲面】面板中单击【圆柱】按钮 ，弹出【基本 圆柱体】选项面板，如图 7-3 所示。

　　【基本 圆柱体】选项面板中主要选项含义如下。

- 实体：选中该单选按钮，将创建圆柱实体。

- 曲面：选中该单选按钮，将创建圆柱曲面。
- 基准点：选择圆柱底面圆的圆心点，如图 7-4 所示。

图 7-3

图 7-4

- 半径：圆柱底面圆的半径。
- 高度：圆柱的高度。
- 起始：设置圆柱底面圆的扫描起始位置角度，设置一个角度后，底面圆变成圆弧，如图 7-5 所示。
- 结束：设置圆柱底面圆的扫描终止位置角度。
- 轴向：确定生成圆柱的生长方向。如图 7-6 所示为圆柱的 3 种轴向。如果需要自定义轴向，可以选中【向量】单选按钮，生成的圆柱如图 7-7 所示。

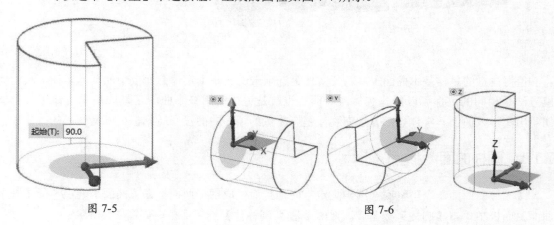

图 7-5

图 7-6

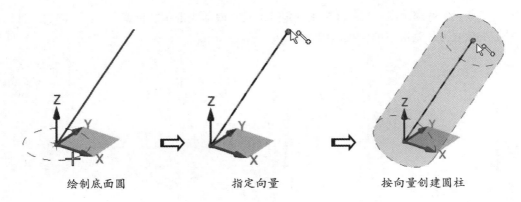

绘制底面圆　　　　　　　指定向量　　　　　　　按向量创建圆柱

图 7-7

- 所选边：按鼠标指针指定的拉伸方向创建圆柱。
- 相反方向：选中该单选按钮，将以鼠标指针指定方向的反方向创建圆柱。
- 双向：选中该单选按钮，将以鼠标指针指定的正反双方向同时拉伸，创建圆柱。

7.1.2　立方体曲面

利用【立方体】曲面命令可以创建构成立方体的 6 个面。单击【立方体】按钮 ，弹出【基本 立方体】选项面板，如图 7-8 所示。

【基本 立方体】选项面板中主要选项（仅介绍没有讲解过的选项）含义如下。

- 实体：选中该单选按钮，将创建圆柱实体。
- 曲面：选中该单选按钮，将创建圆柱曲面。
- 基准点：指定立方体底面矩形的中心点，如图 7-9 所示。

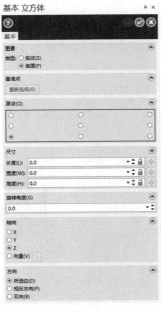

图 7-8

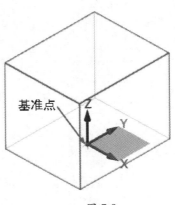

图 7-9

- 【原点】选项区：此选项区用来确定基准点在底面矩形中的位置。单击不同的位置按钮，更改立方体基准点的位置，如图 7-10 所示。

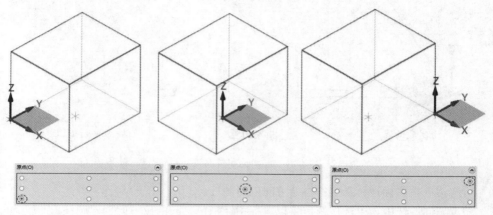

图 7-10

- 长度、宽度和高度：输入值确定立方体底面矩形的长度和宽度，以及将底面矩形按轴向进行拉伸的高度。
- 旋转角度：立方体基于基准点的旋转角度。不同的基准点，所产生的效果是不同的。

7.1.3 球体曲面

利用【球体】命令可以创建以半圆为母线，绕其直径轴旋转所形成的球体曲面。单击【球体】按钮 ⬤，弹出【基本 球体】选项面板，如图 7-11 所示。确定球体基准点（球中心点）的位置，在该选项面板中输入【半径】值，即可创建球体曲面，如图 7-12 所示。

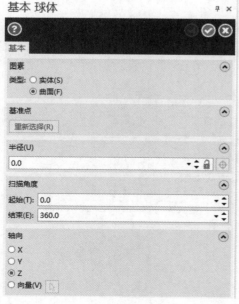

图 7-11

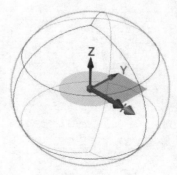

图 7-12

7.1.4　锥体曲面

利用【锥体】命令可创建一条母线绕其轴线旋转而成的圆锥曲面，若设置顶部半径，还可以创建圆台曲面，如图 7-13 所示。

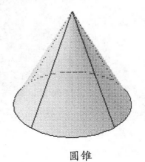
圆锥

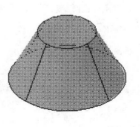
圆台

图 7-13

单击【锥体】按钮 ▲，弹出【基本 圆锥体】选项面板，如图 7-14 所示。

下面仅介绍【基本半径】【高度】和【顶部】选项区中的选项含义。

- 【基本半径】选项区：在该选项区的文本框中输入值，确定圆锥底面圆（也称"基圆"）的半径。

- 【高度】选项区：在该选项区的文本框中输入值，确定圆锥的高度，如图 7-15 所示。

图 7-14

图 7-15

- 【顶部】选项区：该选项区中的选项
  用于确定圆锥顶部的半径和锥角。当
  顶部半径为 0 时创建圆锥。当顶部半
  径值大于 0 时，将创建圆台。

  > 半径：输入半径值来定义顶部圆。
  > 角度：输入圆锥锥角来定义顶部
    圆，如图 7-16 所示。

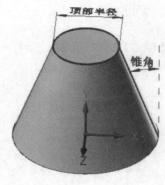

图 7-16

7.1.5 圆环体曲面

利用【圆环体】命令，可以创建与轮胎内胎相似的圆环曲面。圆环体由两个半径值定义，一
个是圆管的半径，另一个是从圆环体中心到圆管中心的距离。可以通过指定圆环体的圆心、半
径或直径，以及围绕圆环体的圆管的半径或直径创建圆环体，如图 7-17 所示。

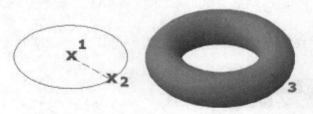

图 7-17

单击【圆环体】按钮 ◎，弹出【基本 圆环体】
选项面板，如图 7-18 所示。

【基本 圆环体】选项面板中的【半径】选
项区的选项含义如下。

- 大径：圆环的半径。
- 小径：圆环截面圆的半径，如图 7-19
  所示。

图 7-18

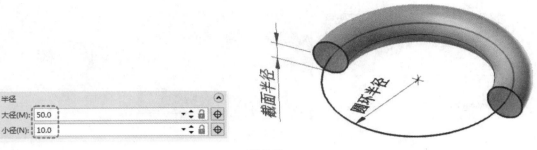

图 7-19

7.2　创建基于曲线的曲面

在 Mastercam 中，有许多曲面是由二维曲线或三维曲线构建的。曲线用作构建这些曲面的截面、路径或者拉伸的向量。这些基于曲线的曲面创建工具在【创建】面板中，如图 7-20 所示。

图 7-20

7.2.1　平整修剪

【平整修剪】是基于平面封闭或开放曲线而进行平面填充的曲面工具。要求所选取的曲线必须是二维的，可以封闭，也可以开放，如图 7-21 所示。

封闭平面曲线　　　　　　开放平面曲线　　　　　　生成平面曲面

图 7-21

单击【平面修剪】按钮，弹出提示对话框和【恢复到边界】选项面板。当选取开放的平面曲线线串时，系统会提示自动进行封闭处理，确定后自动创建填充曲面，如图 7-22 所示。

图 7-22

7.2.2 直纹 / 举升曲面

利用【举升】命令可以创建直纹曲面和举升曲面。

直纹曲面是将两个或两个以上的平行截面以直接过渡（$G0$ 点连续）的方式形成的曲面，如图 7-23 所示。

举升曲面是将两个或两个以上的平行截面以光顺过渡（$G1$ 相切连续）的方式形成的曲面，如图 7-24 所示。

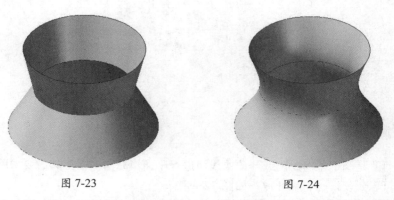

图 7-23　　　　　　　　　　　　　图 7-24

单击【举升】按钮▓，弹出【直纹 / 举升曲面】选项面板和【线框串连】对话框。选取定义外形的两条或多条截面线串后，可在【直纹 / 举升曲面】选项面板中选择曲面类型，如图 7-25 所示。

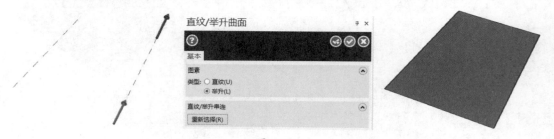

图 7-25

当线框串连为两条时，【直纹】曲面类型和【举升】曲面类型的创建结果是完全相同的。

上机实践——创建五角星曲面

首先绘制五角星线架，并利用【举升】工具创建五角星曲面，如图 7-26 所示。

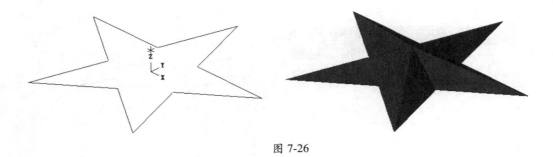

图 7-26

操作步骤：

01 在【线框】选项卡的【形状】面板中单击【多边形】按钮⬠，然后在默认的俯视图平面中绘制正五边形，如图 7-27 所示。

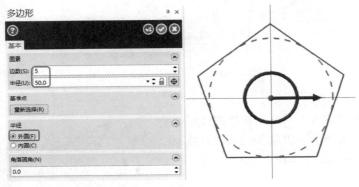

图 7-27

02 在【绘线】面板中单击【连续线】按钮╱，依次绘制连接五边形对角点的直线，如图 7-28 所示。

03 单击【分割】按钮✕，修剪掉多余曲线，结果如图 7-29 所示。

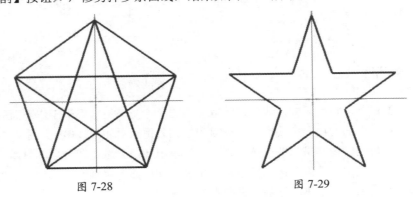

图 7-28　　　　　　　　　　　　　　图 7-29

04 在【绘点】面板中单击【绘点】按钮➕，按空格键在坐标输入框中输入点坐标（0,0,10），单击【绘点】选项面板中的【确定】按钮✅，完成顶点的绘制，如图 7-30 所示。

05 在【曲面】选项卡的【创建】面板中单击【举升】按钮▦，弹出【线框串连】对话框。在对话框中单击【单体】按钮╱，再选取五角星中的一条直线和一个顶点，单击对话框中的【确定】按钮✅，自动生成直纹曲面，如图 7-31 所示。

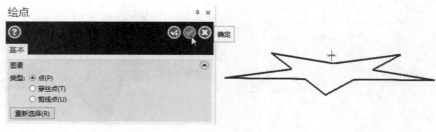

图 7-30

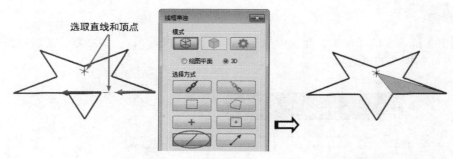

图 7-31

06 单击【直纹 / 举升曲面】选项面板中的【确定并创建新操作】按钮 ，继续创建其余直纹曲面，最终创建完成的结果如图 7-32 所示。

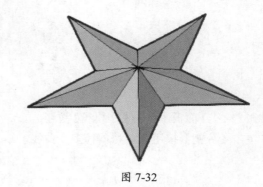

图 7-32

7.2.3　拉伸曲面

利用【拉伸】命令可将封闭的曲线串连（或开放的串连），沿垂直于工作平面的方向进行拖拉而生成曲面。拉伸曲面的截面曲线串连必须封闭，如果是未封闭曲线串连，系统会提示："外形并未封闭！是否自动封闭（是）或重选（否）？"单击【是】按钮即可自动封闭曲线串连。

单击【拉伸】按钮 ，选取封闭的线框后弹出【拉伸曲面】选项面板，如图 7-33 所示。

【拉伸曲面】选项面板中主要选项含义如下。

- 基准点：拉伸的起点，也是封闭轮廓的中心点。
- 高度：沿拉伸方向进行拉伸的高度，默认的拉伸方向是绘图平面的法线方向。
- 比例：拉伸曲面与轮廓曲线的比例。例如，输入 2，拉伸曲面将在原来的基础上放大两倍，如图 7-34 所示。

图 7-33　　　　　　　　　　　　　　　　　　图 7-34

- 旋转角度：设定一个旋转角度，拉伸曲面将旋转一定角度，如图 7-35 所示。
- 偏移距离：设定拉伸曲面是否在原来的基础上偏移，如图 7-36 所示为向内偏移的结果。

图 7-35　　　　　　　　　　　　　　　　　　图 7-36

- 拔模角度：设置截面曲线在拉伸过程中与拉伸方向所形成的夹角，如图 7-37 所示为两个拔模角度的结果对比。

拔模角度为 10　　　　　　　　　　　　　　拔模角度为 −10

图 7-37

- 【轴向】选项区：用以指定拉伸曲面的生长方向。如果不指定轴向，则按绘图平面的法向来拉伸曲面。

7.2.4 扫描曲面

利用【扫描】曲面命令可创建由扫描截面沿扫描轨迹进行扫描而生成的曲面，如图7-38所示。

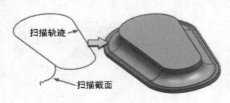

图 7-38

单击【扫描】按钮 ✎，选取扫描轨迹和扫描截面后，弹出【扫描曲面】选项面板，如图7-39所示。

【扫描曲面】选项面板中主要选项含义如下。

- 旋转：选中该单选按钮，截面曲线可以旋转和扭曲，也就是说，扫描曲面的端口始终与扫描轨迹法向垂直，如图7-40所示。

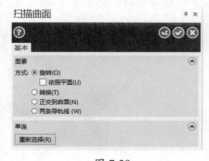

图 7-39　　　　　　　　　　　　　　　图 7-40

- 依照平面：选中该复选框，将当前绘图平面的 Z 轴定义为截面曲线所在平面的坐标轴。
- 转换：选中该单选按钮，扫描曲面的端口始终平行于截面，如图7-41所示。
- 正交到曲面：选中该单选按钮，使扫描轨迹在扫描过程中与曲面正交，可产生不同的效果，如图7-42所示。

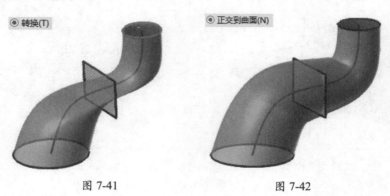

图 7-41　　　　　　　　　　　　　　　图 7-42

- 两条导轨线：以一个截面和两条轨迹线来创建扫描曲面，如图 7-43 所示。

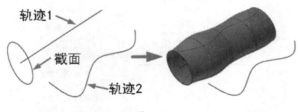

图 7-43

创建锥形弹簧曲面，如图 7-44 所示。

图 7-44

技术要点：

在曲面造型过程中会经常变换绘图平面，使用最多的平面工具为【动态定面】，应该将此命令添加到快速访问工具栏中（执行【文件】→【选项】命令），如图7-45所示，也可以在【选项】对话框中单击【自定义】按钮，设置【动态定面】命令的快捷键为F5，这样就能快速调用此命令了，如图7-46所示。其他常用且不便于调取的命令也可以按此操作设置快捷键或者添加到快速访问工具栏中。例如，【绘图平面】定向到绘图平面的快捷键设置为Caps Lock键、【消隐图素】命令的快捷键设置为F6键等。

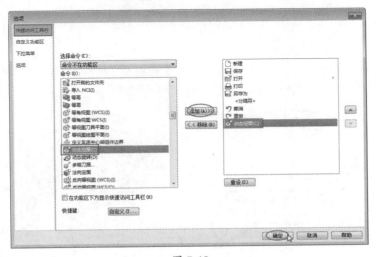

图 7-45

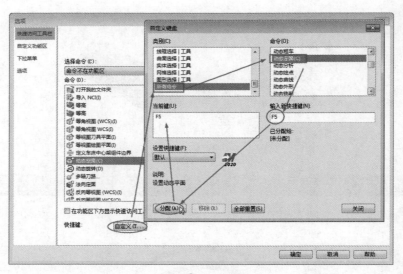

图 7-46

操作步骤：

01 在【线框】选项卡的【形状】面板中单击【螺旋线（锥度）】按钮  ，弹出【螺旋】选项面板。

02 在【螺旋】选项面板中设置参数，将基准点设置在坐标系原点，如图 7-47 所示。

图 7-47

03 按 F5 键或在快速访问工具栏中单击【动态定面】按钮 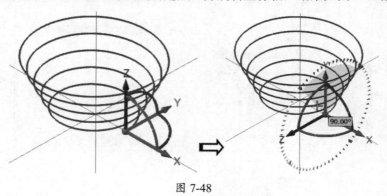 （按技术要点中的说明进行快捷键的设置），将 WCS 坐标系动态移至螺旋线的起点，并旋转坐标轴，结果如图 7-48 所示。

图 7-48

04 在【线框】选项卡中单击【已知点画圆】按钮 ⊕，在螺旋线起点处绘制【半径】值为 2.0 的圆，如图 7-49 所示。

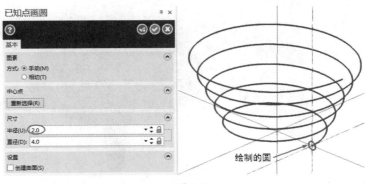

图 7-49

05 在【曲面】选项卡中单击【扫描】按钮 ，系统提示选取扫描截面（选取刚绘制的圆），在【线框串连】对话框中单击【确定】按钮 后再选取扫描轨迹（选取螺旋线），单击【确定】按钮 ，生成扫描曲面，如图 7-50 所示。

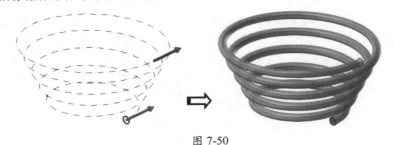

图 7-50

06 按 Esc 键结束操作。

7.2.5　旋转曲面

旋转曲面是指将截面曲线绕旋转轴旋转而成的曲面，旋转轴可以是直线或虚线，如图 7-51 所示。创建旋转曲面可以同时选择多个截面曲线，旋转的角度也可以是 0°～ 360° 的任意角度。

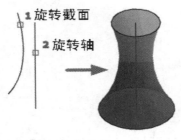

图 7-51

上机实践——创建漏斗曲面

采用旋转曲面命令，绘制漏斗模型，如图 7-52 所示。

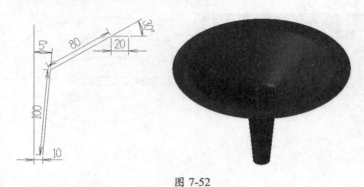

图 7-52

操作步骤：

01 设置前视图平面为绘图平面。在【线框】选项卡中单击【连续线】按钮 ，在弹出的【连续线】选项面板的【尺寸】选项区中依次输入数值绘制如图 7-53 所示的图形。

02 单击【图素倒圆角】按钮 ，输入倒圆角半径为 10，对绘制的直线全部倒圆角，如图 7-54 所示。

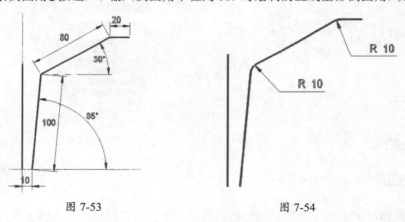

图 7-53　　　　　　　　　　　　　　图 7-54

03 在【曲面】选项卡中单击【旋转】按钮 ，选取轮廓线和旋转轴，创建旋转角度为 360° 的旋转曲面，如图 7-55 所示。

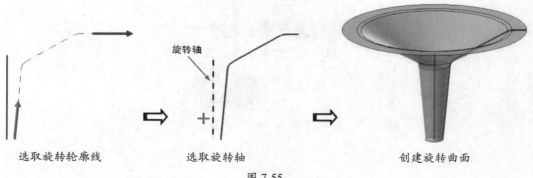

选取旋转轮廓线　　　　　　选取旋转轴　　　　　　创建旋转曲面

图 7-55

7.2.6 网格曲面

网格曲面是通过指定横向（*U* 向）和纵向（*V* 向）交叉的网格线来创建曲面，构成网格曲线的横向线和纵向线都必须有两条及两条以上，网格曲线之间可形成相交，也可以不相交，各曲线端点可以不重合。可以直接框选所有网格曲线，系统会自动判断横向或纵向，随即自动创建网格曲面。如图 7-56 所示为构成网格曲面的几种网格线类型。

图 7-56

网格曲面无须采用昆氏曲面的方式输入每个方向的数目和选取的限制，因此，对于新手，此功能绝对是最好掌握的曲面方式，如图 7-57 所示。

图 7-57

利用【网格】曲面工具创建幸运星曲面，如图 7-58 所示。

图 7-58

操作步骤：

01 设置俯视图平面作为绘图平面。在【线框】选项卡中单击【圆角矩形】按钮□，弹出【矩形形状】选项面板。

02 在【矩形形状】选项面板中设置【宽度】值为 50.0，【高度】值为 30.0，以左中心点定位，选取 WCS 坐标系原点为定位基准点绘制矩形，如图 7-59 所示。

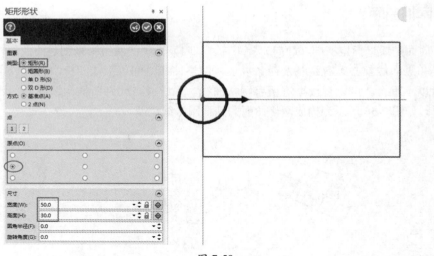

图 7-59

03 在【线框】选项卡的【曲线】面板中单击【曲线熔接】按钮 ，选取矩形中的两直线中点作为熔接线起点与终点，完成熔接曲线的绘制，如图 7-60 所示。

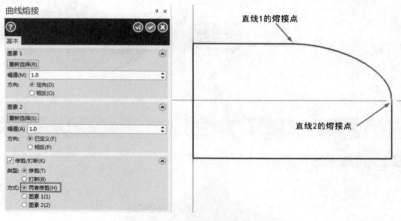

图 7-60

04 使用【补正】命令 ，选取右侧直线，向左偏移 12.0，结果如图 7-61 所示。

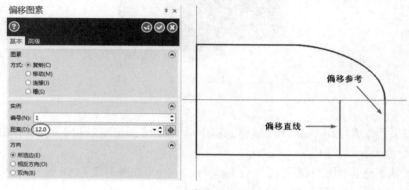

图 7-61

05 单击【曲线熔接】按钮 ⌒，选取两直线的端点为熔接点，完成熔接曲线的绘制，如图 7-62 所示。

06 单击【分割】按钮 ✕，将所有直线修剪掉，仅保留两条熔接线，如图 7-63 所示。

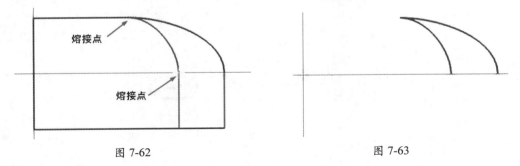

图 7-62 图 7-63

07 在【修剪】面板中单击【镜像】按钮 ⼻，选取熔接线以 X 轴进行镜像，结果如图 7-64 所示。

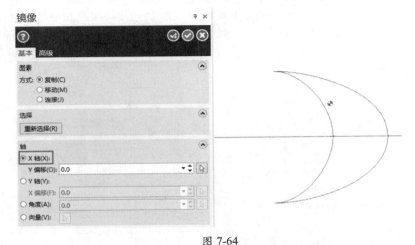

图 7-64

08 设置前视图平面为绘图平面。在【转换】选项卡中单击【旋转】按钮 ⤵，选取两条熔接曲线进行旋转复制，如图 7-65 所示。

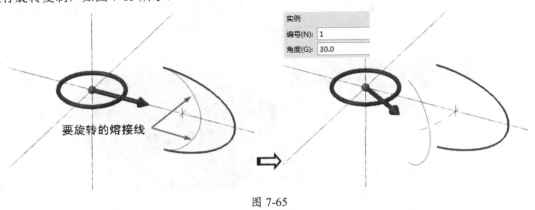

图 7-65

09 继续选取所有熔接线图素，创建 6 个成员的旋转复制体，结果如图 7-66 所示。

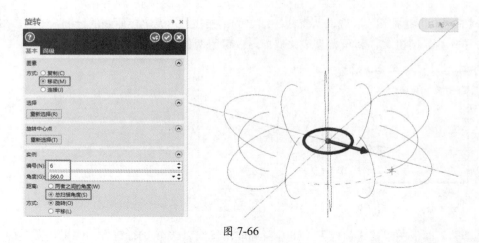

图 7-66

10 在【线框】选项卡中单击【手动画曲线】按钮 ∿，依次连接熔接线的端点，绘制第一条封闭样条曲线，如图 7-67 所示。接着绘制第二条封闭的样条曲线，如图 7-68 所示。

图 7-67   图 7-68

技术要点：

特别需要注意的是，上、下两条封闭样条曲线的起点要保持在相同位置，否则不能正确创建网格曲面。

11 在【曲面】选项卡的【创建】面板中单击【网格】按钮 ▦，弹出【平面修剪】选项面板。框选所有图素并单击确定，完成网格曲面的绘制，如图 7-69 所示。

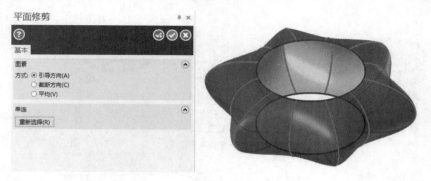

图 7-69

12 单击【平面修剪】按钮 ▦，选取两圆孔边界，创建修补曲面，如图 7-70 所示。

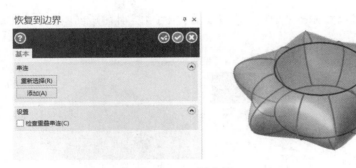

图 7-70

7.2.7 拔模曲面

拔模曲面是将选取的某条线沿垂直于某平面或呈一定的角度牵引出一段距离的曲面，拔模曲面是拉伸曲面的一种特例，只不过【拉伸】命令严格要求截面曲线是封闭的，而【拔模】命令既可以拉伸封闭曲线，也可以拉伸开放曲线，如图 7-71 所示。

单击【拔模】按钮 ◈，选取拉伸截面曲线后弹出【牵引曲面】选项面板，如图 7-72 所示。

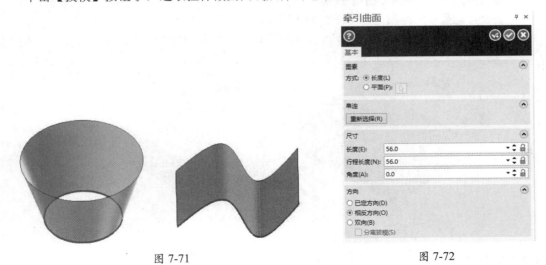

图 7-71 图 7-72

7.3 创建基于实体或曲面的曲面

使用一些基于实体或曲面的曲面工具，可以利用现有的实体或曲面产生新的曲面。这些工具包括【由实体生成曲面】【补正】【围篱】和【Power Surface】工具。

7.3.1 由实体生成曲面

【由实体生成曲面】命令可以将现有的实体模型转换成空心的表面模型。除了转换整个实体，还可以转换实体中的某个面，因此【由实体生成曲面】工具也是一个复制面的工具。单击【由实体生成曲面】按钮，选取实体模型或模型上的面后弹出【由实体生成曲面】选项面板，如图 7-73 所示。

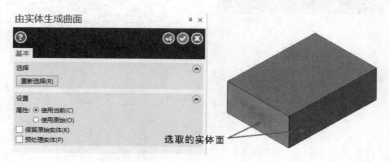

图 7-73

【由实体生成曲面】选项面板中主要选项含义如下。

- 使用当前：选中该单选按钮，可以将转换的曲面保存在当前工作图层中，且无论实体对象在哪个图层。
- 使用原始：选中该单选按钮，转换的曲面将保存在实体对象的这个图层中。
- 保留原始实体：选中该单选按钮，产生新曲面的同时，原始实体模型不会被移除；反之，将会自动移除原始模型，如图 7-74 所示。
- 预处理实体：选中该单选按钮，在转换过程中会产生一个基于原始实体的副本实体；反之，将不会产生副本实体。

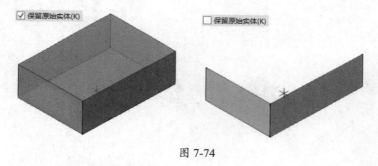

图 7-74

7.3.2　补正曲面

【补正】命令可以创建基于原始曲面的法向来偏移复制或移动曲面。单击【补正】按钮，选取要偏移的原始曲面后，弹出【曲面补正】选项面板，如图 7-75 所示。

【曲面补正】选项面板中主要选项含义如下。

- 补正距离：设置曲面偏移的距离，偏移方向为曲面的法向。
- 【电脑分析】选项区：该选项区用来计算在偏移曲面的过程中为何值时会产生曲面自相交。单击【计算】按钮，会把最大正偏移值和最大负偏移值显示在【最大正偏移】和【最大负偏移】的文本框中。超出计算的最大正负偏移值，偏移的曲面就会产生自相交，如图 7-76 所示。

图 7-75

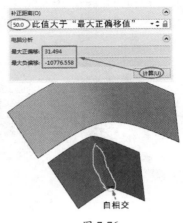

图 7-76

- 单一切换：单击该按钮，可以切换单个曲面的偏移方向，如图 7-77 所示。

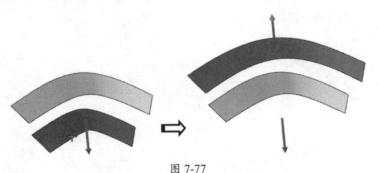

图 7-77

- 循环 / 下一个：单击该按钮，可以对多曲面中的部分曲面或所有曲面设置偏移方向，如图 7-78 所示。

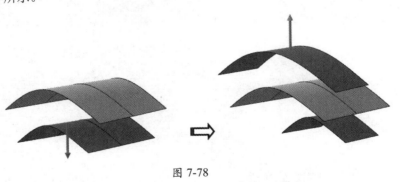

图 7-78

7.3.3　Power Surface（动力曲面）

【Power Surface】（动力曲面）是一个用来修补曲面中孔洞的工具，修补的曲面会依照孔洞周边的曲线或曲面形状来产生平滑效果。此工具主要是用来做模具分型面中的修补面。

单击【Power Surface】按钮 ，按系统提示选择实体边缘（选择孔洞边缘以此确定孔的形状），接着选择要创建动力曲面的线框串连曲线（也就是定义动力曲面的曲线，不是实体边缘），随后弹出【Power Surface】选项面板，如图 7-79 所示。

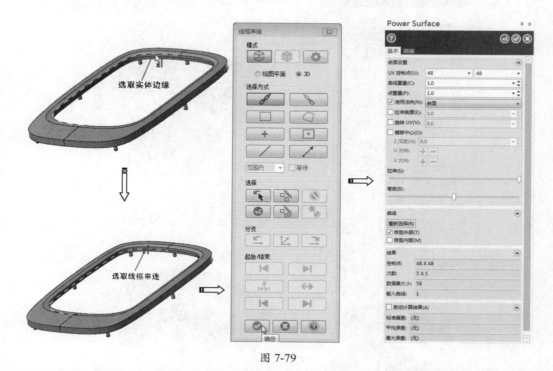

图 7-79

技术要点：

只有当绘图区中存在实体模型时才出现"选取实体边缘"的提示，若绘图区中仅有曲面时，不会出现"选取实体边缘"提示，仅提示选择线框串连，如图7-80所示。"实体边缘"就是孔边缘，一个孔洞包括上、下两条边缘，但只能选取一条边缘来确定孔洞，边缘可以是封闭的，也可以是开放的。如果曲面破孔边缘处没有线框曲线，需要选择边缘来创建线框曲线。

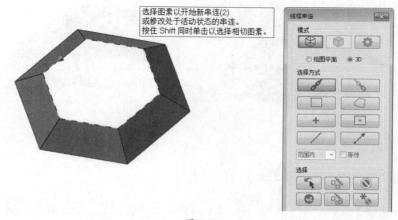

图 7-80

【Power Surface】选项面板中主要选项含义如下。

- 【曲面设置】选项区：该选项区中的选项用来控制曲面的形状。
  - > UV 控制点：设置曲面在 UV 方向上的控制点数，点数越多曲面越平滑，如图 7-81 所示。

图 7-81

  - > 曲线重量：控制动力曲面与原曲面之间的平滑度。值越小曲面就越平滑。
  - > 点重量：控制动力曲面与 UV 控制点的匹配程度。
  - > 使用法向：此下拉列表中的选项用来控制曲面的成形方式，如图 7-82 所示。归纳一下，9 种方式仅会产生 3 种形状曲面，包括平面、弧形曲面和压凹曲面，如图 7-83 所示。

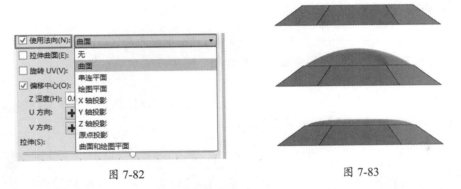

图 7-82 　　　　　　　　　　　　　　 图 7-83

  - > 拉伸曲面：选中该复选框并输入数值，可以将动力曲面向孔边缘外拉伸，如图 7-84 所示。使用此复选框的效果仅在取消选中【修剪外部】和【修剪内部】复选框时才有用。也可以通过拖动下方的【拉伸】滑块来拉伸曲面。

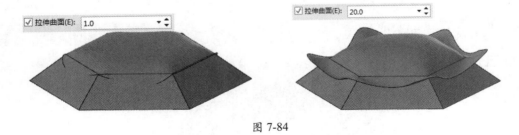

图 7-84

  - > 旋转 UV：通过设置网格的旋转角度来旋转曲面，也可以通过拖动下方的【弯曲】滑块来改变曲面的旋转状态。
  - > 偏移中心：控制曲面中心的高度。可以通过输入【Z 深度】值来控制，也可以单击【U 方向】或【V 方向】的 ➕、➖ 按钮来调整。

> 拉伸：拖动该滑块，可以拉伸曲面边缘。
- 弯曲：拖动该滑块，可以旋转曲面。
- 【曲线】选项区：此选项区中的选项用来确定孔边缘外侧和内侧的曲面是否被修剪。
  > 修剪外部：选中该复选框，将修剪边缘外部的曲面，保留内部曲面，如图 7-85 所示。
  > 修剪内部：选中该复选框，将修剪边缘内部的曲面，保留外部曲面。

图 7-85

- 【结果】选项区：此选项区中列出【曲面设置】选项区中各选项设置后的曲面结果参数。
- 【自动计算结果】选项区：此选项区中的选项用以计算所选线框串连的曲面结果。

7.3.4 围篱曲面

围篱曲面是选择曲面上的曲线按指定的矢量偏置后而生成的带状曲面。

围篱曲面有 3 种类型，分别为常数形围篱曲面，即生成起始端和终止端的高度都是常数，如图 7-86 所示；第二种是线性形围篱曲面，即曲面的高度变化采用线性变化来控制，如图 7-87 所示；第三种是立体混合形围篱曲面，即曲面高度变化采用三次方曲线的方式来控制，如图 7-88 所示。下面以案例说明【围篱】工具的使用方法。

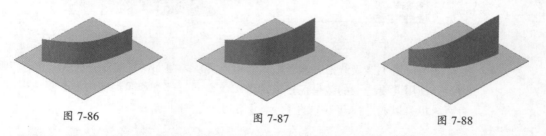

图 7-86   图 7-87   图 7-88

上机实践——创建围篱曲面

使用【围篱】工具创建围篱曲面，如图 7-89 所示。

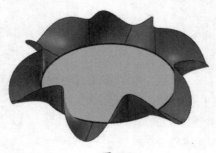

图 7-89

操作步骤:

01 按 F9 键显示轴线,使用默认的俯视图平面作为绘图平面。

02 在【线框】选项卡的【圆弧】面板中单击【已知点画圆】按钮⊙,在坐标系原点绘制半径为 100 的圆,如图 7-90 所示。

03 在【修剪】面板中单击【打断成多段】按钮✕,选取刚绘制的圆,将其打断成 12 段,如图 7-91 所示。

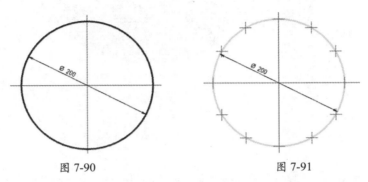

图 7-90　　　　　　　　　　　　　图 7-91

04 在【曲面】选项卡的【创建】面板中单击【平面修剪】按钮▮,选取绘图区中打断的圆来创建平面曲面,如图 7-92 所示。

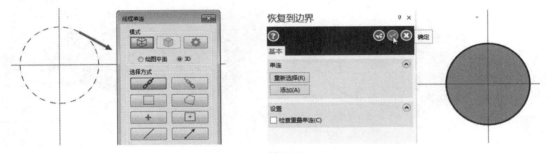

图 7-92

05 在【曲面】选项卡的【创建】面板中单击【围篱】按钮🐾,按系统提示选取平面曲面,在弹出的【线框串连】对话框中单击【单体】按钮,在【选择方式】选项区中单击【单体】按钮▭/,然后选取一段圆弧(1/12 圆的圆弧),如图 7-93 所示。

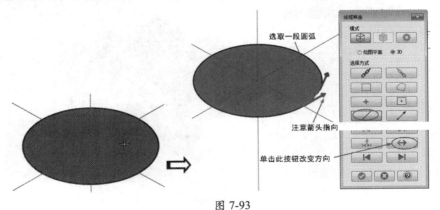

图 7-93

06 在【线框串连】对话框中单击【确定】按钮 ✓，完成选取。在弹出的【围篱曲面】选项面板中输入参数，最后单击【确定】按钮 ✓，完成围篱曲面的创建，如图 7-94 所示。

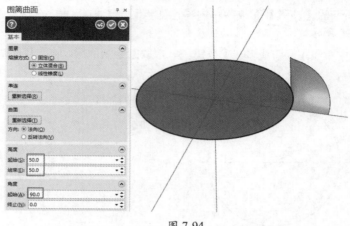

图 7-94

07 设置右视图平面为绘图平面。选中围篱曲面，在【曲面选择 - 工具】上下文选项卡中单击【镜像】按钮 ⊐⊏，弹出【镜像】选项面板。选择 X 轴作为镜像轴，镜像围篱曲面，结果如图 7-95 所示。

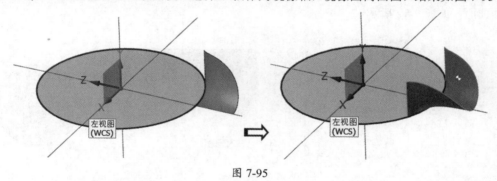

图 7-95

08 将俯视图平面设为绘图平面。在【转换】选项卡中单击【旋转】按钮 ↻，选取围篱曲面和镜像曲面进行旋转复制，结果如图 7-96 所示。

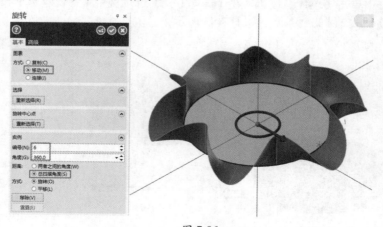

图 7-96

7.4　综合训练

本节以几个曲面造型案例，详细介绍运用曲面工具进行曲面造型的全过程。除了曲面工具的熟练运用，巧妙的建模思路值得大家思考。

7.4.1　训练一：风车造型

本例将通过风车模型的绘制来讲解围篱曲面的应用。风车主要由 4 片叶片组成，每两片之间的角度为 90°，因此，只需要绘制某一片叶片即可，然后绕中心点旋转出另外的 3 个即可完成风车模型的绘制。风车模型如图 7-97 所示。

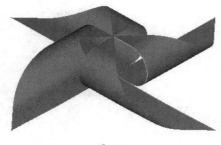

图 7-97

操作步骤：

01 设置俯视图为绘图平面。

02 在【线框】选项卡的【形状】面板中单击【圆角矩形】按钮□，绘制 50.0×50.0 的矩形，如图 7-98 所示。

03 绘制倒圆角。在【线框】选项卡的【修剪】面板中单击【图素倒圆角】按钮⌒按钮，绘制圆角半径为 25.0 的圆角，如图 7-99 所示。

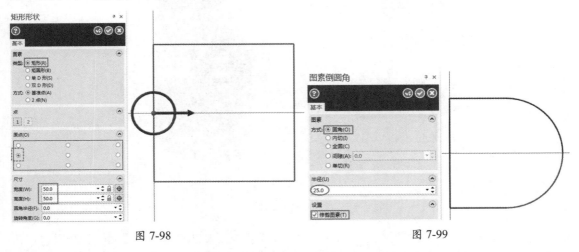

图 7-98　　　　　　　　　　　　　　　图 7-99

04 在【曲面】选项卡的【创建】面板中单击【平面修剪】按钮▣，选取图形创建平面修剪曲面，如图 7-100 所示。

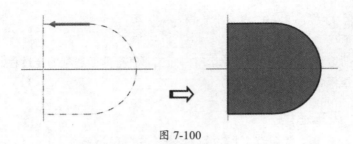

图 7-100

05 在【曲面】选项卡的【创建】面板中单击【围篱】按钮 ，选取平面曲面作为放置参照，再选取线框串连，如图 7-101 所示。

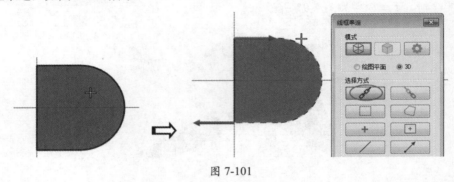

图 7-101

06 在弹出的【围篱曲面】选项面板中设置参数，创建如图 7-102 所示的围篱曲面，创建完成后暂时将平面曲面消隐。

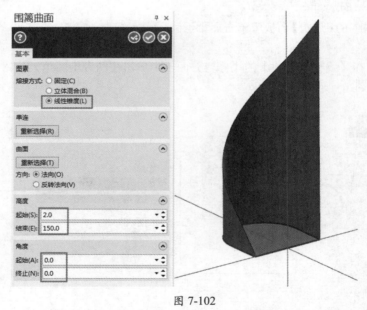

图 7-102

07 设置前视图平面为绘图平面。选中围篱曲面，再单击上下文选项卡中的【旋转】按钮 ，在弹出【旋转】选项面板中设置参数，旋转复制结果如图 7-103 所示。

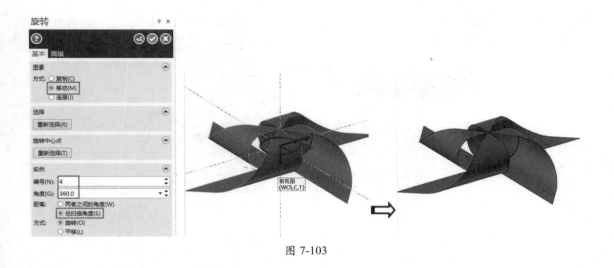

图 7-103

7.4.2　训练二：果盘造型

本例果盘模型如图 7-104 所示，其结构简单，由盘底和盘身组成，并且要求盘身呈波浪线起伏状，盘身和盘底相接处相切。本例的重点是波浪线的绘制和保证相切。

图 7-104

操作步骤：

01 按 F9 键显示轴线，再设置俯视图为绘图平面。

02 在【线框】选项卡的【形状】面板中单击【多边形】按钮〇，在中心点（0,0,–10）位置绘制内接圆的半径为 100.0 的正六边形，边数为 6，如图 7-105 所示。

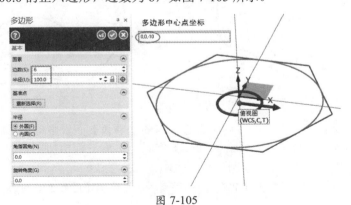

图 7-105

03 继续绘制正六边形，中心点坐标为（0,0,10），在【多边形】选项面板中设置多边形内接圆半径为 100.0、边数为 6、旋转角度为 30°，如图 7-106 所示。

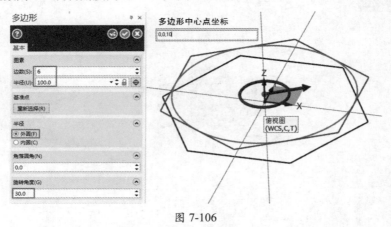

图 7-106

04 绘制连接样条曲线。在【线框】选项卡的【曲线】面板中单击【手动画曲线】按钮，依次连接两个正六边形的顶点，起点 1 与终点 13 重合，结果如图 7-107 所示。

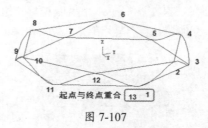

图 7-107

05 除样条曲线外，将其余曲线删除。在【线框】选项卡的【圆弧】面板中单击【已知点画圆】按钮⊙，绘制半径为 50、中心坐标点为（0,0,-40）的圆，结果如图 7-108 所示。

06 在【线框】选项卡的【绘线】面板中单击【连续线】按钮，连接圆的两个象限点（4 等分点），如图 7-109 所示。

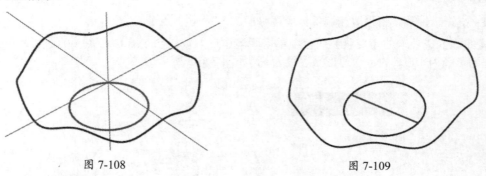

图 7-108   图 7-109

07 设置左视图平面为绘图平面。在【线框】选项卡的【圆弧】面板中单击【切弧】按钮，并在弹出的【切弧】选项面板中选择【动态切弧】方式，然后进行相切图素的选取、将箭头移至相切位置、选取圆弧终点等操作，如图 7-110 所示。

08 最后单击【切弧】选项面板中的【确定】按钮，完成切弧 1 的绘制，如图 7-111 所示。同理，绘制切弧 2，如图 7-112 所示。

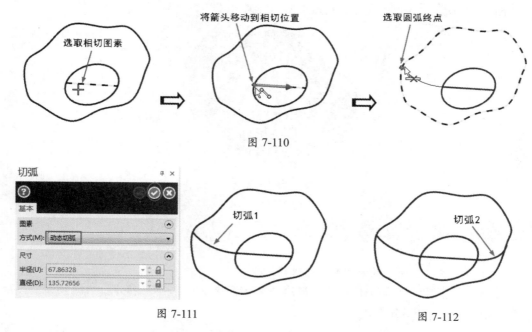

图 7-110

图 7-111

图 7-112

09 删除直线，结果如图 7-113 所示。在接下来的网格曲面创建过程中，会因曲线顺序的错误导致不能创建曲面，此时应该对创建的曲线进行分割处理，如图 7-114 所示。如果在打断的曲线中还存在多段线的情况，可以使用【连接图素】工具连接成一段。

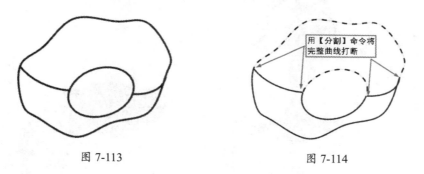

图 7-113

图 7-114

10 绘制网格曲面。在【曲面】选项卡的【创建】面板中单击【网格】按钮 ▦，框选所有曲线，绘制出的网格曲面如图 7-115 所示。

图 7-115

11 在【曲面】选项卡的【创建】面板中单击【平面修剪】按钮 ，选取底面圆作为边界创建平面曲面，结果如图 7-116 所示。至此，完成了果盘造型的绘制。

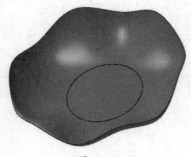

图 7-116

7.5 课后习题

（1）按如图 7-117 所示的参数绘制高脚杯。

（2）对一个圆和一个矩形倒圆角图形沿一条圆弧进行扫描，得到如图 7-118 所示的图形，要注意起始点对应，避免扭曲。

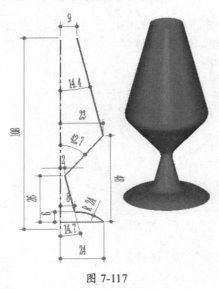

图 7-117

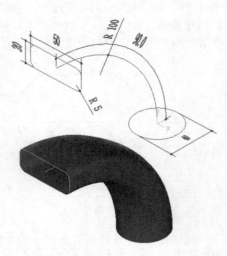

图 7-118

第 *8* 章 曲面编辑工具

通过曲线创建曲面，往往还需要进行一定的编辑，才能满足造型的需要。编辑曲面包括曲面倒圆角、修剪、延伸、熔接等操作，本章将讲解这些编辑操作的方法。

扫码看教学视频

项目分解

- 曲面的修剪与分割
- 分割曲面
- 曲面延伸
- 曲面圆角与倒角
- 曲面的熔接
- 曲面填充与编辑

8.1 曲面的修剪与分割

曲面修剪是利用修剪工具（如曲线、曲面或平面）来修剪对象曲面。曲面修剪有 3 种形式：修剪到曲线、修剪到曲面和修剪到平面。另外，还提供了在固定位置沿着曲面方向来分割曲面工具。

8.1.1 修剪到曲线

【修剪到曲线】是选择线、弧、样条曲线及曲面上的曲线来修剪曲面的一种快速修剪工具，如图 8-1 所示。

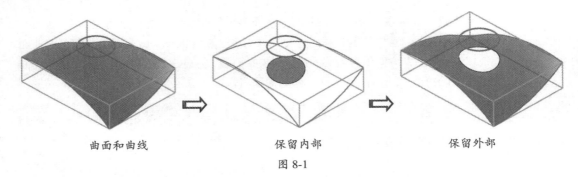

曲面和曲线　　　　　　　　保留内部　　　　　　　　保留外部

图 8-1

在【曲面】选项卡的【修剪】面板中单击【修剪到曲线】按钮 ⊕，按系统提示选择曲面、修剪曲线和保留区域后，弹出【修剪到曲线】选项面板，如图 8-2 和图 8-3 所示。

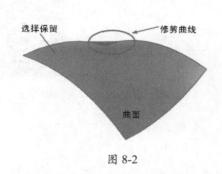

图 8-2

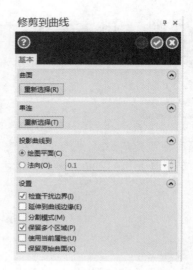

图 8-3

【修剪到曲线】选项面板中主要选项含义如下。

- 【投影曲线到】选项区：指定投影曲线的方向。
  > 绘图平面：选中该单选按钮，投影方向为绘图平面的法向。
  > 法向：选中该单选按钮，投影方向为所选曲面的法向。
- 【设置】选项区：确定修剪曲面的结果。
  > 检查干扰边界：选中该复选框，将检查曲面上是否有相交、重叠的边界，检查后会影响到修剪结果。取消选中该复选框，将会绕开干扰边界的检查而加速修剪。
  > 延伸到曲线边缘：选中该复选框，修剪曲线将自动延伸，直至完全修剪曲面，如图8-4 所示。

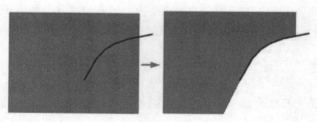

图 8-4

  > 分割模式：选中该复选框，将曲面分割成多个曲面，而不进行修剪。
  > 保留多个区域：选中该复选框，将允许修剪多个曲面区域，反之则仅修剪单一曲面。
  > 使用当前属性：可使用当前的系统属性（如颜色、层别、线型与线宽等）来修剪曲面。
  > 保留原始曲面：选中该复选框，原始曲面将保留。

上机实践——创建风扇叶曲面

要创建的风扇叶曲面，如图 8-5 所示。

图 8-5

01 以默认的俯视图平面作为绘图平面。在【线框】选项卡中单击【已知点画圆】按钮⊕，在 WCS 原点绘制直径分别为 40 和 300 的同心圆，如图 8-6 所示。

02 在【线框】选项卡中单击【连续线】按钮✏，在弹出的【连续线】选项面板中选中【相切】复选框，选取小圆作为相切参考，并输入切线的【角度】值为 30.0，切线长度由鼠标拖曳来确定，绘制的切线如图 8-7 所示。

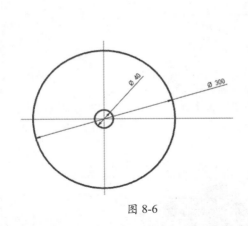

图 8-6

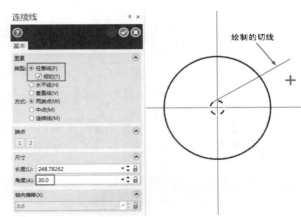

图 8-7

03 同理，再绘制一条切线，其角度为 −20.0，结果如图 8-8 所示。

04 单击【图素倒圆角】按钮╭，绘制圆角【半径】值为 50.0 的圆角，如图 8-9 所示。继续绘制【半径】为 30.0 的圆角，如图 8-10 所示。

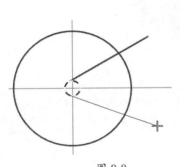

图 8-8

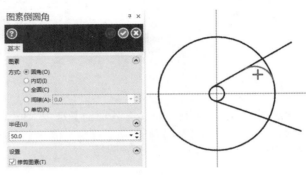

图 8-9

05 单击【分割】按钮✕，修剪多余曲线，结果如图 8-11 所示。

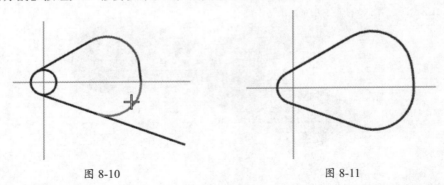

图 8-10   图 8-11

06 设置右视图平面为绘图平面。单击【两点画弧】按钮↰，输入圆弧半径为 300，按空格键显示坐标输入框。输入圆弧起点坐标为（100,10）和终点坐标（−100,−25），绘制的圆弧如图 8-12 所示。

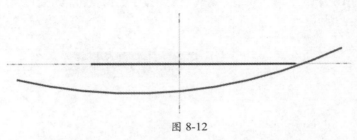

图 8-12

07 在【曲面】选项卡中单击【拔模】按钮◈，弹出【牵引曲面】选项面板。选取刚绘制的弧线，创建牵引距离为 160.0 的牵引曲面，如图 8-13 所示。

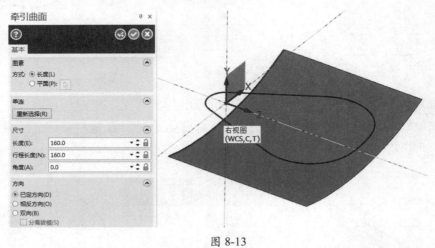

图 8-13

08 设置绘图平面为俯视图平面。在【曲面】选项卡的【修剪】面板中单击【修剪到曲线】按钮⊕，选取牵引曲面作为修剪目标，选取曲线为修剪工具，选取曲线范围的内部为要保留的区域，最终修剪结果如图 8-14 所示。

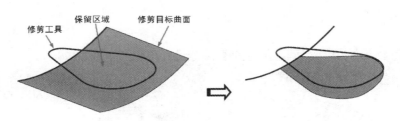

修剪工具　保留区域　修剪目标曲面

图 8-14

09 选取修剪后的曲面，在【曲面选择 - 工具】上下文选项卡中单击【旋转】按钮 ⚙，弹出【旋转】选项面板。重新选择旋转中心点为圆弧 4 等分点，设置方式为【复制】，实例【编号】为 3，总扫描【角度】为 360.0，单击【确定】按钮 ✅，完成曲面的旋转复制操作，如图 8-15 所示。

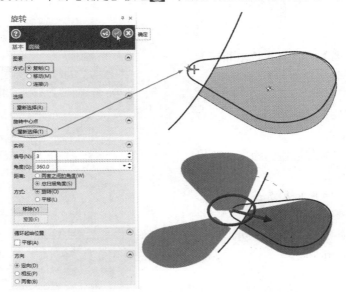

图 8-15

10 删除所有曲线。在【曲面】选项卡的【基本曲面】面板中单击【圆柱】按钮 ▮，在圆弧的 4 等分点创建【半径】为 35.0、【高度】为 −50.0 的圆柱曲面，如图 8-16 所示。

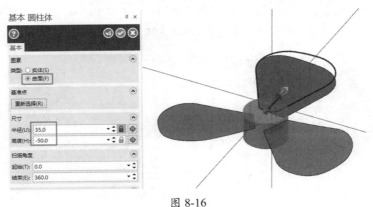

图 8-16

11 至此完成了风扇叶曲面的创建。

8.1.2 修剪到曲面

【修剪到曲面】命令利用曲面与曲面之间的交线进行修剪，如图 8-17 所示。两个曲面作为修剪目标，其交线就是修剪工具。

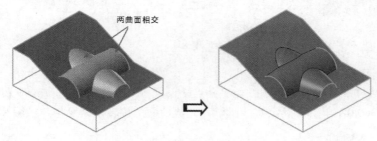

图 8-17

单击【修剪到曲面】按钮🔊，选取相交的两组曲面后，弹出【修剪到曲面】选项面板，如图 8-18 所示。

【修剪到曲面】选项面板中的修剪方式有 3 种：

- 两组：选中该单选按钮，相交的两组曲面可以相互修剪。
- 修剪第一组：选中该单选按钮，仅修剪选取的第一组曲面。
- 修剪第二组：选中该单选按钮，仅修剪选取的第二组曲面。

图 8-18

8.1.3 修剪到平面

利用【修剪到平面】命令可指定一个平面去修剪或分割选取的曲面，如图 8-19 所示。平面可以是绘图平面、模型平面或临时创建的平面。

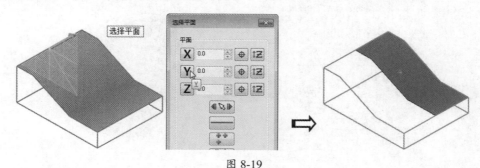

图 8-19

选取要修剪的目标曲面和修剪工具平面后，弹出【修剪到平面】选项面板，如图 8-20 所示。

图 8-20

8.1.4　取消修剪与恢复到修剪边界

1. 取消修剪

【取消修剪】命令可以还原被修剪的曲面到未修剪前的状态。在【修剪】面板中单击【恢复修剪】按钮，选择被修剪的曲面后，自动恢复到修剪之前，如图 8-21 所示。

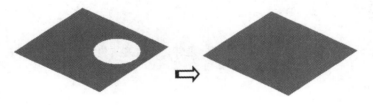

图 8-21

2. 恢复到修剪边界

【恢复到修剪边界】命令可以恢复曲面到修剪区域，可恢复单个修剪区域或多个区域。可以在曲面内恢复，也可在曲面外恢复。

单击【恢复到修剪边界】按钮，系统提示选取要恢复修剪的曲面，然后再选取要恢复的边界，随后自动将内部的修剪恢复还原，如图 8-22 所示。

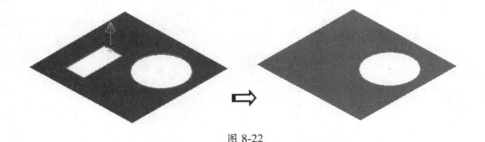

图 8-22

8.2 分割曲面

【分割曲面】命令用于对单曲面的快速分割。单击【分割曲面】按钮▦，弹出【分割曲面】选项面板。选取要分割的曲面后指定分割位置（将箭头滑动到要切割曲面的位置），随后自动分割曲面，在【分割曲面】选项面板中选择 U 或 V 方向，改变分割方向，如图 8-23 所示。

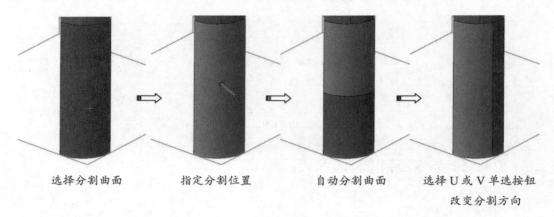

选择分割曲面   指定分割位置   自动分割曲面   选择 U 或 V 单选按钮
                                                         改变分割方向

图 8-23

8.3 曲面延伸

曲面延伸工具可以将曲面沿曲面边缘进行延伸，延伸工具包括【延伸】和【延伸到修剪边界】。

8.3.1 延伸

【延伸】工具可以修改曲面的边界，适当扩大或缩小曲面的伸展范围以获得新的曲面。该工具不能延伸修剪曲面的边界，只能在修剪边界上提取边界曲线后才能使用此工具。

单击【延伸】按钮▦，弹出【曲面延伸】选项面板，如图 8-24 所示。此时系统会提示选择要延伸的曲面和指定曲面中要延伸的边缘，如图 8-25 所示。

图 8-24

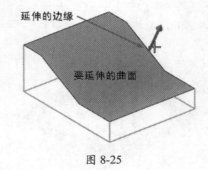

图 8-25

【曲面延伸】选项面板中主要选项含义如下。

- 依照距离：沿被延伸曲面的原始生长方向延伸曲面的边缘，这是系统默认的曲面延伸模式。

- 到平面：将曲面延伸到指定的平面，可以用来创建模具的主分型面。
- 线性：延伸出来的新曲面与原始曲面呈线性连接。
- 到非线：延伸出来的新曲面与原始曲面呈平滑连接。
- 保留原始曲面：选中该复选框，将保留原始曲面。

8.3.2　延伸到修剪边界

【延伸到修剪边界】与【延伸】相似，所不同的是：在使用【延伸】工具之前，曲面边缘上必须有边界曲线；而【延伸到修剪边界】工具可以直接从曲面边缘开始延伸，无须准备边界曲线，如图 8-26 所示。

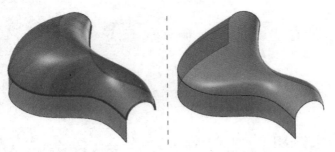

【延伸】：需要边界曲线　　　　【延伸到修剪边界】：不需要边界曲线

图 8-26

单击【延伸到修剪边界】按钮，弹出【恢复修剪到延伸边界】选项面板，如图 8-27 所示。按系统信息提示，选择延伸的曲面及延伸边缘的两个位置点，如图 8-28 所示。

图 8-27

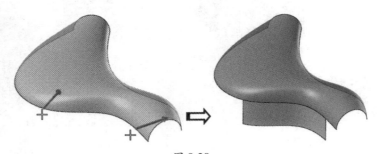

图 8-28

【恢复修剪到延伸边界】选项面板中主要选项含义如下。

- 斜接：选中该单选按钮，创建的延伸曲面的边角为直角。
- 圆形：选中该单选按钮，创建的延伸曲面的边角为圆角，如图 8-29 所示。
- 距离：设置延伸曲面的长度。
- 策略 1、策略 2：在曲面的顶点处设置延伸曲面放置点，预计会出现两种曲面的延伸情形。通过设置【策略 1】或【策略 2】来确定何种延伸情形符合设计需求，如图 8-30 所示。

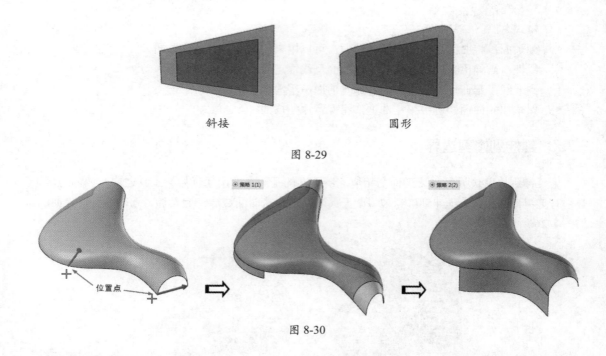

斜接   圆形

图 8-29

图 8-30

8.4 曲面圆角与倒角

曲面倒圆角有 3 种形式：圆角到曲面、圆角到曲线和圆角到平面，如图 8-31 所示。

圆角到曲面   圆角到曲线   圆角到平面

图 8-31

1. 圆角到曲面

【圆角到曲面】命令在两组曲面之间进行倒圆角操作。在【修剪】面板中单击【圆角到曲面】按钮，选取要倒圆角的两组曲面后，弹出【曲面圆角到曲面】选项面板，如图 8-32 所示。

【曲面圆角到曲面】选项面板中包括两个选项卡：基本和高级，各选项卡中的选项含义如下。

（1）【基本】选项卡。

- 第一组曲面：选择要创建圆角的第一组曲面。
- 第二组曲面：选择要创建圆角的第二组曲面。

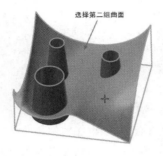

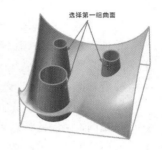

图 8-32

- 法向：更改所选曲面的法线方向。
- 半径：圆角曲面的半径。
- 最大建议半径：此值是系统根据曲面的形状进行计算的结果，也就是不能超出这个建议半径值，否则不能创建圆角曲面。
- 【可变圆角】选项区：选中【可变圆角】复选框，可以利用【可变圆角】选项区中的选项创建不等半径的圆角曲面，如图 8-33 所示。
  - ＞ 默认：当选取半径标记后，在此文本框中输入新值应用到可变圆角中。
  - ＞ 中点：单击该按钮，可在半径标记位置处单击以更改圆角曲面半径，如图 8-34 所示。

图 8-33   图 8-34

  - ＞ 动态：单击该按钮，可以在圆角中心曲线上添加半径标记，以此可以设置更多的不等半径，如图 8-35 所示。
  - ＞ 修改：单击该按钮，可以在圆角中心曲线上选择半径标记，逐一修改半径值，如图 8-36 所示。

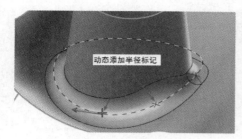
图 8-35

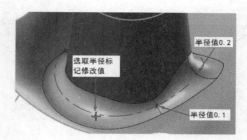
图 8-36

> 移除顶点：单击该按钮，可以移除半径标记。

> 循环：单击该按钮，可以循环（依次）修改半径标记的半径值。

- 【设置】选项区：该选项区用来设置圆角曲面与原始曲面之间的修剪效果。

> 修剪曲面：选中该复选框，将修剪原始曲面。

> 原始曲面 - 删除：选中该单选按钮，将删除原始曲面（包括第一组和第二组曲面）。

> 原始曲面 - 保留：选中该单选按钮，将保留原始曲面。

> 修剪曲面 - 两组：选中该单选按钮，将同时修剪第一组曲面和第二组曲面。

> 修剪曲面 - 第一组：选中该单选按钮，仅修剪第一组曲面。

> 修剪曲面 - 第二组：选中该单选按钮，仅修剪第二组曲面。

> 连接结果：选中该复选框，可将修剪后的两组曲面和圆角曲面组合（也称"缝合"）成一个整体曲面，如果曲面之间的缝隙较大，可在【连接结果】文本框中设定较大的公差。默认连接结果为0.01。

（2）【高级】选项卡。

- 【圆角】【中心】和【轨道】：在【图素】选项区中选中这3个复选框，可在圆角曲面预览和完成圆角曲面之后显示圆角曲面、圆角中心曲线和球体轨迹线（圆角曲面与原曲面之间的连接线）。

- 查找多项：选中该复选框，可以查找原始曲面中相交的多种可能性。

- 两边圆角：当第一组曲面穿过而不是截止于第二组曲面时，选中该复选框，将会在曲面相交位置的两侧同时创建圆角曲面，如图8-37所示。

- 延伸圆角：如果一组曲面在另一组曲面外，选中该复选框可以在外部边界上创建圆角曲面，如图8-38所示。

图 8-37

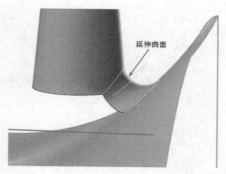
图 8-38

- 翻转边缘：选中该复选框，可以在复杂区域创建一个更加完整的圆角曲面，如图 8-39 所示。

图 8-39

- 倒角：选中该复选框，将创建倒角而不是圆角，如图 8-40 所示。

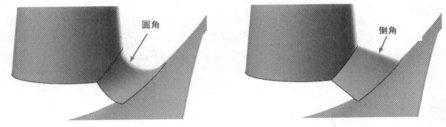

图 8-40

2. 圆角到平面

【圆角到平面】是在曲面和平面之间进行倒圆角，平面可以是绘图平面、实体表面或平曲面，也可以自定义平面。如果平面是平曲面，也可以使用【圆角到曲面】工具来创建圆角曲面，其效果是完全相同的。

在【修剪】面板中单击【圆角到平面】按钮，弹出【曲面圆角到平面】选项面板。按系统提示选取要倒圆角的曲面后，会弹出【选择平面】对话框，在该对话框中设置平面，如图 8-41 所示。

图 8-41

完成平面的定义后，会自动创建圆角曲面，可在【曲面圆角到平面】选项面板中设置具体选项来满足设计，如图 8-42 所示。

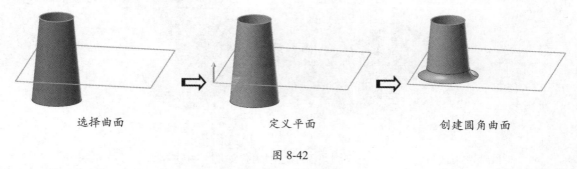

选择曲面　　　　　　　　定义平面　　　　　　　　创建圆角曲面

图 8-42

3. 圆角到曲线

【圆角到曲线】是在曲面和曲线之间创建圆角曲面。在【修剪】面板中单击【圆角到曲线】按钮，弹出【曲面圆角到曲线】选项面板。选取要倒圆角的曲面和曲线后，自动创建圆角曲面，如图 8-43 所示。

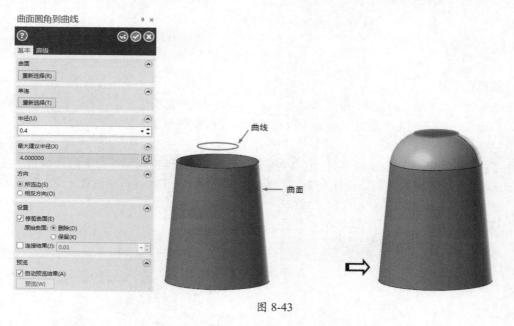

图 8-43

曲面的熔接

曲面熔接是将多个曲面以相切连续的曲面进行桥接。曲面的熔接包括两曲面熔接、三曲面熔接和三圆角面熔接。

8.5.1　两曲面熔接

【两曲面熔接】命令通过创建一个相切连续的曲面将分隔的两个曲面连接在一起，如图 8-44

所示。在【修剪】面板中单击【两曲面熔接】按钮▦，弹出【两曲面熔接】选项面板，如图 8-45 所示。

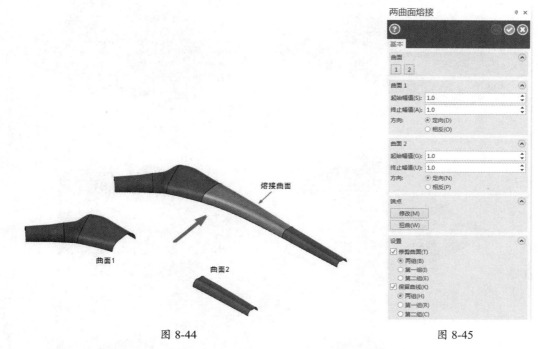

图 8-44　　　　　　　　　　　　　　　　　　　图 8-45

【两曲面熔接】选项面板中多数选项已经介绍过，这里仅介绍不同的选项，其含义如下。

- 曲面 1、2：单击相应按钮选择要熔接的两个曲面。
- 起始幅值、终止幅值：通过设置熔接曲面的起始和终止位置的曲面弯曲度，提高或降低曲面的曲率。当幅值为 0 时，称为 "G0 连续" 或 "相接连续"，当幅值为 1 时，称为 "G1 连续" 或 "相切连续"，当幅值为 2 时，称为 "G2 连续" 或 "曲率连续"，以此类推，曲率度越高，熔接曲面与原始曲面之间的平滑连续性就越高。
- 定向：按照默认的正向进行熔接，如图 8-46 所示。
- 相反：选中该单选按钮，更改熔接方向，如图 8-47 所示。熔接方向是在指定曲面时进行确定的，熔接方向的确定方法是按 F 键，如图 8-48 所示。

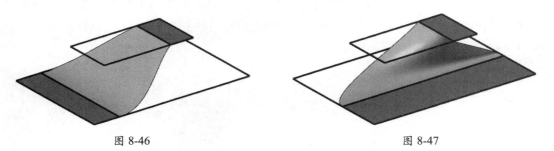

图 8-46　　　　　　　　　　　　　　　　　　　图 8-47

- 修改：单击该按钮，可以修改熔接样条线的长度，如图 8-49 所示。
- 扭曲：单击该按钮，可以翻转某一条熔接样条线的熔接方向（并非更改熔接方向），使熔接曲面产生扭曲，如图 8-50 所示。

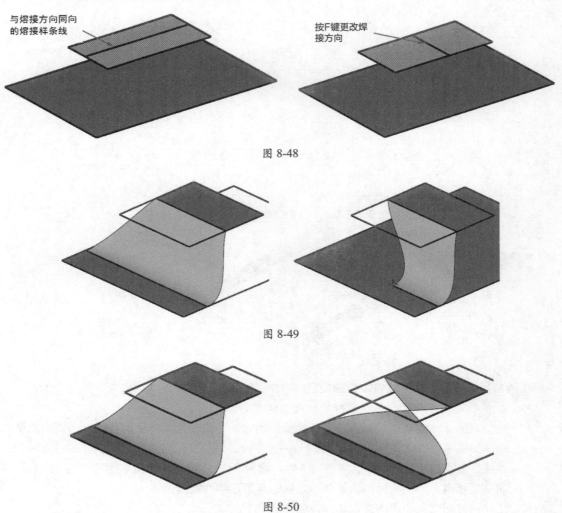

图 8-48

图 8-49

图 8-50

8.5.2　三曲面熔接

【三曲面熔接】命令是将 3 个分割的曲面以曲率连续的方式进行熔接，其创建的熔接曲面分别与 3 个曲面相切连续，如图 8-51 所示。

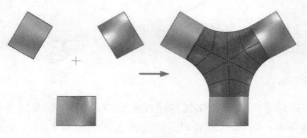

图 8-51

单击【三曲面熔接】按钮📦，弹出【三曲面熔接】选项面板，该选项面板中的各选项含义与【两曲面熔接】选项面板中介绍的选项含义完全相同，此处不再赘述。

8.5.3　三圆角面熔接

【三圆角曲面熔接】命令仅针对 3 个圆角曲面来创建熔接曲面，如图 8-52 所示。

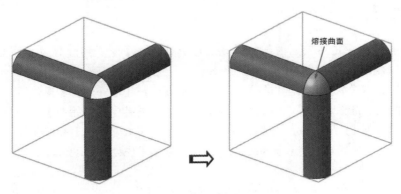

图 8-52

单击【三圆角面熔接】按钮📦，弹出【三圆角面熔接】选项面板，如图 8-53 所示。

图 8-53

【三圆角面熔接】选项面板中主要选项含义如下。

- 3 面：选中该单选按钮，将创建 3 边熔接曲面。
- 6 面：选中该单选按钮，将创建 6 边熔接曲面，如图 8-54 所示。

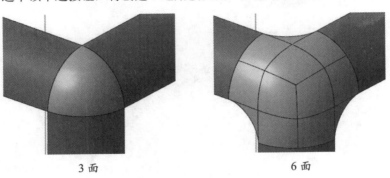

3 面　　　　　　　　　　　　　6 面

图 8-54

- 修剪曲面：选中该复选框，将修剪原圆角曲面。
- 保留曲线：选中该复选框，将保留熔接曲面的边界线。

8.6 曲面填充与编辑

8.6.1 填补内孔

【填补内孔】命令是对曲面内部的破孔进行填补，与【恢复到修剪边界】工具和【Power Surface】工具的操作类似。

【填补内孔】与【恢复到修剪边界】的不同之处在于，【填补内孔】操作后的填补曲面与原始曲面是独立的两个曲面，而【恢复到修剪边界】操作后的补面与原始曲面是一个整体曲面。

【填补内孔】与【Power Surface】工具所不同的是，【填补内孔】操作无须孔边界曲线，直接选择孔边缘进行填补，而【Power Surface】操作必须要求先创建孔的边界曲线，然后再进行孔的修补。

单击【填补内孔】按钮，系统提示选取要填补的曲面，接着拖动鼠标指针至孔边缘并单击，系统会自动将内部孔填补，如图 8-55 所示。

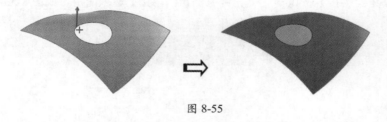

图 8-55

8.6.2 编辑曲面

利用【编辑曲面】命令可以通过调整曲面控制点或节点来编辑曲面的形状。单击【编辑曲面】按钮，弹出【编辑曲面】选项面板，按系统提示选取目标曲面，如图 8-56 所示。

图 8-56

【编辑曲面】选项面板中主要选项含义如下。

- 修改：选中该单选按钮，编辑曲面后，目标曲面会移除。
- 复制：选中该单选按钮，编辑曲面后，目标曲面会被保留。
- 节点：选中该单选按钮，选择目标曲面后，曲面中会显示构成曲面的所有节点，如图 8-57 所示。
- 控制顶点：选中该单选按钮，选择目标曲面后，曲面中会显示构成曲面的所有样条控制点，如图 8-58 所示。

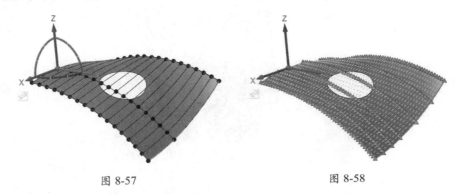

图 8-57　　　　　　　　　　　　图 8-58

- 两者：选中该单选按钮，将同时显示节点和样条控制点。
- 锁定相切向量：选中该复选框，指针中的 *XY* 平面在节点或控制点位置时始终与该点位置的样条线或曲面相切。反之，可以拖动环来改变切向量，如图 8-59 所示。

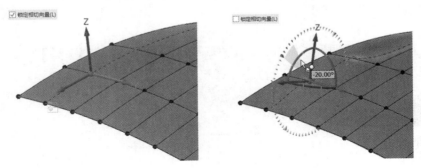

图 8-59

- 【节点和控制顶点】选项区：该选项区中的选项用来定义节点或控制点的位置。
  - > XYZ- 将指针与曲面对齐：选中该单选按钮，指针的 XY 平面始终与曲面相切。
  - > XYZ- 将指针与绘图平面对齐：选中该单选按钮，无论怎样操作指针，指针的 XY 平面始终与绘图平面平行。
  - > 法向：选中该单选按钮，将在切点或控制点的法线方向上进行指针的操作。
  - > 切平面：选中该单选按钮，始终在曲面切平面方向上操作指针。

8.7 综合训练

本节将通过两个案例来说明曲面绘制技巧，包括旋转曲面、扫描曲面、举升曲面的创建和曲面倒圆角等。

8.7.1　训练一：构建水壶曲面

本例主要通过水壶来说明曲面绘制技巧。水壶主要包括壶身、壶嘴和手柄3部分，如图8-60所示。

图 8-60

操作步骤：

下面讲解其详细的操作步骤。

01 新建 Mastercam 文件，按 F9 键显示轴线。

02 设置俯视图平面作为绘图平面。在【线框】选项卡的【形状】面板中单击【圆角矩形】按钮▱，设置【宽度】值为17.0、【高度】值为65.0的矩形，以坐标系原点为左下角点，绘制的矩形如图8-61所示。

03 在【线框】选项卡的【圆弧】面板中单击【两点画弧】按钮↷，绘制【半径】值为100.0的圆弧，如图 8-62 所示。

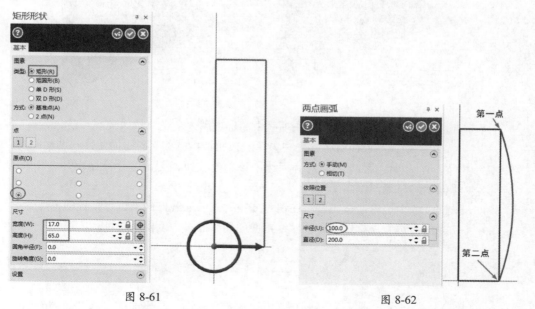

图 8-61

图 8-62

04 删除多余的直线，结果如图 8-63 所示。

05 在【曲面】选项卡的【创建】面板中单击【旋转】按钮，选取旋转截面曲线和旋转轴，创建如图 8-64 所示的旋转曲面。

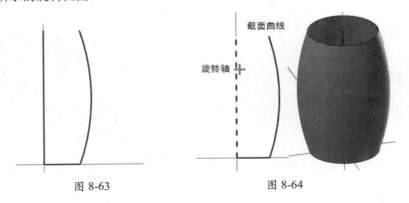

图 8-63　　　　　　　图 8-64

06 在【线框】选项卡的【曲线】面板中单击【单一边界线】按钮，选取旋转曲面的顶部边缘创建曲线，如图 8-65 所示。

07 设置前视图平面为绘图平面。在【线框】选项卡的【圆弧】面板中单击【已知点画圆】按钮⊕，绘制正圆，圆心坐标点定义为（0,0,73），半径设为 20，绘制的圆如图 8-66 所示。

08 同理，再绘制另一个半径为 2、圆心坐标为（-26,0,73）的小圆，结果如图 8-67 所示。

图 8-65　　　　　　图 8-66　　　　　　图 8-67

09 在【线框】选项卡的【绘线】面板中单击【连续线】按钮，在弹出的【连续线】选项面板中选择【相切】选项，然后绘制相切于小圆的两条直线，且角度为 30° 和-30°，长度任意，结果如图 8-68 所示。

10 在【修剪】面板中单击【分割】按钮，将图素修剪，结果如图 8-69 所示。

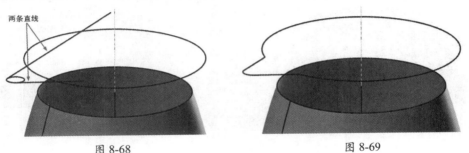

图 8-68　　　　　　　　　　图 8-69

11 单击【图素倒圆角】按钮 ⌐，绘制半径为 4 的圆角，如图 8-70 所示。单击【修剪到点】按钮 ⌐，将小圆曲线打断于等分点，如图 8-71 所示。

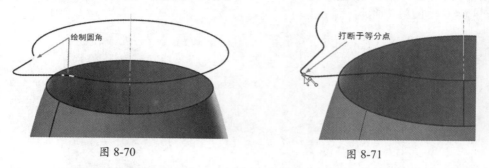

图 8-70　　　　　　　　　　图 8-71

12 在【线框】选项卡的【曲线】面板中单击【转成单一曲线】按钮 ⌐，选取串连创建单一曲线，如图 8-72 所示。

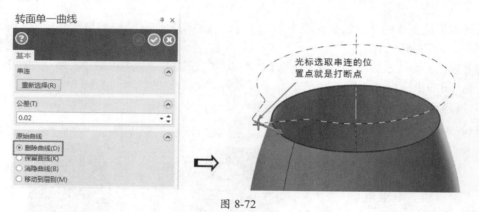

图 8-72

技术要点：

要想成功创建直纹/举升曲面，每一条串连曲线的段数必须相等。另外，还要保证每一条串连的起点位置相同，否则不能正确创建曲面。

13 在【曲面】选项卡的【构建】面板中单击【举升】按钮 ▤，选取定义外形的两条串连，如图 8-73 所示。

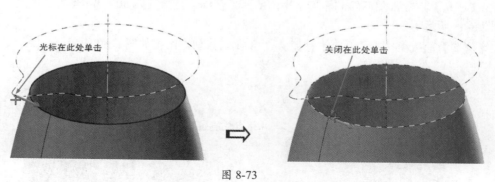

图 8-73

14 单击【线框串连】对话框中的【确定】按钮 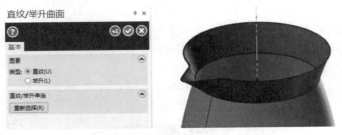，显示曲面预览，再单击【直纹 / 举升曲面】选项面板中的【确定】按钮，完成直纹曲面的创建，如图 8-74 所示。

图 8-74

15 绘制手柄扫描轨迹线。设置俯视图为绘图平面。利用【连续线】和【图素倒圆角】命令，绘制手柄的轨迹线，如图 8-75 所示。

16 绘制手柄的扫描截面曲线。设置前视图为绘图平面。利用【已知点画圆】命令，在轨迹曲线端点处绘制直径为 8 的圆，如图 8-76 所示。

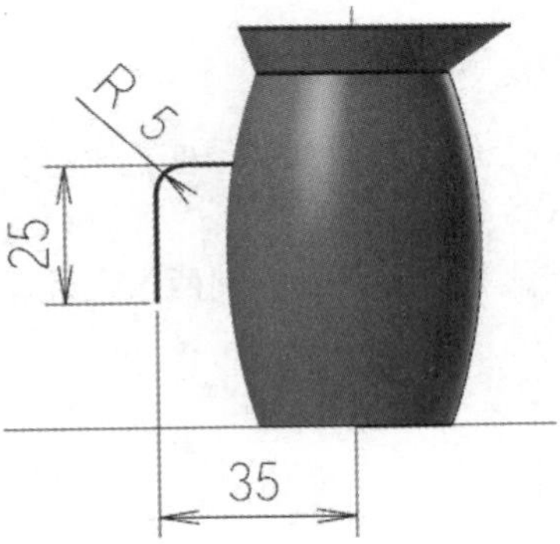

图 8-75

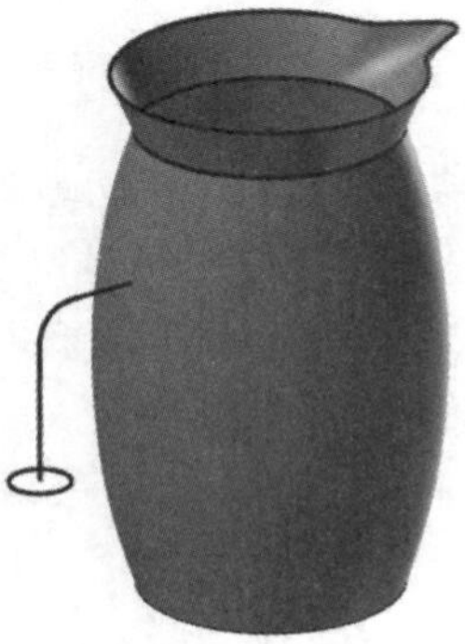

图 8-76

17 在【曲面】选项卡中单击【扫描】按钮，先选取截面圆，再选取轨迹曲线，创建如图 8-77 所示的扫描曲面。

18 单击【圆角到曲面】按钮，创建【半径】为 2.0 的圆角曲面，结果如图 8-78 所示。至此，完成了水壶曲面的创建。

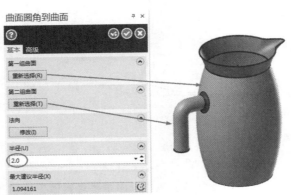

图 8-77

图 8-78

8.7.2 训练二：构建自行车坐垫曲面

自行车坐垫是骑车时承载人体体重的部件，需要按照人体工程学的设计理论来造型曲面，力求坐在车垫上感觉舒适。Mastercam 并非专业的曲面造型软件，造型复杂外形曲面有一定难度。本例利用曲线熔接和曲面修剪等命令将曲线光顺处理，从而解决曲面光顺连接的难题。

自行车坐垫模型，如图 8-79 所示。

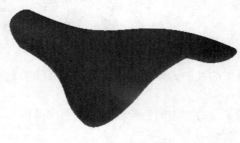

图 8-79

操作步骤：

01 在【线框】选项卡中单击【手动画曲线】按钮 ✎，绘制四点曲线，四点坐标分别为（0,50）、（140,60）、（320,150）和（500,200），结果如图 8-80 所示。

02 在【线框】选项卡的【绘线】面板中单击【连续线】按钮 ╱，绘制两条直线，如图 8-81 所示。

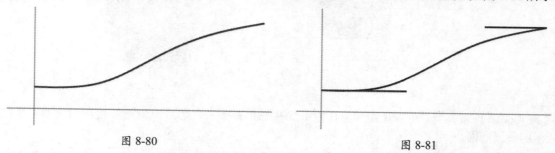

图 8-80   图 8-81

03 修改曲线控制点。在【线框】选项卡的【修剪】面板中单击【编辑样条线】按钮 ↗，选取曲线的控制点，将其移至直线端点，结果如图 8-82 所示。

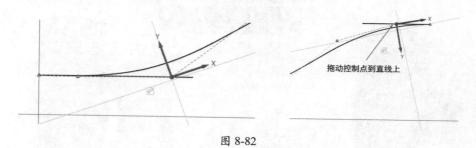

拖动控制点到直线上

图 8-82

04 选取样条曲线，在【变换】选项卡中单击【镜像】按钮 ⬌，将其镜像复制到 X 轴的另一侧，结果如图 8-83 所示。

05 设置右视图为绘图平面，单击【极坐标画弧】按钮 ，绘制圆弧如图 8-84 所示。

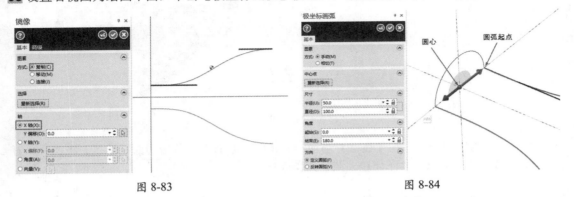

图 8-83　　　　　　　　　　　　　　　　　　　图 8-84

06 继续在右视图平面中绘图。在【线框】选项卡中单击【手动画曲线】按钮 ，绘制三点样条曲线，样条曲线的第一点在镜像曲线端点上，第二点的坐标为（0,120,500），第三点在另一曲线的端点，绘制的样条曲线结果如图 8-85 所示。

07 在【线框】选项卡的【绘线】面板中单击【连续线】按钮 ，绘制两条长为 120mm 的直线，如图 8-86 所示。

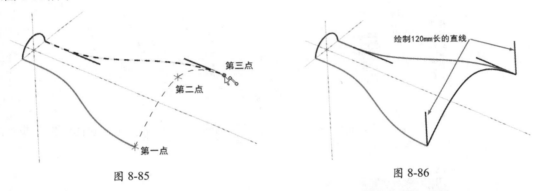

图 8-85　　　　　　　　　　　　　　　　　　图 8-86

08 修改曲线控制点。在【线框】选项卡的【修剪】面板中单击【编辑样条线】按钮 ，分别选取曲线的第 2 个和第 4 个控制点，将其移至刚绘制的直线端点上，如图 8-87 所示。

09 将多余的线条删除，结果如图 8-88 所示。

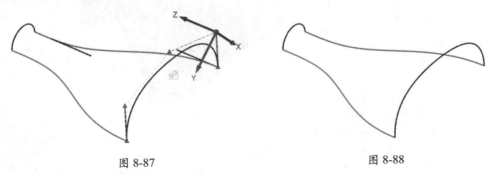

图 8-87　　　　　　　　　　　　　　　　图 8-88

10 绘制网格曲面。在【曲面】选项卡的【创建】面板中单击【网格】按钮 ，框选 4 条样条曲线创建网格曲面，如图 8-89 所示。

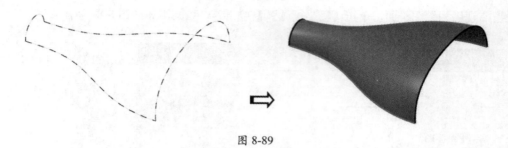

图 8-89

11 设置前视图为绘图平面。在【线框】选项卡的【曲线】面板中单击【曲线熔接】按钮 ，在 4 条样条曲线的交点处绘制 4 条熔接曲线，如图 8-90 所示。

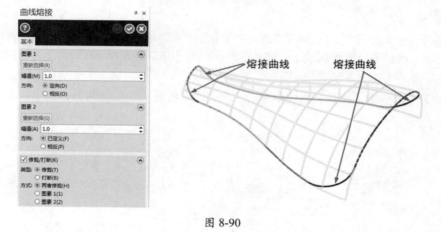

图 8-90

12 在【曲面】选项卡的【创建】面板中单击【围篱】按钮 ，选取上一步创建的熔接曲线来创建围篱曲面，如图 8-91 所示。

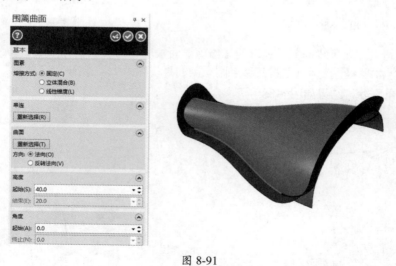

图 8-91

13 单击【延伸】按钮 ，选取围篱曲面向内部延伸，如图 8-92 所示。同理，将网格曲面向外延伸一定距离，如图 8-93 所示。

技术要点：

将网格曲面和围篱曲面都进行延伸的目的，就是为了使两组曲面能完全相交，以此能顺利地完成曲面修剪操作。

图 8-92

图 8-93

14 在【曲面】选项卡的【修剪】面板中单击【修剪到曲面】按钮，选取网格曲面为第一组曲面，选取延伸曲面为第二组曲面，网格曲面内部作为保留区域，修剪结果如图 8-94 所示。至此，完成了自行车坐垫曲面的构建。

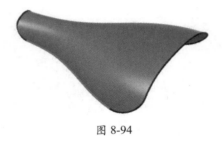

图 8-94

8.8 课后习题

（1）修补曲面，如图 8-95 所示。

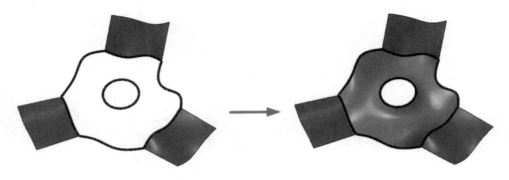

图 8-95

（2）利用【曲面修剪】工具和【曲面圆角】工具，创建如图 8-96 所示的曲面。

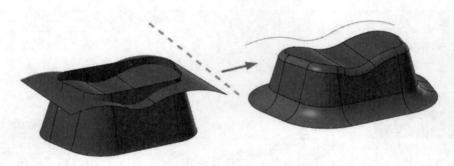

图 8-96

（3）利用【网格】曲面工具创建曲面模型，如图 8-97 所示。

图 8-97

第 9 章　实体建模工具

扫码看教学视频

项目导读

实体建模工具是机械零件设计和产品造型中非常实用的功能,简单易操作。本章讲解的实体建模工具分为三部分,第一部分为基本实体建模工具,第二部分为基于截面曲线的实体建模工具,第三部分为高级实体建模工具。此外通过实体编辑命令,还可以在原有实体上编辑获得新造型。

项目分解

- 创建基本实体
- 创建基于截面曲线的实体
- 创建高级实体
- 实体修剪

9.1　基本实体

实体是由点、线或面构成的空间几何体,且具有质量、体积与厚度等特性。Mastercam 2020 的实体建模工具在【实体】选项卡中,如图 9-1 所示。

图 9-1

常见的基本实体类型包括圆柱体、圆锥体、球体、立方体和圆环体,如图 9-2 所示。

图 9-2

基本实体工具的用法和【曲面】选项卡中的基本曲面工具完全相同。基本实体工具既可以创建实体也可以创建曲面,基本曲面工具也是如此,所以本章将不会重复介绍基本实体工具的功能及应用。

实体工具与曲面工具的最大差别在于,实体可以回滚编辑,而曲面是不能回滚编辑。创建的实体会在【实体】管理器面板中显示,如图 9-3 所示。

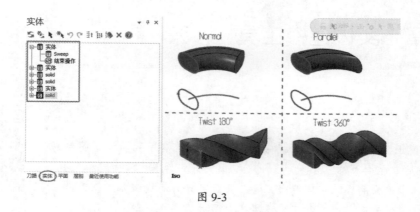

图 9-3

9.2 创建基于截面曲线的实体

基于截面曲线的实体是构成部件非解析形状毛胚的基础。在【创建】面板上,用于创建实体的工具包括拉伸、旋转、举升和扫描。

9.2.1 拉伸实体

【拉伸】命令可以将二维截面沿截面垂直方向拉伸一定的高度,或者产生薄壁拉伸。当存在基本实体时,【拉伸】命令还可以绘制挤出切割实体、薄壁切割实体和添加凸台体等。在【实体】选项卡的【创建】面板中单击【拉伸】按钮,选取串连后,弹出【实体拉伸】选项面板,该选项面板中包含【基本】选项卡和【高级】选项卡,如图 9-4 所示。

图 9-4

【基本】选项卡中主要选项含义如下。

- 创建主体:创建第一个实体,如图 9-5 所示。

- 切割实体：创建第二个拉伸实体的同时和已有的第一个实体进行布尔减运算，如图 9-6 所示。
- 添加凸台：创建第二个拉伸实体的同时和已有的第一个实体进行布尔加运算，如图 9-7 所示。

图 9-5　　　　　　　　　　　图 9-6　　　　　　　　　　　图 9-7

- 目标：当选中【切割主体】或【添加凸台】复选框后，单击【选择目标主体】按钮，重新选择主体。
- 创建单一操作：将当前拉伸实体与其他实体分割，形成独立的实体。
- 自动确定操作类型：基于选定的图形自动创建拉伸切割主体或拉伸主体。
- 串连：拉伸的截面轮廓。
- 【全部反向】按钮：单击该按钮，更改拉伸方向，如图 9-8 所示。

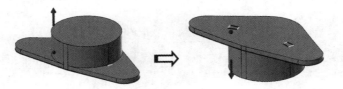

图 9-8

- 【添加串连】按钮：单击该按钮，添加截面曲线。
- 【全部重建】按钮：单击该按钮，重新选择截面曲线。
- 距离：选中该单选按钮，以输入的拉伸距离创建凸台。
- 【自动抓点】按钮：单击该按钮，指定某点作为拉伸终止点。
- 全部贯通：选中该单选按钮，切割时全部穿透实体。
- 两端同时延伸：选中该复选框，向草图平面的两侧同时拉伸。
- 修剪到指定面：以指定的曲面来修剪拉伸的实体。

【高级】选项卡中主要选项含义如下。

- 拔模：选中该复选框，在拉伸的同时可进行拔模操作，如图 9-9 所示。
- 角度：在此文本框中输入拔模角度。
- 反向：选中该复选框，创建反向拔模，如图 9-10 所示。

图 9-9　　　　　　　　　　　　图 9-10

- 分割：仅当在【基本】选项卡中选中【两端同时延伸】复选框后，【分割】复选框才可用。选中该复选框，将会在草图截面的两侧双向拔模，反之，则单向拔模，如图 9-11 所示。

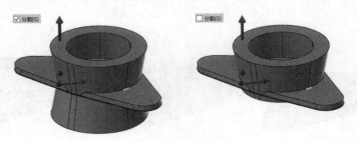

图 9-11

- 拔模到端点：选中该复选框，可以选择开放曲线端点或关联面的顶点，作为拔模的角度参考。
- 壁厚：选中该复选框，将在实体中创建薄壁特征。
- 方向 1、方向 2、两端：定义壁厚的生成方向。【方向 1】是向截面曲线内部创建壁厚；【方向 2】是向外创建壁厚；【两端】是在截面曲线的两侧同时创建壁厚，如图 9-12 所示。

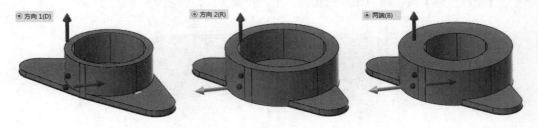

图 9-12

- 平面方向：此选项用来定义拉伸向量（拉伸方向）。默认的拉伸方向是与截面曲线所在的平面法向垂直的，默认的平面是截面曲线所在平面。拉伸向量的起点在截面曲线的中心，在【平面方向】文本框中可输入向量终点坐标，如输入（10,20,30），意味着将会创建倾斜的拉伸实体，如图 9-13 所示。
- 【设置串连标准】按钮 ：单击该按钮，将取消向量，恢复到默认拉伸方向中。
- 【设置绘图平面】按钮 ：如果在【平面方向】文本框中输入 -Z 值时，单击该按钮，可以更改为 +Z 值。
- 【选择向量】按钮 ：单击该按钮，可以选取一条直线、一条曲面\实体边或两个点来指定拉伸向量，如图 9-14 所示。

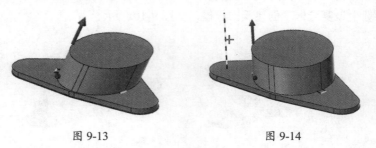

图 9-13   图 9-14

上机实践——拉伸实体

采用【拉伸】命令创建如图 9-15 所示的零件实体。

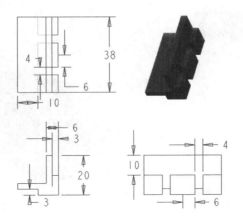

图 9-15

01 打开本例源文件 9-1.mcam，如图 9-16 所示。

02 单击【拉伸】按钮，选取如图 9-17 所示的截面曲线。

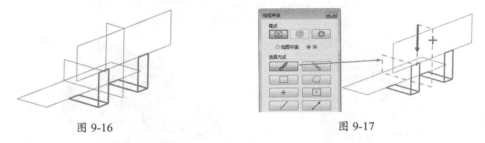

图 9-16　　　　　　　　　　　　　　　　图 9-17

03 在弹出【实体拉伸】选项面板中设置选项及参数后，单击【确定并重新生成】按钮，创建第一个实体：主体，如图 9-18 所示。

04 继续选择截面曲线，如图 9-19 所示。

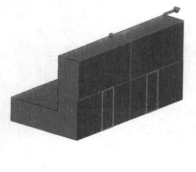

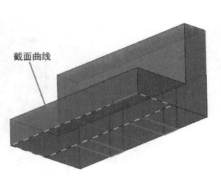

图 9-18　　　　　　　　　　　　　　　　图 9-19

05 在【实体拉伸】选项面板中选中【切割主体】单选按钮，设置拉伸【距离】值为3.0，单击【确定并重新生成】按钮 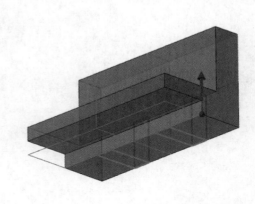，完成拉伸切割实体的创建，如图9-20所示。

图 9-20

06 继续选取截面曲线并创建拉伸切割实体，如图9-21所示。

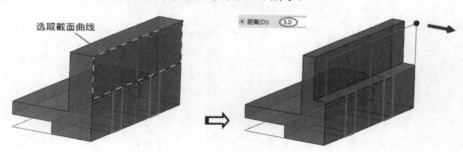

图 9-21

07 继续选取曲线创建拉伸切割，如图9-22所示。

08 选取底部的曲线创建拉伸切割，如图9-23所示。

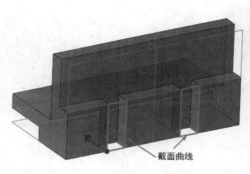

图 9-22

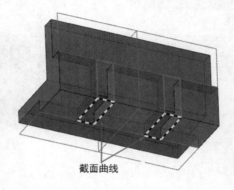

图 9-23

9.2.2　旋转实体

【旋转实体】命令可将截面曲线绕指定的旋转轴旋转一定的角度来创建实体或薄壁实体。单击【旋转】按钮，选取旋转截面和旋转轴，弹出【旋转实体】选项面板，如图 9-24 所示。【旋转实体】选项面板中的选项与【实体拉伸】选项面板中的选项基本相同，所以此处不再介绍。

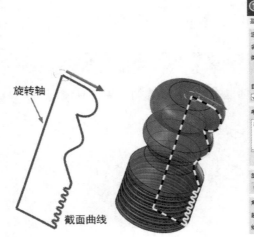

图 9-24

9.2.3　扫描实体

【扫描】命令可将截面曲线沿一条或多条轨迹曲线进行扫描，从而创建扫描实体或扫描切割实体。轨迹线可看成是实体的外形线。截面曲线必须封闭，否则创建扫描实体会失败，除非生成扫描薄壁件时截面曲线才允许开放。单击【扫描】按钮，选取扫描截面，确定后再选取扫描轨迹，弹出【扫描】选项面板，该选项面板用来设置扫描实体的相关参数，如图9-25 所示。

图 9-25

实体扫描的创建方法与曲面扫描的创建方法相似，都是利用选择截面曲线和扫描轨迹来创建对象的，如图 9-26 所示为两种扫描实体的效果。

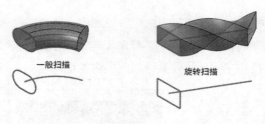

图 9-26

下面用实例来详解双轨扫描的实体创建过程，要创建的实体和曲线如图 9-27 所示。

图 9-27

01 打开本例源文件 9-2.mcam。

02 在【实体】选项卡的【创建】面板中单击【扫描】按钮🖋，弹出【线框串连】对话框。

03 依次选择扫描截面曲线和扫描轨迹曲线（第一引导线），如图 9-28 所示。

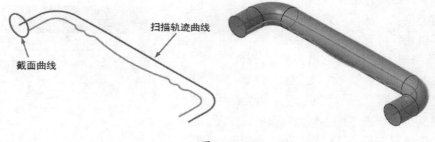

图 9-28

04 在弹出的【扫描】选项面板中单击【选择引导串连】按钮🔗（在该面板底部的【引导串连】选项区中），再次弹出【线路串连】对话框。

05 按住 Shift 键选取如图 9-29 所示的串连（第二引导线），单击 ✅ 按钮返回【扫描】选项面板中查看预览效果。

06 单击【扫描】选项面板中的【确定】按钮✅，完成扫描实体的创建。

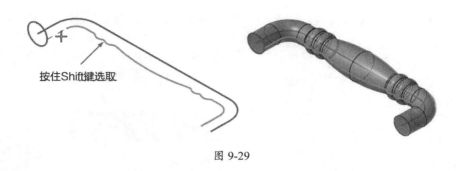

按住Shift键选取

图 9-29

9.2.4　举升实体

利用【举升】命令可以创建直纹实体和举升实体，其创建方法与举升曲面相同。单击【举升】按钮 🔳，选取举升截面，确定后弹出【举升】选项面板，如图 9-30 所示。

通过【举升】命令可以在平行截面之间创建光顺过渡的实体，如图 9-31 所示，也可以在平行截面之间创建直接过渡的实体，如图 9-32 所示。

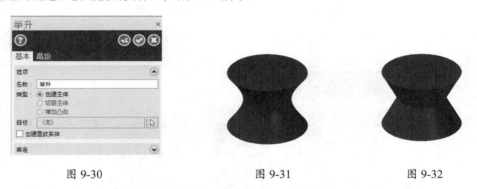

图 9-30　　　　　　　　　　　图 9-31　　　　　　　图 9-32

上机实践——举升实体

本例将采用【举升】和【扫描】命令来创建铣刀模型，如图 9-33 所示。

01 打开本例源文件 9-3.mcam，如图 9-34 所示。左侧曲线用【扫描】命令创建铣刀模型，右侧曲线用【举升】命令来创建铣刀模型。

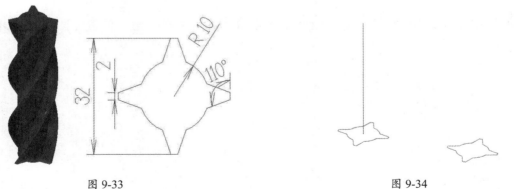

图 9-33　　　　　　　　　　　　　　　　图 9-34

02 单击【扫描】按钮 🖌️，选取扫描截面曲线和轨迹曲线后弹出【扫描】选项面板，同时显示扫描预览，如图 9-35 所示。

03 在【扫描】选项面板的【高级】选项卡中，选中【扫描扭曲】复选框，输入扭曲的旋转【角度】值为 240.0，最后单击【确定】按钮 ✅，完成铣刀模型的创建，如图 9-36 所示。

图 9-35   图 9-36

04 在视图中选取右侧的曲线，单击【平移】按钮 🖌️ 创建 3 个曲线副本，如图 9-37 所示。

图 9-37

05 单击【举升】按钮 🔧，依次选取线框串连，在选取每一个线框串连时，注意选取的位置，如图 9-38 所示。

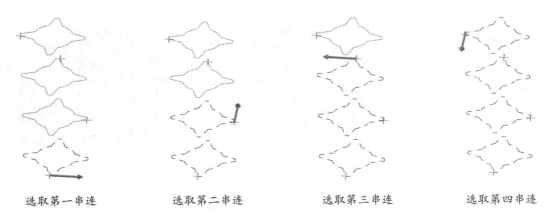

| 选取第一串连 | 选取第二串连 | 选取第三串连 | 选取第四串连 |

图 9-38

06 正确选取线框串连后，会显示举升模型的预览，确认无误后单击【确定】按钮，完成铣刀模型的创建，如图 9-39 所示。

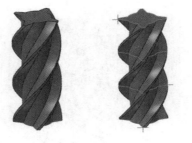

由【扫描】命令创建　　由【举升】命令创建

图 9-39

9.3　创建高级实体

通过已有的实体可以创建副本对象，也可以创建反向模型，还可以由曲面生成实体薄片。下面介绍高级实体建模工具的使用方法。

9.3.1　实体的布尔运算

实体布尔运算包括布尔结合、布尔切割和布尔交集，还包括非关联布尔运算。事实上，在 4 个基于曲线的实体工具中，都包含布尔运算功能——切割主体和添加凸台。本节介绍的布尔运算主要针对独立实体之间的加材料和减材料运算。

1. 布尔结合

"布尔运算 - 结合" 可将两个或两个以上的实体结合成一个整体。单击【布尔运算】按钮，系统提示选取目标主体和工具主体，弹出【布尔运算】选项面板，选择【结合】类型，即可将目标主体和工具主体合并成一个实体，如图 9-40 所示。

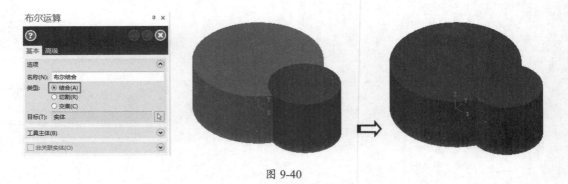

图 9-40

2. 布尔切割

"布尔运算 - 切割"是在目标主体中切割工具主体,目标主体只能有一个,而工具主体可以是单个或多个。单击【布尔运算】按钮 ,系统提示选取目标主体和工具主体,选择【切割】类型,即可用工具主体切割目标主体形成一个新实体,如图 9-41 所示。

图 9-41

3. 布尔交集

"布尔运算 - 交集"可以将目标主体和工具主体进行相交操作,生成新物体为两物体相交的公共部分。单击【布尔运算】按钮 ,系统提示选取目标主体和工具主体,选择【交集】类型,即可将工具主体和目标主体相交形成一个新实体,如图 9-42 所示。

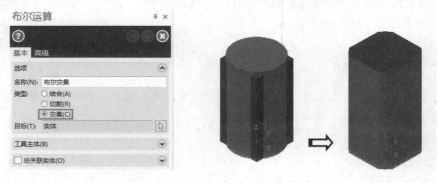

图 9-42

9.3.2 印模

【印模】命令用于创建一个反向模型，例如，模具成型零件中的型芯和型腔是一对完全匹配的凸凹模型，先做出型芯零件，利用【印模】命令可以快速创建型腔零件。

利用已有的型腔零件，创建如图 9-43 所示的型芯零件。

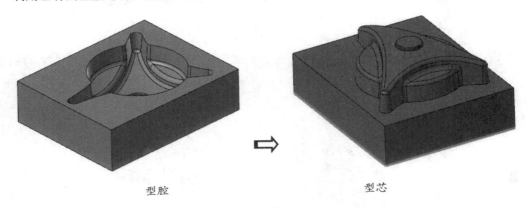

型腔   型芯

图 9-43

01 打开本例源文件 9-4.mcam。

02 在【线框】选项卡中单击【单一边界线】按钮，选取型腔零件的边缘创建边界曲线，如图 9-44 所示。

03 在【转换】选项卡中单击【平移】按钮，选取边界曲线向 Z 轴正方向平移 30mm，如图 9-45 所示。

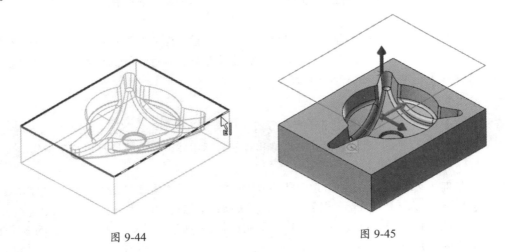

图 9-44   图 9-45

04 在【实体】选项卡的【创建】面板中单击【印模】按钮，弹出【线框串连】对话框。选取平移的边界曲线作为型芯零件的边界，单击【确定】按钮，弹出【实体选择】对话框。接着选中型腔零件作为压印参考，如图 9-46 所示。

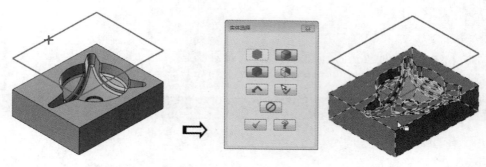

图 9-46

05 单击【实体选择】对话框中的【确定】按钮 ✓ ，完成印模操作，创建的型芯零件如图 9-47 所示。

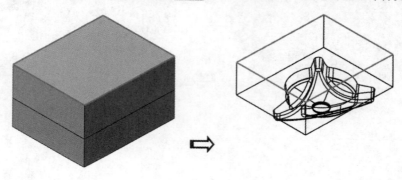

图 9-47

9.3.3　孔

　　【孔】命令通过在实体面创建圆形切割特征，通常用来创建螺纹底孔、螺丝过孔、定位销孔、工艺孔等。

　　单击【孔】按钮 ◈ ，选取孔的目标主体后（当绘图平面中有多个实体时，如果仅有一个实体，则无须手动选择目标主体，系统会自动选取），弹出【孔】选项面板，该选项面板中包含【基本】选项卡和【高级】选项卡，如图 9-48 所示。

1.【基本】选项卡

　　在【基本】选项卡中的选项用于设置孔参数、标准和孔类型等。下面介绍主要选项含义。

- 【操作】选项区：用于设置孔的名称和孔的目标主体，单击【选择目标】按钮 ▷ 重定义目标主体。
- 【平面方位】选项区：用来指定孔的放置平面，可以单击【绘图平面】按钮 ▤ 、【选择面】按钮 ▷ 、【平面管理器】按钮 ▣ 、【指针】按钮 ⊻ 和【选择向量】按钮 ╱ 来定义孔的放置平面。默认情况下，在选择目标主体时，所选取的实体表面就是孔的放置平面，如图 9-49 所示。

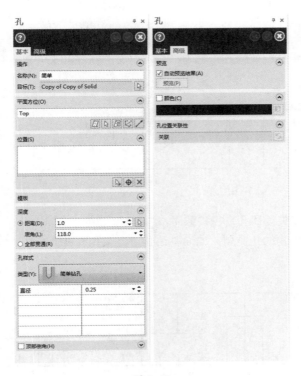

图 9-48

图 9-49

- 【位置】选项区：确定孔的放置位置（以点定位置）。

    > 添加位置：单击该按钮，可以到放置面上选取已有点作为孔位置，选取点必须按 Enter 键确认。

    > 添加自动抓点位置：如果放置面上没有点，可以单击该按钮，并到上选择条的【鼠标指针锁定】下拉列表中选择一种锁定点类型来捕捉点，例如，选择【面中心】锁点类型，选取放置面后会自动识别此面的中心为孔的放置点。

- 【模板】选项区：定义孔的标准和规格参数，如图 9-50 所示。孔的标准包括【英制】【公制】或【两者】。

图 9-50

- 【深度】选项区：定义孔的深度和顶角参数。

- 距离：定义孔的深度。
- 底角：定义钻孔的顶角角度，一般为默认值118°。若改成0°，就变成了平角。
- 全部贯通：选中该单选按钮，将会创建通孔。否则，将按定义的孔深度来创建盲孔，如图9-51所示。

图 9-51

- 【孔样式】选项区：定义孔样式类型和孔直径参数。
- 类型：在该下拉列表中列出可创建的孔类型，如简单钻孔、沉头孔、锥形沉孔、埋头孔和锥度孔，如图9-52所示。

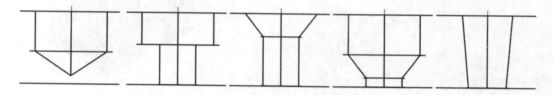

图 9-52

- 顶部倒角：选中该复选框，激活【顶部倒角】选项区中的选项。
    > 直径：设置倒角直径。
    > 角度：设置倒角角度。

2. 【高级】选项卡

- 自动预览结果：选中该复选框，将预览定义的孔，可以很方便地创建与编辑孔。
- 【颜色】选项区：设置孔的面颜色。

9.3.4 实体阵列（特征阵列）

通过实体阵列工具，可以创建实体特征（主要指实体中的孔、倒角、拔模及抽壳等）的副本。实体阵列工具有别于【转换】选项卡中的阵列工具，【转换】选项卡中的阵列工具主要用来阵列点、线、面、实体和网格，其阵列对象更为广泛。

1. 直角阵列

【直角阵列】命令可以在指定的两个矢量方向上创建多个特征副本的阵列。当实体中创建了特征后，单击【直角阵列】按钮 :::，弹出【实体选择】对话框。按系统信息提示在实体中选择一个或多个实体特征后（也可以到【实体】面板中选择一个特征操作），单击【确定】按钮 ✓，弹出【直角坐标阵列】选项面板，如图9-53所示。

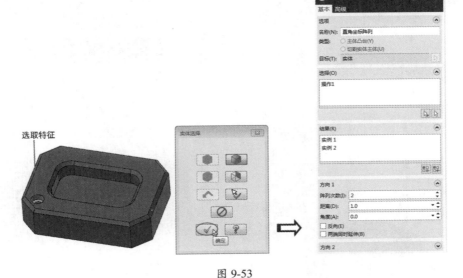

图 9-53

在【选择】选项区和【结果】选项区中可以移除选择的特征，还可以添加特征。【方向 1】选项区与【方向 2】选项区的选项完全相同，【方向 1】选项区中的选项含义如下。

- 阵列次数：设置在方向 1 的阵列副本数（成员数），默认的阵列方向就是工作坐标系的 X 与 Y 方向。
- 距离：设置阵列成员之间的间距。
- 角度：输入角度来定义阵列成员的矢量方向。
- 反向：选中该复选框，将以反方向阵列。
- 两端同时延伸：在阵列方向及反方向同时创建副本。

在【方向 1】选项区和【方向 2】选项区中设置选项及参数后，单击【确定】按钮，完成直角阵列，如图 9-54 所示。

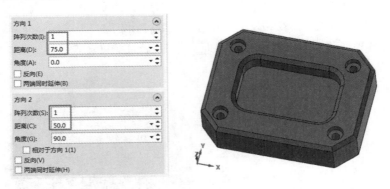

图 9-54

2. 旋转阵列

【旋转阵列】命令是将选取的特征以指定的旋转中心旋转复制。单击【旋转复制】按钮，选取要阵列的实体特征后单击【实体选择】对话框中的【确定】按钮 ✓，弹出【旋转阵列】选项面板，如图 9-55 所示。

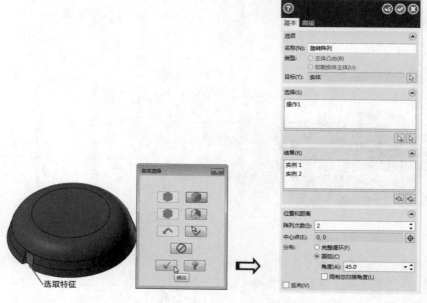

图 9-55

【位置和距离】选项区中的选项含义如下。

- 阵列次数：阵列的副本数（成员数）。
- 中心点：显示阵列中心点坐标，若需要重新指定阵列中心点，可单击【自动抓点】按钮 ⊕，重新选取阵列中心点。
- 完整循环：将在 360° 以内按照【阵列次数】值均匀布置成员。
- 圆弧：以指定的阵列角度布置成员。
- 限制总扫描角度：选中该复选框，将在限定的角度范围内布置成员。
- 反向：选中该复选框，在相反的阵列方向（顺时针方向）上进行阵列。

设定好旋转阵列选项，单击【确定】按钮 ✓，完成特征的旋转阵列，如图 9-56 所示。

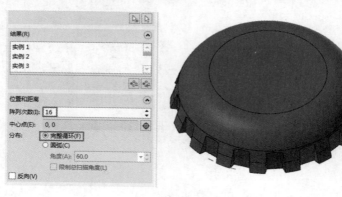

图 9-56

3. 手动阵列

【手动阵列】命令是在实体中指定特征的基准点或位置来创建特征的副本，如图 9-57 所示。

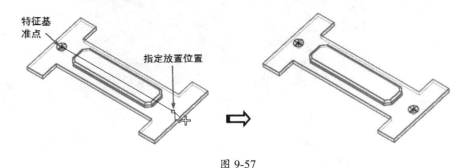

图 9-57

9.4　实体修剪

"实体修剪"就是在不改变基体特征主要形状的前提下，对已有的实体进行局部修改。

9.4.1　实体倒圆角

"实体倒圆角"包括固定圆角半径、面与面倒圆角和变化倒圆角，下面逐一介绍。

1. 固定圆角半径

在【修改】面板中单击【固定半倒圆角】按钮 ◼，选取要倒圆角的实体边后弹出【固定圆角半径】选项面板，设置圆角【半径】值后单击【确定】按钮 ◉，即可完成圆角的创建，如图 9-58 所示。

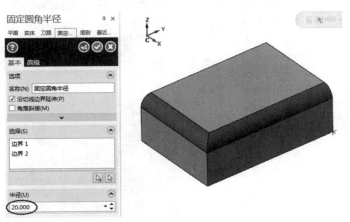

图 9-58

在【固定圆角半径】选项面板中，设置两个选项可以得到不同的圆角效果。

- 沿切线边界延伸：沿所有切线边缘延伸圆角，直到非切线边缘。选中与否的效果对例如图 9-59 所示。

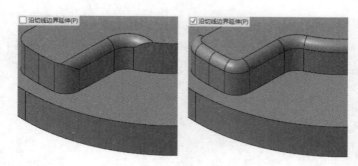

图 9-59

- 角落斜接：在圆角与圆角的相交位置，斜角连接。选中（产生斜接）与取消选中（不产生斜接）的效果对例如图 9-60 所示。

图 9-60

2. 面与面倒圆角

【面与面倒圆角】命令是在选取的面和面之间进行倒圆角，还可以倒椭圆角。单击【面与面倒圆角】按钮🗔，选取要倒圆角的两个相邻实体面后，弹出【面与面倒圆角】选项面板，设置圆角【半径】值，单击【确定】按钮✅，完成倒圆角操作，如图 9-61 所示。

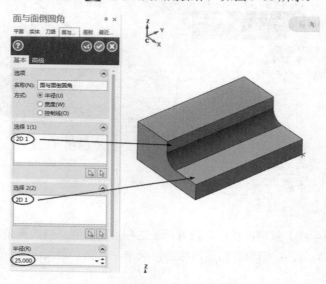

图 9-61

3. 变化倒圆角

【变化倒圆角】命令可以创建可变半径值的圆角。单击【变化倒圆角】按钮 🔩，选取要倒圆角的边缘后，弹出【变化圆角半径】选项面板，如图 9-62 所示。

选择要创建圆角的实体边缘后，显示圆角预览。【变化倒圆角】选项面板的【顶点】选项区中的按钮可用来定义可变圆角的顶点。【中点】【动态】【位置】和【移除顶点】按钮的含义与执行【圆角到曲面】命令打开的【曲面圆角到曲面】选项面板中【可变圆角】选项区的按钮含义完全相同。

选取要倒圆角的实体边缘后，会显示圆角和圆角顶点的预览，如图 9-63 所示。

图 9-62

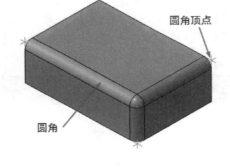

图 9-63

【半径】选项区中的选项用来定义可变半径圆角值，含义如下。

- 默认：默认情况下，半径文本框显示预设值，如果要创建统一半径的圆角，在【默认】文本框中输入新值后，单击【全部设置】按钮 ▤ 应用新值即可。
- 单一：单击该按钮，可以逐一选取圆角顶点来修改半径值，如图 9-64 所示。
- 循环：单击该按钮，当修改第一个顶点的半径后，系统会自动移至下一个顶点来修改半径，无须手动逐一单击顶点。

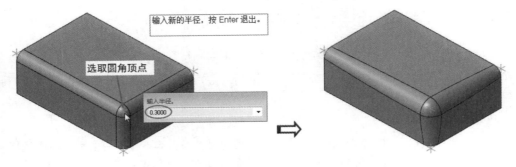

图 9-64

9.4.2　实体倒斜角

实体倒斜角有 3 种类型：单一距离倒角、不同距离倒角和距离 / 角度，如图 9-65 所示。

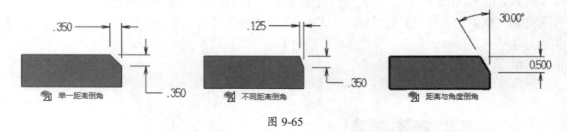

图 9-65

单击【单一距离倒角】按钮 ，选取要倒角的实体边缘后，弹出【单一距离倒角】选项面板，如图 9-66 所示。在【距离】选项区中设置倒角距离即可创建倒角。

单击【不同距离倒角】按钮 ，选取要倒角的实体边缘后，弹出【不同距离倒角】选项面板，如图 9-67 所示。在【距离】选项区中设置【距离 1】和【距离 2】值即可创建倒角。

单击【距离与角度倒角】按钮 ，选取要倒角的实体边缘后，弹出【距离与角度倒角】选项面板，如图 9-68 所示。在【距离】选项区中设置【距离】值和【角度】值即可创建倒角。

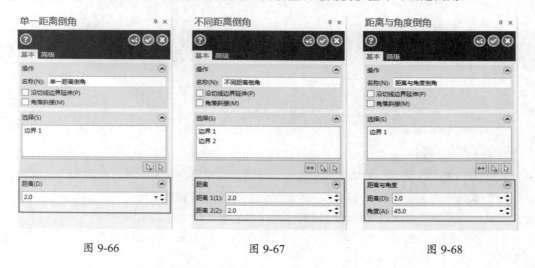

图 9-66　　　　　　　　　　图 9-67　　　　　　　　　　图 9-68

9.4.3　抽壳、加厚与薄片

抽壳操作与加厚操作的结果都是创建薄壁壳体。不同的是，抽壳是从实体中减除材料得到壳体，加厚则是从片体增加厚度来创建壳体。片体又称薄片，是没有厚度的实体，可以从曲面转换片体。

1. 实体抽壳

通常需要将塑料产品抽成均匀薄壁，以利于产品均匀收缩。单击【抽壳】命令，系统提示选取要移除的面，单击【完成】按钮，弹出【抽壳】选项面板，如图 9-69 所示。

图 9-69

【抽壳】选项面板中主要选项含义如下。

- 方向 1：在实体表面向内偏移一定距离后，将偏移面内部全部掏空。
- 方向 2：在实体表面向外偏移一定距离后，将实体面内部全部掏空。
- 两端：在实体表面向内和外都偏移设定距离后，将内偏移面内部的实体材料全部掏空。
- 抽壳厚度-方向 1：实体面向内偏移的距离。
- 抽壳厚度-方向 2：实体面朝外偏移的距离。

上机实践——抽壳操作

采用【抽壳】命令创建如图 9-70 所示的模型。

01 绘制立方体。在【实体】选项卡中单击【立方体】按钮 ，弹出【基本立方体】选项面板。设置【长度】值、【宽】值、【高】值都为 50.0，选取定位点为坐标系原点，单击【完成】按钮 ，完成立方体的创建，如图 9-71 所示。

图 9-70

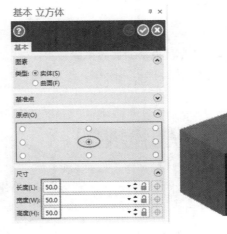

图 9-71

02 实体抽壳。单击【抽壳】按钮 ，系统提示选取要移除的面，选取立方体前、顶、右侧面，单击【完成】按钮，弹出【抽壳】选项面板，设置【方向 1】值为 5.0，单击【确定并创建新操作】按钮 ，完成 3 个面的抽壳，如图 9-72 所示。

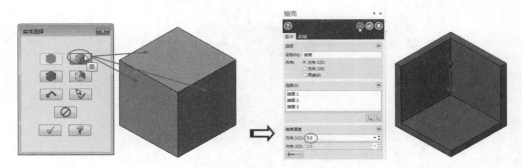

图 9-72

03 继续实体抽壳。选取立方体内部左侧的一个面和它对应的外部面，抽壳厚度为5.0，创建的抽壳如图9-73所示。

04 同理，选取其余两对面来创建抽壳，最终结果如图9-74所示。

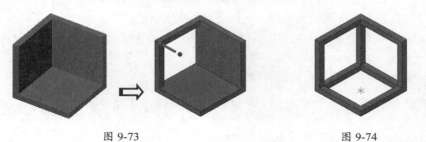

图 9-73   图 9-74

提示：

抽壳主要是选取移除面，移除面不同，抽壳结果也有所不同，因此，要掌握抽壳功能就要清楚该移除哪些面。

---

2. 由曲面生成实体

【由曲面生成实体】命令可以将曲面转换成与实体属性相同，且没有厚度的薄片实体（也称"片体"）。单击【由曲面生成实体】按钮 📦，选取要转成片体的曲面，弹出【由曲面生成实体】选项面板，如图9-75所示。

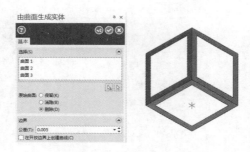

图 9-75

通过设置选项，可以定义原始曲面的保留、消隐和删除，以及是否在开放的曲面边界上创建边界曲线。

3. 薄片加厚

【薄片加厚】命令可以对没有厚度的薄片实体进行加厚处理，形成具有厚度的实体。单击【薄片加厚】按钮，选取要加厚的片体后，弹出【加厚】选项面板，并根据默认厚度值显示加厚预览，如图 9-76 所示。在【加厚】选项面板中设置选项可以更改加厚方向和该方向上的厚度。

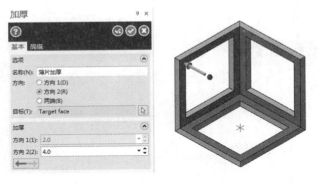

图 9-76

9.4.4　拔模

拔模用于创建机械零件和塑胶产品的脱模角度。塑胶产品在模具中脱模时，如果没有脱模角度，会造成产品脱模困难并刮伤产品表面，导致出现废品。

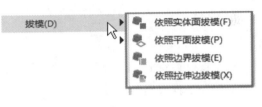

图 9-77

Mastercam 的拔模工具如图 9-77 所示。

1. 依照实体面拔模

【依照实体面拔模】命令是指从指定的平面端面（与拔模方向垂直的实体平面）开始，与拔模方向呈一定角度，对指定的实体表面进行拔模。

单击【依照实体面拔模】按钮，按系统提示选取要拔模的面和固定实体面后，弹出【依照实体面拔模】选项面板。在该选项面板中输入牵拔模【角度】值，单击【完成】按钮，完成实体面的拔模，结果如图 9-78 所示。

图 9-78

2. 依照平面拔模

【依照平面拔模】命令按照指定的平面对实体面进行拔模。创建拔模的过程与【依照实体面拔模】基本相同，只是在确定平面时需要在【依照平面拔模】选项面板的【平面】选项区中单击【依照直线平面】按钮 ⬟、【依照图素平面】按钮 ◯ 或【平面名称】按钮 ⬚，进一步指定拔模参照平面，如图 9-79 所示。

图 9-79

指定拔模参照平面后，输入拔模【角度】值并单击【完成】按钮 ⬤，完成实体面拔模。

3. 依照边界拔模

【依照边界拔模】命令是指从实体上的拔模固定边开始，与拔模方向呈一定角度，对指定的实体表面进行拔模。【依照边界拔模】与【依照实体面拔模】的创建拔模方法基本相同。创建拔模的方法是：单击【依照边界拔模】按钮 ⬛，弹出【实体选择】对话框。选择要拔模的面和拔模面的边缘（也就是拔模固定边），按 Enter 键确认后再选取一个平面端面或实体边缘作为拔模方向参考，随后弹出【依照边界拔模】选项面板。设置拔模【角度】值后单击【确定】按钮 ⬤，完成实体面拔模，如图 9-80 所示。

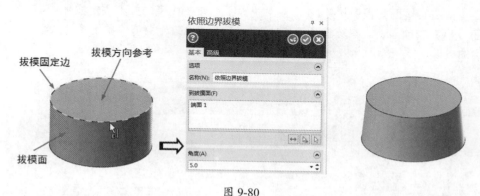

图 9-80

4. 依照拉伸边拔模

【依照拉伸边拔模】命令仅对拉伸实体进行拔模操作，不能对基本实体进行拔模。单击【依照拉伸边拔模】按钮 🐾，选取要拔模的拉伸实体面，随后弹出【依照拉伸拔模】选项面板，设置好拔模【角度】值后，单击【确定】按钮 ✅，完成拉伸实体面拔模，如图 9-81 所示。

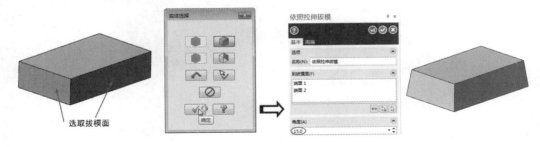

图 9-81

9.4.5　修剪实体

实体修剪包括"依照平面修剪"和"修剪到曲面 / 薄片"两种方式。

1. 依照平面修剪

【依照平面修剪】命令是利用相交平面去修剪实体。此命令可以提高建模效率，相比布尔运算切割工具，使用【依照平面修剪】命令会减少操作步骤。当用户在实体造型过程中不方便直接绘制图形时，利用【依照平面修剪】命令可获得想要的结果。单击【依照平面修剪】按钮 ➡️，选取要修剪的主体后，弹出【依照平面修剪】选项面板，如图 9-82 所示。

图 9-82

【依照平面修剪】选项面板中主要选项含义如下。

* 分割实体：选中该复选框，仅用平面来分割实体，会保留目标主体和平面。
* 建立关联平面：选中该复选框，创建关联关系的平面，当平面修改时，操作也跟着改变。
* 【目标主体】选项区：显示或定义要修剪的目标实体。
* 【平面】选项区：用来定义修剪平面（也就是"修剪工具"）。
* 直线：将依照直线来定义修剪平面。
* 图素：将依照二维平面图形来定义修剪平面。
* 动态平面：动态定义修剪平面。
* 指定平面：通过选择视图平面或绘图平面来定义修剪平面。

指定目标主体和修剪平面后，单击【确定】按钮 ✅ 完成实体的修剪，如图 9-83 所示。

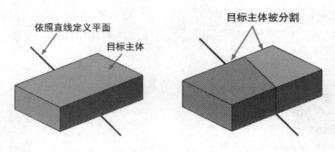

图 9-83

2. 修剪到曲面 / 薄片

【修剪到曲面 / 薄片】命令依照所选的曲面或薄片来修剪实体，如图 9-84 所示。

图 9-84

9.5 综合训练

本节以两个建模案例，综合运用实体建模和实体编辑工具进行造型设计，从中掌握建模方法和软件操作技巧。

9.5.1 训练一：排球造型

本例创建如图 9-85 所示的排球模型，采用了实体建模、转换等工具。

01 新建文件，以默认的俯视图平面作为绘图平面。

02 在【实体】选项卡中单击【球体】按钮 ●球体，弹出【基本 球体】选项面板。在该选项面板中设置球体类型为【实体】，设置【半径】值为 50.0，【起始】值为 45.0，【结束】值为 135.0，设置 Y 轴作为对称轴，选取坐标系原点为基准点，最后单击【完成】按钮 ◉，创建 1/4 的球体，如图 9-86 所示。

03 选取刚创建的 1/4 球体，在【转换】选项卡中单击【旋转】按钮 ᶜᵧ，弹出【旋转】选项面板。在该选项面板中设置旋转类型为【复制】，实例的【编号】值为 1，【角度】值为 90.0，单击【完成】按钮 ◉，旋转结果如图 9-87 所示。

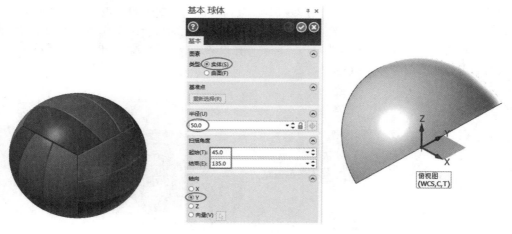

图 9-85　　　　　　　　　　　　　　　　　　　图 9-86

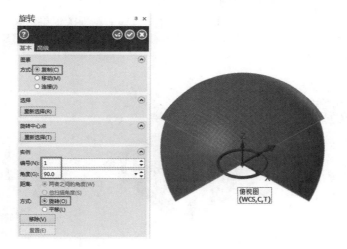

图 9-87

04 在【实体】选项卡中单击【布尔运算】按钮 🔲，选取两个 1/4 球体分别作为目标实体和工具体，进行交集运算，结果如图 9-88 所示。

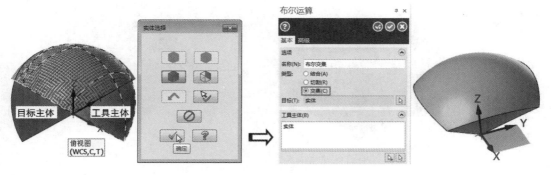

图 9-88

05 设置前视图平面为绘图平面。在【线框】选项卡中单击【连续线】按钮，选取原点为第一点，输入角度为75°，长度为70，单击【确定】按钮，完成第一条直线的绘制。接着再继续绘制第二条直线，再次选取原点作为第一点，输入角度为105°，长度为70，单击【确定】按钮，完成第二条直线的绘制，如图9-89所示。

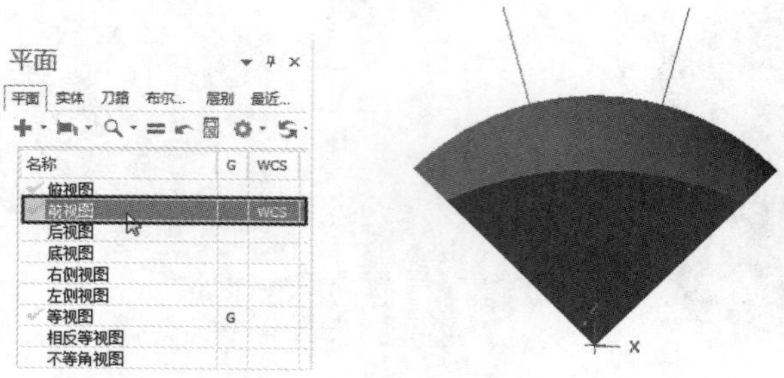

图 9-89

06 在【实体】选项卡中单击【依照平面修剪】按钮，选取修剪的主体后弹出【依照平面修剪】选项面板。首先选中【分割实体】复选框，然后在【平面】选项区中单击【依照直线修剪】按钮，软件提示“选择绘图平面上的直线”，选取前一步绘制的直线后，单击【确定】按钮，完成实体的修剪，如图9-90所示。

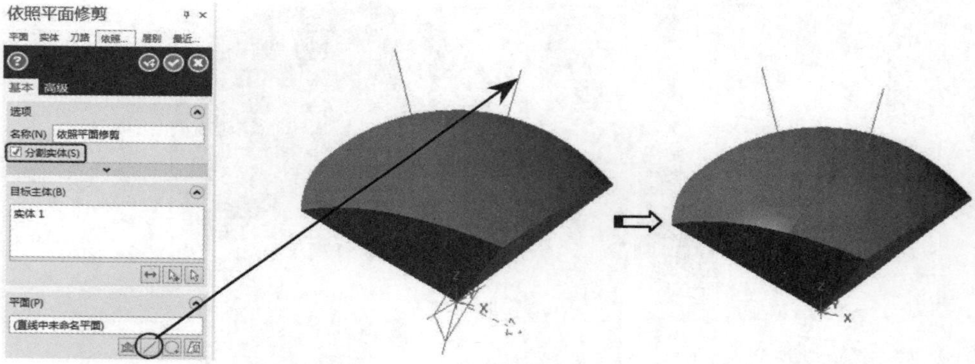

图 9-90

07 同理，再选择另一条直线来修剪实体，结果如图9-91所示。

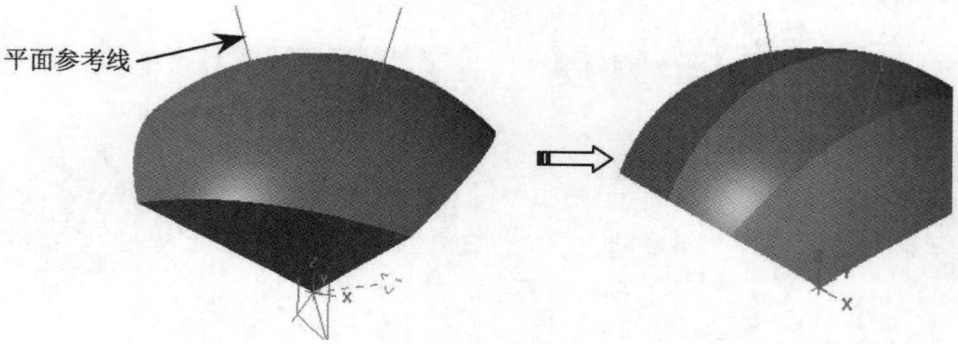

图 9-91

08 更改图层。选取所有的曲线，在【主页】选项卡的【规划】面板中单击【更改层别】按钮 ⚙，弹出【更改层别】对话框。选中【移动】单选按钮，取消选中【使用主层别】复选框，设置【编号】值为 2，单击【确定】按钮，即可将选取的线移至第 2 层，如图 9-92 所示。

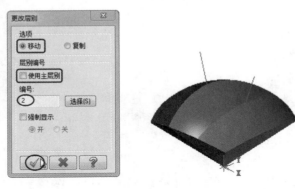

图 9-92

09 打开和关闭图层。在【层别】选项面板中，选择第 1 层设为主层，然后选择【显示】下拉列表中的【仅显示活动层别】选项，将所有第 2 层的曲线全部隐藏，如图 9-93 所示。

图 9-93

10 抽壳。选中分割实体后的其中一个实体，在【实体】选项卡中单击【抽壳】按钮 🧊，选中除球面外的其他所有面，在弹出的【抽壳】对话框中输入抽壳厚度为 5，单击【确定】按钮完成抽壳，如图 9-94 所示。同理，将其余两个实体也进行抽壳操作。

图 9-94

11 倒圆角。在【实体】选项卡的【修剪】命令栏中单击【固定半倒圆角】按钮 🟫，选取所有实体，设置倒圆角半径为 1，结果如图 9-95 所示。

12 设置右视图平面为绘图平面。在【转换】选项卡中单击【旋转】按钮 ↻，选取所有实体后，在【旋转】选项面板中设置旋转方式为【复制】，阵列的【数量】值为 4，总旋转【角度】值为 360.000，单击【确定】按钮 ✓，完成旋转复制，如图 9-96 所示。

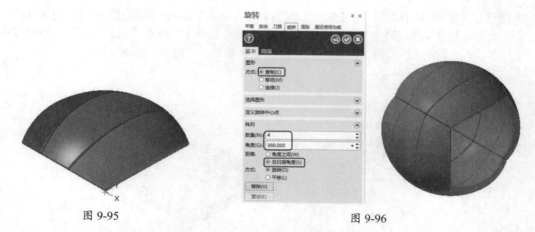

图 9-95　　　　　　　　　　　　　　　　图 9-96

13 设置前视图平面为绘图平面。单击【转换】选项卡中的【旋转】按钮 ，选取上、下两个实体进行旋转复制，阵列数量为 1，旋转角度为 90，旋转复制结果如图 9-97 所示。

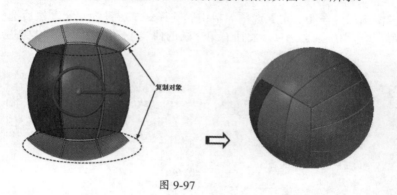

图 9-97

14 至此完成了排球造型设计。

9.5.2　训练二：驱蚊器建模

本例通过创建图 9-98 所示的驱蚊器外壳模型来详解实体建模工具在产品造型中的操作步骤和技巧。

01 绘制矩形。在【线框】选项卡中单击【矩形】按钮 ，以中心点定位，矩形尺寸为 50×40，绘制结果如图 9-99 所示。

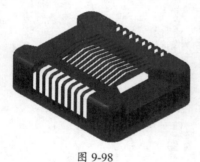　　　　　　　　　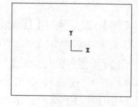

图 9-98　　　　　　　　　　　　　　　　图 9-99

02 绘制拉伸实体。在【实体】选项卡中单击【拉伸】按钮🔲，选取刚绘制的矩形，创建拉伸距离为 15.000 的拉伸实体，如图 9-100 所示。

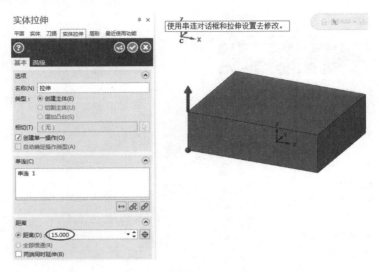

图 9-100

03 倒圆角。单击【固定半倒圆角】按钮🟦，选取实体的 4 条竖直棱边作为要倒圆角的边，在【固定圆角半径】选项面板中设置圆角半径为 5，创建如图 9-101 所示的圆角。

04 选取上部平面的 4 条边来倒圆角，圆角半径为 2，倒圆角的结果如图 9-102 所示。

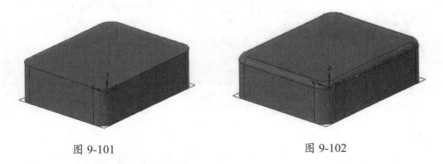

图 9-101　　　　　　　　　　　　　　　图 9-102

05 绘制梯形。单击【连续线】按钮✏，绘制过原点的直线，角度为 28°，再绘制两条竖直线，竖直的宽度为 15 和 35，修剪的结果如图 9-103 所示。

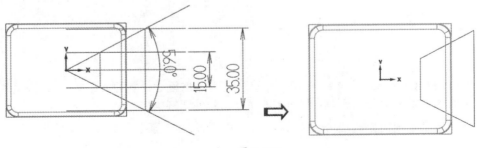

图 9-103

06 镜像平移梯形。在【转换】选项卡中单击【镜像】按钮，将刚绘制的梯形镜像到左侧，如图9-104所示。

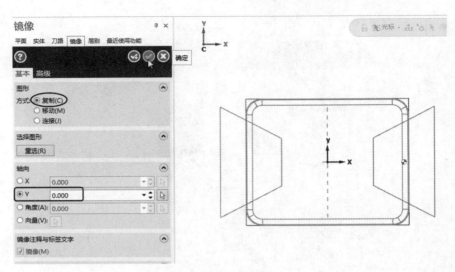

图 9-104

07 单击【平移】按钮，将两个梯形一起向 Z 轴正方向平移 10.0，如图 9-105 所示。可以进行坐标输入确定移动位置，也可以在【平移】选项面板中输入 Z 的增量值。

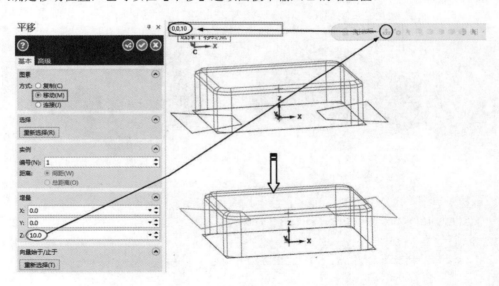

图 9-105

08 拉伸切割实体。在【实体】选项卡中单击【拉伸】按钮，选取刚才绘制的所有梯形，在弹出的【实体拉伸】选项面板中设置参数，创建如图9-106所示的拉伸切割实体。

09 抽壳。单击【抽壳】按钮，选取要移除的实体面，输入抽壳厚度为0.5，抽壳结果如图9-107所示。

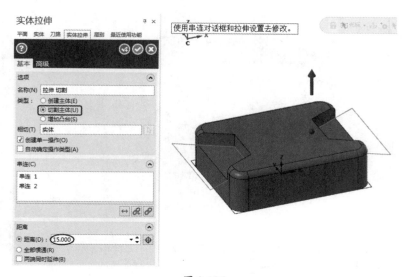

图 9-106

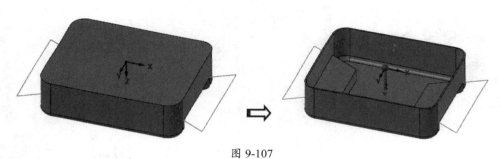

图 9-107

10 绘制矩形。单击【矩形】按钮□，弹出【矩形】选项面板，在该选项面板中设置矩形长度为 2，宽度为 15，选中【矩形中心点】复选框，在上选择条中单击【输入点坐标】按钮 xyz，输入中心点坐标为（-13,17.5,5），按 Enter 键后放置矩形，如图 9-108 所示。

11 平移矩形。选中刚绘制的矩形，在【转换】选项卡中单击【平移】按钮，向 X 正方向平移 3.2（在【直角坐标】卷展栏中输入 X 的值为 3.2），总共复制 8 个，结果如图 9-109 所示。

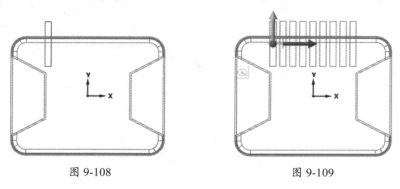

图 9-108　　　　　　　　　　　　　　　图 9-109

12 镜像矩形。将刚才平移的矩形全部选中，再在【转换】选项卡中单击【镜像】按钮，以 X 轴作为镜像轴，镜像结果如图 9-110 所示。

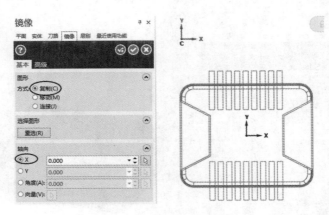

图 9-110

13 拉伸切割实体。单击【拉伸】按钮，选取刚才绘制的所有矩形，在弹出的【实体拉伸】选项面板中设置参数，结果如图 9-111 所示。

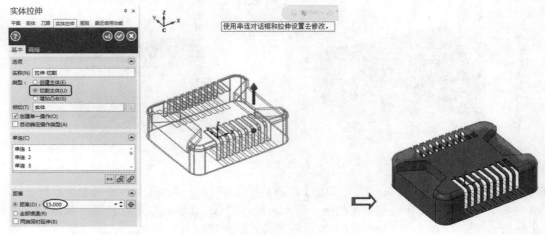

图 9-111

14 绘制燕尾槽草图图形。单击【连续线】按钮，绘制过原点的角度为 80° 的直线，然后再绘制补正距离为 8 的水平平行线。通过修剪绘制宽度为 1 的燕尾槽，结果如图 9-112 所示。

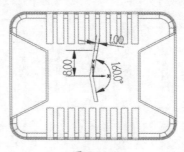

图 9-112

15 平移复制燕尾槽。选中刚绘制的燕尾槽，再单击【平移】按钮，向 X 方向平移 2，双向复制 6 个，结果如图 9-113 所示。

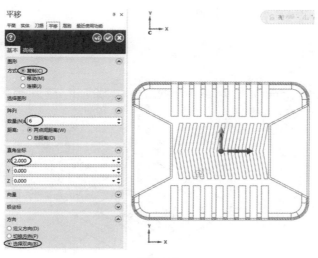

图 9-113

16 拉伸切割实体。单击【拉伸】按钮 ，选取平移复制的燕尾槽，创建拉伸切割实体，结果如图9-114所示。

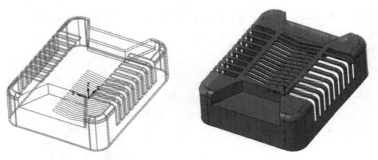

图 9-114

17 抽壳。单击【抽壳】按钮 ，选取要移除的实体面（两侧、内、外面都要选择），在弹出的【抽壳】选项面板中【方向 1】值为 0.250，抽壳结果如图 9-115 所示。

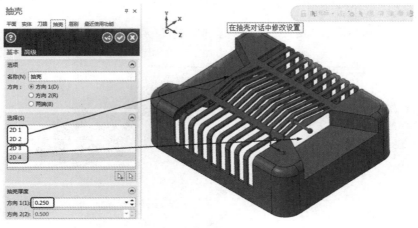

图 9-115

18 至此完成了电蚊香加热器外壳的造型设计。

9.6 课后习题

（1）使用形体分析法分析如图 9-116 所示的组合体图形，并分别采用叠加法和切割法绘制。

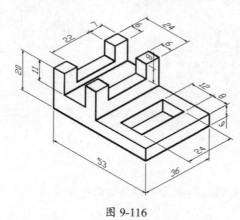

图 9-116

（2）利用旋转、创建孔等方法，创建如图 9-117 所示的带肩轴套模型。

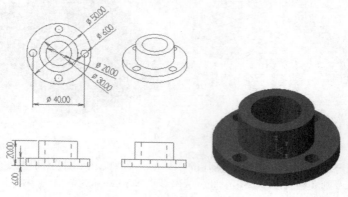

图 9-117

（3）采用叠加法和切割法混合的方式创建如图 9-118 所示的单链组件。

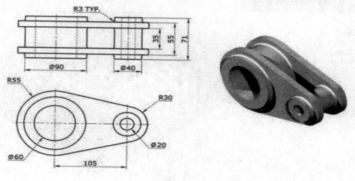

图 9-118

第 10 章　零件与产品造型综合案例

扫码看教学视频

项目导读

　　采用合理的建模思路和技巧，是保证零件与产品设计成功的关键，任何三维软件及其相关的建模操作命令都是实现设计意图的工具。本章将针对使用 Mastercam 的曲面造型工具和实体造型工具，详解零件与产品造型的建模全流程。

项目分解

- 曲面与实体建模技巧
- 曲面造型案例
- 实体造型案例

10.1　曲面与实体建模技巧

　　在建模之前，不要急于使用软件进行操作，需要提前对要建立的模型进行空间想象和结构拆分，按照常规的建模流程，选择合理的建模工具，这有利于提高工作效率。

　　产品的造型分为曲面造型和实体造型，一般外形比较规则且曲率较高的情况下，采用实体工具进行造型。对于外形的曲面曲率较高，形状较为复杂的零件产品，必须采用曲面造型的方法来完成。

10.1.1　曲面建模技巧

　　在 Mastercam 中，针对曲面构建的总体思路和方法，包括以线构面和以面构面两种建模方式。

1. 以线构面

　　"以线构面"是采用二维或三维线框，利用旋转、扫描、举升等曲面工具进行原始构面。用此方式构建的曲面一般作为产品的主体曲面，如图 10-1 所示。

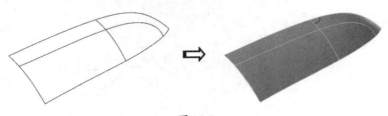

图 10-1

2. 以面构面

"以面构面"方式是基于现有曲面的一种再生曲面方法。通过修剪、延伸、偏置、熔接、补正、填充、分割、倒圆角等工具将原曲面修改来构建新曲面，如图 10-2 所示。此方式是完成整个产品造型的重要构面技巧，对于具有复杂外形与结构的产品最为适用。

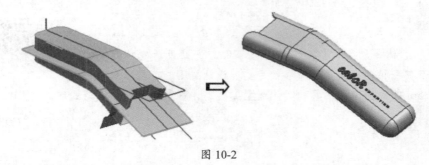

图 10-2

此外，在曲面的造型过程中，经常需要关注曲线和曲面的连续性问题。曲线的连续性通常是曲线之间端点的连续问题，而曲面的连续性通常是曲面边线之间的连续问题，曲线和曲面的连续性通常有位置连续（G0）、相切连续（G1）、曲率连续（G2）和曲率变化的连续（G3）等。

10.1.2 实体造型方法

利用 Mastercam 软件对产品进行造型设计，可以较好地表达设计意图，并且方便修改。

进行实体造型之前，需要提前进行模型分析。常见的模型分析方法主要是形体分析法。形体分析法通过分析模型是由多少个形体（常见的基本形体有圆柱体、圆锥体、圆球体、圆环体和立方体等）组成的。这些形体组合在一起时是否有如倒圆角、倒角、抽壳、拔模、布尔运算（也称"工程特征"）等附加特征，若存在这些工程特征，可将这些特征临时移除，以此简化整个模型，让设计者对整个实体模型有清晰的认识和正确的判断。

图 10-3 所示的轴承座，主要由底座、套筒、支撑板和筋板 4 部分构成，分别采用 ① ～ ④ 号标记。

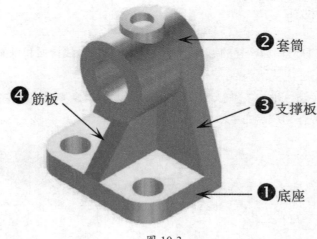

❷ 套筒

❹ 筋板

❸ 支撑板

❶ 底座

图 10-3

对模型进行形体分析后，再了解各形体的结构特点，将这些形体的组成与 Mastercam 中的相关实体建模工具进行一一对应，利用实体建模工具来创建各部分形体。

常用的实体建模方法包括：叠加法、切割法和组合法 3 种。

- 叠加法：将多个基本形体像堆积木一样按一定规则堆叠起来而形成完整模型。每个形体可以是预定义实体、拉伸实体、旋转实体、扫描实体或举升实体等。轴承座零件就是采用叠加法来创建的，如图 10-4 所示。

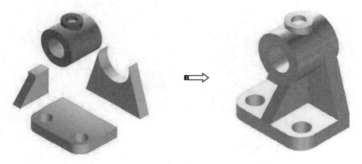

图 10-4

- 切割法：将模型分解为从整体中切割掉的某个形体或某些局部，且这些局部是由一些比较规则的基本体或由拉伸、旋转、扫描和举升等实体工具创建而来的实体。如图 10-5 所示为采用切割法创建的圆孔。

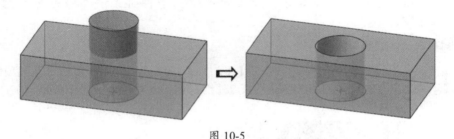

图 10-5

- 综合法：灵活使用叠加法和切割法来创建模型实体。在实际工作中，由于模型比较复杂，如果按照一种方法来完成，会耗费更多的时间。因此，通常需要将两种方法结合起来使用，如图 10-6 所示。

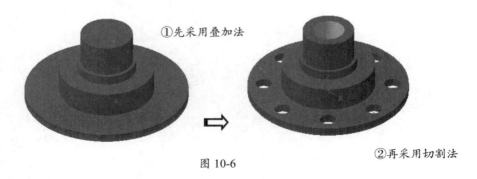

①先采用叠加法

②再采用切割法

图 10-6

10.2 曲面造型案例

10.2.1 案例一：多面体灯罩造型

采用"以线构面"法创建如图10-7所示的多面体灯罩模型。

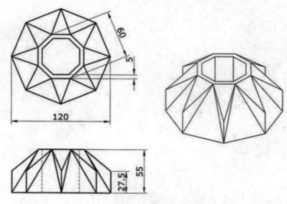

图 10-7

构成此模型的最基本形体是三角形面。三角形面由三角形曲线构成，利用相关曲面命令构建基本三角形形体后，通过旋转复制得到整体，然后将其他部分曲面封闭，即可完成此模型的创建。下面详解操作步骤。

1. 绘制基本形体的线框曲线

01 绘制多边形1。在【线框】选项卡中单击【多边形】按钮 ◇，弹出【多边形】选项面板，设置多边形【半径】值为60.0，然后在坐标系原点处绘制正八边形，如图10-8所示。

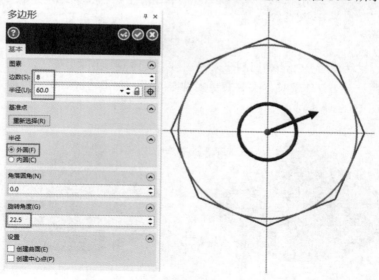

图 10-8

02 绘制多边形2。继续绘制正八边形，如图10-9所示。

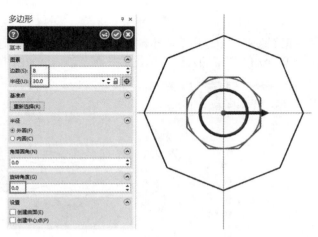

图 10-9

03 平移复制。选取多边形 2，在【转换】选项卡中单击【平移】按钮 ⬚，弹出【平移】选项面板。在该选项面板中选择平移类型为【复制】，在【Z】文本框中输入 55.0，平移复制结果如图 10-10 所示。

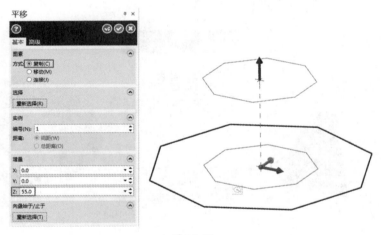

图 10-10

04 设置前视图为绘图平面。在【线框】选项卡中单击【连续线】按钮 ✎，绘制多条直线，如图 10-11 所示。

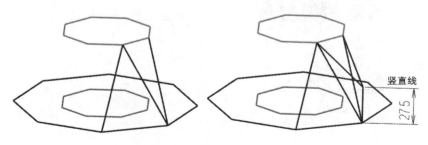

图 10-11

2. 构建曲面

01 创建举升曲面。在【曲面】选项卡中单击【举升】按钮 ▤，弹出【线框串连】对话框，单击【单体】按钮 ▭╱▭，选取如图 10-12 所示的直线，创建举升曲面，结果如图 10-13 所示。

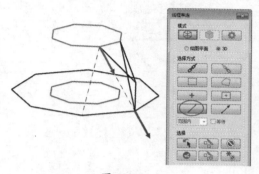

图 10-12　　　　　　　　　　　　　　　图 10-13

02 创建曲面。继续创建其他举升曲面，结果如图 10-14 所示。

03 旋转曲面。设置俯视图为绘图平面，选取所有举升曲面，并单击上下文选项卡中的【旋转】按钮 ↻，弹出【旋转】选项面板并设置参数，旋转复制的结果如图 10-15 所示。

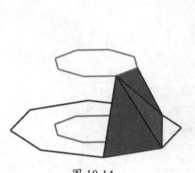 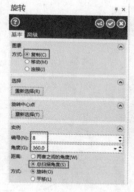

图 10-14　　　　　　　　　　　　　　　图 10-15

04 偏移多边形。在【线框】选项卡中单击【串连补正】按钮 ↘，选取多边形 2，设置向内偏移【距离】值为 5.0，结果如图 10-16 所示。

 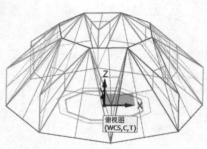

图 10-16

05 平移复制。选取偏移复制的多边形，在【转换】选项卡中单击【平移】按钮 ▫🔩，弹出【平移】选项面板，选取平移类型为【复制】，在【Z】文本框中输入 55.0，结果如图 10-17 所示。

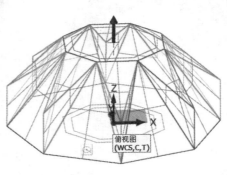

图 10-17

06 创建举升曲面。在【曲面】选项卡中单击【举升】按钮 ▦，弹出【线框串连】对话框。选取上下两个多边形作为定义外形的串连，如图 10-18 所示。创建举升曲面，结果如图 10-19 所示。

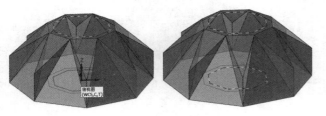

图 10-18　　　　　　　　　　　　　　　　　　图 10-19

07 隐藏图素。选取所有曲面，将其消隐（可以设置【消隐】的快捷键为 F8，【恢复消隐】快捷键设置为 F7），结果如图 10-20 所示。

08 绘制平面修剪曲面。在【曲面】选项卡中单击【平面修剪】按钮 ▰，选取顶面的两个八边形，创建平面修剪曲面，如图 10-21 所示。

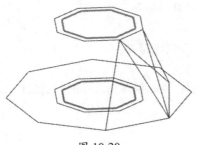
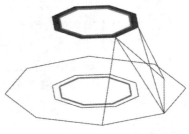

图 10-20　　　　　　　　　　　　　　　　　　图 10-21

09 绘制底面。重复以上绘制平面修剪曲面的步骤，绘制底面的曲面，结果如图 10-22 所示。

10 恢复消隐。最终完成的八边形多面体如图 10-23 所示。

图 10-22   图 10-23

10.2.2 案例二：玩具飞机造型

通过构建如图 10-24 所示的玩具飞机模型详解其造型思路和建模流程。玩具飞机模型是一个简化模型，结构单一且简单，可采用常见的曲面叠拼方法来完成。

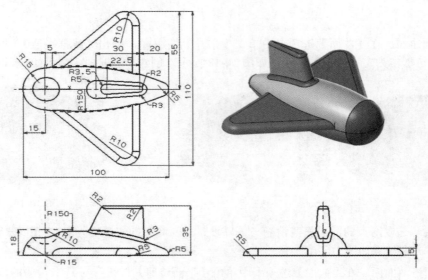

图 10-24

玩具飞机模型的结构组成分为 3 个部分：机身、侧翼和尾翼。

（1）机身由【旋转】曲面命令创建而成。

（2）侧翼由【拉伸】曲面命令和【平面修剪】命令创建而成。

（3）尾翼由【举升】曲面命令创建而成。

先构建旋转曲面、举升曲面和平面修剪曲面，再进行曲面倒圆角、曲面修剪等操作进行细节设计，最终完成玩具飞机的造型设计。

1. 绘制线框曲线

01 打开本例源文件 10-2. Mcam，如图 10-25 所示。

02 切换到俯视图方向，以俯视图作为工作平面。

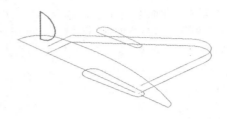

图 10-25

2. 创建曲面

01 创建机身主体曲面。在【曲面】选项卡中单击【旋转】按钮，选取旋转轮廓曲线和旋转轴，创建如图 10-26 所示的机身主体曲面。

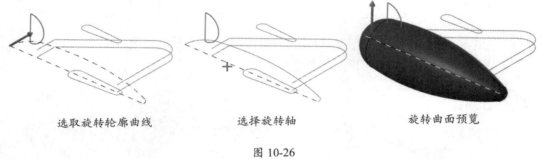

选取旋转轮廓曲线　　　　　选择旋转轴　　　　　旋转曲面预览

图 10-26

02 创建侧翼曲面。在【曲面】选项卡中单击【举升】按钮，选取举升截面串连曲线，创建如图 10-27 所示的举升曲面。

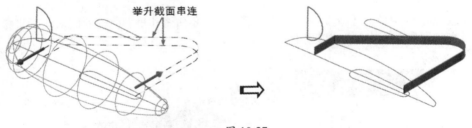

图 10-27

03 绘制平面修剪曲面。在【曲面】选项卡中单击【平面修剪】按钮，选取串连创建平面修剪曲面，如图 10-28 所示。

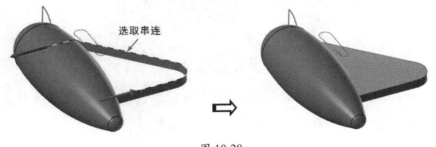

图 10-28

04 在【曲面】选项卡中单击【圆角到曲面】按钮，选取举升曲面和平面修剪曲面作为创建圆角曲面的参考对象，然后创建半径为 5 的圆角曲面，如图 10-29 所示。

05 按 Delete 键删除平面修剪曲面与举升曲面后才能看见圆角曲面，结果如图 10-30 所示。

06 在【线框】选项卡中单击【单一边界线】按钮，选取圆角曲面的边界来创建曲线，如图 10-31 所示。

图 10-29　　　　　　　　图 10-30　　　　　　　　图 10-31

07 在【曲面】选项卡中单击【平面修剪】按钮，选取上一步创建的边界曲线作为线框串联，创建如图 10-32 所示的平面修剪曲面（即侧翼曲面）。

图 10-32

08 在【转换】选项卡中单击【镜像】按钮，选取倒圆角曲面和平面修剪曲面以 X 轴进行镜像，完成整个飞机侧翼曲面的构建，结果如图 10-33 所示。

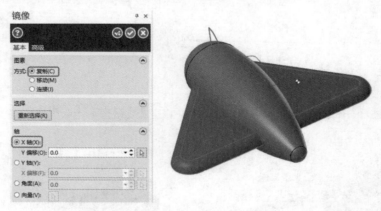

图 10-33

09 创建尾翼曲面。在【曲面】选项卡中单击【举升】按钮，选取举升截面串联来创建举升曲面，结果如图 10-34 所示。

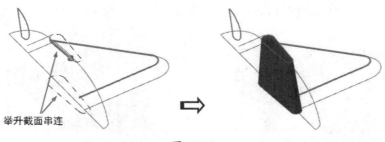

举升截面串连

图 10-34

10 在【曲面】选项卡中单击【平面修剪】按钮 ，选取线框串联创建平面修剪曲面，结果如图 10-35 所示。

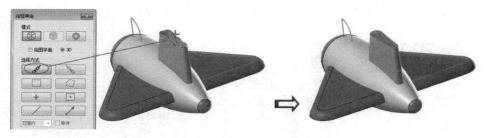

图 10-35

11 在【曲面】选项卡中单击【修剪到曲面】按钮 ，选取要修剪的第一组曲面和第二组曲面，再选择要保留的部分，在弹出的【修剪到曲面】选项面板中设置修剪类型为【两组】，修剪结果如图 10-36 所示。

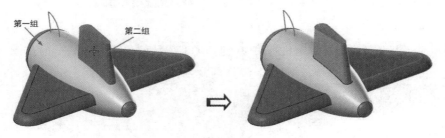

第一组　第二组

图 10-36

12 同理，继续修剪机翼曲面 1 和机翼曲面 2。选取要修剪的两组曲面，并选取要保留的部分，完成机翼曲面 1 的修剪，如图 10-37 所示。

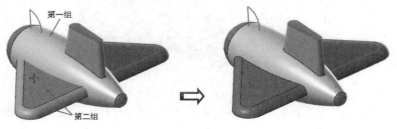

第一组

第二组

图 10-37

13 继续选取另一侧要修剪的两组曲面，并选取要保留的部分，修剪结果如图 10-38 所示。

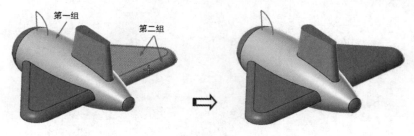

图 10-38

14 创建圆角曲面 1。在【曲面】选项卡中单击【曲面圆角到曲面】按钮，选取尾翼中要倒圆角的两个曲面，创建【半径】值为 2.0 的圆角曲面，结果如图 10-39 所示。

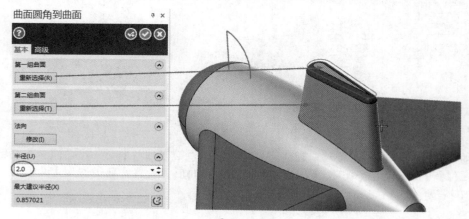

图 10-39

15 创建圆角曲面 2。继续选取尾翼与机身的曲面创建【半径】值为 3.0 的圆角曲面，如图 10-40 所示。

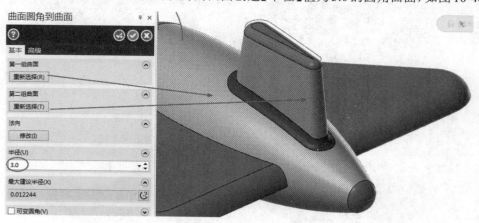

图 10-40

16 绘制单一边界线。在【线框】选项卡中单击【单一边界线】按钮，选取曲面的边界创建曲线，如图 10-41 所示。

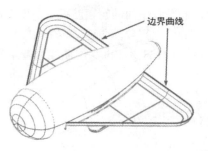

图 10-41

17 创建平面修剪曲面。在【曲面】选项卡中单击【举升】按钮 ▓，选取两个串连曲线，创建举升曲面，如图 10-42 所示。

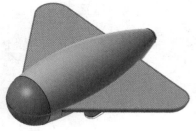

图 10-42

18 至此，完成了飞机曲面的构建，如图 10-43 所示。

图 10-43

10.2.3　案例三：构建轮毂曲面

本例详解汽车轮毂曲面模型的构建过程和曲面设计技巧。轮毂曲面模型效果如图 10-44 所示。

图 10-44

轮毂模型主要分为两部分：主体部分的旋转曲面和轮毂中间的轮辐筋板。建模流程如下：先创建主体曲面，通过旋转轮廓曲线得到。再构建中间的筋板部分，通过旋转生成轮毂主体面后，绘制曲线并将其投影到旋转曲面上，利用投影的曲线修剪曲面，再利用曲线创建举升曲面，将举升曲面进行旋转复制得到。

1. 创建主体曲面

01 设置俯视图为绘图平面。按 F9 键临时显示轴线。

02 采用基本的直线和圆弧命令绘制截面，结果如图 10-45 所示。

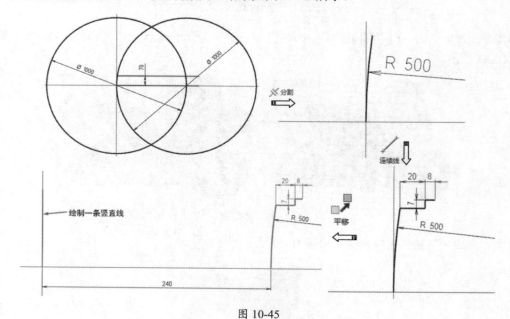

图 10-45

03 创建旋转曲面。在【曲面】选项卡中单击【旋转】按钮，选取上一步绘制的截面创建旋转曲面，如图 10-46 所示。

04 镜像曲面。选取旋转曲面后在【转换】选项卡中单击【镜像】按钮，弹出【镜像】选项面板。选取镜像类型为【复制】，选取镜像轴为 X 轴，单击【确定】按钮，完成曲面的镜像，如图 10-47 所示。

图 10-46   图 10-47

05 将所有曲面消隐或隐藏。

2. 创建轮辐筋板曲面

01 绘制截面。使用直线和圆弧绘制截面，如图 10-48 所示。

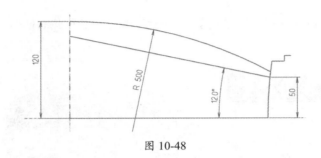

图 10-48

02 创建两个旋转曲面。在【曲面】选项卡中单击【旋转】按钮 🔔，选取上一步绘制的曲线为旋转截面，选取垂直直线为旋转轴，创建的旋转曲面如图 10-49 所示。

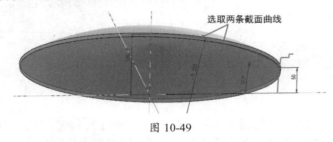

图 10-49

03 设置绘图平面为前视图。采用直线和圆弧绘制截面曲线，如图 10-50 所示。

04 串连补正，向内偏移。在【线框】选项卡中单击【串连补正】按钮 ⤵，选取上一步绘制的界面曲线，向内偏移 14，如图 10-51 所示。

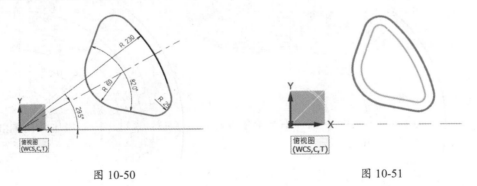

图 10-50　　　　　　　　　　　　　　　　　图 10-51

05 投影曲线到曲面。在【线框】选项卡中单击【投影】按钮 ⤓，将截面曲线投影到最上面的圆弧曲面上，将偏移复制的曲线投影到内部的曲面上，结果如图 10-52 所示。

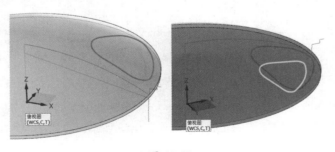

图 10-52

06 旋转。在【曲面】选项卡中单击【旋转】按钮👆，选取上一步创建的投影曲线，进行旋转复制，如图 10-53 所示。

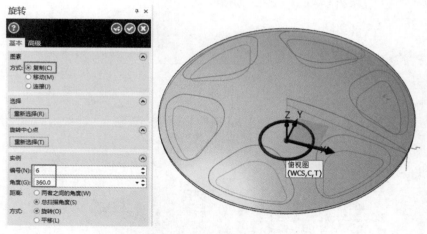

图 10-53

07 用曲线修剪曲面。在【曲面】选项卡中单击【修剪到曲线】按钮⊕，选取圆弧曲面和投影曲线，修剪结果如图 10-54 所示。同理，在内部曲面上选取投影曲线进行修剪，结果如图 10-55 所示。

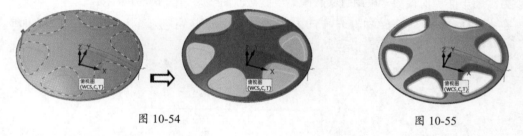

图 10-54　　　　　　　　　　　　　　图 10-55

3. 创建举升曲面

01 创建举升曲面。在【曲面】选项卡中单击【举升】按钮▦，选取上一步投影后的曲线串连创建举升曲面，结果如图 10-56 所示。

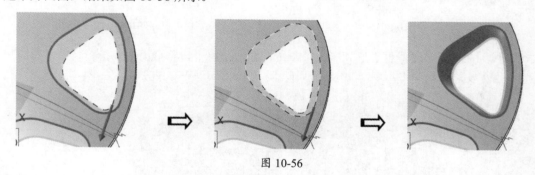

图 10-56

02 旋转。在【曲面】选项卡中单击【旋转】按钮👆，将举升曲面旋转复制，结果如图 10-57 所示。

03 取消其他曲面的隐藏，最终完成的轮毂曲面如图 10-58 所示。

图 10-57

图 10-58

10.3　实体造型案例

10.3.1　案例一：茶几造型

采用基本实体工具和叠加造型方法进行茶几造型，如图 10-59 所示。

图 10-59

1. 设计分析

茶几模型由桌面、桌脚、底板和网状木条 4 个形体组成。茶几的基本造型流程如下。

（1）桌面部分由【拉伸】实体命令中的【拔模】命令构建。

（2）相同尺寸的 4 条桌脚，可先绘制其中一条，其他的桌脚利用【镜像】命令获得。创建桌脚模型时，可用【举升】实体命令创建。

（3）底板部分直接采用【拉伸】实体命令来创建。

（4）网状木条均匀分布，可先绘制网状木条的二维分布曲线，然后创建拉伸薄壁实体，此方法相对简单，若逐条创建，过程会很烦琐。

（5）最后将所有实体进行布尔结合运算，即可完成造型设计。

2. 创建桌面

01 执行【线框】选项卡中的【圆角矩形】命令，绘制如图 10-60 所示的矩形图形。再执行【转换】选项卡中的【平移】命令，将此矩形向 Z 方向平移 2mm 并复制，结果如图 10-61 所示。

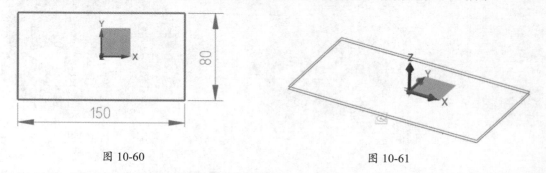

图 10-60   图 10-61

02 在【实体】选项卡中单击【拉伸】按钮，按如图 10-62 所示的操作步骤创建带拔模的拉伸实体。

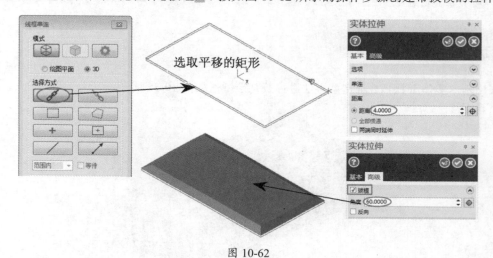

图 10-62

03 在【实体】选项卡中单击【举升】按钮，选取两个矩形串连来创建举升实体，如图 10-63 所示。

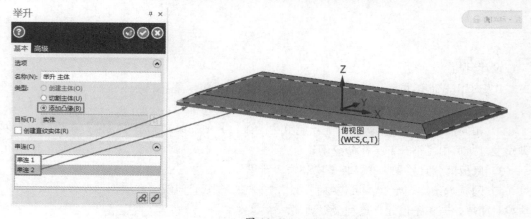

图 10-63

3. 创建桌脚部分

01 执行【圆角矩形】命令绘制如图 10-64 所示的两个小矩形作为桌腿的截面。其中，长、宽为 10mm 的矩形在俯视图绘图平面上绘制，长、宽为 6mm 的矩形在新建的绘图平面中（距离俯视图平面 50mm）绘制。

图 10-64

02 绘制举升实体。在【实体】选项卡中单击【举升】按钮 ，选取两个小矩形来创建举升实体（桌腿），如图 10-65 所示。

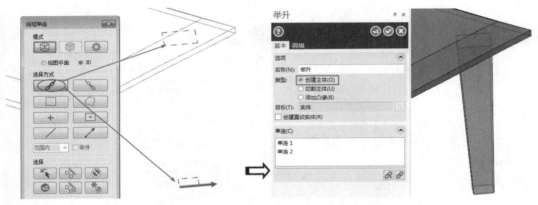

图 10-65

03 镜像。选取上一步创建的举升实体，再单击【镜像】按钮 ，将举升实体以 X 轴镜像复制，结果如图 10-66 所示。

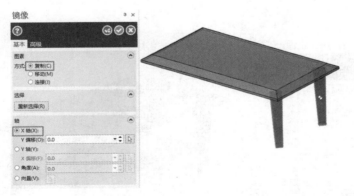

图 10-66

04 同理，再次选取两个桌腿，以 Y 轴进行镜像复制，结果如图 10-67 所示。

图 10-67

4. 创建桌子底板

01 在俯视图平面中执行【两点画弧】命令，选取桌腿的截面中点来绘制如图10-68所示的圆弧图形，然后将绘制的图形向 Z 轴负方向平移34。

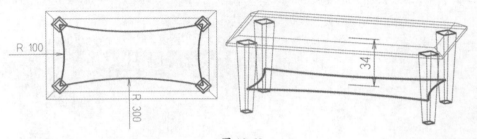

图 10-68

02 在【实体】选项卡中单击【拉伸】按钮 ，选取上一步绘制的图形来创建拉伸实体（桌子底板），如图10-69所示。

图 10-69

5. 创建网状木条

01 在俯视图绘图平面中，执行【连续线】命令 ╱ 绘制如图 10-70 所示的矩形。

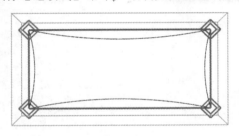

图 10-70

02 在【实体】选项卡中单击【拉伸】按钮 ⬛，选取上一步绘制的矩形来创建拉伸切割，结果如图 10-71 所示。

图 10-71

03 执行【补正】命令，将矩形的边线或者拉伸切割体的边缘进行偏移复制操作，绘制出如图 10-72 所示的网状图形。

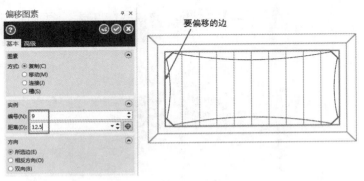

图 10-72

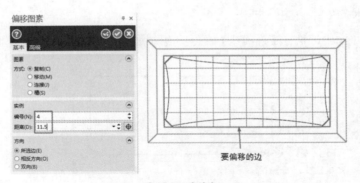

图 10-72（续）

04 创建拉伸薄壁实体。在【实体】选项卡中单击【拉伸】按钮 ，选取上一步偏移复制的网格曲线来创建如图 10-73 所示的拉伸薄壁实体。

图 10-73

05 在【实体】选项卡中单击【布尔运算】按钮 ，选取所有实体，进行布尔结合操作。最终创建完成的茶几模型如图 10-74 所示。

图 10-74

10.3.2　案例二：计算器造型

使用【实体】选项卡中的实体特征工具完成如图 10-75 所示的计算器造型。

图 10-75

1. 设计分析

由形体分析法可知，计算器主要由主体、显示面板和按键 3 部分组成，建模流程分析如下。

（1）在右视图绘制截面轮廓图形并进行拉伸，得到主体部分。

（2）使用【拉伸】命令中的"切割主体"类型从主体中切割出面板部分。

（3）使用【拉伸】命令中的"切割主体"类型切割出按键槽。

（4）执行【拉伸】命令创建按键部分。

2. 创建主体

01 设置右视图为绘图平面，并切换到右视图。执行【连续线】命令绘制如图 10-76 所示的图形。

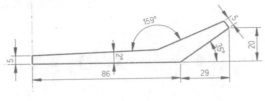

图 10-76

02 在【实体】选项卡中单击【拉伸】按钮 ，按如图 10-77 所示的操作步骤创建拉伸实体。

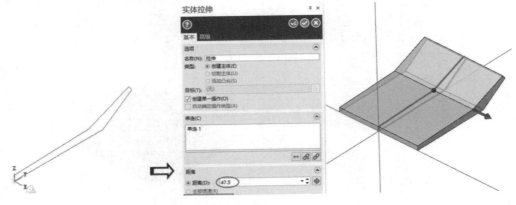

图 10-77

03 在【实体】选项卡中单击【固定半倒圆角】按钮 ●，选取实体的 4 条竖直棱边来倒圆角，倒圆角【半径】值为 10.0000，结果如图 10-78 所示。

04 同理，继续选取所有的实体边缘来倒圆角，且圆角半径为 2，结果如图 10-79 所示。

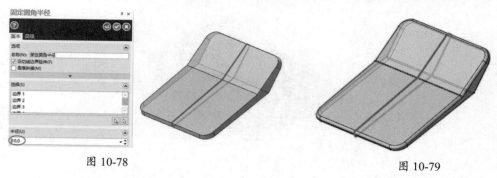

图 10-78　　　　　　　　　　　　　　　　　　　　图 10-79

3. 创建数显面板

01 设置实体中的一个斜面作为绘图平面，利用【矩形】命令绘制矩形，如图 10-80 所示。

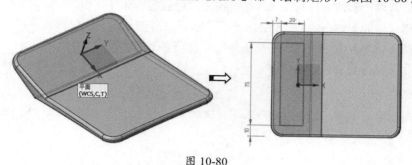

图 10-80

02 绘制拉伸切割实体。在【实体】选项卡中单击【拉伸】按钮 ，选取上一步绘制的矩形创建拉伸切割，如图 10-81 所示。

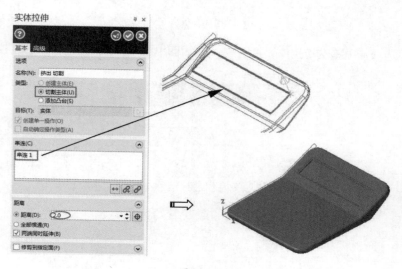

图 10-81

03 设置右视图平面为绘图平面。采用【连续线】命令绘制图形，如图 10-82 所示。

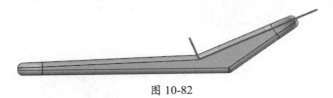

图 10-82

04 在【曲面】选项卡中单击【拔模】按钮◈，选取上一步绘制的图形来创建拔模曲面，如图 10-83 所示。

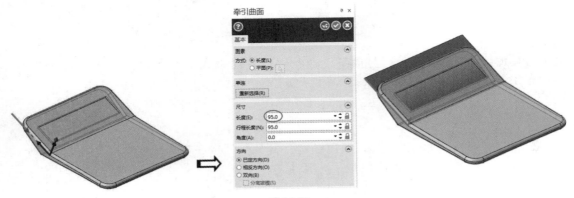

图 10-83

05 实体切割。在【实体】选项卡中单击【修剪到曲面 / 薄片】按钮 ，选取实体为目标主体，选取拔模曲面为修剪主体，修剪实体的结果如图 10-84 所示。

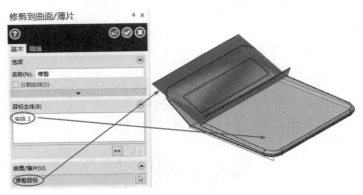

图 10-84

4. 创建数字按键

01 在图形区的左下角单击世界坐标系，激活【动态】命令，并弹出【新建平面】选项面板。将工作坐标系放置与实体面上，将实体面作为绘图平面，如图 10-85 所示。

图 10-85

02 在新建的绘图平面上采用【圆角矩形】命令和【转换】选项卡中的【直角阵列】命令绘制按键的截面图形，如图 10-86 所示。

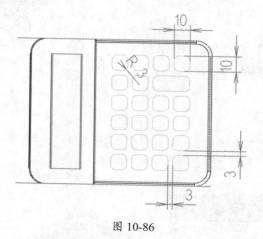

图 10-86

03 绘制拉伸切割实体。在【实体】选项卡中单击【拉伸】按钮 ，选取上一步绘制的截面图形，在【实体拉伸】选项面板中设置拉伸类型为【切割主体】，拉伸【距离】值为 2.0000，单击【确定并创建新操作】按钮 创建拉伸切割，结果如图 10-87 所示。

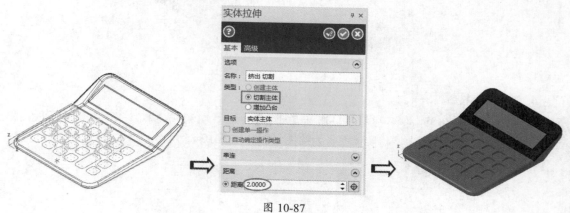

图 10-87

04 继续创建拉伸实体。选取截面图形创建拉伸主体（按键），如图 10-88 所示。

图 10-88

05 倒圆角。在【实体】选项卡中单击【固定半倒圆角】按钮，设置倒圆角【半径】值为 1.0000，将刚才创建的按键实体全部倒圆角，如图 10-89 所示。

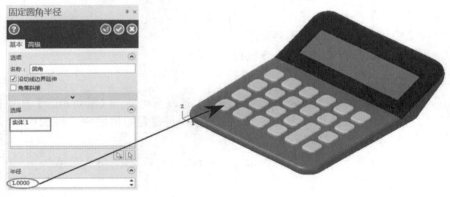

图 10-89

06 最终设计完成的计算器模型如图 10-90 所示。

图 10-90

10.3.3　案例三：显示器后壳造型

本例创建的显示器后壳模型如图 10-91 所示。

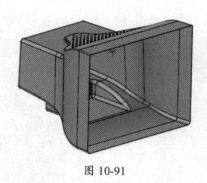

图 10-91

1. 设计分析

显示器后壳是一个塑性材料的薄壁零件，可以通过创建实心模型后进行抽壳操作得到。实心模型可以采用实体叠加方式来构建，整个建模流程分析如下。

（1）使用【拉伸】命令创建显示器主体实体。

（2）使用【拉伸】命令创建显示器尾座。

（3）使用【拉伸】命令创建主体外形切割特征。

（4）使用【拉伸】命令创建显示器底座。

（5）使用【倒圆角】和【抽壳】命令进行细节设计。

2. 绘制主体

01 在默认的俯视图绘图平面中绘制矩形。在【线框】选项卡中单击【圆角矩形】按钮◻，以对角点定位方式创建矩形，先选取原点为矩形左下角点，再设置矩形的宽度为 210，高度为 50，绘制结果如图 10-92 所示。

02 在【线框】选项卡中单击【连续线】按钮◲，再选取矩形的右下角点为起点，长为 60，角度为 95，绘制斜线的结果如图 10-93 所示。

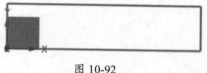

图 10-92

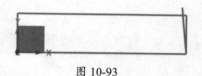

图 10-93

03 单击【分割】按钮✕，选取要修剪的图素，修剪结果如图 10-94 所示。

04 绘制切弧。单击【切弧】按钮◥，【半径】值为 200，选取切线和切点，绘制如图 10-95 所示的切弧。

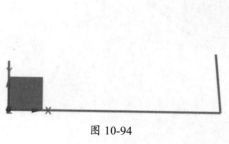

图 10-94

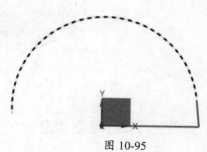

图 10-95

05 绘制圆。单击【已知点画圆】按钮⊕，设置圆心定位点坐标为（0,250），半径为 50，绘制的圆如图 10-96 所示。

06 延伸垂直中心线。单击【修改长度】按钮✎，选取左侧的竖直线，将其延伸到圆外，结果如图 10-97 所示。

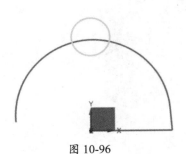

图 10-96

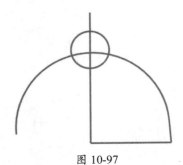

图 10-97

07 单击【分割】按钮✗，修剪多余图素，结果如图 10-98 所示。

08 倒圆角。单击【图素倒圆角】按钮◠，设置倒圆角半径为 100，选取切弧和圆进行倒圆角，结果如图 10-99 所示。

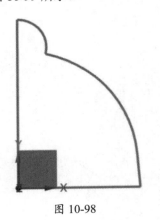

图 10-98

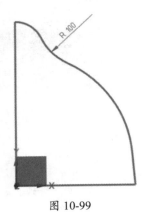

图 10-99

09 选取倒圆角后的图形，在【转换】选项卡中单击【镜像】按钮♎，弹出【镜像】选项面板。设置镜像类型为【复制】，以 X 轴镜像复制图形，结果如图 10-100 所示。

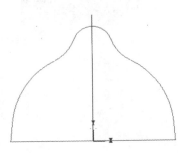

图 10-100

10 绘制拉伸实体。单击【拉伸】按钮 ，选取镜像的图形作为截面，弹出【实体拉伸】选项面板。设置拉伸【距离】值为320.0000，单击【确定】按钮 后创建如图 10-101 所示的拉伸实体。

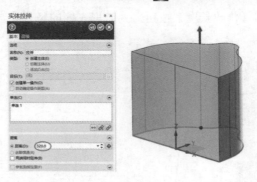

图 10-101

3. 创建尾座

01 绘制矩形。在【线框】选项卡的【形状】面板中单击【圆角矩形】按钮 ，弹出【矩形形状】面板。设置矩形类型为【矩形】，设置矩形尺寸为 280.0×380.0，以下中点为定位锚点，绘制如图 10-102 所示的矩形。

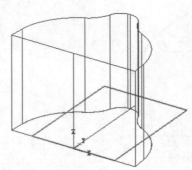

图 10-102

02 单击【拉伸】按钮 ，弹出【实体拉伸】选项面板，选取刚才绘制的矩形，设置挤出类型为【增加凸台】，设置【距离】值为 250.0000，创建拉伸实体的结果如图 10-103 所示。

图 10-103

03 在【实体】选项卡中单击【依照实体面拔模】按钮🔧，选取要拔模的实体面和平面端面（选取背面），弹出【依照实体面拔模】选项面板，输入拔模角度为 3.0，单击【确定】按钮完成拔模，结果如图 10-104 所示。

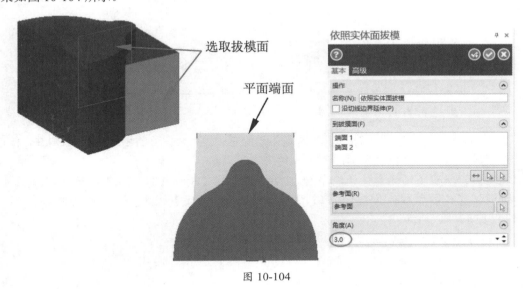

图 10-104

04 再次单击【依照实体面拔模】按钮🔧，选取要拔模的实体面和平面端面，在弹出的【依照实体面拔模】选项面板中输入拔模角度为 2.0，拔模结果如图 10-105 所示。

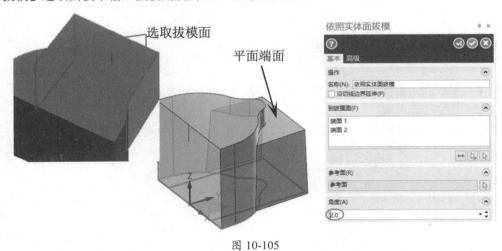

图 10-105

4. 切割主体外形

01 设置右视图平面为绘图平面。

02 单击【圆角矩形】按钮▢，弹出【矩形形状】选项面板，设置矩形类型为【矩形】，设置矩形尺寸为 380×90，以左下角为定位锚点，绘制的矩形如图 10-106 所示。

03 选取刚才绘制的矩形边线，单击【旋转】按钮↻，弹出【旋转】选项面板，设置旋转角度为 5，移动数量为 1，旋转后的图形如图 10-107 所示。

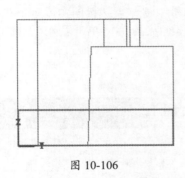
图 10-106

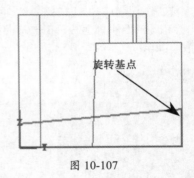
图 10-107

04 创建平行直线。单击【平行线】按钮✐，选取矩形的左边线为要偏移的线，单击线右侧进行偏移，设置偏移距离为 50，绘制的平行线如图 10-108 所示。

05 创建切弧。单击【切弧】按钮✎，选取切弧方式为【单一物体切弧】，输入切弧半径为 150，选取切线和切点后，单击【切弧】选项面板中的【确定】按钮✔，完成切弧的绘制，如图 10-109 所示。

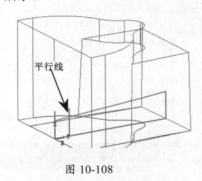
图 10-108

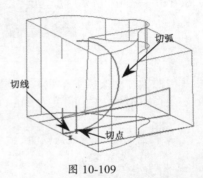
图 10-109

06 单击【图素倒圆角】按钮⌒，设置倒圆角半径为 300，再选取切弧和直线进行倒圆角，结果如图 10-110 所示。

07 在【线框】选项卡中单击【分割】按钮✂，修剪多余图素，修剪结果如图 10-111 所示。

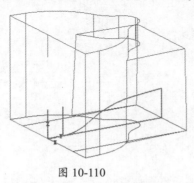
图 10-110

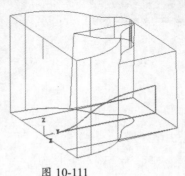
图 10-111

08 在【实体】选项卡中单击【拉伸】按钮▤，弹出【实体拉伸】选项面板。选取上一步完成的图形作为拉伸截面，设置拉伸类型为【切割主体】，设置距离为两边同时延伸 250.0，最后的结果如图 10-112 所示。

09 绘制矩形。单击【圆角矩形】按钮▭，弹出【矩形形状】选项面板，设置矩形形状为【矩形】，矩形尺寸为 300×65，以左上角为定位锚点，按空格键输入定位锚点坐标为（0,320），绘制的矩形如图 10-113 所示。

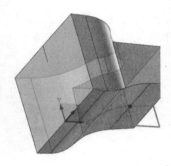
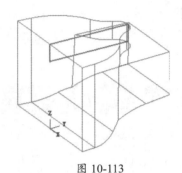

图 10-112　　　　　　　　　　　　　　　　图 10-113

10 绘制切弧。单击【切弧】按钮 ，选取切弧方式为【单一物体切弧】，输入切弧半径为 400，选取切线和切点后，单击【切弧】选项面板中的【确定】按钮 ，完成切弧的绘制，如图 10-114 所示。

11 单击【图素倒圆角】按钮 ，设置倒圆角半径为 100，再选取切弧和直线进行倒圆角，结果如图 10-115 所示。

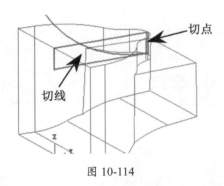
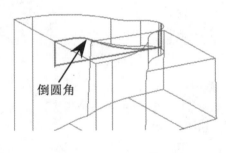

图 10-114　　　　　　　　　　　　　　　　图 10-115

12 单击【分割】按钮 ，修剪多余图素，修剪结果如图 10-116 所示。

13 单击【连续线】按钮 ，选取圆弧端点和垂直线端点绘制连接直线，绘制的图形如图 10-117 所示。

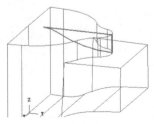

图 10-116　　　　　　　　　　　　　　　　图 10-117

14 在【实体】选项卡中单击【拉伸】按钮 ，弹出【实体拉伸】选项面板。选取上一步绘制的图形作为拉伸截面，设置拉伸类型为【切割主体】，两边同时延伸【距离】值为 250.0，创建拉伸切割的结果如图 10-118 所示。

5. 创建底座

01 设置右视图为绘图平面。

02 绘制矩形。单击【圆角矩形】按钮 ，弹出【矩形形状】选项面板，设置矩形类型为【矩形】，设置矩形尺寸为 200×90，以左下角为定位锚点，输入定位锚点的坐标为（100,30），绘制完成的矩形如图 10-119 所示。

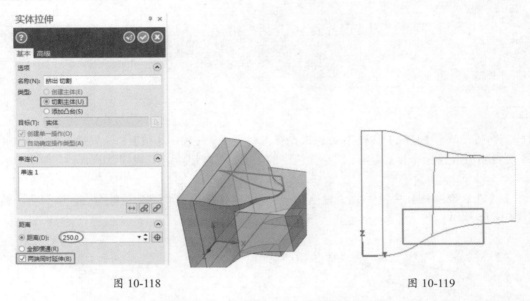

图 10-118　　　　　　　　　　　　　　　　图 10-119

03 在【实体】选项卡中单击【拉伸】按钮 ，弹出【实体拉伸】选项面板，选取上一步绘制的矩形作为截面，设置拉伸类型为【增加凸台】，设置两边同时延伸【距离】值为 100.0000，结果如图 10-120 所示。

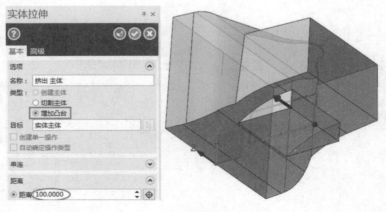

图 10-120

6. 细节处理

01 倒圆角。在【实体】选项卡中单击【固定半倒圆角】按钮 ，弹出【固定圆角半径】选项面板，选取要倒圆角的边，输入倒圆角【半径】值为 100.0000，倒圆角结果如图 10-121 所示。

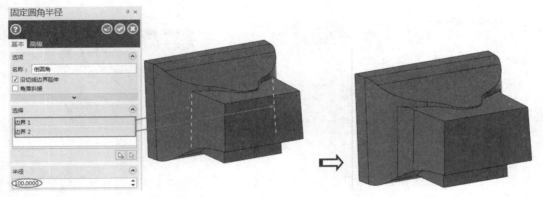

图 10-121

02 选取要倒圆角的边，输入倒圆角【半径】值为 3.0000，倒圆角结果如图 10-122 所示。

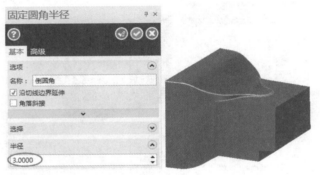

图 10-122

03 选取倒圆角的边，输入倒圆角【半径】值为 10.0000，倒圆角结果如图 10-123 所示。

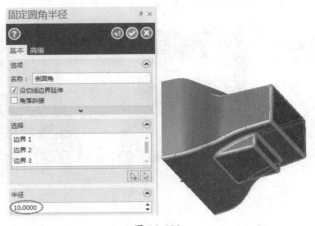

图 10-123

04 抽壳。在【实体】选项卡中单击【抽壳】按钮📦，选取抽壳移除面，在【实体选择】对话框中单击【确定】按钮✔，弹出【抽壳】选项面板。设置【方向1】值为1.0000，最后单击【确定】按钮，完成抽壳操作，结果如图10-124所示。

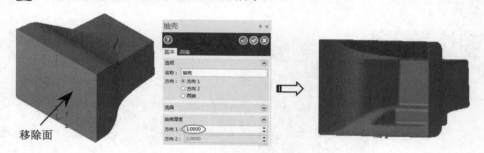

图 10-124

05 创建圆柱体。在【实体】选项卡中单击【圆柱】按钮🗄，弹出【基本圆柱体】选项面板。设置圆柱【半径】值为3.0，【高度】值为100.0，按空格键后输入圆柱体基准点的坐标为（0,120,250），单击【确定】按钮，完成圆柱体的创建，结果如图10-125所示。

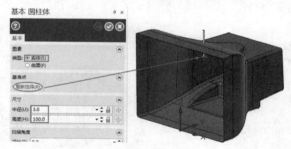

图 10-125

06 在【转换】选项卡中单击【直角阵列】按钮▦，选取刚才绘制的圆柱体作为阵列对象，弹出【直角阵列】选项面板。设置方向1的【实例】值为12，阵列【距离】值为15.0，选中【双向】复选框；在方向2中设置【实例】值为12，阵列【距离】值为15.0. 单击【移除】按钮，将超出范围的阵列副本排除，最后单击【确定】按钮，完成圆柱体的阵列，如图10-126所示。

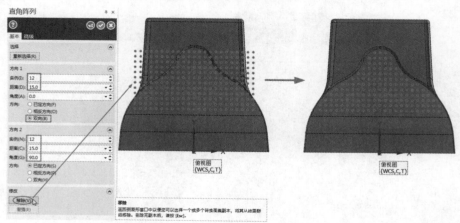

图 10-126

07 单击【布尔运算】按钮 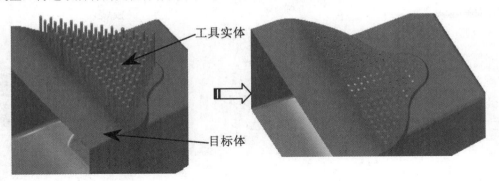，选取壳体为目标实体，在弹出的【布尔运算】选项面板中选择【切割】类型，再选取所有的圆柱体作为工具体，最终布尔切割的结果如图 10-127 所示。

图 10-127

至此，完成了显示器后壳的造型设计，效果如图 10-128 所示。

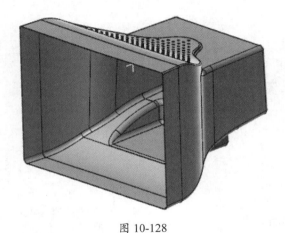

图 10-128

第 *11* 章 Mastercam 模具拆模设计

扫码看教学视频

项目导读

本章主要讲解模具拆模设计的基础理论知识及采用 Mastercam 2020 进行拆模设计的具体操作过程。

项目分解

- 分型面设计知识
- 成型零部件设计知识
- 分模案例——圆形盖模具分模设计

11.1 分型面设计知识

为保证分型面设计成功和所设计的分型面能对工件进行分割，在设计分型面时必须满足以下两个基本条件。

- 分型面必须与欲分割的工件或模具零件完全相交以期形成分割。
- 分型面不能自身相交，否则分型面将无法生成。

11.1.1 分型面的形式

分型面有多种形式，常见的有水平分型面、阶梯分型面、斜分型面、辅助分型面和异型分型面，如图 11-1 所示。分型面一般为平面，但有时为了脱模方便也要使用曲面或阶梯面，这样虽然分型面加工复杂，但型腔的加工会较容易。

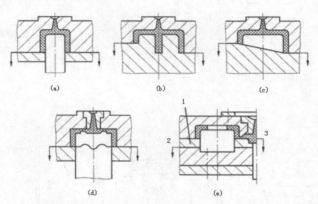

（a）水平分型面；（b）阶梯分型面；（c）斜分型面；（d）异型分型面；（e）成形芯的辅助分型面

图 11-1

在图样上表示分型面的方法是在图形外部、分型面的延长面上画出一小段直线表示分型面的位置，并用箭头指示开模或模板的移动方向。

按位置可分为水平分型面和垂直分型面，如图 11-2 所示。 垂直分型面主要用于侧面有凹凸形状的塑件，如线圈骨架等。

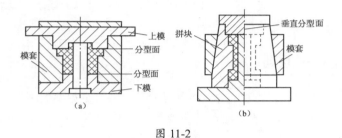

图 11-2

11.1.2　分型面的表示方法

在模具装配图中应用短、粗实线标出分型面的位置，如图 11-3 所示，箭头表示模具运动方向。对有两个以上分型面的模具可按照分型面打开的顺序用编号 I、II、III、…，或 A、B、C…表示。

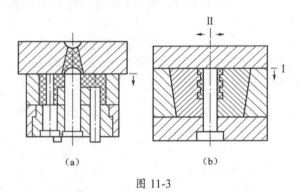

图 11-3

11.1.3　分型面的组成

模具分型面包括产品区域面、破孔补面和延展曲面，如图 11-4 所示。

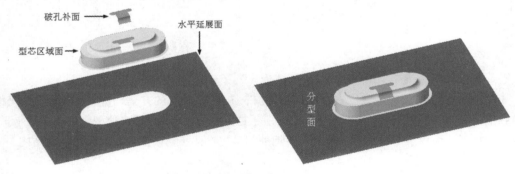

图 11-4

- 产品区域面：产品区域面是从产品的外表面或者内部面进行复制获得的，分为型腔区域面（外表面）和型芯区域面（内部面）。

- 破孔补面：塑胶产品中通常总会存在一些破孔，这是由产品的功能性决定的。修补破孔需要使用曲面创建工具。

- 延展曲面（也称"裙边曲面"）：根据产品的形状，可以创建水平延展曲面和曲面延伸。延展曲面用来切割产品以外的工件。

11.1.4 分型面的选择原则

制品在模具中的位置直接影响模具结构的复杂程度、模具分型面的确定、浇口的位置、制品的尺寸精度等，所以在进行模具设计时，首先要考虑制品在模具中的摆放位置，以便于简化模具结构，得到合格的制品。

模具的分型好坏，对于塑件质量和加工工艺性的影响是非常大的，我们在选择分型面时，一般要综合考虑下列原则，以便确定出正确合理的分型面：方便塑件脱出、模具结构简单、型腔排气顺利、保证塑件质量、不损坏塑件外观、设备利用合理。

1. 应保证制件脱模方便

塑件脱模方便，不但要求选取的分型面位置不会使塑件卡在型腔里无法取出，也要求塑件在分模时制品留在动模板一侧，以便于设计脱模机构。因此，一般都是将主型芯装在动模一侧，使塑件收缩后包紧在主型芯上，这样型腔可以设置在定模一侧。如果塑件上有带孔的嵌件，或是塑件上就没有孔存在，那么就可以利用塑件的复杂外形对型腔的粘附力，将型腔设计在动模里，使开模后塑件留在动模一侧，如图 11-5 所示。

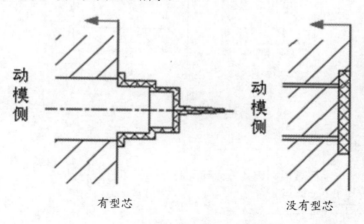

有型芯   没有型芯

图 11-5

2. 应使模具的结构尽量简单

如图 11-6 所示的塑件形状比较特殊，如果按照图 11-6（a）的方案，将分型面设计成平面，型腔底部就不容易加工了。而按照图 11-6（b）所示把分型面设计为斜面，使型腔底部成为水平面，就会便于加工。而对于需要抽芯的模具，要把抽芯机构设计在动模部分，以简化模具结构。

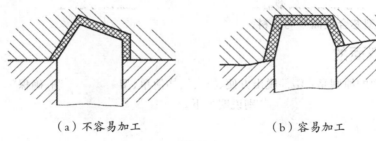

（a）不容易加工　　　　　　　　（b）容易加工

图 11-6

3. 应利于排气

模具内气体的排出主要是靠设计在分型面上的排气槽，所以分型面应当选择在熔体流动的末端。如图 11-7 所示，图（a）的方案中，分型面距离浇口太近，容易造成排气不畅；而图（b）的方案则可以保证排气顺畅。

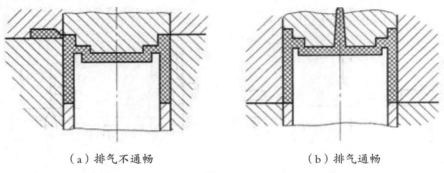

（a）排气不通畅　　　　　　　　（b）排气通畅

图 11-7

4. 应保证制件尺寸的精度

为保证齿轮的齿廓与孔的同轴度，将齿轮型芯与型腔都设在动模一侧。若分开设置，因导向机构的误差，便无法保证齿廓与孔的同轴度，如图 11-8 所示。

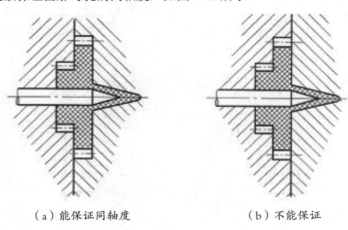

（a）能保证同轴度　　　　　　　　（b）不能保证

图 11-8

如图 11-9 所示的塑件，其尺寸 L 有较严格的要求，如果按照图（a）的方案设计分型面，成形后毛边会影响到尺寸 L 的精度。若改为图（b）的方案，毛边仅影响到塑件的总高度，但不会影响到尺寸 L。

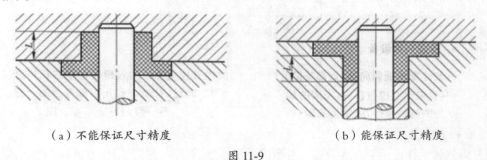

（a）不能保证尺寸精度　　　　　　　　　　（b）能保证尺寸精度

图 11-9

5. 应保证制品的外观质量

动、定模相配合的分型面上稍有间隙，熔体便会在制品上产生飞边，影响制品外观质量。因此，在光滑、平整的平面或圆弧曲面上避免创建分型面，如图 11-10 所示。

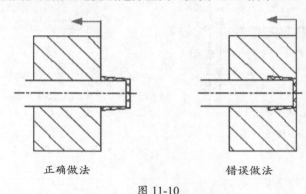

正确做法　　　　　　　　　　错误做法

图 11-10

6. 长型芯应置于开模方向

一般注射模的侧向抽芯都利用模具打开时的运动来实现。通过模具抽芯机构进行抽芯时，在有限的开模行程内，完成抽芯的距离是有限的。所以，对于互相垂直的两个方向都有孔或凹槽的塑件，应避免长距离抽芯，如图 11-11 所示。

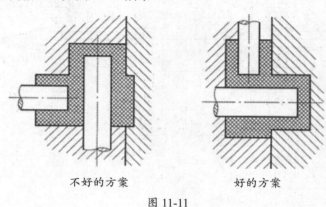

不好的方案　　　　　　　　　　好的方案

图 11-11

11.2　成型零部件设计知识

成型零部件结构设计应在保证塑件质量要求的前提下，综合考虑加工、装配、使用、维修等。

11.2.1　型腔

型腔是成型塑件外表面的工作零件，按其结构可分为整体式和组合式。

1. 整体式

这类型腔由一整块金属材料加工而成，如图 11-12（a）所示。特点是结构简单，强度、刚度好，不易变形，塑件无拼缝痕迹，适用于形状简单的中、小型塑件。

2. 组合式

当塑件外形较复杂时，经常采用组合式型腔以改善加工工艺性，减少热处理变形，节省优质钢材。但组合式型腔易在塑件上留下拼接缝痕迹，因此设计时应尽量减少拼块数量，合理选择拼接缝的部位，使拼接紧密。此外，还应尽可能使拼接缝的方向与塑件脱模方向一致，以免影响塑件脱模。组合式型腔的结构形式较多，图 11-12（b）和（c）为底部与侧壁分别加工后用螺钉连接或镶嵌。图（c）拼缝与塑件脱模方向一致，有利于脱模。图（d）为局部镶嵌，除便于加工外还方便磨损后更换。对于大型复杂模具，可采用图（e）所示的侧壁镶拼嵌入式结构，将四侧壁与底部分别加工、热处理、研磨、抛光后压入模套，四壁以锁扣形式连接，为使内侧接缝紧密，其连接处外侧应留 0.3 ～ 0.4mm 间隙，在四角嵌入件的圆角半径 R 应大于模套圆角半径。图（f）和（g）为整体嵌入式，常用于多腔模或外形较复杂的塑件。整体镶块常用冷挤、电铸或机械加工等方法加工，然后嵌入，它不仅便于加工，且可节省优质钢材。

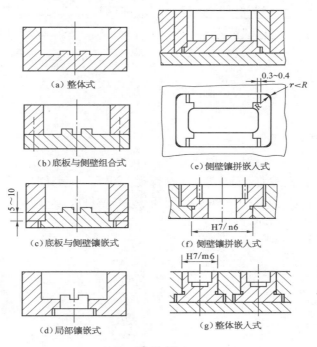

（a）整体式

（b）底板与侧壁组合式

（c）底板与侧壁镶嵌式

（d）局部镶嵌式

（e）侧壁镶拼嵌入式

（f）侧壁镶拼嵌入式

（g）整体嵌入式

图 11-12

11.2.2　型芯

型芯是成型塑件内表面的工作零件，与型腔相似，型芯结构也可分为整体式和组合式，如图 11-13 所示。

1. 整体式

整体式型芯如图 11-13（a）所示，型芯与模板做成整体，结构牢固，成型质量好，但钢材消耗量大，适用于内表面形状简单的中小型芯。

2. 组合式

当塑件内表面形状复杂而不便于机械加工时，或形状虽不复杂，但为节省优质钢材，可采用组合式型芯，将型芯及固定板分别采用不同材料制造和热处理，然后连接在一起，图 11-13（b）、（c）和（d）为常用连接方式。图（b）用螺钉连接，销钉定位。图（c）用螺钉连接，止口定位。图（d）采用轴肩和底板连接。

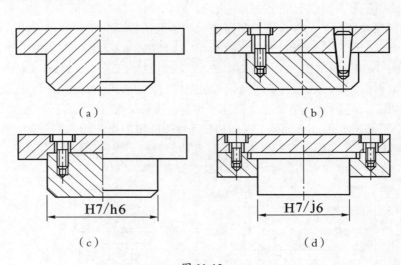

（a）　　　　　　　　　　　　（b）

（c）　　　　　　　　　　　　（d）

图 11-13

3. 型芯的固定

（1）小型芯的固定。

小型芯往往单独制造，再镶嵌入固定板中。如图 11-14 所示，图（a）采用过盈配合，从模板上压入。图（b）采用间隙配合再从型芯尾部铆接。图（c）是对细长的型芯的下部加粗，由底部嵌入，然后用垫板固定。图（d）和图（e）是用垫块或螺钉压紧，这样不仅增加了型芯的刚性，也便于更换，且可调整型芯高度。

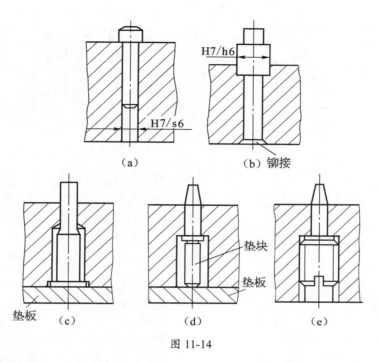

图 11-14

（2）异形型芯的固定。

异形型芯为便于加工和固定，可做成如图 11-15 所示的结构。图（a）将下面部分做成圆柱形，便于安装固定；图（b）只将成型部分做成异形，下面固定与配合部分均做成圆形。

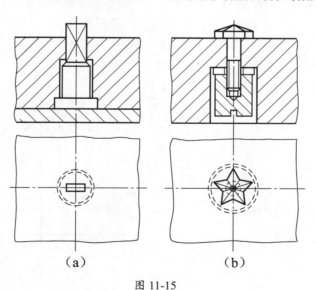

图 11-15

（3）复杂镶拼型芯的固定。

为便于机械加工和热处理，可将形状复杂的型芯做成镶拼组合形式，如图 11-16 所示。图（a）采用台阶固定，销钉定位；图（b）采用台阶固定。

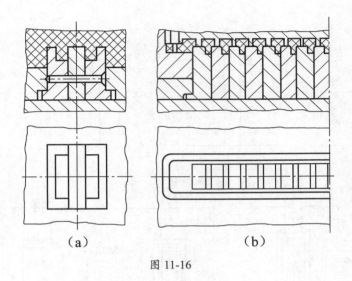

图 11-16

11.2.3 螺纹型环

螺纹型环用于成型塑件外螺纹或固定带有外螺纹的金属嵌件。它实际上是一个活动的螺母镶件，在模具闭合前装入型腔内，成型后随塑件一起脱模，在模外卸下。因此，与普通型腔一样，其结构也有整体式和组合式两类。

整体式螺纹型环如图 11-17（a）所示，它与模孔呈间隙配合 H8/f8，配合段不宜过长，常为3～5mm，其余加工成锥形，尾部加工成平面，便于模外利用扳手从塑件上取下。图 11-17（b）为组合模式螺纹型环，采用两瓣拼合，用销钉定位。在两瓣结合面的外侧开有楔形槽，便于脱模后用尖劈状卸模工具取出塑件。由于组合式型环将螺纹分为两半，会在塑件表面留下拼合痕迹，故这种结构仅适合成型尺寸精度要求不高的螺纹。

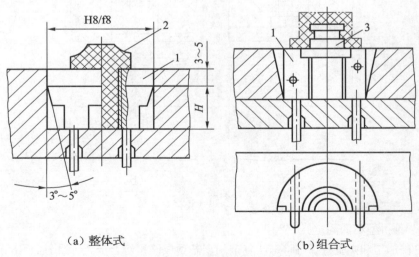

（a）整体式　　　　　　　　　（b）组合式

1- 螺纹型环；　2- 带外螺纹塑件；　3- 螺纹嵌件

图 11-17

11.2.4　螺纹型芯

　　螺纹型芯用于成型塑件上的螺纹孔或固定金属螺母嵌件。螺纹型芯在模内的安装方式如图11-18 所示，均采用间隙配合，仅在定位支承方式上有所区别。图（a）、图（b）、图（c）用于成型塑件上的螺纹孔，分别采用锥面、圆柱台阶面和垫板定位支承；图（d）、图（e）、图（f）、（g）用于固定金属螺纹嵌件；图（d）结构难于控制嵌件旋入型芯的位置，且在成型压力作用下塑料熔体易挤入嵌件与模具之间及固定孔内，影响嵌件轴向位置和塑件的脱模；图（e）将型芯做成阶梯状，嵌件拧至台阶为止，有助于改善上述问题；图（f）适于细小的小于 M3 的螺纹型芯，将嵌件下部嵌入模板止口，可增加小型芯刚性，且阻止料流挤入嵌件螺纹孔；图（g）用普通光杆型芯代替螺纹型芯固定螺纹嵌件，省去了模外卸螺纹的操作，适于嵌件上螺纹孔为盲孔，且受料流冲击不大的情况，或虽为螺纹通孔，但其孔径小于 3mm 的情况。上述安装方式主要用于立式注塑机的下模或卧式注塑机的定模。

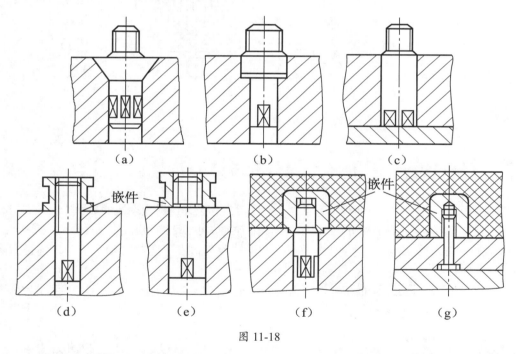

图 11-18

　　对于上模或冲击振动较大的卧式注塑机的动模，螺纹型芯应采用防止自动脱落的连接形式，如图 11-19 所示。图（a）～（g）为弹性连接形式；图（a）和图（b）为在型芯柄部开豁口槽，借助豁口槽弹力将型芯固定，它适用于直径小于 8mm 的螺纹型芯；图（c）和图（d）采用弹簧钢丝卡入型芯柄部的槽内张紧型，适用于直径 8～16mm 的螺纹型芯；图（e）采用弹簧钢球，适用于直径大于 16mm 的螺纹型芯；图（f）采用弹簧卡圈固定；图（g）采用弹簧夹头夹紧；图（h）则为刚性连接的螺纹型芯，使用、更换不方便。

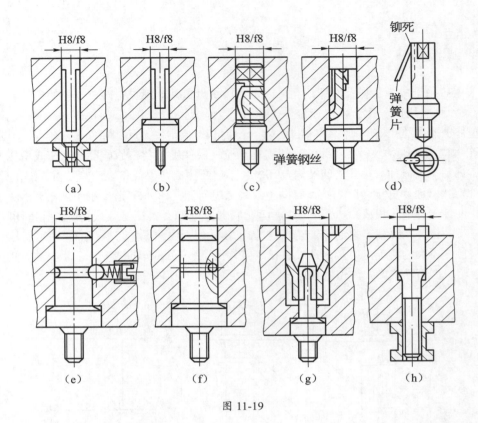

图 11-19

11.3 分模案例——圆形盖模具分模设计

利用工程软件进行模具设计时，其重点之一在于拆模设计，拆模设计就是设计模具的型芯和型腔零件。模具中的其他组成部分（如模架与模具标准件）可以订购，模具钳工需要进行部分加工。

在 Mastercam 中，始终规定世界坐标系（也就是绘图区左下角的坐标系）的 Z 轴正方向为模具开模方向。

本例将对如图 11-20 所示的塑料圆形盖进行分模（即拆模设计）。如图 11-21 所示为分模完成的公母模（型芯与型腔零件）。

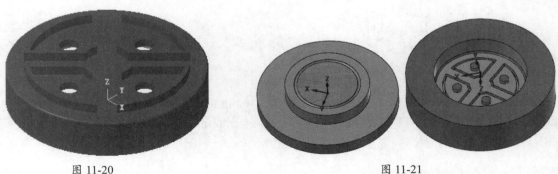

图 11-20   图 11-21

11.3.1　产品预处理

由于圆形盖在产品建模时采用的工作坐标系与世界坐标系不一致，因此需要调整开模方向。为了让产品尽量留在型芯一侧（一般指产品内侧），让产品外表面在 Z 轴正方向上。

1. 调整产品开模方向

01 在快速访问工具栏中单击【打开】按钮 📂，打开本例源文件 Ch11\11-1.mcam。

02 在管理面板中的【平面】选项面板的平面列表中选择【前视图】选项，再单击【设置当前 WCS 的绘图平面】按钮 ▤完成工作平面（绘图平面）的设置。

03 在【视图】选项卡的【轴线显示】面板中单击【显示指针】按钮 ⤢打开 WCS 坐标系，可以看出模型的外表面正对 Z 轴负方向，由于坐标系是不能旋转的，只能旋转模型。

04 在【转换】选项卡中单击【旋转】按钮 ⤺，选取产品弹出【旋转】选项面板，在该选项面板中设置旋转角度为 180°，单击【确定】按钮完成产品模型的旋转，如图 11-22 所示。

图 11-22

> **技术要点：**
>
> 一般来讲，分型线在产品最大投影面的轮廓边上，同时为了保证产品外部的表面质量，最终确定分型线在产品底部最大轮廓边上，所以要将产品模型进行移动操作，使工作坐标系处于产品底部中心点上。

05 在【转换】选项卡的【位置】面板中单击【平移】按钮 ⤵，将模型向 Z 轴正方向移动 25.000，结果如图 11-23 所示。

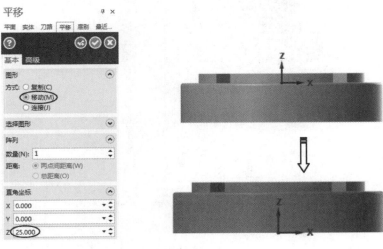

图 11-23

2. 设置产品缩水率

做模具设计都要考虑产品的缩水问题，这就是我们常说的"缩水率"。假定本例产品材料为 ABS，缩水比例为 1.005。

01 在【转换】选项卡的【比例】面板中单击【缩放】按钮，选取产品后弹出【比例】选项面板。

02 在【比例】选项面板中设置缩放【比例】值为 1.005000，单击【确定】按钮，完成产品缩水率的设置，如图 11-24 所示。

图 11-24

3. 产品拔模处理

对于深腔零件来说，如果侧壁是竖直的，即与模具开模方向平行，会因开模阻力大，导致产品外表面被刮伤。所以，建议将竖直面拔模旋转 1°~3°，以利于产品制件脱模。

01 动态分析侧面角度和圆角半径。在【主页】选项卡的【分析】面板中单击【动态分析】按钮，首先选择产品模型的外侧面作为要分析的图形，然后移动箭头位置，结合【动态分析】对话框查看该面的角度值，如图 11-25 所示。得知所选面的拔模角度值为 0，需要进行拔模处理。

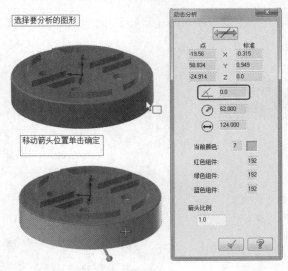

图 11-25

02 查找特征移除圆角。在【建模】选项卡的【修改】面板中单击【查找特征】按钮，弹出【查找特征】选项面板。在该选项面板中选中【移除特征】单选按钮，设置半径【最小】值为 0.000、

【最大】值为 2.000，单击【确定】后移除圆角边界，如图 11-26 所示。

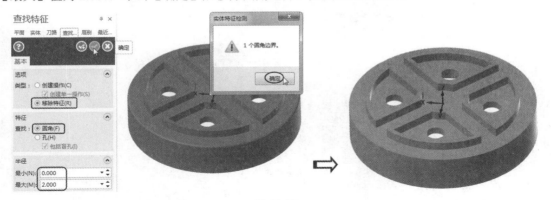

图 11-26

03 拔模操作。在【实体】选项卡的【修改】面板中单击【拔模】按钮 ，按信息提示选择要拔模的面，接着选择一个平面作为拔模固定参考面，随后弹出【依照实体面拔模】选项面板，在该选项面板中设置拔模的【角度】值为 1.000，最后单击【确定】按钮，完成拔模操作，结果如图 11-27 所示。

图 11-27

04 同理，为产品中的其他竖直面进行拔模处理，如图 11-28 所示。

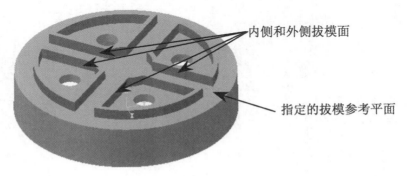

图 11-28

05 重新为产品倒圆角，如图 11-29 所示。

图 11-29

11.3.2　分型设计

产品处理完毕后随即进行分型设计，其中包括毛坯工件的创建和分型面的设计，具体步骤如下。

01 创建毛坯工件。在【层别】选项面板中激活图层 2 作为当前主图层。在【草图】选项卡的【形状】面板中单击【边界盒】按钮，按快捷键 Ctrl+A 选择全部图形，选择后弹出【边界盒】选项面板。

02 在【边界盒】选项面板中设置边界盒的形状及尺寸，单击【确定】按钮，完成边界盒的创建，如图 11-30 所示。

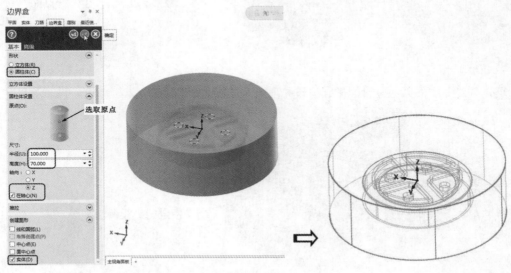

图 11-30

03 切割毛坯工件。在【实体】选项卡的【创建】面板中单击【布尔】按钮，首先选择边界盒实体作为目标主体，然后再选取产品模型为工件主体，在弹出的【布尔运算】选项面板中设置布尔类型为【切割】，并选中【保留原始工件实体】复选框，最后单击【确定】按钮，完成工件的分割，如图 11-31 所示。

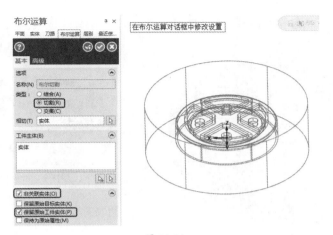

图 11-31

04 在【实体】选项卡的【修改】面板中单击【依照平面修剪】按钮 ，选择布尔切割后的工件作为修剪主体，弹出【依照平面修剪】选项面板。

05 在【依照平面修剪】选项面板中选中【分割实体】复选框，然后单击【指定平面】按钮 ，选取修剪平面为【俯视图】，如图 11-32 所示。

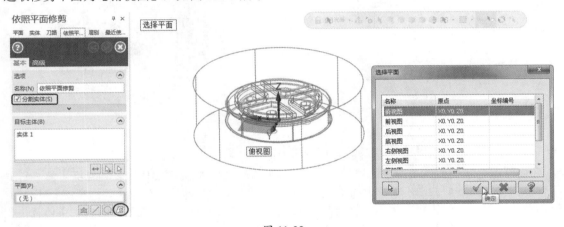

图 11-32

06 单击【确定】按钮，完成工件的分割，得到两个实体，如图 11-33 所示。

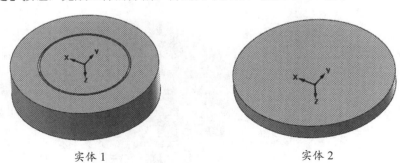

实体 1　　　　　　　　　　　　　　实体 2

图 11-33

07 隐藏图层2，仅显示产品模型。在【曲面】选项卡中单击【由实体生成曲面】按钮 ⬛，抽取实体面，如图 11-34 所示。

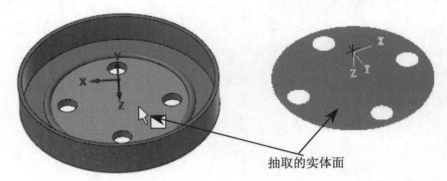

抽取的实体面

图 11-34

08 恢复曲面边界。单击【恢复到修剪边界】按钮 ⬛，再选取曲面后移动箭头到破孔处并单击，确定移除所有内部边界，结果如图 11-35 所示。

图 11-35

09 新建一个图层，将抽取的曲面转移到该图层中。

10 曲面修剪分割实体。单击【修剪到曲面/薄片】按钮 ✎，先选取实体 1 作为目标主体，再选取抽取曲面作为修剪曲面，在弹出的【修剪到曲面/薄片】选项面板中选中【分割实体】复选框，最后单击【确定】按钮将实体 1 分割成两个实体，如图 11-36 所示。外围较大的一块实体就是型腔零件，中间小块的实体将与实体 2 合并成型芯零件。

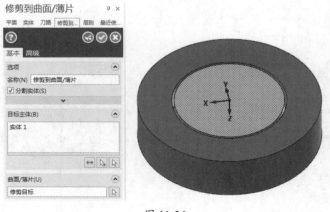

图 11-36

11 单击【布尔】按钮，选取中间小块的实体和实体 2 进行合并，得到型芯零件，结果如图 11-37 所示。

12 至此，完成了本例产品的分模工作，型腔零件如图 11-38 所示。

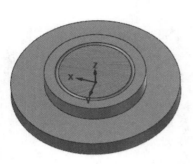

图 11-37　　　　　　　　　　　　　　　图 11-38

11.4　课后习题

（1）对如图 11-39 所示的产品进行分模，分模结果如图 11-40 所示。

图 11-39　　　　　　　　　　　　　图 11-40

（2）对如图 11-41 所示的卡扣产品进行分模，分模结果如图 11-42 所示。

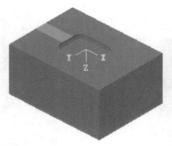
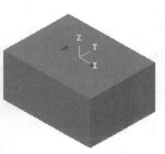

图 11-41　　　　　　　　　　　　图 11-42

第 *12* 章 数控加工与编程入门

 项目导读

计算机辅助制造（CAM）是产品"项目策划→做手板模型→建模→模具设计"整个环节的终端。因此，要掌握加工制造技术，必须先了解整个流程前期的一些准备工作和设计工作。

本章主要介绍数控加工中的常见知识，包括数控基础知识、加工制造的流程、数控加工制造的一些技术要点等。

项目分解

- 产品研发各阶段流程
- 数控编程基础知识
- 实体造型案例

12.1 产品研发各阶段流程

许多读者由于受所学专业的限制，对整个产品的开发流程不甚了解，这也导致了数控加工编程的学习难度加大。工厂数控编程工程师所应具备的能力不仅是数控工业制造和数控编程，而且要懂得如何设计产品、修改产品、做出产品的模具结构。

一个合格的产品设计工程师，如果不懂模具结构设计和数控加工理论知识，那么在设计产品时会因脱离实际而导致无法开模和加工生产。同样，模具工程师也要懂得产品结构设计和数控加工知识，因为这会让他清楚地知道如何去修改产品，如何节约加工成本而设计出结构更加简易的模具。数控编程工程师是产品最后一个环节的操作者，除了自身要具备数控加工的应有知识，还要明白如何有效地拆电极、拆模具镶件，降低加工成本。总而言之，具备多样化的知识，能让你在今后的职场上获得更多、更适合自己的工作岗位。

总体说来，一个成熟的产品从策划到消费者手中，要经历 3 个重要的阶段：产品设计阶段、模具设计阶段和加工制造阶段。

12.1.1 产品设计阶段

通常，一般产品的开发包括以下几方面的内容。

（1）市场研究与产品流行趋势分析：构想、市场调查、产品价值观。

（2）概念设计与产品规划：外型与功能。

（3）造型设计：外观曲线和曲面、材质和色彩造型确认。

（4）机构设计：组装、零件。

（5）模型开发：简易模型、快速模型（R.P）。

1. 市场研究与产品流行趋势分析

任何一款新产品在开发之初，都要进行市场研究。产品设计策略必须建立在客观的调查之上，专业的分析推论才有正确的依据。产品设计策略不但要适合企业的自身特点，还要适合市场的发展趋势，以及消费者的消费需求。同时，产品设计策略也必须与企业的品牌、营销策略等相符。

下面介绍一个热水器项目的案例。

本案例是由深圳市嘉兰图设计有限公司完成的，针对"润星泰"电热水器的目前情况，通过产品设计策划，完成了三套主题设计，全面提升了原有产品的核心市场地位，树立了品牌形象。

（1）热水器行业分析。

热水器产品比较（见表 12-1）：目前市场上有 4 种热水器：燃气热水器、传统电热水器、即热型电热水器、太阳能热水器。各种产品具有各自的优劣势，各自拥有相应的用户群体。其中即热型电热水器凭借其快速、小巧和时尚等特点正在越来越多地被年轻、时尚、新房装修的一类群体所接受。

表 12-1　热水器产品比较

产品	劣势	优势
传统电热水器	加热时间长、占用空间、水垢多	适应任何气候环境，水量大
燃气热水器	空气污染、安全隐患和能源不可再生	快速，占地小，不受水量控制
太阳能热水器	安装条件限制，各地太阳能分布不均	安全、节能、环保、经济
即热型电热水器	安装条件受限制	快速、节能、时尚、小巧、方便

热水器产品市场占有率的变化：由于能源价格不断攀升，燃气热水器的竞争优势逐渐丧失，"气弱电强"已成定局，整个电热水器品类的市场机会增大。数据显示，近两年，即热型电热水器行业的年增长率超过 100%，可称得上是家电行业增长最快的产品之一。2020 年国内即热式电热水器的市场销售总量已达 2000 万台。预计未来 3~5 年，即热式电热水器将继续保持 70% 以上的高速增长率。图 12-1 所示为即热型电热水器和传统电热水器、燃气热水器、太阳能热水器的市场占有率分析图表。

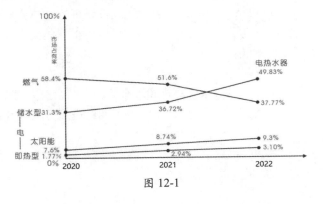

图 12-1

即热型电热水器发展现状：除了早期介入市场已经形成一定规模的奥特朗、哈佛、斯狄沨等品牌，快速电热水器市场比较混乱，绝大部分快速电热水器生产企业不具备技术和研发优势，无一定规模和售后服务不完善，也缺乏资金实力等。

分析总结：目前进入即热型电热水器领域时机较好。

① 市场培育基本成熟，目前进入市场无须培育市场推广费用，风险小。

② 行业品牌集中程度不高，没有形成垄断经营局面，基本上仍然处于完全竞争状态，对新进入者是一个机会。

③ 行业标准尚未建立，没有技术壁垒。

④ 产品处在产品生命周期中的高速成长期，目前利润空间较大。

（2）即热型电热水器竞争格局。

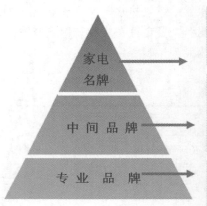

海尔、美的、万和等大品牌开始试探性地进入，但产品较少，一般只有几款，而且技术不成熟，因此只在部分或者个别市场销售。

蓝勋章、707、斯宝亚创等国外家电生产商相继在我国建立了快速电热水器项目，由于没有适合中国市场的销售模式，所以市场并没有得到快速发展，只在南方部分城市销售。

以奥特朗、哈佛、太尔等为代表的专业品牌以专业化的产品和符合该行业的销售模式，进行了全国性推广，并取得了成功，将会成为该行业在中国的主流品牌。

- 产品组合策略：凭借设计、研发实力开发出满足不同需要、不同场所、中档到高档五大系列共几十个品种。
- 产品线策略：按常理，在新产品上市初期应尽量降低风险，采用短而窄的产品线，奥特朗反其道而行之，采用了长而宽的产品线策略。一方面强化快速电热水器已经是主流热水器产品的有形证据，让顾客感觉到快速电热水器已经不是边缘产品；另一方面以强势系列产品与传统储水式和燃气热水器进行对抗，强化行业领导者的印象。

2. 产品设计规划与概念设计

在概念开发与产品规划阶段，将有关市场机会、竞争力、技术可行性、生产需求的信息综合起来，确定新产品的框架。这包括新产品的概念设计、目标市场、期望性能的水平、投资需求与财务影响。在决定某一新产品是否开发之前，企业还可以用小规模实验对概念、观点进行验证。实验可包括样品制作和征求潜在顾客意见。

（1）产品设计规划。

产品设计规划是依据企业整体发展战略目标和现有情况，结合外部动态形势，合理地制定本企业产品的全面发展方向和实施方案，以及一些关于周期、进度等的具体问题。产品设计规划在时间上要领先于产品开发阶段，并参与产品开发全过程。

产品设计规划的主要内容包括：
- 产品项目的整体开发时间和阶段任务时间计划。

- 确定各个部门和具体人员各自的工作及相互关系与合作要求，明确责任和义务，建立奖惩制度。
- 结合企业长期战略，确定该项目具体产品的开发特性、目标、要求等内容。
- 产品设计及生产的监控和阶段评估。
- 产品风险承担的预测和分布。
- 产品宣传与推广。
- 产品营销策略。
- 产品市场反馈及分析。
- 建立产品档案。

这些内容都在产品设计启动前安排和定位，虽然这些具体工作涉及不同的专业人员，但其工作的结果却是相互关联和相互影响的，最终将交集完成一个共同的目标，体现共同的利益。在整个过程中，需要存在一定的标准化操作技巧，同时需要专职人员疏通各个环节，监控各个步骤，期间既包括具体事务管理，也包括具体人员管理。

（2）概念设计。

概念设计不同于现实中真实的产品设计，概念设计往往具有一定的超前性，它不考虑现有的生活水平、技术和材料，而是在设计师遇见能力所能达到的范围考虑人们未来的产品形态，它是一种针对人们潜在需求的设计。

概念设计主要体现在如下方面。

- 产品的外观造型风格比较前卫。
- 比市场上现有的同类产品在技术上先进很多。

下面列举几款国外的概念产品设计。

① Sbarro Pendolauto 概念摩托车。瑞士汽车摩托改装公司的概念车。有意混淆汽车和摩托车的界限，如图 12-2 所示。

图 12-2

② 概念手机。目前还未面世的华为 Mate50 Pro 概念手机采用直面一体屏设计，放弃了瀑布边框和打孔屏幕。Mate50 Pro 屏幕是 6.8 英寸的，19:8 的机身比例也非常适合单手操作，机身修长提升了手持舒适感。屏幕规格也大幅升级，将首次采用 2K 分辨率的屏幕，同时还有 120Hz 刷新率，这样的屏幕规格简直是"怪兽级"，随着流畅度的提升，耗电量也更大。直面一体屏带

来最大的亮点就是拥有完整的屏幕，没有四曲面和瀑布边框。如图 12-3 所示。

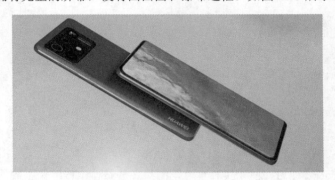

图 12-3

③折叠式笔记本电脑。设计师 Niels Van Hoof 设计了一款全新的折叠式笔记本电脑——Feno，它除了能像普通笔记本电脑在键盘与屏幕之间折叠，柔性 OLED 屏幕的加入使其还可以从中间再折叠一次。这样使其更加小巧，方便携带。它还配备了一个弹出式的无线鼠标，轻轻一按，即可弹出使用，如图 12-4 所示。

图 12-4

④ MP6 云播放器概念产品。爱国者 MP6 云播放器是结合了云计算的数码产品，连接 WIFI 即可随时体验互联网络正版海量音乐和视频，无须下载即可享受美妙音乐的高科技产品，如图 12-5 所示。MP6 云播放器同时支持 UPnP 协议，轻松实现了家庭媒体资源共享，独有的"CC: 音乐社交服务"功能更可在全网络环境下实现不同的 MP6 云播放器产品之间播放列表推送。你需要做的只是点击遥控器，或者寄送一个电邮，即可将各种音频、视频、照片作为"礼物"赠送给亲友，当然前提是他拥有一台爱国者 MP6 云播放器。

图 12-5

（3）将概念设计商业化。

当一个概念设计符合当前的设计、加工制造水平时，就可以商业化了，即把概念产品转变成真正能使用的产品。

把一个概念产品变成具有市场竞争力的商品，并大批量地生产和销售之前有很多问题需要解决，工业设计师必须与结构设计师、市场销售人员密切配合，对他们提出的设计中一些不切实际的新创意进行修改。对于概念设计中具有可行性的设计成果也要敢于坚持自己的意见，只有这样才能把设计中的创新优势充分发挥出来。

例如，借助了中国卷轴画的创意，设计出一款类似画轴的手机。这款手机平时像一个圆筒，但如果你想看视频或者浏览网页时，就可以从侧面将卷在里面的屏幕抽出来。按照设计师的理念，这块可以卷曲的屏幕还应该有触摸功能，如图 12-6 所示。

图 12-6

之前，这款手机商业化的难题是：没有柔性屏幕。现在，世界著名的手机厂商——三星已经设计出一款柔性屏幕"软性液晶屏"，它可以像纸一样卷起来，如图 12-7 所示。利用这种新技术，卷轴手机也就可以真正商品化了。

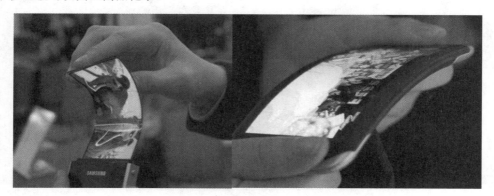

图 12-7

（4）概念设计的二维表现。

既然产品设计是一种创造活动，就工业产品来讲，新创意往往就是从未出现过的想法，这种产品的创意是没有参考样品的，无论多么聪明的人，都不可能一下子在头脑里形成相当成熟和完整的方案，甚至更精确的设计细节，他必须借助书面的表达方式，或文字，或图形，随时记录想法进而推敲定案。

① 手绘表现。

在诸多的表达方式（如速写、快速草图、效果图、计算机设计等）中，最方便、快捷的是表现方法，就是如图 12-8 所示的利用速写方式进行的创意表现。

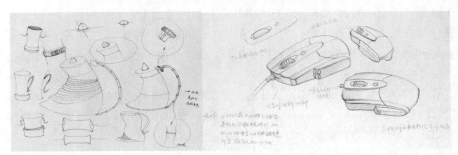

图 12-8

通过使用不同颜色的笔，可以绘制出带有色彩、质感和光射效果且较为逼真的设计草图，如图 12-9 所示。

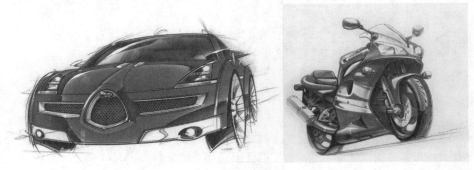

图 12-9

现在，工业设计师越来越多地采用数字手绘方法，即利用数位板（手绘板）手绘，如图 12-10 所示。

图 12-10

② 计算机二维表现。

计算机二维表现是另一种表达设计师概念设计意图的方式。计算机二维效果图（2D Rendering）介于草绘和数字模型之间，具有制作速度快，修改方便，基本能够反映产品本身材质、光影、尺度比例等诸多优点。常用的制作二维效果图的软件有 Photoshop、Illustrator 、CorelDRAW 等，效果图如图 12-11 和图 12-12 所示。

图 12-11

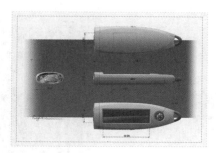

图 12-12

3. 3D 造型设计

有了产品的手绘草图以后，我们就可以利用计算机辅助设计软件进行 3D 造型。3D 造型设计也就是将概念产品参数化，便于后期的产品修改、模具设计及数控加工等工作。

工业设计师常用的 3D 造型设计软件常见的有 Pro/E、UG、SolidWorks、Rhino、Alias、3ds Max、Mastercam、Cinema 4D 等。

首先，产品设计师利用 Rhino 或 Alias 设计出不带参数的产品外观。图 12-13 所示为利用 Rhino 软件设计的产品造型。

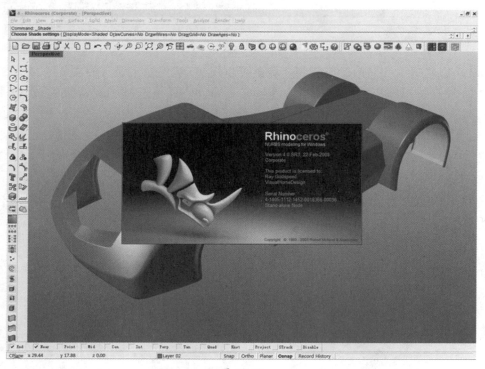

图 12-13

在产品外观造型阶段，还可以再次对方案进行论证，以达到让人满意的效果。

然后将 Rhino 中构建的模型导入 Pro/E、UG、SolidWorks 或 Mastercam 中进行产品的结构设计。这样的结构设计是带有参数的，便于后期的数据存储和修改。图 12-14 所示为利用 Mastercam 软件进行产品结构设计的示意图。

图 12-14

前面我们介绍了产品的二维表现，这里可以用 3D 软件做出逼真的实物效果图。图 12-15 ～图 12-18 所示为利用 Alias、V-Ray for Rhino、Cinema 4D 等 3D 软件制作的概念产品效果图。

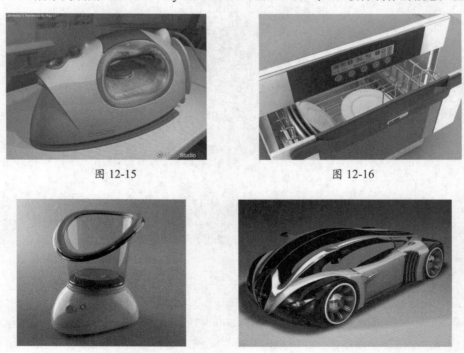

图 12-15　　　　　　　　　　　　　　图 12-16

图 12-17　　　　　　　　　　　　　　图 12-18

4. 机构设计

3D 造型完成后，可以创建产品的零件图纸和装配图纸，这些图纸用来在加工制造和装配过程中进行参考。图 12-19 所示为利用 SolidWorks 软件创建的某自行车产品图纸。

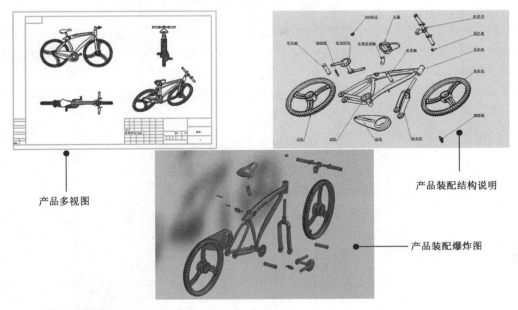

产品多视图

产品装配结构说明

产品装配爆炸图

图 12-19

5. 模型开发

模型，首先是一种设计的表达形式，它是以接近现实的，以一种立体的形态来表达设计师的设计理念及创意思想的手段，同时也是一种方案，使设计师的意图转化为视觉和触觉的近似真实的设计方案。产品设计模型与市场上销售的商品模型有根本区别。产品模型的功能是设计师将自己所从事的产品设计过程中的构想与意图，通过接近或等同于设计产品的直观化体现出来。这个体现过程其实也就是一种设计创意的体现，它使人们可以直观地感受设计师的创造理念、灵感、意识等诸要素，如图 12-20 所示。

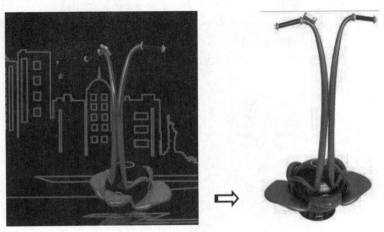

图 12-20

12.1.2 模具设计阶段

现在，几乎所有的塑料产品都需要利用注射成型技术（模具）来制造产品。

1. 注射成型模具

塑料注射成型是塑料加工中最普遍采用的方法。该方法适用于全部热塑性塑料和部分热固性塑料，制得的塑料制品数量之大是其他成型方法望尘莫及的。作为注射成型加工的主要工具之一的注塑模，在质量精度、制造周期及注射成型过程中的生产效率等方面的水平高低，直接影响产品的质量、产量、成本及产品的更新，同时也决定着企业在市场竞争中的反应能力和速度。常见的注射模典型结构如图12-21所示。

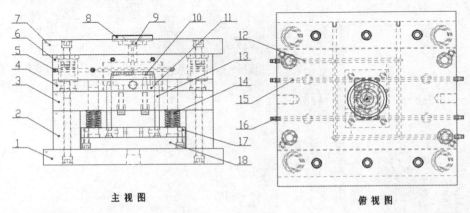

主视图　　　　　　　　　　　　俯视图

1—动模座板　2—支撑板　3—动模垫板　4—动模板　5—管塞　6—定模板　7—定模座板
8—定位环　9—浇口衬套　10—型腔组件　11—推板　12—围绕水道　13—顶杆　14—复位弹簧
15—直水道　16—水管街头　17—顶杆固定板　18—推杆固定板

图 12-21

注射成型模具主要由以下几部分构成。

- 成型零件：直接与塑料接触，构成塑件形状的零件称为成型零件，包括型芯、型腔、螺纹型芯、螺纹型环、镶件等。其中构成塑件外形的成型零件称为型腔，构成塑件内部形状的成型零件称为型芯，如图12-22所示。

- 浇注：它是将熔融塑料由注射机喷嘴引向型腔的通道。通常，浇注由主流道、分流道、浇口和冷料穴4部分组成，如图12-23所示。

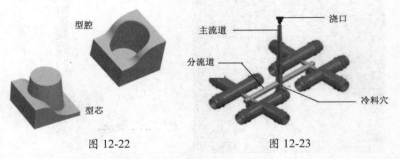

图 12-22　　　　　　　　图 12-23

- 分型与抽芯机构：当塑料制品上有侧孔或侧凹时，开模推出塑料制品以前，必须先进行侧向分型，将侧型芯从塑料制品中抽出，塑料制品才能顺利脱模，例如斜导柱、滑块、锁紧块等，如图 12-24 所示。

- 导向零件：引导动模和推杆固定板运动，保证各运动零件之间相互位置的准确度的零件为导向零件，如导柱、导套等，如图 12-25 所示。

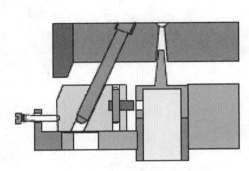

图 12-24   图 12-25

- 推出机构：在开模过程中将塑料制品及浇注凝料推出或拉出的装置，如推杆、推管、推杆固定板、推件板等，如图 12-26 所示。
- 加热和冷却装置：为满足注射成型工艺对模具温度的要求，模具上需要设有加热和冷却装置。加热时在模具内部或周围安装加热元件，冷却时在模具内部开设冷却通道，如图 12-27 所示。

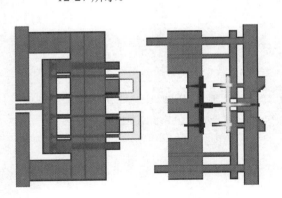

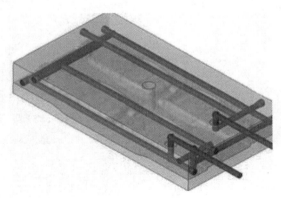

图 12-26   图 12-27

- 排气：在注射过程中，为将型腔内的空气及塑料制品在受热和冷凝过程中产生的气体排出而开设的气流通道。排气通常是在分型面处开设排气槽，有的也可以利用活动零件的配合间隙排气，如图 12-28 所示。
- 模架：主要起装配、定位和连接的作用。它们是定模板、动模板、垫块、支承板、定位环、销钉、螺钉等，如图 12-29 所示。

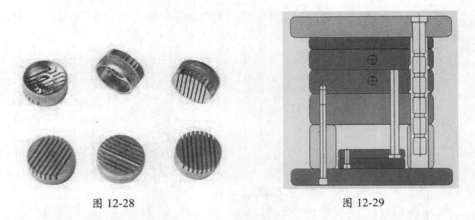

图 12-28   图 12-29

2. 产品设计要求及修改建议

（1）肉厚要求。

在设计制件时，应注意制件的厚度应以各处均匀为原则。决定肉厚的尺寸及形状需要考虑制件的构造强度、脱模强度等因素，如图 12-30 所示。

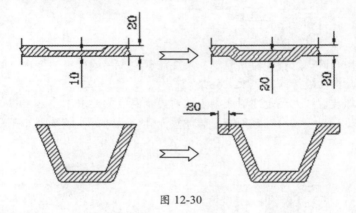

图 12-30

（2）脱模斜度要求。

为了在模具开模时能够使制件顺利取出，避免其损坏，制件设计时中应考虑增加脱模斜度。脱模角度一般取整数，如 0.5、1、1.5、2 等。通常，制件的外观脱模角度比较大，这便于成型后脱模，在不影响其性能的情况下，一般应取较大的脱模角度，如 5°～10°，如图 12-31 所示。

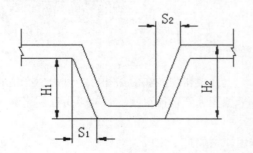

拔模比 高度 H	凸面	凹面
外侧 S1/H1	1/30	1/40
内侧 S2/H2	/	1/60

图 12-31

（3）BOSS 柱（支柱）处理。

支柱为突出胶料壁厚，用于装配产品、隔开对象及支撑承托其他零件。空心的支柱可以用来嵌入镶件、收紧螺丝等。这些应用均要有足够强度支持压力而不致于破裂。

为免在扭上螺丝时出现打滑的情况，支柱的出模角一般会以支柱顶部的平面为中性面，而且角度一般为 0.5º ～ 1.0º。如支柱的高度超过 15.0mm，为加强支柱的强度，可在支柱之间连上一些加强筋，作为结构加强之用。如支柱需要穿过 PCB，同样在支柱之间连上一些加强筋，而且在加强筋的顶部设计成平台形式，可作为承托 PCB 之用，而平台的平面与丝筒项的平面必须要有 2.0 ～ 3.0mm，如图 12-32 所示。

为了防止制件的支柱部位出现缩水，应做防缩水结构，即"火山口"，如图 12-33 所示。

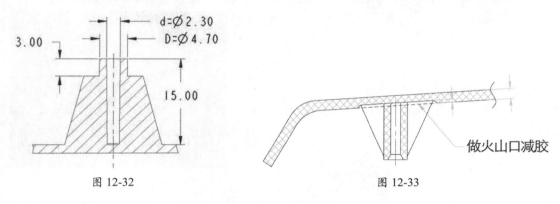

图 12-32　　　　　　　　　　　　　　　　　图 12-33

3. 模具设计注意事项

合理的模具设计主要体现在几个方面：所成型的塑料制品的质量；外观质量与尺寸稳定性；加工制造时方便、迅速、简练，节省资金、人力，留有更正、改良的余地；使用时安全、可靠，便于维修；在注射成型时有较短的成型周期；较长使用寿命；具有合理的模具制造工艺性等方面。

设计人员在模具设计时应注意以下重要事项。

- 开始设计模具时应多考虑几种方案，衡量每种方案的优缺点，并从中优选一种最佳设计方案。对于 T 形模，也应认真对待。由于时间与认识上的原因，当时认为合理的设计，经过生产实践也一定会有可改进之处。
- 在交出设计方案后，要与工厂多沟通，了解加工及使用中的情况。每套模具都应有一个分析经验、总结得失的过程，这样才能不断地提高模具的设计水平。
- 设计时多参考过去所设计的类似图纸，吸取其经验与教训。
- 模具设计部门应视为一个整体，不允许设计成员各自为政。特别是在模具设计总体结构方面，一定要统一风格。

4. 利用 CAD 软件设计模具

常见用于模具结构设计的计算机辅助设计软件有 Pro/E、UG、SolidWorks、Mastercam、CATIA 等，模具设计的步骤如下。

（1）分析产品。主要是分析产品的结构、脱模性、厚度、最佳浇口位置、填充分析、冷却分析等，若发现产品有不利于模具设计的，与产品结构设计师商量后需要进行修改。如图 12-34 所示为利用 Mastercam 软件对产品进行的脱模性分析，即更改产品的脱模方向。

图 12-34

（2）分型线设计。分型线是型腔与型芯的分隔线。它在模具设计初期有着非常重要的指导作用——只有合理地找出分型线才能正确分模乃至模具的完整，产品的模具分型线如图 12-35 所示。

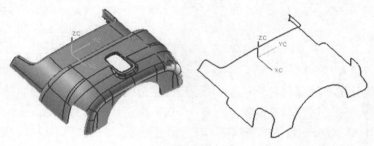

图 12-35

（3）分型面设计。模具上用于取出制品与浇注凝料的、分离型腔与型芯的接触表面称为分型面。在制品的设计阶段，就应考虑成型时分型面的形状和位置，模具分型面如图 12-36 所示。

（4）成型零件设计。构成模具模腔的零件统称为成型零件，它主要包括型腔、型芯、镶块、成型杆和成型环。如图 12-37 所示为模具的整体式成型零件。

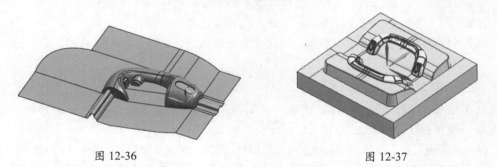

图 12-36　　　　　　　　　　　　　　　　　图 12-37

（5）模架设计。模架（沿海地区或称为"模胚"）一般采用标准模架和标准配件，这对缩短制造周期、降低制造成本是有利的。模架有国际标准和国家标准，符号国家标准的龙记模架结构如图 12-38 所示。

（6）浇注设计。浇注是指塑料熔体从注塑机喷嘴出来后到达模腔前在模具中所流经的通道。普通浇注由主流道、分流道、浇口、冷料穴几部分组成，如图 12-39 所示是卧式注塑模的普通浇注。

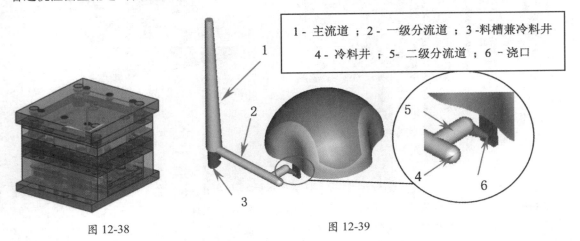

1 - 主流道 ； 2 - 一级分流道 ； 3 -料槽兼冷料井
4 - 冷料井 ； 5- 二级分流道 ； 6 - 浇口

图 12-38　　　　　　　　　　　　　图 12-39

（7）侧向分型机构设计。由于某些特殊要求，在塑件无法避免其侧壁内外表面出现凸凹形状时，模具就需要采取特殊的手段对所成形的制品进行脱模。因为这些侧孔、侧凹或凸台与开模方向不一致，所以在脱模之前必须先抽出侧向成形零件，否则将不能脱模。这种带有侧向成形零件移动的机构称为侧向分型与抽芯机构。如图 12-40 所示为模具四面侧向分型的滑块机构设计。

（8）冷却设计。模具冷却的设计与使用的冷却介质、冷却方法有关。注塑模可用水、压缩空气和冷凝水冷却，其中使用水冷却最为广泛，因为水的热容量大，传热系数大，成本低。冷却组件包括冷却水路、水管接头、分流片、堵头等，如图 12-41 所示为模具冷却设计图。

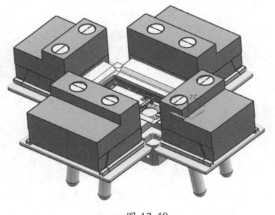

图 12-40

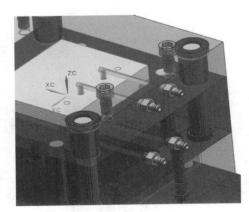

图 12-41

（9）顶出。成型模具必须有一套准确、可靠的脱模机构，以便在每个循环中将制件从型腔内或型芯上自动脱出模具外，脱出制件的机构称为脱模机构或顶出机构（也称模具顶出）。常见的顶出形式有顶杆顶出和斜向顶出，如图 12-42 所示。

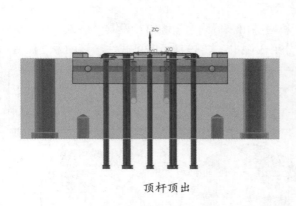

顶杆顶出

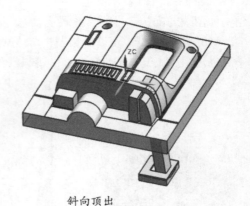

斜向顶出

图 12-42

（10）拆电极。作为数控编程师，一定要懂得拆镶块和拆电极。拆镶块，可以降低模具数控加工的成本。拆出来的镶块可以用普通机床、线切割机床完成加工。如果不拆，那么就有可能需要利用到电极加工方式，电极加工成本是很高的。就算用不上电极加工，但对于数控机床也会增加加工时间。此外，拆镶块还利于装配和维修。如图 12-43 所示为拆镶块的示意图。

有的产品为了保证产品的外观质量，例如手机外壳，是不允许有接缝产生的。因此，必须利用电极加工，那么就需要拆电极。如图 12-44 所示为模具的型芯零件与型芯电极。

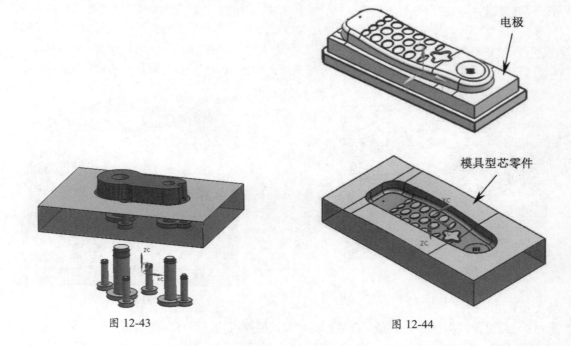

图 12-43

图 12-44

12.1.3　加工制造阶段

在模具加工制造阶段，新手除前面介绍的知识应掌握外，还应掌握以下重要内容。

1. 数控加工中常见的模具零件结构

编程者必须对模具零件结构有一定的认识，如模具中的前模（型腔）、后模（型芯）、行位（滑块）、斜顶、枕位、碰穿面、擦穿面和流道等。

一般情况下，前模的加工要求比后模的加工要求高，所以前模面必须加工得非常准确和光亮，该清的角一定要清；但后模的加工就有所不同，有时有些角不一定需要清得很干净，表面也不需要很光亮。另外，模具中一些特殊部位的加工工艺要求不同，如模具中的角位需要留 0.02mm 的余量待打磨师打磨；前模中的碰穿面、擦穿面需要留 0.05mm 的余量用于试模。

如图 12-45 所示列出了模具中的一些常见组成零件。

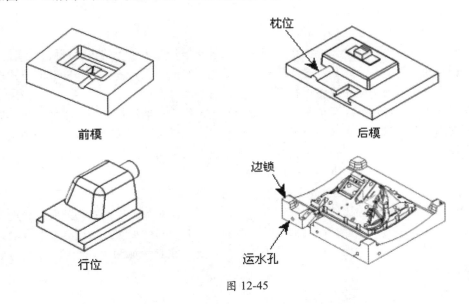

图 12-45

2. 模具加工的刀具选择

在模具型腔数控铣削加工中，刀具的选择直接影响着模具零件的加工质量、加工效率和加工成本，因此正确选择刀具有着十分重要的意义。在模具铣削加工中，常用的刀具有平端立铣刀、圆角立铣刀、球头铣刀和锥度铣刀等，如图 12-46 所示。

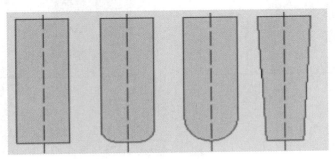

图 12-46

（1）刀具选择的原则。

在模具型腔加工时刀具的选择应遵循以下原则。

- 根据被加工型面形状选择刀具类型：对于凹形表面，在半精加工和精加工时，应选择球头铣刀，以得到较高的表面质量，但在粗加工时宜选择平端立铣刀或圆角立铣刀，这是因为球头铣刀切削条件较差；对凸形表面，粗加工时一般选择平端立铣刀或圆角立铣刀，但在精加工时宜选择圆角立铣刀，这是因为圆角铣刀的几何条件比平端立铣刀好；对带脱模斜度的侧面，宜选用锥度铣刀，虽然采用平端立铣刀通过插值也可以加工斜面，但会使加工路径变长而影响加工效率，同时会加大刀具的磨损而影响加工的精度。

- 根据从大到小的原则选择刀具：模具型腔一般包含多个类型的曲面，因此在加工时一般不能选择一把刀具完成整个零件的加工。无论是粗加工还是精加工，应尽可能选择大直径的刀具，因为刀具直径越小，加工路径越长，造成加工效率降低，同时刀具的磨损会造成加工质量的明显差异。

- 根据型面曲率的大小选择刀具。

- 在精加工时，所用最小刀具的半径应小于或等于被加工零件上的内轮廓圆角半径，尤其是在拐角加工时，应选用半径小于拐角处圆角半径的刀具，并以圆弧插补的方式进行加工，这样可以避免采用直线插补而出现过切现象。

- 在粗加工时，考虑到尽可能采用大直径刀具的原则，一般选择的刀具半径较大，这时需要考虑的是粗加工后所留余量是否会给半精加工或精加工刀具造成过大的切削负荷，因为较大直径的刀具在零件轮廓拐角处会留下更多的余量，这往往是精加工过程中出现切削力的急剧变化而使刀具损坏的直接原因。

- 粗加工时尽可能选择圆角铣刀：一方面圆角铣刀在切削中可以在刀刃与工件接触的 $0 \sim 90°$ 范围内给出比较连续的切削力变化，这不仅对加工质量有利，而且会使刀具寿命大幅延长；另一方面，在粗加工时选用圆角铣刀，与球头铣刀相比具有良好的切削条件，与平端立铣刀相比可以留下较为均匀的精加工余量，如图 12-47 所示，这对后续加工是十分有利的。

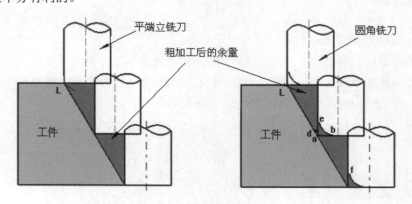

图 12-47

（2）刀具的切入与切出。

一般的 UG CAM 模块提供的切入、切出方式包括：刀具垂直切入切出工件、刀具以斜线切入工件、刀具以螺旋轨迹下降切入工件、刀具通过预加工工艺孔切入工件，以及圆弧切入切出工件。

其中刀具垂直切入切出工件是最简单、最常用的方式，适用于可以从工件外部切入的凸模类工件的粗加工和精加工，以及模具型腔侧壁的精加工，如图 12-48 所示。

刀具以斜线或螺旋线切入工件常用于较软材料的粗加工，如图 12-49 所示。通过预加工工艺孔切入工件是凹模粗加工常用的下刀方式，如图 12-50 所示。圆弧切入切出工件由于可以消除接刀痕而常用于曲面的精加工，如图 12-51 所示。

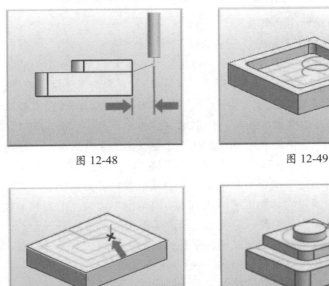

图 12-48

图 12-49

图 12-50

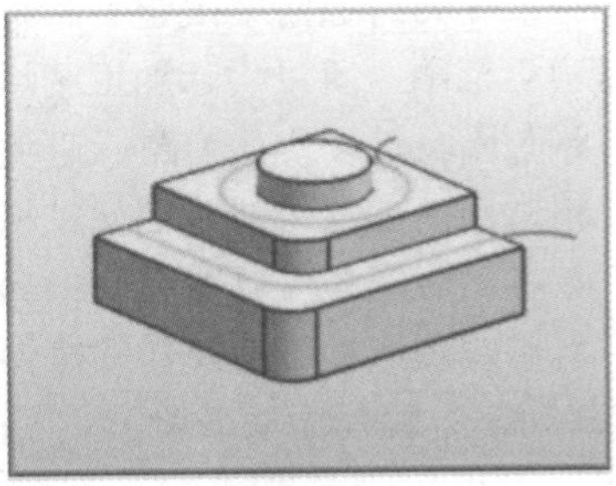

图 12-51

技术要点:

需要说明的是，在粗加工型腔时，如果采用单向走刀方式，一般CAD/CAM提供的切入方式是一个加工操作开始时的切入方式，并不定义在加工过程中每次的切入方式，这个问题有时是造成刀具或工件损坏的主要原因。解决这一问题的一种方法是采用环切走刀方式或双向走刀方式；另一种方法是减小加工的步距，使背吃刀量小于铣刀半径。

3. 模具前后模编程注意事项

在编写刀路之前，先将图形导入编程软件，再将图形中心移至默认坐标原点，最高点移至 Z 原点，并将长边放在 X 轴方向，短边放在 Y 轴方向，基准位置的长边向着自己，如图 12-52 所示。

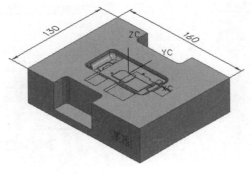

图 12-52

技术要点：

工件最高点移至Z原点有两个目的，一是防止程式中忘记设置安全高度造成撞机；二是反映刀具保守的加工深度。

（1）前模（定模仁）编程注意事项。

编程技术人员编写前模加工刀路时，应注意以下事项。

- 前模加工的刀路排序：大刀开粗→小刀开粗和清角→大刀光刀→小刀清角和光刀。

- 应尽量用大刀加工，不要用太小的刀，小刀容易弹刀，开粗通常先用刀把（圆鼻铣刀）开粗，光刀时尽量用圆鼻铣刀或球刀，因圆鼻铣刀足够大、有力，而球刀主要用于曲面加工。

- 有 PL 面（分型面）的前模加工时，通常会碰到一个问题，当光刀时 PL 面因碰穿需要加工到数，而型腔要留 0.2 ～ 0.5mm 的加工余量（留出来打火花）。这时可以将模具型腔表面朝正向补正 0.2 ～ 0.5 mm，PL 面在写刀路时将加工余量设为 0。

- 前模开粗或光刀时通常要限定刀路范围，一般默认参数以刀具中心产生刀具路径，而不是刀具边界范围，所以实际加工区域比所选刀路范围单边大一个刀具半径。因此，合理设置刀路范围，可以优化刀路，避免加工范围超出实际加工需要。

- 前模开粗常用的刀路方法是曲面挖槽，平行式光刀。前模加工时分型面、枕位面一般要加工到数，而碰穿面可以留余 0.1 mm 的量，以备配模。

- 前模材料比较硬，加工前要仔细检查，减少错误，不可轻易烧焊。

（2）后模（动模）编程注意事项。

后模（动模）编程注意事项如下。

- 后模加工的刀路排序：大刀开粗→小刀开粗和清角→大刀光刀→小刀清角和光刀。

- 后模同前模所用材料相同，尽量用圆鼻铣刀（刀把）加工。分型面为平面时，可用圆鼻铣刀精加工。如果是镶拼结构，则后模分为镶块固定板和镶块，需要分开加工。加工镶块固定板内腔时要多走几遍空刀，不然会有斜度，上面加工到数，下面加工不到位的现象，造成难以配模，深腔更明显。光刀内腔时尽量用大直径的新刀。

- 内腔高、较大时，可翻转过来首先加工腔部位，装配入腔后，再加工外形。如果有止口台阶，用球刀光刀时需要控制加工深度，防止过切。内腔的尺寸可比镶块单边小 0.02mm，以便配模。镶块光刀时公差为 0.01 ～ 0.03mm，步距值为 0.2 ～ 0.5mm。

- 塑件产品上下壳配合处凸起的边缘称为止口，止口结构在镶块上加工或在镶块固定板上用外形刀路加工，止口结构如图 12-53 所示。

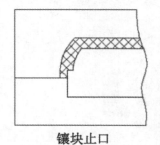

镶块止口

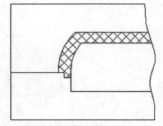

镶块固定板止口

图 12-53

12.2　数控编程基础

在机械制造过程中，数控加工的应用可提高生产率、稳定加工质量、缩短加工周期、增加生产柔性、实现对各种复杂精密零件的自动化加工，如图 12-54 所示为数控加工中心。

图 12-54

数控加工中心易于在工厂或车间实行计算机管理，还使车间设备总数减少、节省人力、改善劳动条件，有利于加快产品的开发和更新换代，提高企业对市场的适应能力并提高企业综合经济效益。

12.2.1　数控加工原理

当操作工人使用机床加工零件时，通常都需要对机床的各种动作进行控制，一是控制动作的先后次序，二是控制机床各运动部件的位移量。采用普通机床加工时，这种开车、停车、走刀、换向、主轴变速和开关切削液等操作都是由人工直接控制的。

1. 数控加工的一般工作原理

采用自动机床和仿形机床加工时，上述操作和运动参数则是通过设计好的凸轮、靠模和挡块等装置以模拟量的形式来控制的，它们虽能加工比较复杂的零件，且有一定的灵活性和通用性，但是零件的加工精度受凸轮、靠模制造精度的影响，且工序准备时间也很长。数控加工的一般工作原理如图 12-55 所示。

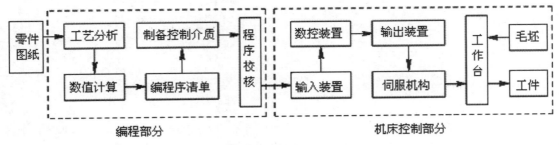

图 12-55

机床上的刀具和工件之间的相对运动，称为表面成形运动，简称成形运动或切削运动。数控加工是指数控机床按照数控程序所确定的轨迹（称为数控刀轨）进行表面成形运动，从而加工出产品的表面形状。如图 12-56 所示为平面轮廓加工示意图。如图 12-57 所示为曲面加工的切削示意图。

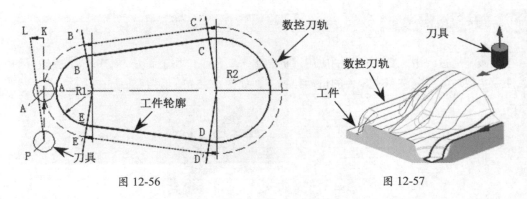

图 12-56 | 图 12-57

2. 数控刀轨

数控刀轨是由一系列简单的线段连接而成的折线,折线上的结点称为刀位点。刀具的中心点沿着刀轨依次经过每一个刀位点,从而切削出工件的形状。

刀具从一个刀位点移至下一个刀位点的运动称为数控机床的插补运动。由于数控机床一般只能以直线或圆弧这两种简单的运动形式完成插补运动,因此,数控刀轨只能是由许多直线段和圆弧段将刀位点连接而成的折线。

数控编程的任务是计算出数控刀轨,并以程序的形式输出到数控机床,其核心内容就是计算出数控刀轨上的刀位点。

在数控加工误差中,与数控编程直接相关的有两个主要部分。

- 刀轨的插补误差:由于数控刀轨只能由直线和圆弧组成,因此,只能近似地拟合理想的加工轨迹,如图 12-58 所示。
- 残余高度:在曲面加工中,相邻两条数控刀轨之间会留下未切削区域,如图 12-59 所示,由此造成的加工误差称为残余高度,它主要影响加工表面的粗糙度。

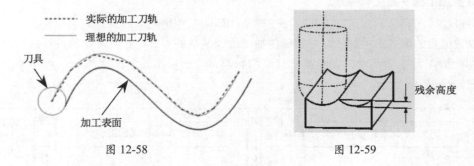

图 12-58 | 图 12-59

12.2.2 数控加工坐标系

在数控编程时,为了描述机床的运动,简化程序编制的方法及保证记录数据的互换性,数控机床的坐标系和运动方向均已标准化,ISO 和我国都拟定了命名的标准。通过这一部分的学习,能够掌握机床坐标系、编程坐标系、加工坐标系的概念,具备实际动手设置机床加工坐标系的能力。

1. 机床坐标系

在数控机床上，机床的动作是由数控装置来控制的，为了确定数控机床上的成形运动和辅助运动，必须先确定机床上运动的位移和运动的方向，这就需要通过坐标系来实现，这个坐标系被称为机床坐标系。

例如铣床上，有机床的纵向运动、横向运动以及垂向运动，如图 12-60 所示。在数控加工中就应该用机床坐标系来描述。

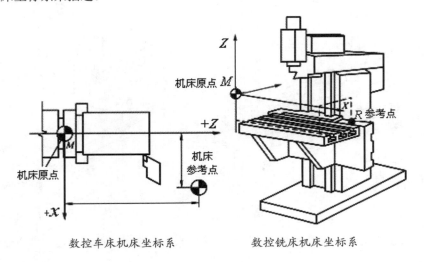

数控车床机床坐标系　　　　　数控铣床机床坐标系

图 12-60

2. 坐标轴及其运动方向

数控机床上的坐标系是采用右手直角笛卡尔坐标系。如图 12-61 所示，X、Y、Z 直线进给坐标系按右手定则规定，而围绕 X、Y、Z 轴旋转的圆周进给坐标轴 A、B、C 则按右手螺旋定则判定。

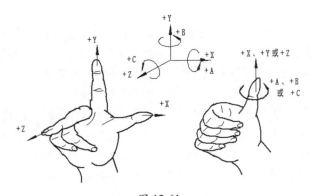

图 12-61

3. 机床原点、机床参考点和工件原点

机床原点是指在机床上设置的一个固定点，即机床坐标系的原点。它在机床装配、调试时就已确定下来，是数控机床进行加工运动的基准参考点。机床原点、机床参考点和工件原点在机床中的对应位置关系，如图 12-62 所示。机床参考点是用于对机床运动进行检测和控制的固定位置点。机床参考点的位置是由机床制造厂家在每个进给轴上用限位开关精确调整好的，坐标值已输入数控中，因此参考点对机床原点的坐标是一个已知数。

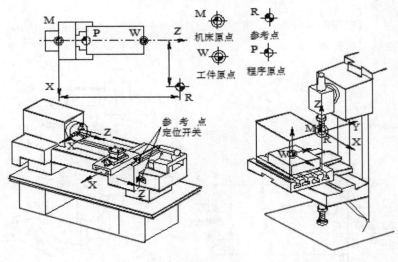

图 12-62

编程坐标系在机床上就表现为工件坐标系，坐标原点就称为工件原点。工件原点一般按如下原则进行选取。

- 工件原点应选在工件图样的尺寸基准上。
- 能使工件方便地装夹、测量和检验。
- 尽量选在尺寸精度、光洁度比较高的工件表面上，这样可以提高工件的加工精度和同一批零件的一致性。
- 对于有对称几何形状的零件，工件原点最好选在对称中心点上。

4. 加工坐标系

加工坐标系是指以确定的加工原点为基准建立的坐标系（有时也称工件坐标系）。加工原点也称为程序原点，是指零件被装夹好后，相应的编程原点在机床坐标系中的位置。

在加工过程中，数控机床是按照工件装夹好后所确定的加工原点位置和程序要求进行加工的。编程人员在编制程序时，只要根据零件图样就可以选定编程原点、建立编程坐标系、计算坐标数值，而不必考虑工件毛坯装夹的实际位置。对于加工人员来说，则应在装夹工件、调试程序时，将编程原点转换为加工原点，并确定加工原点的位置，在数控中给予设定（即给出原点设定值），设定加工坐标系后即可根据刀具的当前位置，确定刀具起始点的坐标值。在加工时，工件各尺寸的坐标值都是相对于加工原点而言的，这样数控机床才能按照准确的加工坐标系位置开始加工。

12.2.3 数控加工工艺性分析

被加工零件的数控加工工艺性问题涉及面很广，下面结合编程的可能性和方便性提出一些必须分析和审查的主要内容。

1. 尺寸标注应符合数控加工的特点

在数控编程中，所有点、线、面的尺寸和位置都是以编程原点为基准的。因此零件图样上最好直接给出坐标尺寸，或尽量以同一基准引注尺寸。

2. 几何要素的条件应完整、准确

在程序编制中，编程人员必须充分掌握构成零件轮廓的几何要素参数及各几何要素之间的关系。因为在自动编程时要对零件轮廓的所有几何元素进行定义，手工编程时要计算出每个节点的坐标，无论哪一点不明确或不确定，编程都无法进行。但由于零件设计人员在设计过程中考虑不周或被忽略，经常出现参数不全或不清楚的情况，如圆弧与直线、圆弧与圆弧是相切还是相交或相离。所以，在审查与分析图纸时，一定要仔细核算，发现问题及时与设计人员沟通。

3. 定位基准可靠

在数控加工中，加工工序往往较集中，以同一基准定位十分重要。因此，往往需要设置一些辅助基准，或在毛坯上增加一些工艺凸台。如图 12-63（a）所示的零件，为增加定位的稳定性，可在底面增加一个工艺凸台，如图 12-63（b）所示，在完成定位加工后再除去。

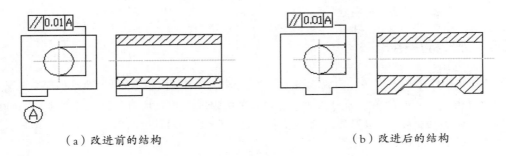

（a）改进前的结构　　　　　　　　　（b）改进后的结构

图 12-63

4. 统一几何类型及尺寸

零件的外形、内腔最好采用统一的几何类型及尺寸，这样可以减少换刀次数，还可以应用控制程序或专用程序以缩短程序长度。零件的形状尽可能对称，便于利用数控机床的镜向加工功能来编程，以节省编程时间。

12.2.4　工序的划分

根据数控加工的特点，加工工序的划分一般可按下列方法进行。

1. 以同一把刀具加工的内容划分工序

有些零件虽然能一次安装加工出很多待加工面，但考虑到程序太长，会受到某些限制，如控制的限制（主要是内存容量）、机床连续工作时间的限制（如一道工序在一个班内不能结束）等。此外，程序太长会增加出错率、查错与检索困难。因此，程序不能太长，一道工序的内容不能太多。

2. 以加工部分划分工序

对于加工内容很多的零件，可按其结构特点将加工部位分成几个部分，如内形、外形、曲面或平面等。

3. 以粗、精加工划分工序

对于易发生加工变形的零件，由于粗加工后可能发生较大的变形而需要进行校形，因此，一般凡要进行粗、精加工的工件都要将工序分开。

综上所述，在划分工序时，一定要视零件的结构与工艺性、机床的功能、零件数控加工内容的多少、安装次数及本单位生产组织状况灵活掌握。

零件采用工序集中的原则还是采用工序分散的原则，也要根据实际需要和生产条件确定，要力求合理。

加工排序的安排应根据零件的结构和毛坯状况，以及定位安装与夹紧的需要来考虑，重点是工件的刚性不被破坏。排序安排一般应按下列原则进行。

- 上道工序的加工不能影响下道工序的定位与夹紧，中间穿插有通用机床加工工序的也要综合考虑。
- 先进行内型腔加工工序，后进行外型腔加工工序。
- 在同一次安装中进行的多道工序，应先安排对工件刚性破坏小的工序。
- 以相同定位、夹紧方式或同一把刀具加工的工序，最好连续进行，以减少重复定位次数、换刀次数与挪动压板次数。

12.2.5　数控程序格式

数控加工程序由若干程序段构成。程序段则是按照一定排序排列，能使数控机床完成某特定动作的一组指令。而每个指令都由地址字符和数字所组成，如 G01 表示直线插补指令、M03 表示主轴顺时针旋转指令、X30.0 表示 X 向的位移、F200 表示刀具进给速度等。若干程序可组成一完整的零件加工程序。

1. 程序段格式

程序段的格式是指一个程序段中指令字的排列排序和书写规则，不同的数控往往有不同的程序段格式，格式不符合规定，数控就不能接受。目前广泛采用的是地址符可变程序段格式（或称字地址程序段格式），其编排格式如下。

N_G_　X_Y_Z_　I_J_K_　T_H_　　S_M_F_；

U_V_W_　R_　　　D_　　　　　LF（或 *、或 $ 或 Enter 符）

在程序段中，必须明确组成程序段的各要素。

- 程序段排序号：N 表示程序段排序号，N0000 ～ N9999。有的数控可以省略程序号。
- 沿怎样的轨迹移动：准备功能字 G，范围为 G00 ～ G99。
- 移动目标：终点坐标值 X、Y、Z。
- 进给速度：进给功能字 F。
- 切削速度：主轴转速功能字 S。
- 使用刀具：刀具功能字 T。
- 机床辅助动作：辅助功能字 M。

；、*、$ 或 LF 等是程序结束的标志，控制不同，结束标志也不尽相同。

2. 加工程序的一般格式

加工程序的一般格式包括程序开始符与结束符、程序名、程序主体，以及程序结束指令等。

- 程序开始符、结束符：为同一个字符，ISO 代码中是 %，EIA 代码中是 EP，书写时要单列一段。
- 程序名：程序名有两种形式：一种是英文字母 O 和 1 ~ 4 位正整数组成；另一种是由英文字母开头，字母数字混合组成的，一般要求单列一段。
- 程序主体：程序主体是由若干个程序段组成的，每个程序段一般占一行。
- 程序结束指令：程序结束指令可以用 M02 或 M30，一般要求单列一段。

加工程序的一般格式举例如下。

%	// 开始符
O 0029	// 程序名
N10 G00 Z100;	// 程序段
N20 G17 T02;	// 程序段
N30 G00 20200 Y65 Z2 S800;	// 程序段
N40 G01 Z-3 F50;	// 程序段
N50 G03 X20 Y15 I-10 J-40;	// 程序段
N60 G00 Z100;	// 程序段
N70 M30;	// 程序段
%	// 结束符

技术要点：

M02和M03不能同时出现在一组程序中。

12.2.6　主要功能指令

数控机床的运动是由程序控制的，而准备功能和辅助功能是程序段的基本组成部分。目前国际上广泛应用的是 ISO 标准，我国根据 ISO 标准制定了 JB3208-83《数控机床的准备功能 G 和辅助功能的代码》。

1. 准备功能（G 功能）

使机床做某种操作的指令。用地址 G 和两位数字表示，从 G00-G99 共 100 种。

准备功能指令按其有效性的长短分属于两种模态：0 组的指令为非模态指令；其余组的指令为模态指令。

（1）非模态 G 功能。

只在所规定的程序段中有效，程序段结束时被注销。例如：

N10　G04 P10.0（延时 10s）

N11　G91 G00 X-10.0 F200（X 负向移动 10mm）

N10 程序段中 G04 是非模态 代码，不影响 N11 程序段的移动。

（2）模态 G 功能。

一组可相互注销的 G 功能，这些功能一旦被执行，则一直有效，直到被同一组的 G 功能注销为止。例如：

N15 G91 G01 X-10.0 F200
N16 Y10.0（G91、G0 仍然有效）
N17 G03 X20 Y20 R20（G03 有效，G01 无效）

2. 辅助功能（M 功能）

控制机床及其辅助装置的通断指令。如开、停冷却泵；主轴正反转、停转；程序结束等。M 功能指令由 M 后带二位数字组成，从 M00 ～ M99 共有 100 种。M 指令也有模态（续效）指令与非模态指令之分。

3. 进给功能（F 功能）

进给功能字的地址符是 F，又称为 F 功能或 F 指令，用于指定切削的进给速度。对于车床，F 可分为每分钟进给和主轴每转进给两种，对于其他数控机床，一般只用每分钟进给。F 指令在螺纹切削程序段中常用来指令螺纹的导程。

4. 主轴转速功能（S 功能）

主轴转速功能字的地址符是 S，又称为 S 功能或 S 指令，用于指定主轴转速。单位为 r/min。对于具有恒线速度功能的数控车床，程序中的 S 指令用来指定车削加工的线速度数。

5. 刀具功能（T 功能）

刀具功能字的地址符是 T，又称为 T 功能或 T 指令，用于指定加工时所用刀具的编号。对于数控车床，其后的数字还兼作指定刀具长度补正和刀尖半径补正用。

12.3　Mastercam 2020 铣削模块简介

Mastercam 铣削模块为用户创造高效、简捷的编程体验。通过深入挖掘机床性能，可以有效提升生产速度和效率。

Mastercam 结合多种特殊功能及优点，如容易使用、刀具功能自动化、实时毛坯模型进程更新、刀路智能化、工艺参数保存功能等，提供高效、精简的加工配套。

Mastercam 2020 的铣削功能在【机床】选项卡中，如图 12-64 所示。

图 12-64

Mastercam 的铣削类型包括 2D/3D 铣削、车削、线切割及木雕等。在 Mastercam 2020 之前的旧版本软件中，还包括常见的车铣复合铣削方式。而在 Mastercam 2020 中，将车铣复合铣削方式集成到【车床】铣削类型中。

1. 铣削

Mastercam 铣削模块的功能强大，不论是基本或复杂的 2D 加工，还是单面或高级的 3D 铣削，Mastercam 都能满足编程人员的需要。

2D/3D 铣削的主要特点如下。

- 高速加工（High Speed Machining，HSM）结合高进给率、高主轴转速、指定工具及特殊刀具联动，缩短生产周期并提高加工质量。
- 动态铣削提高加工工艺的一致性，实现刀具全槽长的使用，同时减少加工时间。
- 高速优化开粗（OptiRough）可以更有效、快速地切除大量毛坯。
- 混合精加工智能化地融合了多个相应切削技术成为单一的刀路。
- 3D 刀路优化功能完美地控制切削性能、完成精致优秀的成品及缩短加工周期。
- 余料加工（再加工）功能自动确认小型刀具的加工范围。
- 基于特征加工功能自动分析零件特征并设计、生成有效的加工策略。
- 仿真功能的加工前模拟让操作者更有自信地去尝试复杂的刀路。

在【机床类型】面板中单击【铣削】→【默认】按钮，会弹出【铣床 - 刀路】上下文选项卡，如图 12-65 所示。

图 12-65

利用【刀路】选项卡中的工具，可以创建出利用数控铣床进行加工的 2D、3D 及多轴加工刀路。

2. 车削

高效的车削加工不仅取决于刀路编程，Mastercam 车削提供一系列工具来优化整个加工过程。从简捷的 CAD 功能和实体模型加工到强大的精、粗加工，可以按操作者的想法与创意进行各种加工。

Mastercam 车削加工的主要功能如下。

- 简易的精粗加工、螺纹加工、切槽、镗孔、钻孔及切断作业。
- 与 Mastercam 铣削结合，给你完整的车铣性能。
- 专为 ISCAR 的 Cut Grip 刀头而设计的切入车削刀路。
- 变量深度粗加工可防止粗加工时在型材上来回经过同一点时形成"槽"。
- 智能型的内、外圆粗加工，包括铸件边界的粗加工。
- 刀具监控功能，可以在精、粗加工和切槽中途停止加工，检查刀头。
- 快速分析几何体，设置零件调动操作，将零件从主轴转移到副主轴或进行型材抽置，最后实行切断刀路。

在【机床】选项卡的【机床类型】面板中单击【车床】→【默认】按钮，会弹出【车削】选项卡（图 12-66 所示）和【铣削】选项卡。

图 12-66

【车削】选项卡中的加工功能可以创建出常规的车削、钻孔、镗孔等刀路。【铣削】选项卡与【刀路】选项卡的加工功能完全一致。

当设计师重新为车床设计出符合铣削的工装夹具或铣削装置时，可以利用数控车床进行铣削加工，也就是常见的"车铣复合铣削"加工方式。

3. 线切割

Mastercam 2 轴和 4 轴线切割模块提供多种加工方案。

Mastercam 简捷的操作可以完全掌控线切割刀路、切割角度、切入和切出等功能。

Mastercam 可以智能地记录存储操作历史，建立设计风格。零件编程完后，你可以随时修改刀路，无须重新编程。Mastercam 的智能数控编程可以建立相应的加工策略库。只需在加工新零件前选择合适的加工记录，Mastercam 能将所选择的作业记录根据即将加工零件的特征进行修改，适应使用。

线切割模块的主要特点如下。

- 文件追踪功能让编辑、更新文档更轻松。
- 修订记录功能，让操作者在短时间内定位修订部分并重编设计，节省时间。
- 快速、简单和全面地控制脱料保护设置，按需求自由地增减挂台数量。
- Mastercam 的 No Drop Out 选项，防止毛刺形成。
- Mastercam 线切割产品支持 Agievision 控制器和 Agie EDM 加工机。
- 刀路验证功能提高加工精确度。

线切割加工的【线割刀路】选项卡如图 12-67 所示。

图 12-67

4. 木雕

在模具加工中或木制品工艺中不可避免地要进行文字和图片的雕刻加工，Mastercam 提供了专业的木雕工艺加工的模块，木雕加工的【刀路】选项卡如图 12-68 所示。

图 12-68

木雕加工的【刀路】选项卡与铣削加工的功能选项卡相同，当然也可以在铣削加工的功能选项卡中调取加工命令完成模具雕刻加工或木工雕刻加工工作。

第 13 章　数控加工通用参数设置

项目导读

数控加工的通用参数是指在各个加工模块中均需要设置的通用类型的加工参数，如刀具设置、毛坯工件设置、加工仿真模拟设置、加工切削参数设置等。除此之外，一些参数是特殊的切削类型才有的，可以进行不同的设置，其他大部分参数则是相同的设置步骤和方法。因此，掌握并理解这些加工通用参数的设置是非常必要的。

项目分解

- 设置加工刀具
- 设置加工工件（毛坯）
- 刀路模拟
- 2D 铣削通用加工参数
- 3D 铣削通用加工参数

13.1　设置加工刀具

数控加工刀具，主要是指数控车床、数控铣床及加工中心上使用的刀具。在 Mastercam 中，用户可以自定义加工刀具的形式和尺寸，也可以直接调用系统刀具库中的刀具，或者通过修改刀具库中的刀具参数，将其保存到刀具库中以备后续加工时使用。

刀具设置主要包括如何从刀具库中选择刀具，如何自定义新刀具并设置相关刀具参数，如何在加工工序创建过程中定义刀具等。

13.1.1　从刀具库中选择刀具

从刀具库中选择标准刀具是数控加工中最常用的方式，可以简化用户的加工设置操作，快速提升工作效率，下面以平面铣削加工为例介绍其标准刀具的选择方法。

首先在【机床】选项卡的【机床类型】面板中单击【铣床】按钮 ，弹出【铣床 - 刀路】选项卡。在【铣床 - 刀路】选项卡的【工具】面板中单击【铣床刀具管理】按钮，弹出【刀具管理】对话框（此对话框即是系统刀具库），如图 13-1 所示。

从【刀具管理】对话框下方的刀具库中选择用于铣削加工的平底刀或圆鼻铣刀刀具，单击【将选择的刀具库刀具复制到机床群组中】按钮 ，将刀具添加到加工群组中，如图 13-2 所示。

图 13-1

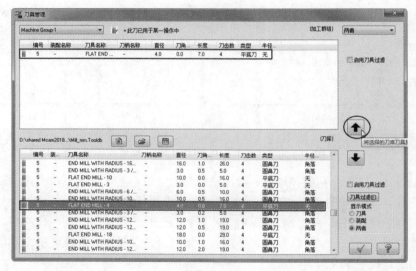

图 13-2

同理，在加工群组中可以选择刀具并右击，在弹出的快捷菜单中选择【删除刀具】命令，将刀具删除，如图 13-3 所示。

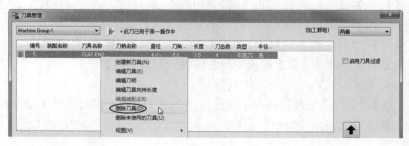

图 13-3

1. 修改刀具库中刀具

刀具库中的加工刀具是刀具厂家生产的标准件、常用件，其刀具直径、刀角、长度、刀齿数等都是系统预设的，用户可以通过修改刀具参数来获得所需的非标准刀具。在加工群组中右击刀具，然后选择快捷菜单中的【编辑刀具】命令，弹出如图 13-4 所示的【编辑刀具】对话框，通过该对话框可对刀具的相关参数进行修改。修改后单击【完成】按钮，将保存为新刀具。

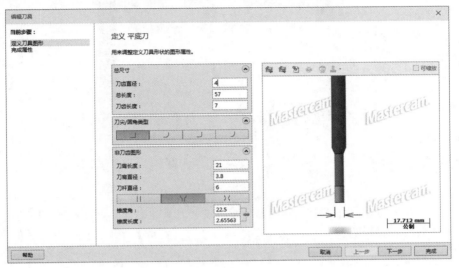

图 13-4

2. 自定义新刀具

除了从刀具库中选择并修改刀具得到加工所需要的刀具，还可以自定义新的刀具来获得所需的加工刀具。

在【刀具管理】对话框的加工群组中的空白处右击，在弹出的快捷菜单中选择【创建新刀具】命令，弹出【定义刀具】对话框。在【选择刀具类型】页面中选择所需加工刀具类型，如图 13-5 所示。

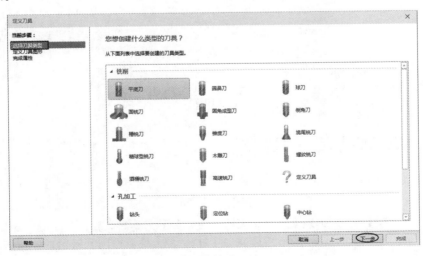

图 13-5

单击【下一步】按钮，在【定义刀具图形】页面中设置刀具的尺寸参数，如图 13-6 所示。

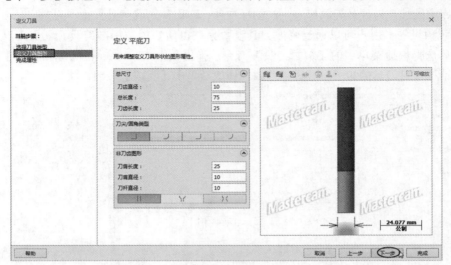

图 13-6

单击【下一步】按钮，在【完成属性】页面中设置刀具的刀号、刀长补正、每齿进刀量、进给速率、主轴转速、材料等参数，如图 13-7 所示。单击【完成】按钮，完成新刀具的创建。

图 13-7

13.1.2　在加工刀路中定义刀具

在刀具库中选择和自定义的刀具，用于所有切削类型的各加工工序中的是通用刀具。如果仅是创建单个加工工序或几个工序，还可以在创建某个加工工序的过程中定义刀具。例如，创建一个外形加工工序，在【铣床 - 刀路】上下文选项卡的【2D】面板中单击【外形】按钮█，弹出【线框串连】对话框。选择加工的外形串连后弹出【2D 刀路 - 外形铣削】对话框。在该对话框中的选项设置列表中选择【刀具】选项，该对话框右侧显示刀具设置选项，如图 13-8 所示。

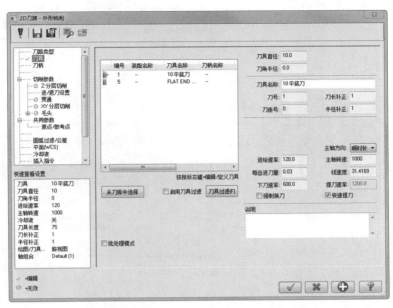

图 13-8

在【2D 刀路 - 外形铣削】对话框中不能删除刀具，但可以定义新刀具和编辑刀具。单击【从刀具库中选择】按钮，会弹出【选择刀具】对话框，如图 13-9 所示。从该对话框中的刀具库列表中选择所需刀具，单击【确定】按钮 ，完成刀具的选择。

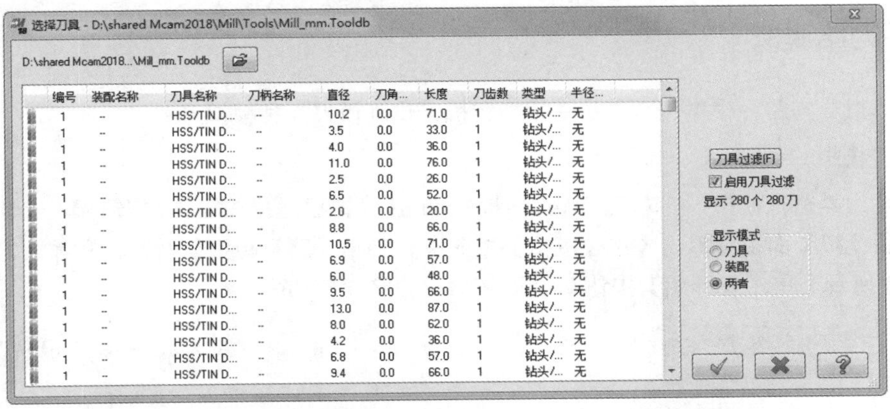

图 13-9

13.2 设置加工工件（毛坯）

设置加工工件就是定义用来加工成型零件的毛坯，设置包括工件的尺寸、原点、材料、显示等参数。创建加工刀路后，若要进行实体仿真模拟，就必须设置合适形状的工件，如果没有设置工件，仿真模拟时系统会自动创建一个虚拟工件，这个虚拟工件的形状是固定的。

在【刀路】面板中选中【毛坯设置】选项，打开【机床群组属性】对话框的【毛坯设置】选项卡，在该选项卡中设置工件尺寸，如图 13-10 所示。

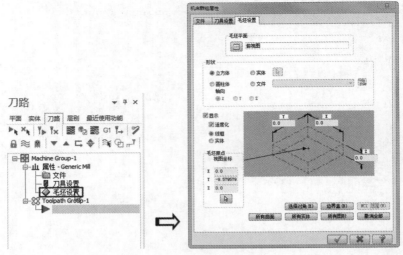

图 13-10

13.3 刀路模拟与 NC 程序后处理

生成铣削加工刀路后即可进行刀路的切削模拟,待验证无误后再利用 POST 后处理功能输出正确的 NC 加工程序。刀路模拟分为路径模拟、实体仿真和机床仿真 3 种模拟形式。

13.3.1 刀路模拟

刀路模拟分为路径模拟、实体仿真模拟和机床仿真模拟 3 种模拟形式。

1. 路径模拟

要进行刀具路径模拟,可以在【刀路】面板中单击【模拟已选择的操作】按钮 ,或者在【机床】选项卡的【模拟】面板中单击【路径模拟】按钮 ,弹出【路径模拟】对话框和播放器控制条,如图 13-11 所示。单击【开始】按钮 ,即可播放刀路模拟动画。

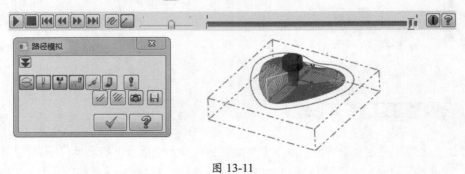

图 13-11

2. 实体仿真模拟

执行实体仿真模拟,可以看到零件的真实切削加工过程,在【模拟】面板中单击【实体仿真】按钮 ,进入实体仿真界面,单击图形区下方播放器控制条中的【播放】按钮 ,如图 13-12 所示。

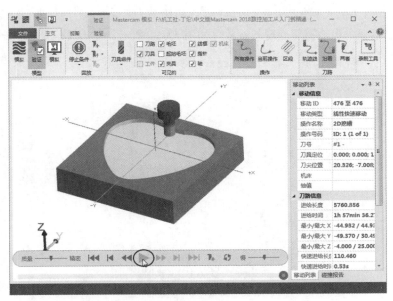

图 13-12

3. 机床仿真模拟

机床仿真模拟是在实体模拟的基础上加入机床进行的动态模拟。在【机床】选项卡的【模拟】面板中单击【机床仿真】按钮　，进入机床仿真界面进行机床仿真，如图 13-13 所示。

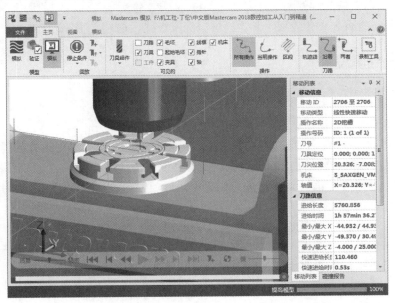

图 13-13

13.3.2　NC 程序后处理输出

实体仿真模拟结束后，若未发现任何系统错误，即可后处理输出 NC 程序。要执行 NC 程序的后处理输出，可在【机床】选项卡的【后处理】面板中单击【生成NC】按钮，弹出【后处理程序】对话框，在该对话框中可设置后处理的参数，如图13-14所示。单击【确定】按钮，将NC加工程序文件保存并输出。

图 13-14

单击【确定】按钮  ，将 NC 加工程序文件保存。

13.4 2D 铣削通用加工参数

2D 铣削加工用于铣削零件的平直表面及侧壁面。2D 铣削加工过程中的通用参数设置包括安全高度设置、补正设置、转角设置、外型设置、深度设置、进/退刀设置设置、过滤设置等。

13.4.1 安全高度设置

1. 理解高度与安全高度

起止高度指进退刀的初始高度。在程序开始时，刀具将先到这一高度，同时在程序结束后，刀具也将退回到这一高度。起止高度要大于或等于安全高度，安全高度也称为提刀高度，是为了避免刀具碰撞工件而设定的高度（Z 值）。安全高度是在铣削过程中，刀具需要转移位置时将退到这一高度再进行 G00 插补到下一进刀位置，此值一般情况下应大于零件的最大高度（即高于零件的最高表面）。

慢速下刀相对距离通常为相对值，刀具以 G00 快速下刀到指定位置，然后以接近速度下刀到加工位置。如果不设定该值，刀具以 G00 的速度直接下刀到加工位置。若该位置又在工件内或工件上，且采用垂直下刀方式，则极不安全。即使是在空的位置下刀，使用该值也可以使机床有缓冲过程，确保下刀所到位置的准确性，但是该值也不宜取得太大，因为下刀插入速度往往比较慢，太长的慢速下刀距离将影响加工效率。

在加工过程中，当刀具需要在两点之间移动而不切削时，是否要提刀到安全平面呢？

当设定为抬刀时，刀具将先提高到安全平面，再在安全平面上移动；否则将直接在两点之间移动而不提刀。直接移动可以节省抬刀时间，但必须注意安全，在移动路径中不能有凸出的部位，在编程中要特别注意，当分区域选择加工曲面并分区加工时，中间没有选择的部分是否有高于刀具移动路线的部分。在粗加工时，对较大面积的加工通常建议使用抬刀，以便在加工时可以暂停，对刀具进行检查。而在精加工时，经常使用不抬刀以加快加工速度，特别是像角落部分的加工，抬刀将造成加工时间大幅延长。在孔加工循环中，使用 G98 将刀抬到安全高度进行转移，而使用 G99 将直接移动，不抬刀到安全高度，如图 13-15 所示。

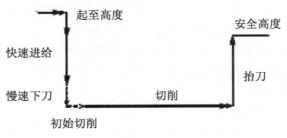

图 13-15

2. Mastercam 高度设置

高度参数设置是 Mastercam 二维和三维刀具路径都有的共同参数，共有 5 个高度需要设置，分别是安全高度、参考高度、下刀位置、工件表面和深度。高度还分为绝对坐标和增量坐标两种，绝对坐标是相对原点来测量的，原点不变；增量坐标是相对工件表面的高度来测量的。工件表面随着加工的深入不断变化，因而增量坐标是不断变化的。在【2D 刀路 -2D 挖槽】对话框中选中【共同参数】选项，进行共同参数选项设置，如图 13-16 所示。

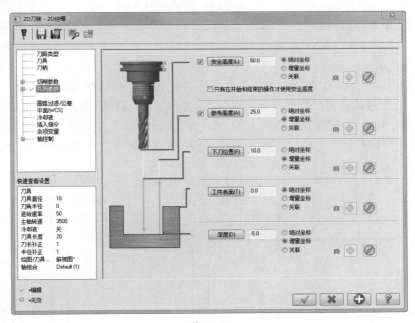

图 13-16

【2D 刀路 -2D 挖槽】对话框中主要参数含义如下。

- 安全高度：是刀具开始加工和加工结束后返回机床原点前所停留的高度位置。选中该复选框，可以输入高度值，刀具在此高度值上一般不会撞刀，比较安全。此高度值一般设置绝对值为 50 ～ 100。在安全高度下方有【只有在开始及结束的操作才使用安全高度】复选框,当选中该复选框时,仅在该加工操作的开始和结束时移至安全高度;反之,每次刀具在回缩时均移至安全高度。

- 绝对坐标:该坐标是相对原点来测量的。
- 增量坐标:该坐标是相对工件表面的高度来测量的。
- 参考高度:是刀具结束某一路径的加工,进行下一路径加工前在 Z 方向的回刀高度,也称退刀高度,此处一般设置绝对值为 10 ~ 25。
- 下刀位置:指刀具下刀速度由 G00 速度变为 G01 速度(进给速度)的平面高度。刀具首先从安全高度快速移至下刀位置,然后再以设定的速度靠近工件,下刀高度即是靠近工件前的缓冲高度,是为了刀具安全切入工件,但是考虑到效率,此高度值不要设得太高,一般设置增量坐标为 5 ~ 10。
- 工件表面:即加工件表面的 Z 值,一般设置为 0。
- 深度:即工件实际要切削的深度,一般设置为负值。

13.4.2 补正设置

1. 理解刀具补正
刀具的补正包括半径补正和长度补正。

（1）半径补正。

刀具半径尺寸对铣削加工影响最大,在零件轮廓铣削加工时,刀具的中心轨迹与零件轮廓往往不一致。为了避免计算刀具中心轨迹,直接按零件图样上的轮廓尺寸编程,数控提供了刀具半径补正功能,如图 13-17 所示。

（2）长度补正。

在实际加工中,刀具的长度不统一、刀具磨损、更换刀具等原因引起刀具长度尺寸变化时,编程人员不必考虑刀具的实际长度及对程序的影响。可以通过使用刀具长度补正指令来解决问题,在程序中使用补正,并在数控机床上用 MDI 方式输入刀具的补正量,就可以正确的加工。当刀具磨损时也只需要修正刀具的长度补正量,而不必调整程序或刀具的加持长度,如图 13-18 所示。

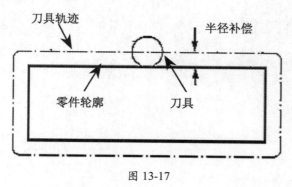

图 13-17

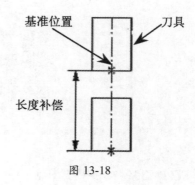

图 13-18

2. Mastercam 补正设置
在【2D 刀路 - 外形铣削】对话框中的【切削参数】选项设置中,可以设置【补正方式】和【补正方向】选项，如图 13-19 所示。

在实际的铣削过程中，刀具所走的加工路径并不是工件的外形轮廓，还包括一个补正量，补正量包括以下几个方面。

- 实际使用刀具的半径。
- 程序中指定的刀具半径与实际刀具半径之间的差值。
- 刀具的磨损量。
- 工件之间的配合间隙。

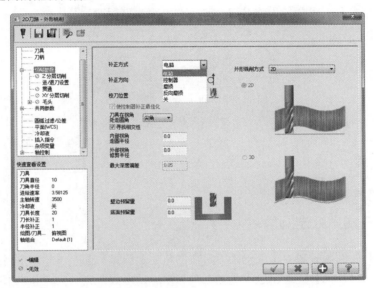

图 13-19

Mastercam 切削参数中提供了 5 种补正方式和 2 个补正方向供用户选择。

（1）补正方式。

刀具补正方式包括【电脑】【控制器】【磨损】【反向磨损】和【关】5 种。

- 【电脑】补正：刀具中心向指定的方向（左或右）移动一个补正量（一般为刀具的半径），NC 程序中的刀具移动轨迹坐标是加入了补正量的坐标值。
- 【控制器】补正：刀具中心向左或右移动一个存储在寄存器里的补正量（一般为刀具半径），将在 NC 程序中给出补正控制代码（左补 G41 或右补 G42），NC 程序中的坐标值是外形轮廓值。
- 【磨损】补正：当选择此补正方式时，同时具有【电脑】补正和【控制器】补正的特性，且补正方向相同，并在 NC 程序中给出加入了补正量的轨迹坐标值，同时又输出控制代码 G41 或 G42。
- 【反向磨损】补正：即刀具磨损反向补正时，也同时具有【电脑】补正和【控制器】补正的特性，但控制器补正的补正方向与设置的方向反向。即当采用电脑左补正时，在 NC 程序中输出反向补正控制代码 G42；当采用电脑右补正时，在 NC 程序中输出反向补正控制代码 G41。
- 【关】补正：选择此方式将关闭补正设置，在 NC 程序中给出外形轮廓的坐标值，且在 NC 程序中无控制补正代码 G41 或 G42。

（2）补正方向。

刀具补正方向有左补正和右补正两种。图 13-20 所示为铣削一个圆柱零件外表面，如果关闭补正，刀具的圆心轨迹即是零件外表面，如果不设置补正，铣削完成后会发现实际的零件尺寸要比理论设计值小，正好是刀具的半径值。

要想实际铣削的效果与理论值相同，则必须将刀具的表面与圆柱零件的外表面刚好接触，即将刀具圆心轨迹线向外偏移一个半径的量，即刀具右补正。一般情况下，铣削内圆面为左补正，铣削外圆面为右补正。再如，图 13-21 所示为铣削圆形孔，刀具的补正量为刀具半径值，补正方向为左补正。从以上分析可知，为弥补刀具带来的差距要进行刀具补正。

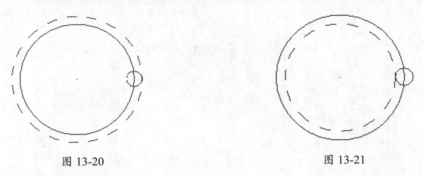

图 13-20　　　　　　　　　　　　　　图 13-21

13.4.3　刀具在拐角处走圆角

在【切削参数】选项设置中可设置【刀具在拐角处走圆弧】选项，此选项用于设置零件中相连边线的连接点位置的刀具运动轨迹。包括 3 种刀路运动形式：无、尖角和全部。

- 无：选择此形式将不走圆角，并在相连边线连接点位置（即转角处）走直线。如图 13-22 所示，无论转角的角度是多少，刀具均走直线路径。
- 尖角：选择此形式将在转角处走圆角，刀具在小于 135°转角处走圆弧路径。如图 13-23 所示，在 100°的地方刀具走圆弧路径，而在 136°的地方刀具则改为走直线路径。
- 全部：选择此形式，在零件中所有的转角处都走圆弧路径。如图 13-24 所示为在两个转角处都走圆弧路径。

图 13-22　　　　　　　　　　图 13-23　　　　　　　　　　图 13-24

13.4.4　Z 分层切削设置

Z 分层切削设置选项如图 13-25 所示，其用来设置定义深度分层铣削的粗切和精修的参数，其部分参数含义如下。

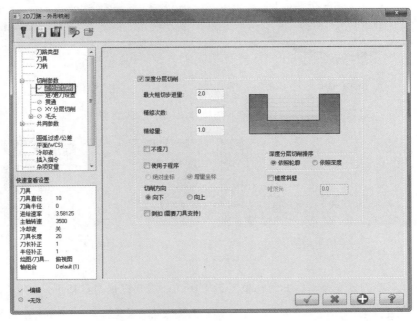

图 13-25

- 最大粗切步进量：定义粗切削时的最大进刀量。该值要视工件材料而定，一般来说，工件材料比较软时，例如铜，粗切步进量可以设置得大一些；工件材料较硬，如铣一些模具钢时，该值要设置得小一些。另外，还与刀具材料的好坏有关，例如硬质合金钢刀进量可以稍微大些，若白钢刀进量则要小些。

- 精切次数：输入需要在深度方向上精修的次数，此处应输入整数值。

- 精修量：输入在深度方向上的精修量，一般比粗切步进量小。

- 不提刀：选择刀具在每一个切削深度后，是否返回下刀位置的高度上。当选中该复选框时，刀具会从目前的深度直接移到下一个切削深度；若没有选中该复选框，则刀具返回原来下刀位置的高度，然后移至下一个切削的深度。

- 使用子程序：调用子程序命令。在输出的 NC 程序中会出现辅助功能代码 M98（M99）。对于复杂的编程使用副程式可以大幅减少程序段。

- 深度分层切削排序：设置多个铣削外形时的铣削排序。当选中【依照轮廓】单选按钮后，先在一个外形边界铣削设定深度后，再进行下一个外形边界铣削。当选中【依照深度】单选按钮后，先在深度上铣削所有的外形后，再进行下一个深度的铣削。

- 锥度斜壁：铣削带锥度的二维图形。当选中该复选框时，从工件表面按所输入的角度铣削到最后的角度。

技巧点拨：

如果是铣削内腔则锥度向内。如图13-26所示，锥度角为40°。如果是铣削外形则锥度向外，如图13-27所示，锥度角也为40°。

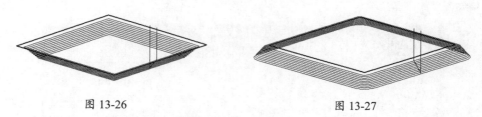

图 13-26 图 13-27

- 切削方向：刀具的切削方向包括向下与向上，如图 13-28 所示。

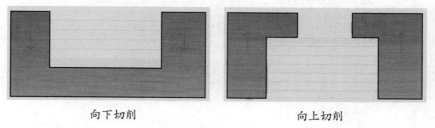

向下切削 向上切削

图 13-28

- 倒扣（需要刀具支持）：此复选框为设置底切，需要设置刀具补正。

13.4.5 进 / 退刀设置

在【2D 刀路 - 外形铣削】选项面板中选中【进 / 退刀】选项卡，进入进 / 退刀参数设置界面，如图 13-29 所示。其用来设置刀具路径的起始及结束加入一直线或圆弧刀具路径，使其与工件及刀具平滑连接。

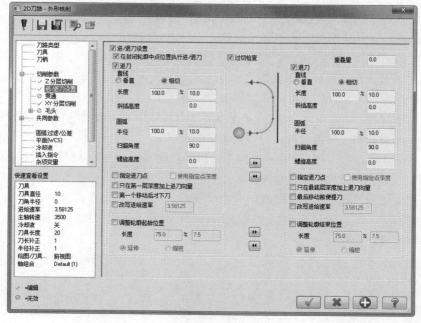

图 13-29

起始刀具路径称为"进刀"，结束刀具路径称为"退刀"，其示意图如图 13-30 所示。

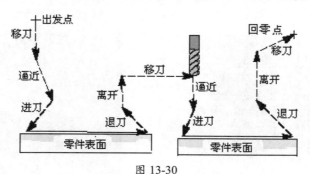

图 13-30

下面仅介绍部分参数含义。

- 在封闭轮廓中点位置执行进 / 退刀：选中该复选框，控制进 / 退刀的位置。这样可避免在角落处进刀，对刀具不利。如图 13-31 所示为选中【在封闭轮廓的中点位置执行进 / 退刀】复选框时的刀具路径；图 13-32 所示为未选中【在封闭轮廓的中点位置执行进 / 退刀】复选框时的刀具路径。

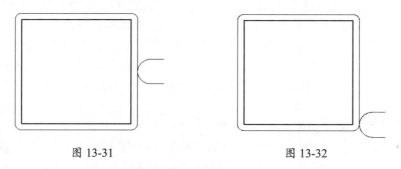

图 13-31　　　　　　　　　　　　　图 13-32

- 重叠量：在该文本框输入重叠值。用来设置进刀点和退刀点之间的距离，若设置为 0，则进刀点和退刀点重合，如图 13-33 所示为重叠量设置为 0 时的进退刀向量。有时为了避免在进刀点和退刀点重合处产生切痕就在该文本框输入重叠值。如图 13-34 所示为重叠量设置为 20 时的进退刀向量。其中进刀点并未发生改变，改变的只是退刀点，退刀点多退了 20 的距离。

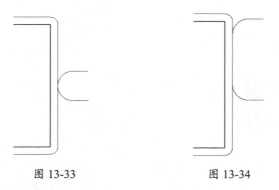

图 13-33　　　　　　　　　　　　　图 13-34

- 直线进 / 退刀：在直线进 / 退刀中，直线刀具路径的移动有两个模式，即垂直和相切。

垂直进 / 退刀模式的刀具路径与其相近的刀具路径垂直，如图 13-35 所示。相切进 / 退刀模式的刀具路径与其相近的刀具路径相切，如图 13-36 所示。

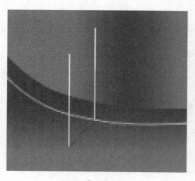

图 13-35

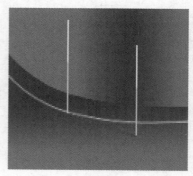

图 13-36

- 长度：该文本框用来输入直线刀具路径的长度，前面的【长度】文本框用来输入路径的长度与刀具直径的百分比，后面的【长度】文本框为刀具路径的长度。两个文本框中的数值是连动的，输入其中一个另一个会有相应的变化。
- 斜向高度：该文本框用来输入直线刀具路径的进刀以及退刀刀具路径的起点相对末端的高度。如图 13-37 所示为进刀设置为 3，退刀设置为 10 时的刀具路径。
- 圆弧：圆弧进 / 退刀是在进退刀时采用圆弧的模式，方便刀具顺利地进入工件。
- 半径：输入进退刀刀具路径的圆弧半径。前面的【半径】文本框用来输入圆弧路径的半径与刀具直径的百分比，后面的【半径】文本框为刀具路径的半径值，这两个值也是连动的。
- 扫描角度：输入进退刀圆弧刀具路径的扫描角度。
- 螺旋高度：输入进退刀刀具路径螺旋的高度。如图 13-38 所示为【螺旋高度】设置为 3时的刀具路径。设置为高度值，使进退刀时刀具受力均匀，避免刀具由空运行状态突然进入高负荷状态。

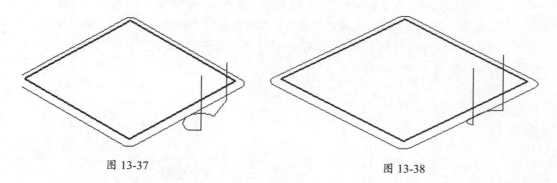

图 13-37   图 13-38

13.4.6 圆弧过滤 / 公差设置

【圆弧过滤 / 公差设置】选项页如图 13-39 所示。该选项页中可以设置 NCI 文件的过滤参数。通过对 NCI 文件进行过滤，删除长度在设定公差内的刀具路径来优化或简化 NCI 文件。

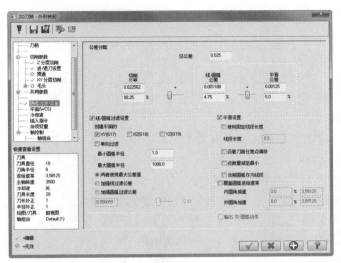

图 13-39

13.5　3D 铣削加工工序中的通用参数设置

3D 铣削即采用 3 轴数控加工机床在 X 轴、Y 轴和 Z 轴（三轴联动）上对零件表面进行铣削加工，是一种刀具沿曲面外形运动的加工类型。3D 铣削加工主要针对于型腔面、手板模型、复杂零件的半精加工和精加工。下面介绍 3D 铣削加工中的通用参数设置。

13.5.1　刀具路径参数

与 2D 铣削加工中的刀具路径不同，3D 铣削所需的刀具通常与曲面的曲率半径有关。精修时刀具半径不能超过曲面曲率半径。一般粗加工采用大刀、平刀或圆鼻刀，精修采用小刀、球刀。刀具参数设置包括刀具切削参数设置、刀具的选择、机床原点设置、刀具 / 绘图面设置等。刀具切削参数的设置在前面介绍自定义刀具时已经讲过，这里主要讲解其他参数的设置。

在【铣床 - 刀路】上下文选项卡的【3D】面板中单击【平行】按钮，选择要加工的曲面后弹出如图 13-40 所示的【曲面粗切平行】对话框。

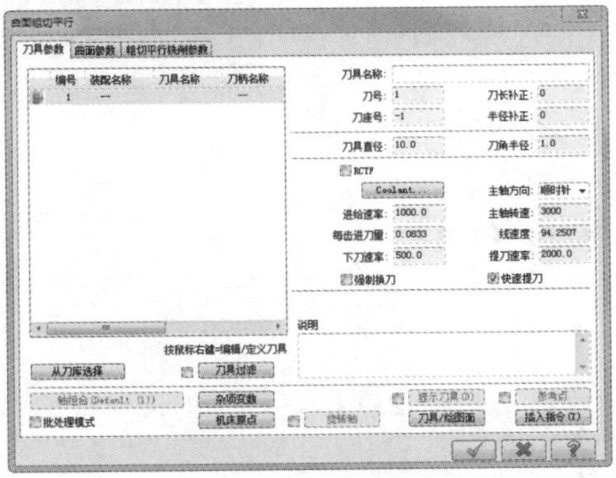

图 13-40

刀具设置和速率的设置在前面已经讲过，这里主要讲解刀具和构图面参数、机床原点的设置等。

1.1. 设置刀具 / 绘图面

"刀具 / 绘图面"参数用于设置刀具的原点坐标系、刀具平面和绘图平面。刀具平面是垂直于刀具轴的平面，绘图平面是创建刀路的平面。默认情况下，刀具平面和绘图平面是同一平面。特殊情况下可以分开设置。

在【曲面粗切平面】面板的【刀具参数】选项卡中单击【刀具 / 绘图面】按钮，弹出【刀具面 / 绘图面设置】对话框，如图 13-41 所示。在该对话框中可以设置工作坐标系统、刀具平面和绘图平面。当刀具平面和绘图平面不一致时，可以单击【复制到右边】按钮 将左侧内容复制到右侧，或单击【复制到左边】按钮 将右侧内容复制到左侧。

单击【选择平面】按钮 ，弹出【选择平面】对话框，如图 13-42 所示。在该对话框中可以选择 Mstercam 的基本视图平面作为刀具平面或绘图平面。

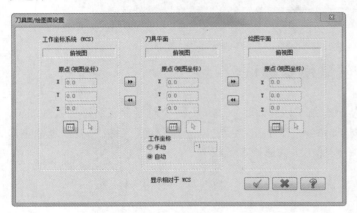

图 13-41

图 13-42

2. 机床原点

机床原点是指，在机床上设置的一个固定点，即机床坐标系的原点。它在机床装配、调试时就已确定下来，是数控机床进行加工运动的基准参考点。

在【曲面粗切平面】面板的【刀具参数】选项卡中单击【机床原点】按钮，弹出【换刀点 - 用户定义】对话框，如图 13-43 所示。该对话框用来定义机床原点的位置，可以在 X、Y、Z 文本框中输入坐标值作为机床原点值，也可以单击【选择】按钮来选择某点作为机床原点值，还可以单击【从机床】按钮，使用参考机床的值作为机床原点值。

图 13-43

13.5.2　设置曲面参数

无论何种 3D 铣削加工类型，也无论是粗加工还是精加工都要使用曲面参数，如图 13-44 所示。

根据零件表面情况，设置曲面参数，包括安全高度、参考高度、进给下刀位置和工件表面等。

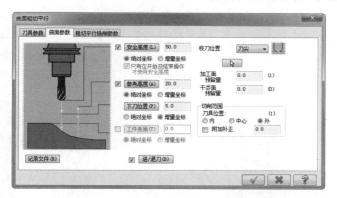

图 13-44

【曲面参数】选项卡中部分参数含义如下。

- 安全高度：也称为"提刀高度"，是为了避免刀具碰撞工件而设定的高度（Z 值）。安全高度是在铣削过程中刀具需要转移位置时将退到这一高度，再进行 G00 插补到下一进刀位置，此值一般情况下应大于零件的最大高度（即高于零件的最高表面）。
- 绝对坐标：以 Mstercam 的世界坐标系为参考来定义安全高度。
- 增量坐标：基于前一刀的位置来定义相对的安全高度。
- 参考高度：指退刀高度。在加工程序结束后，刀具将退回这一高度。参考高度默认设为绝对值，此值要比进给下刀（也称进刀）位置高。一般设为 10~25mm。
- 下刀位置：指刀具速率由 G00 速率（快速下刀）转变为 G01 速率（慢速下刀）的高度，使机床和零件有一个缓冲过程，确保下刀准确性。但此高度也不能太高，一般设为 5~10mm。
- 工件表面：设置工件的上表面 Z 轴坐标，默认为不使用，以曲面最高点作为工件表面。

13.5.3　设置进退刀方式

在【曲面参数】选项卡中选中【进 / 退刀】复选框，并单击【进 / 退刀】按钮，弹出【方向】对话框，如图 13-45 所示。

图 13-45

【方向】对话框用来设置曲面加工时的进刀和退刀方式。其中【进刀向量】选项组用来设置进刀方式及相关参数；【退刀向量】选项组用来设置退刀方式及相关参数。

【方向】对话框中主要选项含义如下。

- 【进刀角度】/【提刀角度】：设置进/退刀时刀具运动轨迹线与刀具平面的夹角。如图 13-46 所示为进刀角度设为 45°，退刀角度设为 90°时的刀具路径。
- 进刀【XY 角度】/退刀【XY 角度】：设置水平进/退刀时刀具轴与切削方向的角度。如图 13-47 所示为进刀 XY 角度为 30°，退刀 XY 角度为 0°时的刀具路径。

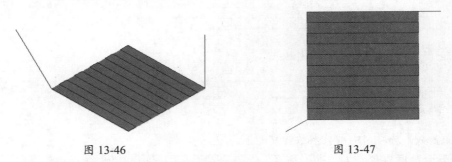

图 13-46　　　　　　　　　　　图 13-47

- 进刀引线长度/退刀引线长度：设置进/退刀时表示刀具轴的引线长度。如图 13-48 所示为进刀引线长度为 20，退刀引线长度为 10 时的刀具路径。
- 进刀【相对于刀具】/退刀【相对于刀具】：设置进/退刀时相对于刀具的【切削方向】或【刀具平面 X 轴】选项。当选择【切削方向】选项时，表示进刀/退刀引线所设置的参数是相对于切削方向进行设定的。当选择【刀具平面 X 轴】选项时，表示进刀/退刀引线是根据所处刀具平面的 X 轴方向来设定的。图 13-49 所示为采用相对于切削方向进刀角度为 45°时的刀具路径；图 13-50 所示为相对于 X 轴进刀角度为 45°时的刀具路径。

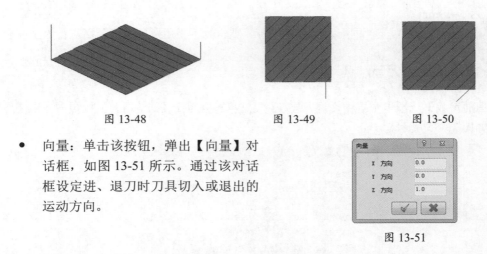

图 13-48　　　　　　　图 13-49　　　　　　　图 13-50

- 向量：单击该按钮，弹出【向量】对话框，如图 13-51 所示。通过该对话框设定进、退刀时刀具切入或退出的运动方向。

图 13-51

- 参考线：单击此按钮，可选择已有直线或模型边来确定 XY 角度和引线长度。

13.5.4　设置校刀位置

在【曲面参数】选项卡【校刀位置】下拉列表中的选项如图 13-52 所示，包括【球心】和【刀尖】

两个选项。【刀尖】选项是以刀具的刀尖来生成刀路；【球心】选项则是以球形刀具的圆心作为校刀位置并生成刀路。由于平底铣刀不存在球心，在使用平底铣刀进行 3D 铣削时，【校刀位置】下拉列表中仅有【刀尖】选项。图 13-53 为选择【刀尖】选项时的刀具路径；图 13-54 为选择【球心】选项时的刀具路径。

| 图 13-52 | 图 13-53 | 图 13-54 |

13.5.5　加工面、干涉面、切削范围和下刀点

在【曲面参数】选项卡中单击【选取】按钮 ，弹出【刀路曲面选择】对话框，如图 13-55 所示。

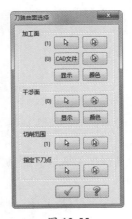

图 13-55

【刀路曲面选择】对话框主要选项含义如下。

- 加工面：指待加工的面区域。
- 干涉面：指不需要加工的面区域。
- 切削范围：在加工面区域中设定一个范围来限制加工。
- 指定下刀点：指定一个点作为进刀起始位置。此点并非前面介绍的下刀位置点，该点要等于或高于退刀高度（参考高度）。

13.5.6　设置预留量

预留量（也称加工余量）是指刀具在铣削结束后，在工件表面余留了一定量的残料还未加工。在进行粗加工和半精加工时均需要设置加工面的预留量，精加工后这些预留量将完全为 0。如图

13-56 所示为精加工时的曲面预留量为 0，如图 13-57 所示为半精加工时的曲面预留量为 0.5，可看见刀路与零件表面之间有一定的余量范围。

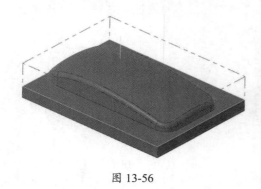

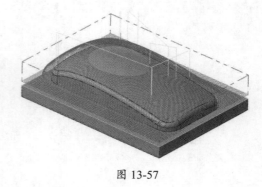

图 13-56   图 13-57

13.5.7 设置切削范围

在【曲面加工参数】选项面板的【切削范围】选项区中选中【刀具位置】单选按钮，如图 13-58 所示，刀具的位置包括 3 种：内、中心和外，其含义如下。

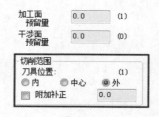

图 13-58

- 内：选中该单选按钮时，刀具在加工区域内侧切削，即切削范围就是选择的加工区域。
- 中心：选中该单选按钮时，刀具中心为加工区域的边界，切削范围比选择的加工区域多一个刀具半径。
- 外：选中该单选按钮时，刀具在加工区域外侧切削，切削范围比选择的加工区域多一个刀具直径。

如图 13-59 所示为选中【内】单选按钮的刀具位置；如图 13-60 所示为选中【中心】单选按钮的刀具位置，如图 13-61 所示为选中【外】单选按钮的刀具位置。

图 13-59   图 13-60   图 13-61

技巧点拨：

选中【内】或【外】刀具补正范围方式时，还可以在【附加补正】文本框中输入额外的补正量。

13.5.8　设置切削深度

切削深度是毛坯工件表面到切削面之间的坯料切削厚度，也称"切削层"。在【曲面粗切平行】对话框的【粗切平行铣削参数】选项卡中单击【切削深度】按钮，弹出【切削深度设置】对话框，如图 13-62 所示。

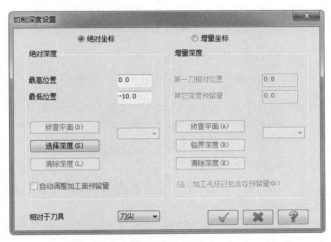

图 13-62

切削深度的参考坐标系分为绝对坐标和增量坐标两种。

1. 绝对坐标

绝对坐标是以系统的世界坐标系作为参考来定义加工深度的最高位置和最低位置。绝对坐标方式是从模型的顶部开始测量的，此方式常用于深腔零件的深度加工。对于深腔零件，如果一次加工完成，刀具磨损会比较严重，不但提高了经济成本且加工质量也差。通常的做法是先用旧短刀加工工件的上半部分，然后用新长刀加工下半部分。如图 13-63 所示为先用旧短刀从最高位置 0 加工到 -50；如图 13-64 所示为用新长刀从 -50 加工到最低位置 -100。

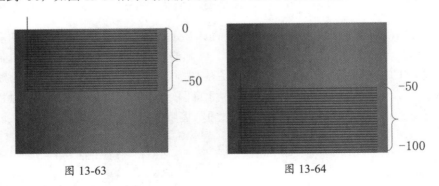

图 13-63　　　　　　　　　　　图 13-64

2. 增量坐标

增量坐标方式适合加工表面较为平缓的零件，增量深度是从下刀位置开始测量的，即第一刀位置。选中【增量坐标】单选按钮，激活增量坐标的设置选项，如图 13-65 所示。

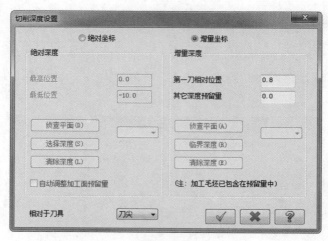

图 13-65

【增量坐标】选项区中主要选项含义如下。

- 第一刀相对位置：设定下刀位置到第一刀位置的相对距离。该值为曲面加工分层铣削第一刀的切削深度（或第一层铣削深度）。
- 其它深度预留量：设置最后一刀到模型最低点（工件底部）的残料预留量。如果是粗加工或半精加工，可设置一个值，若是精加工，则设为 0，增量深度示意如图 13-66 所示。

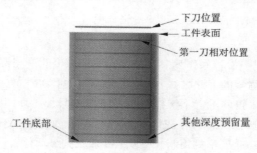

图 13-66

- 侦查平面：如果加工零件中存在台阶平面，在进行分层铣削时，会因每刀切削深度设置过大而在台阶平面上留下部分残料。单击【侦查平面】按钮，系统会侦查台阶平面中未完成加工的残料，随后自动调整每一刀的切削层深度，以便能加工多余的残料。如图 13-67 所示为没有侦查平面时的刀具路径示意图，台阶平面上留下了残料；如图 13-68 所示为通过侦查平面后的刀具路径示意图。重新调整切削深度后，顺利清除了未加工的残料。

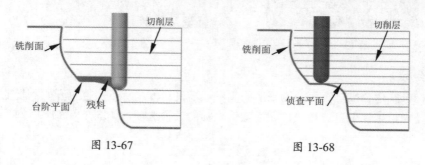

图 13-67   图 13-68

- 临界深度：在指定的 Z 轴坐标产生分层铣削路径。单击【临界深度】按钮，返回到绘图区，选择或输入要产生分层铣深的 Z 轴坐标。选择或输入的 Z 轴坐标会显示在临界深度坐标栏。
- 清除深度：在深度坐标栏显示的数值全部清除。

13.5.9 刀路间隙设置

刀路间隙也称"步距"。当加工面中出现较大切口时会导致刀路中断，这时需要设置刀路间隙，以避免发生这样的情况。常见的刀路间隙包括刀具间隙和切口间隙，如图 13-69 所示为刀具间隙（平行刀路之间的间隙），如图 13-70 所示为曲面内部切口间隙，如图 13-71 所示为曲面与曲面之间的切口间隙。

  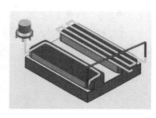

图 13-69   图 13-70   图 13-71

在【粗切平行铣削参数】选项卡中单击【间隙设置】按钮，弹出【刀路间隙设置】对话框，通过该对话框设置刀具间隙，如图 13-72 所示。

图 13-72

【刀路间隙设置】对话框中主要参数含义如下。

- 允许间隙大：设定刀具间隙（刀具每行进一步的距离）方式——距离和步进量的百分比。
  > 距离：输入刀具步进距离值。对于刀具间隙来说，如果设定的步进距离值大于刀具直径，将不会提刀。反之，则会提刀到安全高度或参考高度。例如，图 13-73 所示为步进距离大于刀具直径值，则每一步切削完成后不提刀。图 13-74 所示为步进距离小于刀具直径值，每一步切削完成后将自动提刀至安全高度。

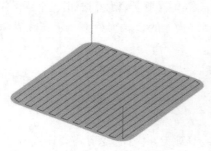

图 13-73

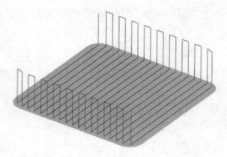

图 13-74

> 步进量的百分比：步进量就是刀具切削时每一步的步进距离，与刀具直径相等。默认的步进量百分比值为1。对于切口间隙，若设置的步进量百分比值大于切口间隙距离，则不提刀，反之，则刀具提刀至参考高度。图 13-75 所示为切口圆的直径小于步进量时（若设置步进量百分比 300%）将不会提刀；图 13-76 所示为切口圆的直径大于步进量时（设置 300%）会自动提刀。

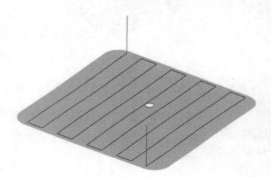

图 13-75

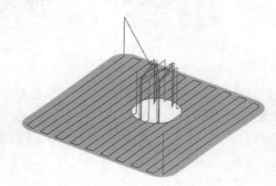

图 13-76

- 移动小于允许间隙时，不提刀："移动"表示实际的步进距离，"允许间隙"表示理论步进距离（即刀具直径），当遇到"移动小于允许间隙"的情况时，可选择 4 种解决问题的方式——不提刀、打断、平滑和沿着曲面。
  > 不提刀：选择此方式，刀具不提刀，步路之间的刀路以直线连续，如图 13-77 所示为以"不提刀"方式生成的刀路。
  > 打断：选择此方式，前一刀与后一刀的刀路不以直线连接，刀具提刀路径为先向上移动，再水平移动后下刀，如图 13-78 所示为"打断"方式生成的刀路。

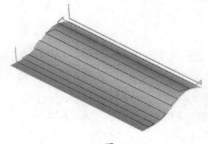

图 13-77

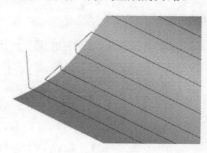

图 13-78

技巧点拨：

对于采用【不提刀】的方式要注意，曲面是凹形的，刀具若采用此方式是可以过渡的，但是，如果曲面是凸形的，刀具采用此种方式过渡，就会使曲面过切。

> 平滑：选择此方式，步路之间则以流线圆弧的方式进行连接，通常在高速加工中使用，如图 13-79 所示为采用平滑方式的刀路。
> 沿着曲面：此方式控制刀路沿着曲面边缘形状的方式进行连续移动，如图 13-80 所示。

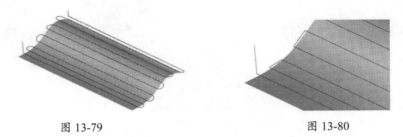

图 13-79　　　　　　　　　　　　　　　　图 13-80

- 间隙位移用下刀及提刀速率：选中此选项，将采用下刀和退刀时的移动速率来设定间隙位置的刀具行进速度（也称走刀）。
- 检查间隙移动过切情形：选中此选项，系统会自动检查间隙过小时产生刀具过切，以此自动调整参数来避免过切。

技巧点拨：

位移大于允许间隙时，提刀至安全高度：间隙大于允许间隙时，自动提刀到参考高度，再位移后下刀。如图13-81所示，当斜向间距大于允许间隙时，自动控制刀具提刀。

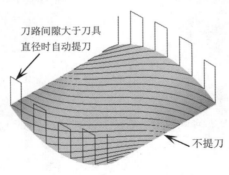

刀路间隙大于刀具
直径时自动提刀

不提刀

图 13-81

- 检查提刀时的过切情形：选中此选项，将自动检查提刀过程中是否有过切。
- 切削排序最佳化：选中此选项，系统会自动根据加工区域的表面形状来优化切削刀路顺序，以减少提刀次数，提高加工效率。如图 13-82 所示为选中【切削排序最佳化】选项时的刀路，很明显可以看到间隙位置的提刀次数只有一次。而如图 13-83 所示为未选中【切削排序最佳化】选项时的刀路，可看到刀路间隙位置的每一个刀路完成后都要提刀。

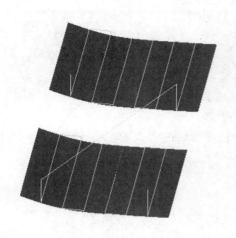

图 13-82　　　　　　　　　　　　　　　　图 13-83

- 在加工过的区域下刀（用于单向平行铣）：此选项允许刀具在已被切削过的区域下刀进行再次切削，此选项仅用于精加工的【单向】平行切削。
- 刀具沿着切削范围边界移动：选中此复选框，刀具会在切削表面的边界产生刀具间隙刀路。如图 13-84 所示为选中【刀具沿着切削范围的边界移动】复选框时产生的刀路。如图 13-85 所示为未选中此复选框时的刀路。该复选框对于圆弧边界或自由样条曲线形状的边界非常有用，能在边界位置产生平滑的刀路。

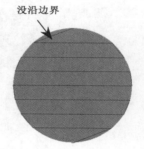

图 13-84　　　　　　　　　　　　　　　　图 13-85

- 切弧半径 / 切弧扫描角度 / 切线长度：这 3 个参数用来设置在曲面精加工时刀具螺旋下刀的半径、切入下刀的角度和下刀轨迹的长度，以便刀具缓慢、平滑地切入工件，避免刀具损坏并提升加工质量。

如图 13-86 所示为切线长度为 10mm 的刀路。如图 13-87 所示切弧半径为 R10，切弧扫描角度为 90°的刀路。如图 13-88 所示为切线长度为 10mm，切弧半径为 R10，切弧扫描角度为 90°的刀路。

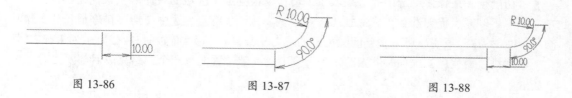

图 13-86　　　　　　　　　图 13-87　　　　　　　　　图 13-88

13.5.10　进阶设定

在【粗切平行铣削参数】选项卡中单击【高级设置】按钮，弹出【高级设置】对话框，如图 13-89 所示。【高级设置】对话框中的选项用于确定曲面和实体边界上的刀具运动轨迹，以及刀具运动的公差，还可以检查出隐藏在加工区域中实体表面上的尖角或内部拐角。

图 13-89

【高级设置】对话框中主要选项的含义如下。

- 刀具在曲面（实体面）边缘走圆角：设置刀具在曲面边缘走圆角，提供以下 3 种方式。
  > 自动（以图形为基础）：依据加工表面形状或几何图形本身来设置走圆角。若定义了加工区域或实体边界（也称切削范围），刀具会在所有加工面的连接边缘处产生圆角刀路，如图 13-90 所示。如果没有定义加工区域，则默认为【只在两曲面（实体面）之间】方式，如图 13-91 所示。

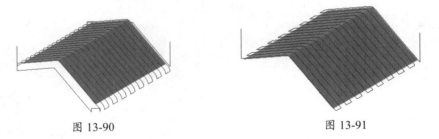

图 13-90　　　　　　　　　　　　　　　图 13-91

  > 只在两曲面（实体面）之间：只在两相邻曲面之间的直角或钝角边缘生成圆角刀路，而不在极端边缘（如锐角边缘）生成圆角刀路。如图 13-92 所示为在两曲面的外角（钝角）生成圆角刀路。如图 13-93 所示为在两曲面的内尖角（锐角）处不生成圆角刀路。
  > 在所有边缘：在所有的曲面和实体边缘上都生成圆角刀路，且无论是钝角还是锐角，如图 13-94 所示。

图 13-92　　　　　　　　　　图 13-93　　　　　　　　　　图 13-94

- 尖角公差（在曲面／实体面边缘）：用于设定在尖角位置上的走刀精度。距离越小，生成圆角刀路的精度越高；反之，距离值越大，偏差就越大，还有可能伤及加工面。

  > 忽略实体中隐藏面检测（适用于复杂实体）：此选项适合在大量实体面组成的复杂实体上产生刀具路径时，加快刀具路径的计算速度。在简单实体上因为花费的计算时间不是很多就不需要了。

  > 检测曲面内部锐角：选择此选项，系统会自动检查曲面中是否有锐角，如果发现曲面有锐角，会弹出警告对话框并建议重建有锐角的曲面。有锐角面时刀具不会走圆角过渡，会产生较多残料，甚至会产生过切现象。

第 *14* 章 2D 平面加工

项目导读

扫码看教学视频

在 Mastercam 2020 的铣削加工模块中，2D 平面加工是最简单、最实用的一种加工切削方式，2D 平面加工常用于零件表面的粗加工、半精加工和精加工，其刀路计算快捷，常见的 2D 平面铣削加工类型包括外形铣削、挖槽加工、钻孔加工、平面铣削、雕刻加工等。

项目分解

- 平面铣削加工
- 外形铣削加工
- 2D 挖槽加工
- 雕刻加工

14.1 平面铣削加工

面铣削加工适用于侧壁垂直底面或顶面为平面的工件加工，如型芯和型腔的基准面、台阶面、底面、轮廓外形等。平面铣削加工的切削刀具是面铣刀，粗加工时应尽量采用较大直径的面铣刀，高效地得到平整的表面，以便于后续半精加工或精加工。

在【机床】选项卡的【机床类型】面板中选择【铣削】→【默认】选项，弹出【铣床 - 刀路】上下文选项卡。在【铣床 - 刀路】上下文选项卡的【2D】面板中单击【面铣】按钮，选取面铣串连后打开【2D 铣削 - 平面铣削】对话框，如图 14-1 所示。

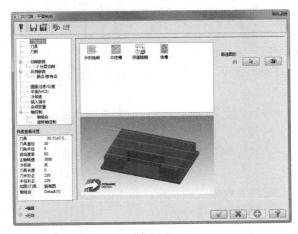

图 14-1

在【2D刀路-平面铣削】对话框中选择【切削参数】选项，显示切削参数选项区，如图14-2所示。

图 14-2

在切削参数选项区中的【类型】下拉列表中选择面铣加工类型，共有4种，如图14-3所示。

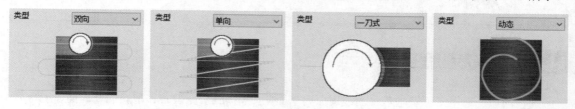

图 14-3

4种切削类型介绍如下。

- 双向：以一系列相反方向的平行直线刀路切削，同时向一个方向步进。
- 单向：始终以一个方向切削。刀具在每个切削结束处退刀，然后移动到下一切削刀路的起始位置。单向模式适用于切削零件上表面，做大面积切削加工。
- 一刀式：只切削一刀即可完成工件的切削，选择此类型时要注意刀具直径必须大于铣削的横断面。
- 动态：此类型可生成一系列沿切削区域轮廓的同心刀路。

在【切削参数】选项设置界面中，包括6个可设置刀具超出量的控制选项，如图14-4所示。这6个控制选项的含义如下。

- 截断方向超出量：设置刀具在刀路截断方向上的重叠量。设置此值可以清理部分残料，仅当选中【单相】和【双向】类型时有效。
- 引导方向超出量：设置刀具在刀路平行方向上的重叠量。此值必须大于或等于"截断方向超出量"。
- 进刀引线长度：设置进刀时的引线长度，即下刀点至工件之间的距离。
- 退刀引线长度：设置退刀时的引线长度。

- 标准起始位置：当选择【动态】切削时，可以设置刀具的下刀位置，从下拉列表中选择。
- 最大步进量：设置刀路中允许的最大步进量。

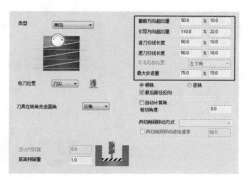

图 14-4

上机实战——平面铣加工

对如图 14-5 所示的零件进行面铣加工，加工的刀路如图 14-6 所示。

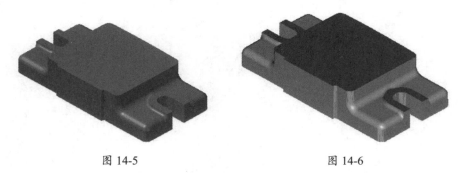

图 14-5   图 14-6

操作步骤：

01 在快速访问工具栏中单击【打开】按钮📂，打开 14-1.mcam 模型文件。

02 在【铣床 - 刀路】上下文选项卡的【2D】面板中单击【面铣】按钮，弹出【线框串连】对话框，选取要加工的串连，如图 14-7 所示。

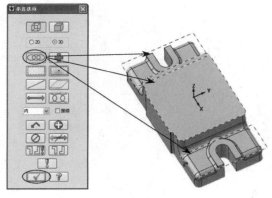

图 14-7

03 弹出【2D 刀路 - 平面铣削】对话框。在左侧选项列表中单击【刀具】选项，右侧显示刀具设置选项，在刀具列表空白处右击，在弹出的快捷菜单中选择【创建新刀具】命令，如图 14-8 所示。

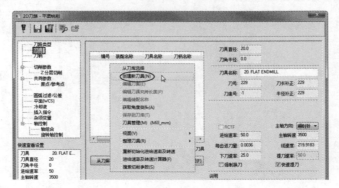

图 14-8

04 在弹出的【定义刀具】对话框中选取刀具类型为【面铣刀】，单击【下一步】按钮，如图 14-9 所示。

图 14-9

05 在【定义刀具图形】页面中设置刀具参数，如图 14-10 所示，单击【下一步】按钮。

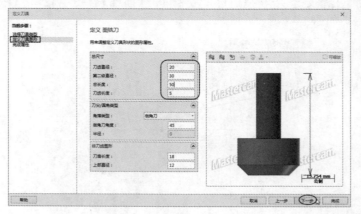

图 14-10

06 在【完成属性】页面中设置刀具的其他属性参数，如图 14-11 所示，最后单击【完成】按钮，完成刀具的定义。

图 14-11

07 在【2D- 平面铣削】对话框中的【切削参数】选项中设置切削参数，如图 14-12 所示。

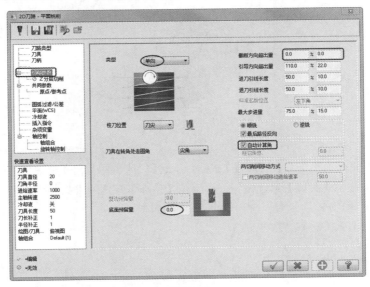

图 14-12

08 在【2D- 平面铣削】对话框中设置【共同参数】选项，如图 14-13 所示。

技巧点拨：

对于需要同时加工多个平面，除了约束好加工范围，最重要的是处理多个平面加工深度不同的问题。本例中加工 3 个平面，加工的起始平面和终止平面都不同，只是加工深度一致，都在各自的起始位置往下加工 0.2，因此，此处将加工的串连绘制在要加工的起始位置平面上，将加工的工件表面和深度值都设置成增量坐标即可解决这个问题，工件表面都是相对二维线框距为 0，深度都是相对工件表面往下 0.2，这样就解决了多平面不在同一平面的问题。

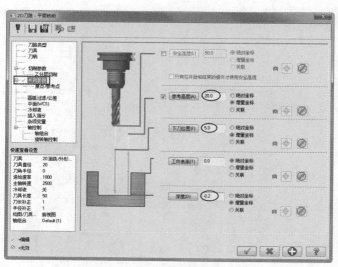

图 14-13

09 单击【2D- 平面铣削】对话框中的【确定】按钮 ✓ ，生成平面铣削刀路，如图 14-14 所示。

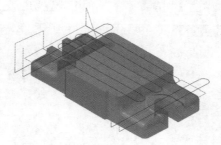

图 14-14

10 在【刀路】选项面板中单击【毛坯设置】按钮，弹出【机床群组属性】对话框。在该对话框的【毛坯设置】选项卡中选中【实体】单选按钮，再单击【拾取】按钮 ，在绘图区中选择加工零件，最后单击【确定】按钮 ✓ ，完成毛坯的设置，如图 14-15 所示。

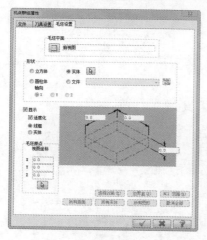

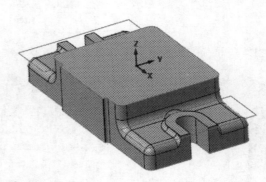

图 14-15

11 在【机床】选项卡的【模拟】面板中单击【实体仿真】按钮 🔲，进入实体仿真界面中进行实体仿真，模拟结果如图 14-16 所示。

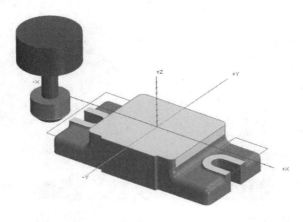

图 14-16

14.2　外形铣削加工

外形铣削加工专用于铣削零件的外形轮廓或零件内部凹腔面的侧壁。外形铣削加工仅产生一条加工刀路，或沿部件边界来生成多层的平面刀路，即外形铣削加工既可加工平面，也可加工斜面，但刀路则是平面刀路。

外形铣削加工时必须定义加工边界，刀具多采用平底铣刀。切削零件内部的侧壁时，采用深度分层切削方式，而切削零件外形轮廓时则采用 *XY* 分层切削方式。

在【铣床 - 刀路】上下文选项卡的【2D】面板中单击【外形】按钮 🔲，选取串连后弹出【2D刀路 - 外形铣削】对话框，在该对话框中的【切削参数】选项中，包含 5 种外形铣削方式，如图 14-17 所示。

图 14-17

外形铣削方式包括 2D、2D 倒角、斜插、残料和摆线式 5 种。其中 2D 方式主要是沿外形轮廓进行加工，可以加工凹槽也可以加工外形凸缘，比较常用。后 4 种方式用来辅助，进行倒角或残料等加工。

下面以案例形式介绍两种常见的外形铣削方式。

上机实战——外形铣削加工

对如图 14-18 所示的二维图形进行外形铣削加工，加工模拟的结果如图 14-19 所示。

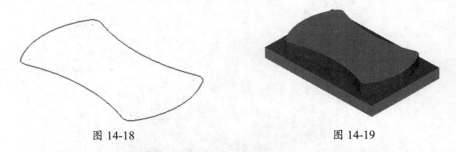

图 14-18   图 14-19

操作步骤：

01 打开本例源文件 14-2.mcam。

02 在【2D】面板中单击【外形】按钮■，弹出【线框串连】对话框，选取外形串连，方向如图 14-20 所示。

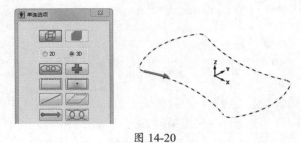

图 14-20

03 弹出【2D 刀路 - 外形铣削】对话框。在【刀具】选项中新建 R10 的平底刀，创建方法与前面创建圆鼻铣刀的方法相同，如图 14-21 所示。

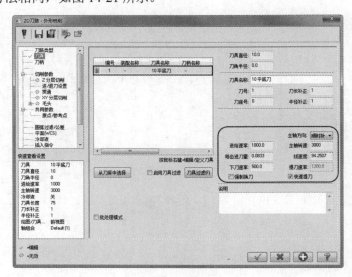

图 14-21

04 在【2D 刀路 - 外形铣削】对话框中的【切削参数】选项中设置切削参数，如图 14-22 所示。

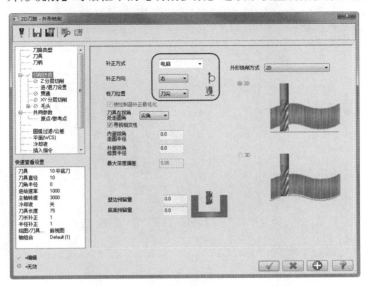

图 14-22

技巧点拨：

此处的补正方向设置要参考刚才选取的外形串连的方向和要铣削的区域，本例要铣削轮廓外的区域，电脑补正要向外，而串连是逆时针的，所以补正方向向右即朝外。补正方向的判断法则是：假若人面向串连方向，并沿串连方向行走，要铣削的区域在人的左手侧即向左补正，在右手侧即向右补正。

05 在【切削参数】下的【Z 分层铣削】选项中，设置深度分层切削参数，如图 14-23 所示。

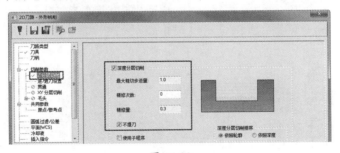

图 14-23

06 在【进 / 退刀设置】选项中设置进刀和退刀参数，如图 14-24 所示。

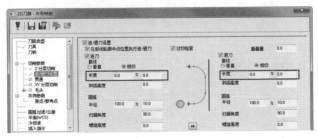

图 14-24

07 在【XY 分层切削】选项中设置刀具在外形上的等分参数，如图 14-25 所示。

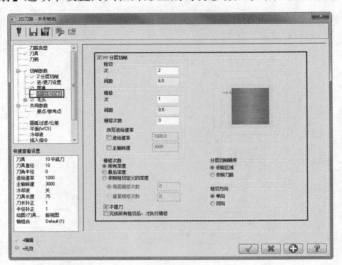

图 14-25

08 在【共同参数】选项中设置二维刀具路径共同的参数，如图 14-26 所示。

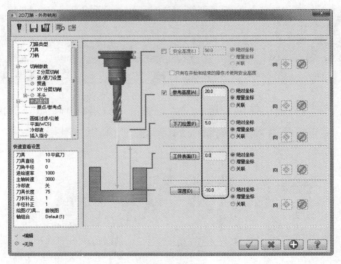

图 14-26

09 单击【2D- 外形铣削】对话框中的【确定】按钮 ，生成刀具路径，如图 14-27 所示。

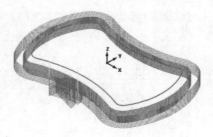

图 14-27

10 在【刀路】选项面板中单击【毛坯设置】按钮，弹出【机床群组属性】对话框，在【毛坯设置】选项卡中定义毛坯，如图 14-28 所示。

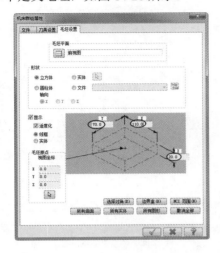

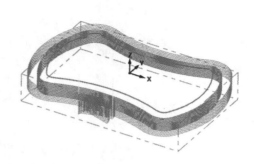

图 14-28

11 单击【实体仿真】按钮 ，进行实体仿真，如图 14-29 所示。

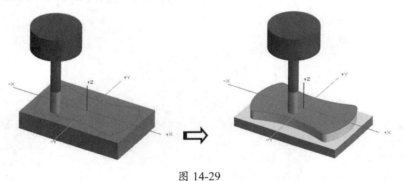

图 14-29

上机实战——摆线式加工

对如图 14-30 所示的二维植物图形进行摆线式加工，生成的刀路如图 14-31 所示。

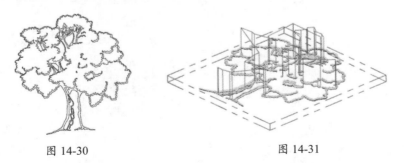

图 14-30　　　　　　　　　　　　　　图 14-31

操作步骤：

01 打开本例源文件 14-3.mcam。

02 在【2D】面板中单击【外形】按钮█，弹出【线框串连】对话框，选取外形串连后单击【确定】按钮，弹出【2D 刀路 - 外形铣削】对话框。

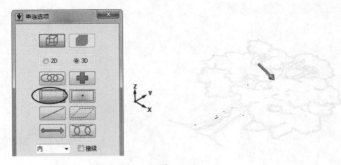

图 14-32

03 在【2D 刀路 - 外形铣削】对话框的【刀具】选项中新建如图 14-33 所示的球刀刀具。

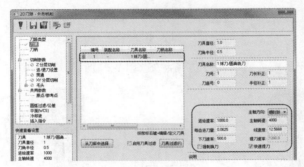

图 14-33

技巧点拨：

由于铣削线条比较密集，所以才用小直径的球刀来加工线条，这样比较平滑。刀具过大将导致切痕过大，则加工出来的线条比较粗，线条加工出来的轨迹就不明显。

04 在【切削参数】选项中设置切削参数，如图 14-34 所示。

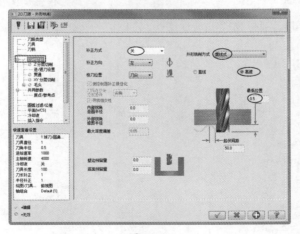

图 14-34

技巧点拨：

此处刀具沿曲线走刀加工，刀具中心不偏移，因此，无须设置补正选项，即设置补正方式为【关】。另外，为避免刀具起始和终止位置圆弧进退刀切痕，进退刀参数也需要关闭。

05 在【共同参数】选项中设置二维刀具路径共同的参数，如图 14-35 所示。

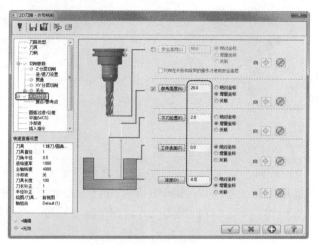

图 14-35

06 最后单击【2D- 外形切削】对话框中的【确定】按钮 ✓ 生成刀路，如图 14-36 所示。

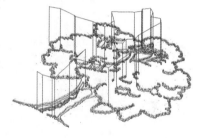

图 14-36

07 在【刀路】选项面板中单击【毛坯设置】按钮，弹出【机床群组属性】对话框。在【毛坯设置】选项卡中设置毛坯的尺寸，如图 14-37 所示。

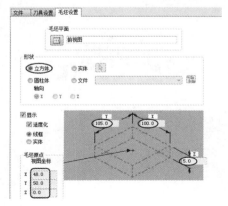

图 14-37

08 单击【实体仿真】按钮，进行实体仿真，如图 14-38 所示。

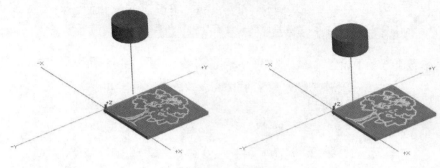

图 14-38

14.3 2D 挖槽加工

挖槽加工可移除平面层中的大量材料，由于在铣削后会残留余料，因此挖槽加工常用于在精加工操作之前对材料进行粗铣。常见 2D 挖槽加工方式包括标准挖槽、平面加工、使用岛屿深度、残料加工和开放式挖槽 5 种，如图 14-39 所示。

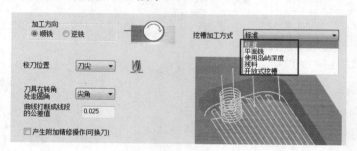

图 14-39

上机实战——挖槽加工

对如图 14-40 所示的二维图形进行挖槽加工，生成的 2D 挖槽加工的刀路如图 14-41 所示。

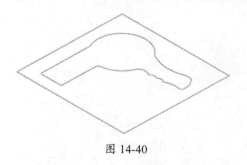

图 14-40

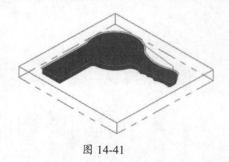

图 14-41

操作步骤：

01 打开源文件 14-4.mcam。

02 在【2D】面板中单击【挖槽】按钮▣，弹出【线框串连】对话框。选取串连方向，如图 14-42 所示。

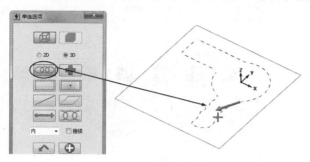

图 14-42

03 弹出【2D 刀路 -2D 挖槽】对话框。在该对话框中的【刀具】选项中新建直径为 4.0 的平底刀，如图 14-43 所示。

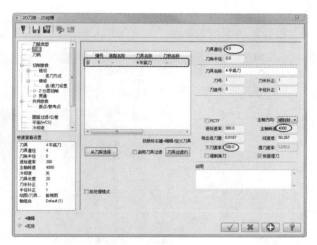

图 14-43

04 在【切削参数】选项中设置切削参数，如图 14-44 所示。

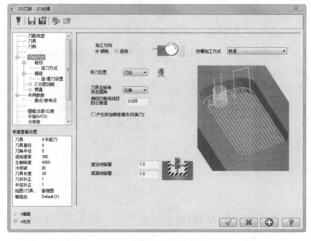

图 14-44

05 在【粗切】选项中设置粗加工切削走刀方式，以及刀间距等参数，如图 14-45 所示。

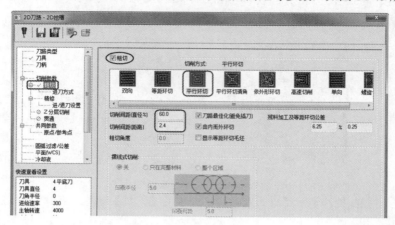

图 14-45

06 在【进刀方式】选项中设置粗切削进刀参数，如图 14-46 所示。

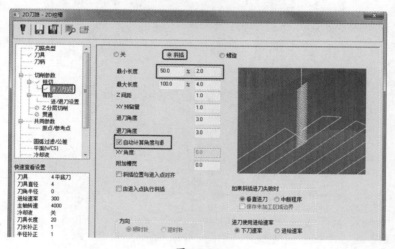

图 14-46

07 在【精修】选项中设置精加工参数，如图 14-47 所示。

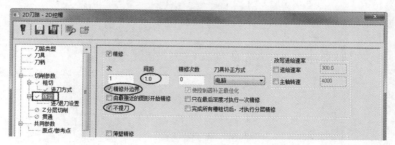

图 14-47

08 在【Z 分层切削】选项中设置刀具在深度方向上切削参数，如图 14-48 所示。

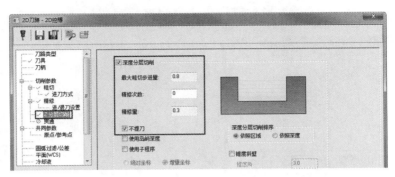

图 14-48

09 在【共同参数】选项中设置二维刀具路径共同的参数，如图 14-49 所示。

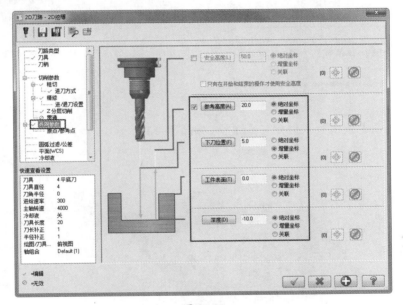

图 14-49

10 单击【2D 刀路 -2D 挖槽】对话框中的【确定】按钮 ，自动生成刀具路径，如图 14-50 所示。

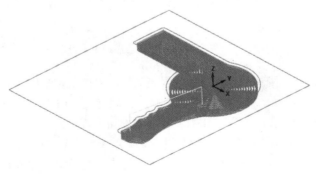

图 14-50

11 在【刀路】选项面板中单击【毛坯设置】按钮，弹出【机床群组属性】对话框，在【毛坯设置】

选项卡中设置毛坯尺寸，创建的毛坯如图 14-51 所示。

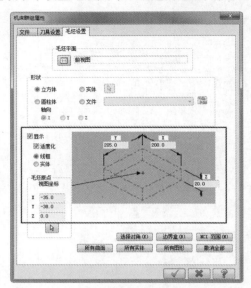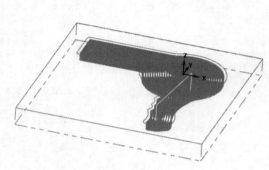

图 14-51

12 单击【实体仿真】按钮，进行实体仿真，如图 14-52 所示。

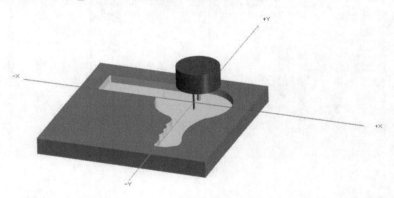

图 14-52

14.4 雕刻加工

雕刻加工可直接在加工零件（金属零件或木质品）的表面雕刻制图文本和精美图案，例如零件号、模具型腔 ID 号及产品图标等。雕刻加工的加工深度浅，但主轴转速较高。常见的雕刻加工的类型包括线条雕刻加工、凸型雕刻加工、凹形雕刻加工等。

在【铣床 - 刀路】上下文选项卡的【2D】面板中单击【木雕】按钮，选取串连后弹出【木雕】对话框。【木雕】对话框包含【刀具参数】选项卡、【木雕参数】选项卡和【粗切 / 精修参数】选项卡。雕刻加工的参数与挖槽加工的参数设置类似，下面仅介绍【粗切 / 精修参数】选项卡的参数设置，【粗切 / 精修参数】选项卡如图 14-53 所示。

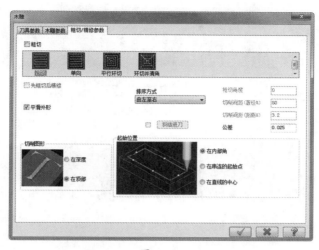

图 14-53

1. 粗切

木雕的粗切（粗加工切削）方式共有 4 种，这几种粗切方式与 2D 挖槽加工中的粗切方式完全相同，其含义如下。

- 双向：以一系列相反方向的平行直线刀路切削，同时向一个方向步进，如图 14-54（a）所示。
- 单向：始终以一个方向切削，以同样的方式进行循环，如图 14-54（b）所示。
- 平行环切：环绕轮廓并形成一定数量的偏置刀路，如图 14-54（c）所示。
- 环切并清角：在进行平行环切的同时，完成局部尖角的清角切削，如图 14-54（d）所示。

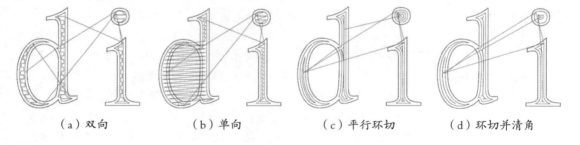

（a）双向　　　　　　（b）单向　　　　　（c）平行环切　　　　（d）环切并清角

图 14-54

2. 加工的排序方式

在【粗切／精修参数】选项卡的【排序方式】下拉列表中含有【选择排序】、【由上至下】和【由左至右】3 种排序方式，用于设置雕刻对象中存在多个不相连图形时的粗切与精修的加工顺序，如图 14-55 所示。

3 种排序方式的含义如下。

- 选择排序：按用户选取线框串联的次序进行切削。
- 由上至下：按图形的布局，从上往下进行切削加工。
- 由左至右：按图形的布局，从左往右进行切削加工。

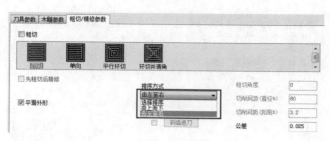

图 14-55

3. 其他切削参数

雕刻加工的其他切削参数包括先粗切后精修、粗切角度、切削间距、切削图形等，下面分别讲解。

（1）先粗切后精修。

在完成粗切后再进行精加工铣削操作。

（2）粗切角度。

【粗切角度】选项仅当选择粗切方式为【双向】或【单向】时才被激活，用于设置雕刻加工的刀轴（刀具的轴心线）与 X 轴的夹角。可在【粗切角度】文本框中输入粗切角度值来控制粗切角度，该值为 0 时刀轴与 Z 轴平行。为了增强雕刻的立体感，有时将粗加工的角度和精加工角度错开，可提升由正向切削和反向切削所带来的锥度效果。

（3）切削间距。

切削间距就是刀具的步进距离，可以按直径百分比和步距距离两种方式来设置。为避免因刀具（特别是采用带有圆角的平底立铣刀）步距过大，导致加工后残料剩余过多，若刀具为平底立铣刀，一般将切削间距设为刀具直径的 60%~80%。若是 V 形刀，则设置为刀具直径的 60%~80%。

（4）切削图形。

常用的雕刻刀具为 V 形刀具，雕刻加工后的零件表面会呈现上大下小的槽形。通过【切削图形】选项组中的两个选项来控制刀具"在深度"上生成刀路，还是在"在顶部"生成刀路。最终加工完成的零件表面会出现截然不同的形状。"在深度"和"在顶部"两个选项的含义如下。

- 在深度：加工结果在加工的最后深度上与加工图形保持一致，而顶部比加工图形要大。
- 在顶部：加工结果在顶端加工出来的形状与加工图形保持一致，底部比加工图形小。

（5）平滑外形。

平滑外形是指图形中某些局部区域的折角部分不便加工，对其进行平滑化处理，使其便于刀具加工。

（6）斜插进刀。

选中【斜插进刀】选项，刀具将在槽形工件内部采用斜向下刀的方式进行切削，避免刀具的折断和工件损伤。采用斜插进刀也更利于刀具的平滑外形切削。

（7）起始位置。

在【起始位置】选项组中，有 3 种方式用于设置刀具切削零件的起始位置——在内部角、在串联起始点和在直线的中心，各选项含义如下。

- 在内部角：以图形内部的尖角点作为刀具切削的起始点进行铣削工作。

- 在串联的起始点：在图形中某个串联的起始点（曲线断开点）作为进刀点。
- 在直线的中心：以图形中的某条单直线的中点作为进刀点，此方式适合雕刻线条。

对如图 14-56 所示的图形进行雕刻加工，加工模拟的结果如图 14-57 所示。

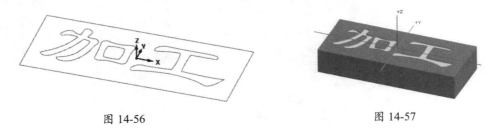

图 14-56　　　　　　　　　　　　　　　　　图 14-57

操作步骤：

01 打开源文件 14-5.mcam。

02 在【2D】面板中单击【木雕】按钮，弹出【线框串连】对话框，选取如图 14-58 所示的串连。

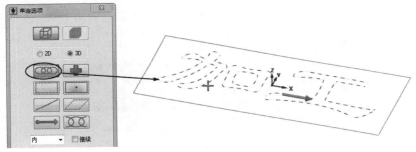

图 14-58

03 弹出【雕刻】对话框。在【刀具参数】选项卡中新建直径为 1.0 的圆鼻铣刀刀具，如图 14-59 所示。

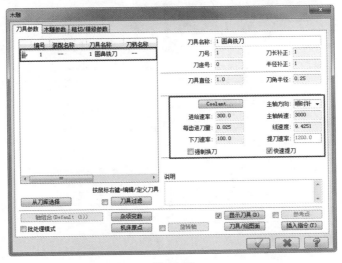

图 14-59

04 在【木雕参数】选项卡中设置二维共同参数，单击【确定】按钮 <u>✓</u>，完成参数设置，如图 14-60 所示。

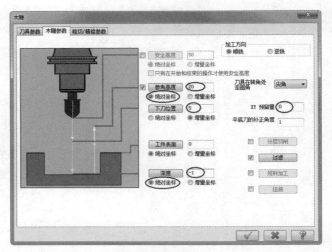

图 14-60

05 在【粗切／精修参数】选项卡中设置粗切方式和精修相关参数，如图 14-61 所示。

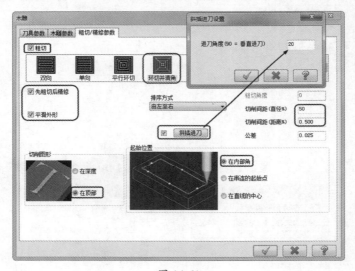

图 14-61

06 根据所设置的参数生成雕刻刀具路径，如图 14-62 所示。

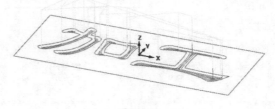

图 14-62

07 在【刀路】选项面板中单击【毛坯设置】按钮，弹出【机床群组属性】对话框，定义如图 14-63 所示的毛坯。

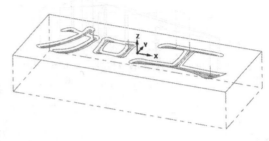

图 14-63

08 单击【实体仿真】按钮，进行实体仿真，如图 14-64 所示。

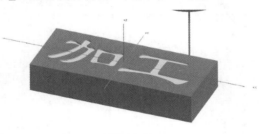

图 14-64

14.5　实战案例——型腔零件铣削加工

对如图 14-65 所示的型腔零件的轮廓图形进行 2D 平面铣削加工，加工模拟的结果如图 14-66 所示。

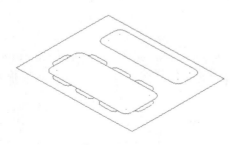

图 14-65　　　　　　　　　　　　　　　　　图 14-66

本例有多个凹槽，而且槽深度不同，槽大小也不同，所以要分开来加工，对于封闭的凹槽，可以直接采用标准挖槽即可。对于键槽形的凹槽是开放型的，因此不能采用标准挖槽，所以可用开放式挖槽进行加工，分析后加工步骤如下。

- 采用 D8 的平底刀对 70×20 的凹槽进行标准挖槽加工。
- 采用 D12 的平底刀对 70×30 的凹槽进行标准挖槽加工。
- 采用 D6 的平底刀对键槽形的凹槽进行开放式挖槽加工。
- 实体模拟仿真加工。

14.5.1　定义刀具

刀具的定义需要参考前面分析的加工步骤来进行。

01 打开本例源文件 14-6.mcam。

02 在【工具】面板中单击【刀具管理】按钮，弹出【刀具管理】对话框。

03 在刀具列表中右击，在弹出的快捷菜单中选择【创建新刀具】命令，创建直径为 8 的平底刀。

04 同理，再依次创建其余两把平底刀刀具，如图 14-67 所示。

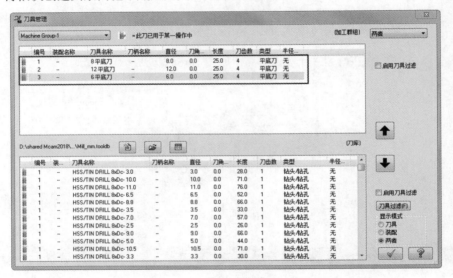

图 14-67

14.5.2　标准挖槽加工区域一

采用 D8 的平底刀对第一个凹槽进行标准挖槽加工。

01 在【2D】面板中单击【挖槽】按钮，弹出【线框串连】对话框，选取串连方向，如图 14-68 所示。

02 弹出【2D 刀路 -2D 挖槽】对话框。在【刀具】选项中，选择编号为 1 的刀具并设置相关切削参数，如图 14-69 所示。

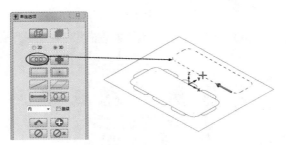

图 14-68

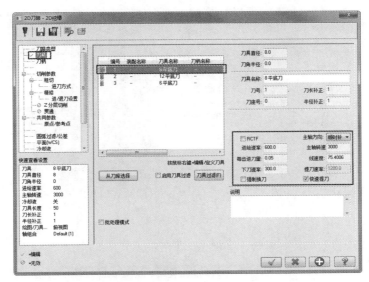

图 14-69

03 在【切削参数】选项中设置切削预留量参数，如图 14-70 所示。

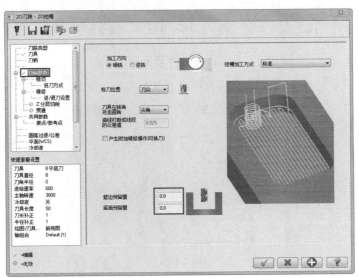

图 14-70

04 在【粗切】选项中设置粗切削走刀方式及刀间距等参数，如图 14-71 所示。

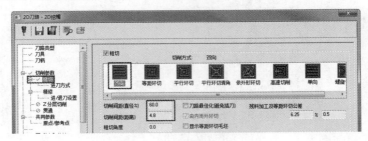

图 14-71

05 在【进刀方式】选项中设置粗切削进刀方式及相关参数，如图 14-72 所示。

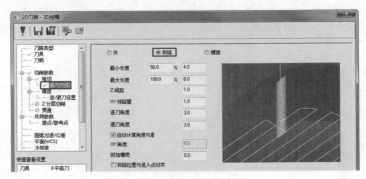

图 14-72

06 在【精修】选项中设置精加工参数，如图 14-73 所示。

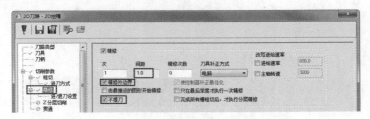

图 14-73

07 在【Z 分层切削】选项中设置刀具在深度方向上切削参数，如图 14-74 所示。

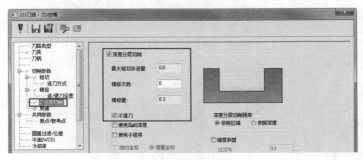

图 14-74

08 在【共同参数】选项中设置二维刀具路径共同的参数，如图 14-75 所示。

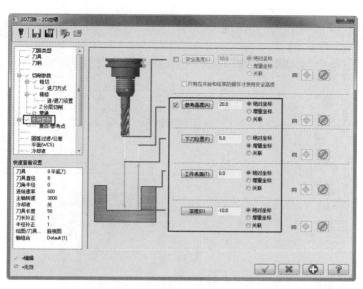

图 14-75

09 根据所设参数，生成刀具路径，如图 14-76 所示。

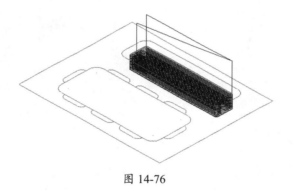

图 14-76

14.5.3　标准挖槽加工区域二

采用 D12 的平底刀对第二个凹槽进行标准挖槽加工。

01 在【2D】面板中单击【挖槽】按钮，弹出【线框串连】对话框，选取串连方向，如图 14-77 所示。

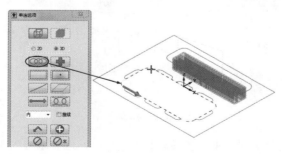

图 14-77

02 弹出【2D 刀路 -2D 挖槽】对话框，在【刀具】选项中选择编号为 2 的平底刀刀具，并设置刀具切削参数，如图 14-78 所示。

图 14-78

03 在【切削参数】【粗切】【进刀方式】【精修】【Z 分层切削】【共同参数】等选项中，设置的相关参数与前一个凹槽的切削参数完全相同，这里不再赘述。

04 根据所设参数，生成刀具路径，如图 14-79 所示。

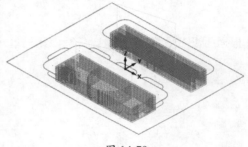

图 14-79

14.5.4 开放式挖槽加工

采用 D6 的平底刀对键槽形的凹槽进行开放式挖槽加工。

操作步骤：

01 在【2D】面板中单击【挖槽】按钮 ，弹出【线框串连】对话框，选取串连方向，如图 14-80 所示。

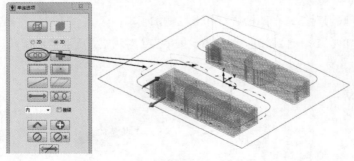

图 14-80

02 弹出【2D 刀路 -2D 挖槽】对话框。在【刀具】选项中，选择编号为 3 的平底刀，并设置相关参数，如图 14-81 所示。

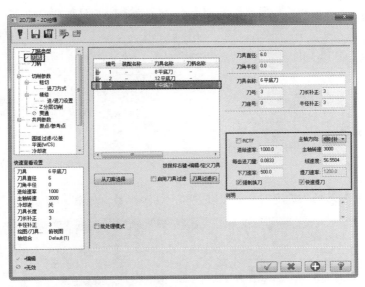

图 14-81

03 在【切削参数】选项中设置切削相关参数，如图 14-82 所示。

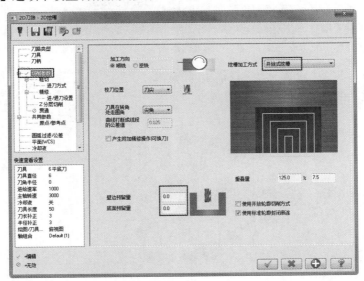

图 14-82

04 在【粗切】选项中保留默认选项设置。

05 在【进刀方式】选项中关闭进刀模式，如图 14-83 所示。

图 14-83

06 在【精修】选项中设置精加工参数，如图 14-84 所示。

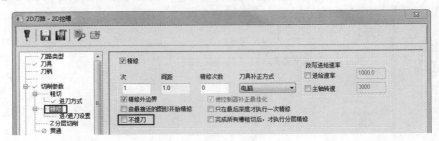

图 14-84

07 在【Z 分层切削】选项中设置刀具在深度方向上切削参数，如图 14-85 所示。

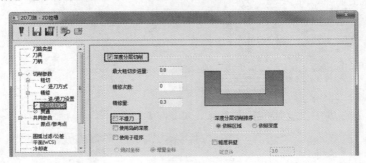

图 14-85

08 在【共同参数】选项中设置与标准挖槽相同的参数。

09 根据所设参数，生成刀具路径，如图 14-86 所示。

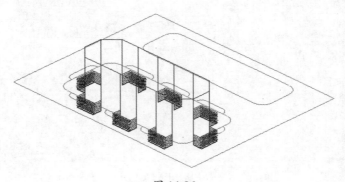

图 14-86

14.5.5 模拟仿真

刀路全部生成完毕后，设置毛坯几何体进行实体模拟，检查刀路是否有问题，操作步骤如下。

01 在【刀路】选项面板中单击【毛坯设置】按钮，弹出【机床群组属性】对话框，在【毛坯设置】选项卡中设置参数，如图 14-87 所示，单击【确定】按钮 ，完成参数设置。

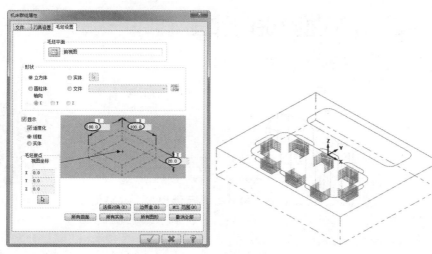

图 14-87

02 单击【实体仿真】按钮 ，进行实体仿真，如图 14-88 所示。

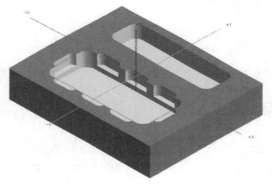

图 14-88

14.6　课后习题

对如图 14-89 所示的文字进行线条雕刻加工，采用平底立铣刀，刀具直径应小于文本长度。

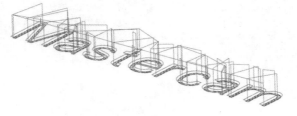

图 14-89

第 *15* 章　3D 曲面铣削加工

项目导读

　　3D 铣削加工实际上就是对零件的外形轮廓进行切削的加工方式，零件的外形不外乎两种：一种是平面外形，另一种就是曲面外形。在平面及曲面外形中加工中使用 3 轴数控机床的称为固定轴（"3D"或称"3 轴"）轮廓铣削加工，在曲面外形加工中使用三轴以上的数控机床进行加工的称为可变轴（多轴）轮廓铣削加工。Mastercam 2020 提供了多种零件三轴铣削加工方式，本章重点介绍曲面外形的 3D 铣削加工。

项目分解

- 3D 曲面粗加工
- 3D 曲面精加工

15.1　3D 曲面粗加工

　　3D 曲面铣削加工与 2D 平面铣削的加工过程相同，切削参数的设置方法也是相同的。在 Mastercam 2020 中，3D 曲面铣削加工方式包括粗切（粗加工）和精切（精加工）两种，其刀路创建所使用的工具命令如图 15-1 所示。

图 15-1

　　3D 粗切与精切工具的用法相同，下面仅介绍常见的几种 3D 粗切工具。

技巧点拨：

Mastercam 粗加工和精加工的工具命令都可相互应用，也就是说，使用粗加工工具既可以进行粗加工切削，也可以进行精加工切削。

15.1.1　平行粗切

　　平行粗切是在指定的角度和刀具平面中，使用固定 Z 轴（即刀轴始终与 Z 轴平行）的深度切削方式来铣削曲面，生成的刀路相互平行。

平行粗切加工类型比较适合加工表面相对比较平坦的零件。

采用【平行】粗加工切削类型将如图 15-2 所示的曲面进行粗加工铣削，切削模拟的结果如图 15-3 所示。

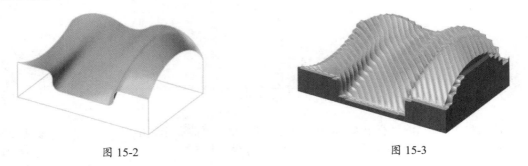

图 15-2　　　　　　　　　　　　　　　图 15-3

01 打开源文件 15-1.mcam。

02 在【铣床 - 刀路】上下文选项卡的【3D】面板的【粗切】组中单击【平行】按钮，弹出【选取工件形状】对话框。保持默认单击【确定】按钮后再双击选取零件，如图 15-4 所示。

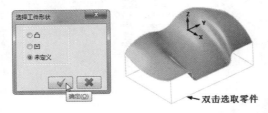

图 15-4

03 弹出【刀路曲面选择】对话框，选取加工面和切削范围，如图 15-5 所示。完成后单击【确定】按钮。

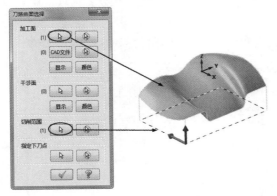

图 15-5

04 弹出【曲面粗切平行】对话框，新建一把【刀具直径】值为 10.0、【刀角半径】值为 1.0 的圆鼻铣刀，如图 15-6 所示。

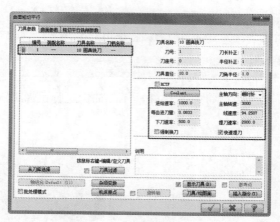

图 15-6

05 在【曲面粗切平行】对话框的【曲面参数】选项卡中，设置曲面相关参数（由于这里不做精加工，所以预留量暂时不设，等到后面精加工时再调整），如图 15-7 所示。

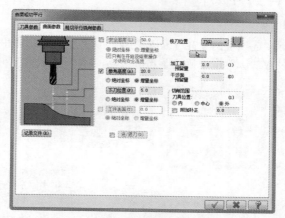

图 15-7

06 在【曲面粗切平行】对话框中的【粗切平行铣削参数】选项卡中设置平行粗切参数，如图 15-8 所示。

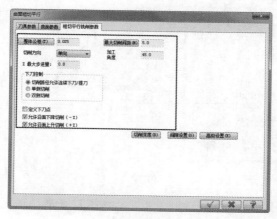

图 15-8

07 在【粗切平行铣削参数】选项卡中单击【切削深度】按钮，设定第一层切削深度和最后一层的切削深度，如图 15-9 所示。

08 在【粗切平行铣削参数】选项卡中单击【间隙设置】按钮，设置刀路在遇到间隙时的处理方式，如图 15-10 所示。

图 15-9

图 15-10

09 单击【曲面粗切平行】对话框中的【确定】 按钮，生成平行粗切刀路，如图 15-11 所示。

技巧点拨：

平行粗切加工的缺点是在比较陡的斜面会留下梯田状残料，刀具直径越大残料越多。此外，平行粗切加工的提刀次数比较多，陡斜面较大的零件粗加工尽量采用直线下刀，避免刀具损坏。

10 单击【实体仿真】 按钮进行模拟，模拟结果如图 15-12 所示。

技巧点拨：

如果用户不自定义毛坯，系统会自动创建用于实体模拟的毛坯。

图 15-11

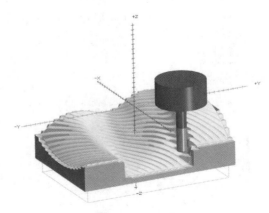

图 15-12

15.1.2　投影粗切

投影粗切是将现有几何图形或刀路投影到加工区域面上生成新刀路。投影方式包括曲线、NCI 和点。下面通过粗切加工案例来说明投影粗切的操作流程。

上机实践——投影粗切

将如图 15-13 所示中的二维曲线投影到下方的曲面上，以生成粗切加工刀路，生成的刀路如图 15-14 所示。

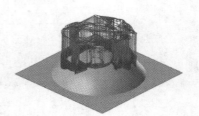

图 15-13　　　　　　　　　　　　　　图 15-14

01 打开源文件 15-2.mcam。

02 在【铣床 - 刀路】上下文选项卡的【3D】面板的【粗切】组中单击【投影】按钮 ，弹出【选取工件形状】对话框，选中【凸】单选按钮，再选择曲面作为零件加工曲面，如图 15-15 所示。

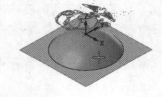

图 15-15

03 弹出【刀路曲面选择】对话框。由于工件形状为两个曲面，包含了加工面信息和切削范围，所以无须再选取加工面和切削范围。

04 在【选择曲线】选项区中单击【选择】按钮 ，弹出【线框串连】对话框，接着利用框选的方式，选取所有曲线，如图 15-16 所示。

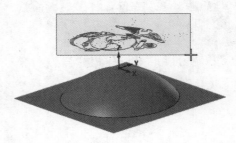

图 15-16

05 在弹出的【曲面粗切投影】对话框中已经存在两把刀具，分别为平面切削的粗切刀具和曲面粗切的刀具，本例是切削投影的图案，需要新建一把直径为 1.0 的球头铣刀，如图 15-17 所示。

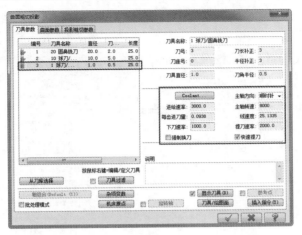

图 15-17

06 在【曲面粗切投影】对话框中的【曲面参数】选项卡中设置曲面相关参数，如图 15-18 所示。

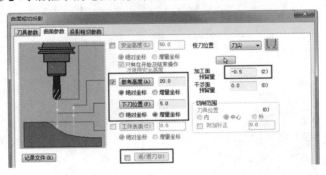

图 15-18

07 在【投影粗切参数】选项卡中设置投影粗切参数，如图 15-19 所示。

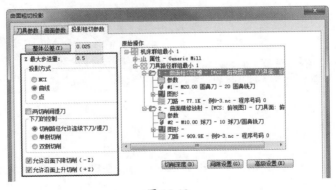

图 15-19

08 在【投影粗切参数】选项卡中单击【切削深度】按钮，在弹出的【切削深度设置】对话框中设定第一层切削深度和最后一层的切削深度，如图 15-20 所示。

09 在【投影粗切参数】选项卡中单击【间隙设置】按钮，在弹出【刀路间隙设置】对话框中设置刀路在遇到间隙时的处理方式，如图 15-21 所示。

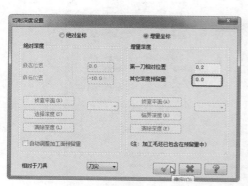

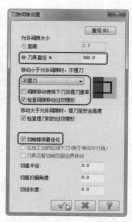

图 15-20

图 15-21

10 单击【曲面粗切投影】对话框中的【确定】按钮 ✓，生成放射状粗切刀路，如图 15-22 所示。

11 单击【实体仿真】按钮 🔧，进行实体模拟，模拟结果如图 15-23 所示。

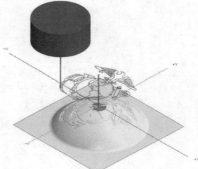

图 15-22

图 15-23

技巧点拨：

投影粗切利用曲线、点或NCI等投影方式将几何图形或刀路投影到曲面上产生加工刀路。这3种投影方式中，曲线投影方式应用最广泛，常用于曲面文字和图案加工等。

15.1.3　挖槽粗切

挖槽粗切（也可称为"型腔粗铣"）能够以固定刀轴快速建立 3 轴的粗加工刀路，以分层切削的方式加工出零件的大概形状，在每个切削层上都沿着零件的轮廓建立轨迹。挖槽粗切加工主要用于零件的粗加工，特别适合生成模具的凸模和凹模粗加工刀路。使用挖槽粗切可移除大体积的材料，它的走刀方式与二维挖槽类似。挖槽粗切在实际粗切过程中使用频率最多，所以也称为"万能粗切"。

对如图 15-24 所示的凸模零件进行挖槽粗切，粗切加工的刀路如图 15-25 所示。

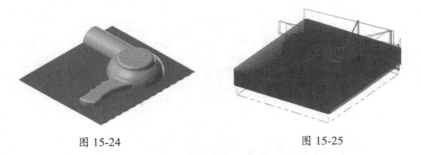

图 15-24　　　　　　　　　　　　　图 15-25

01 打开源文件 15-3.mcam。

02 在【铣床 - 刀路】上下文选项卡的【3D】面板的【粗切】组中单击【挖槽】按钮，选取所有曲面作为工件形状后弹出【刀路曲面选择】对话框，加工面无须选取（工件形状曲面），选取作为切削范围的曲面边界，如图 15-26 所示。

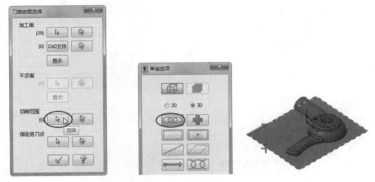

图 15-26

03 单击【刀路曲面选择】对话框的【确定】按钮，弹出【曲面粗切挖槽】对话框，新建一把【刀具直径】值为 10.0、【刀具半径】值为 1.0 的圆鼻铣刀，如图 15-27 所示。

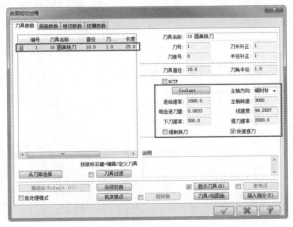

图 15-27

04 在【曲面粗切挖槽】对话框中的【曲面参数】选项卡中设置曲面相关参数，如图 15-28 所示。

图 15-28

05 在【曲面粗切挖槽】对话框中的【粗切参数】选项卡中设置挖槽粗切参数，如图 15-29 所示。

图 15-29

06 在【粗切参数】选项卡中单击【切削深度】按钮，设定第一层切削深度和最后一层的切削深度，如图 15-30 所示。

07 单击【间隙设置】按钮，弹出【刀路间隙设置】对话框，设置刀路在遇到间隙时的处理方式，如图 15-31 所示。

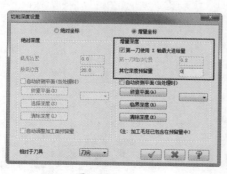

图 15-30

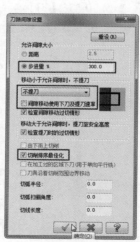

图 15-31

08 在【曲面粗切挖槽】对话框中的【挖槽参数】选项卡中设置挖槽参数，如图 15-32 所示。

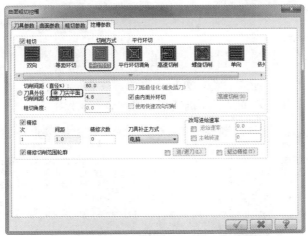

图 15-32

09 单击【曲面粗切挖槽】对话框中的【确定】按钮，生成挖槽粗切刀路，如图 15-33 所示。

10 在【刀路】对话框中单击【毛坯设置】按钮，在弹出的【机床群组属性】对话框中定义毛坯，如图 15-34 所示。

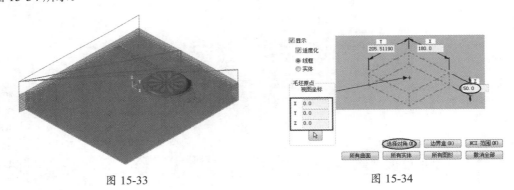

图 15-33　　　　　　　　　　　　　　　　　　　图 15-34

11 单击【实体仿真】按钮进行模拟，模拟结果如图 15-35 所示。

技巧点拨：

挖槽粗切适合深凹腔和高度凸起的零件表面，同时提供多种切削方式包括：双向、等距环切、平行环切、平行环切清角、高速切削、螺旋切削、单向和依外形环切。对于深凹腔件尽量采用斜插式下刀，还要注意刀具不能太大，避免破坏零件或下刀失败。切削外形凸起的零件，时进刀方式应采用"切削范围外下刀"方式，这样刀具会更安全。

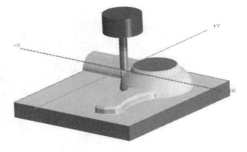

图 15-35

15.1.4 残料粗切

残料粗切也称为"二次开粗"，此铣削类型适用于切削因前一加工刀具的直径或拐角半径无法触及的残料。

在 Mastercam 2020 中需要将残料粗切的工具调出来。在功能区的空白位置右击，在弹出的快捷菜单中选择【自定义功能区】命令，弹出【选项】对话框。按如图 15-36 所示的步骤添加命令到新建的【铣床 - 刀路】上下文选项卡的【新工具命令】面板中。

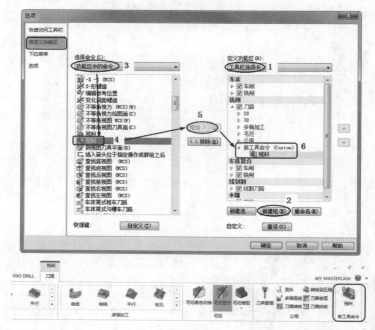

图 15-36

上机实践——残料粗切

对如图 15-37 所示的零件表面（已完成挖槽粗切）进行二次开粗，加工刀路如图 15-38 所示。

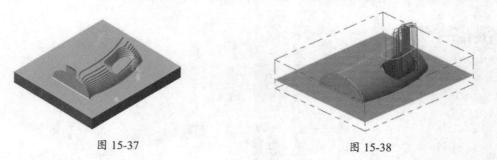

图 15-37　　　　　　　　　　　　　　　　图 15-38

01 打开本例源文件 15-4.mcam。

02 在【新工具命令】面板中单击【残料】按钮，选取作为工件形状参考的所有曲面后弹出【刀路曲面选择】对话框。加工面已经被选取，选取定义切削范围的曲线，如图 15-39 所示。

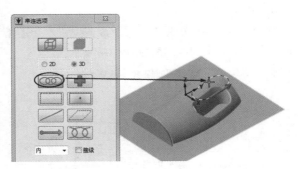

图 15-39

03 在弹出的【曲面残料粗切】对话框中设置【刀具直径】值为 3.0、【刀具半径】值为 0.5，如图 15-40 所示。

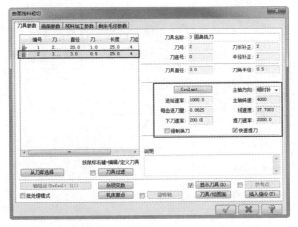

图 15-40

04 在【曲面残料粗切】对话框中的【曲面参数】选项卡中设置曲面相关参数，如图 15-41 所示。

05 在【曲面残料粗切】对话框中【残料加工参数】选项卡中设置残料加工相关参数，如图 15-42所示。

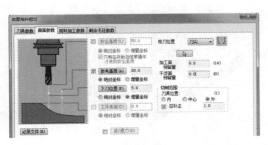

图 15-41

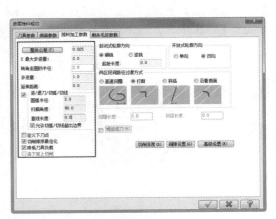

图 15-42

06 在【残料加工参数】对话框中单击【切削深度】按钮，设定第一层切削深度和最后一层的切削深度，如图 15-43 所示。

07 在【粗切参数】对话框中单击【间隙设置】按钮，弹出【刀路间隙设置】对话框，设置刀路在遇到间隙时的处理方式，如图 15-44 所示。

图 15-43

图 15-44

08 在【剩余材料参数】选项卡中设置残料加工剩余材料的计算依据，如图 15-45 所示。

图 15-45

09 单击【确定】按钮 ，生成残料加工刀路，如图 15-46 所示。

10 单击【实体仿真】按钮 进行模拟，模拟结果如图 15-47 所示。

图 15-46

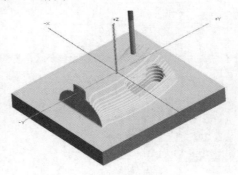

图 15-47

技巧点拨：

首次开粗时宜采用大直径刀具进行切削，待快速去除大部分残料后，再进行二次开粗，二次开粗的刀具应小于首次开粗的刀具。

15.1.5　钻削粗切

钻削粗切也称"插铣"，采用与钻孔类似的方法，快速地对腔体深且腔体尺寸小的工件进行粗切加工，当然也可以用来粗切外形高度凸起的零件表面，去除多余残料。这种加工方式有专用刀具，刀具中心有冷却液的出水孔，以供切削时顺利排屑。

上机实践——钻削式粗切

对如图 15-48 所示的凸起零件进行钻削粗切，加工模拟的结果如图 15-49 所示。

图 15-48

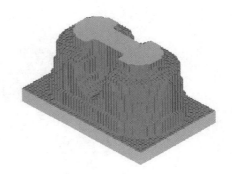

图 15-49

01 打开源文件 15-5.mcam。

02 在【铣床 - 刀路】上下文选项卡的【3D】面板的【粗切】组中单击【钻削】按钮，选择左、右曲面作为工件形状曲面后弹出【刀路曲面选择】对话框，再选取网格点、左下角点和右上角点，如图 15-50 所示。单击【确定】按钮 ，完成选取。

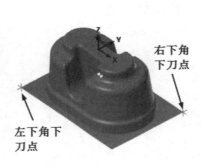

图 15-50

03 在弹出【曲面粗切钻削】对话框的【刀具参数】选项卡中新建 D10 的平底刀，如图 15-51 所示。

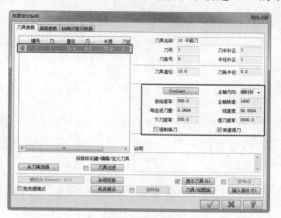

图 15-51

04 在【曲面粗切钻削】对话框的【钻削式粗切参数】选项卡中，设置钻削式粗切参数，如图 15-52 所示。

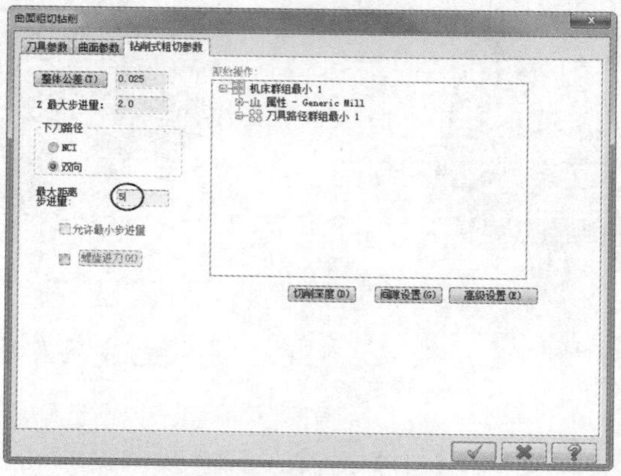

图 15-52

05 单击【切削深度】按钮，弹出【切削深度设置】对话框。设定第一层切削深度和最后一层的切削深度，如图 15-53 所示。

06 参数设置完毕后，单击【确定】按钮 ，生成钻削式粗切刀路，如图 15-54 所示。

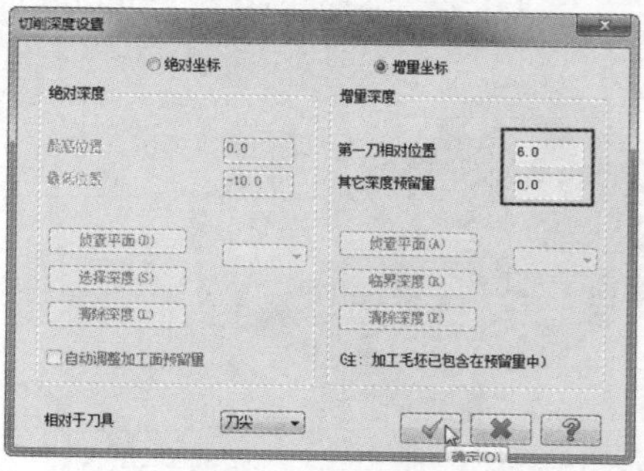

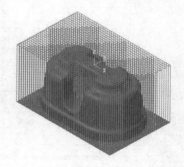

图 15-53

图 15-54

07 单击【实体仿真】按钮进行模拟，模拟结果如图 15-55 所示。

技巧点拨：

插削粗切的刀路行进方向与Z轴平行，主要用来切削深腔零件的侧壁，可大批量地去除材料。优点是加工效率高、去除材料快、切削量大，对机床刚性要求非常高。一般情况下，不建议采用此类铣削加工方式来加工零件。

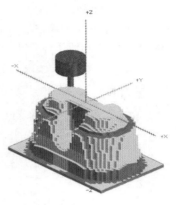

图 15-55

15.2　3D 曲面精加工

3D 曲面精加工（精切）是在粗切完成后对零件的最终切削，各项切削参数都比粗切精细得多。3D 精切用于零件的半精加工和精加工。3D 精加工的工具命令如图 15-56 所示。

由于半精加工与精加工的操作基本一致，仅是部分切削参数不同而已，因此本节中仅介绍常见的精加工方式，半精加工的操作暂不介绍。

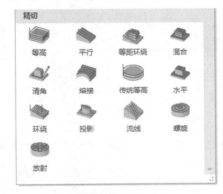

图 15-56

15.2.1　放射精加工

放射精加工主要用于呈放射状外形的零件表面加工，将生成从中心点向四周放射的高速曲面精加工刀路。

上机实践——放射精加工应用

对如图 15-57 所示的放射状零件表面进行放射精加工，加工刀路如图 15-58 所示。

图 15-57

图 15-58

01 打开源文件 15-6.mcam。

02 在【铣床 - 刀路】上下文选项卡的【3D】面板的【精切】组中单击【放射】按钮 ，弹出【高速曲面刀路 - 放射】对话框。在【模型图形】选项中的【加工图形】选项区中单击【选择图形】按钮 ，并选取所有曲面，如图 15-59 所示。

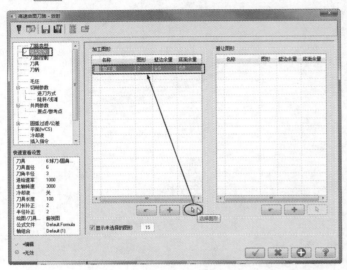
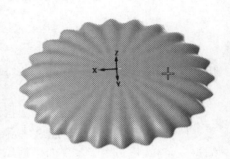

图 15-59

03 在【刀路控制】选项中单击【切削范围】按钮 ，选取曲面边缘曲线作为切削范围，如图 15-60 所示。

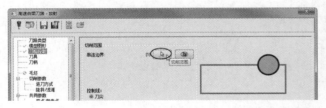
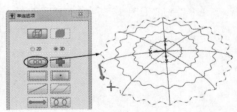

图 15-60

04 在【刀具】选项中新建直径为 6.0 的球刀，如图 15-61 所示。

图 15-61

05 在【毛坯】选项中设置毛坯参数，如图 15-62 所示。

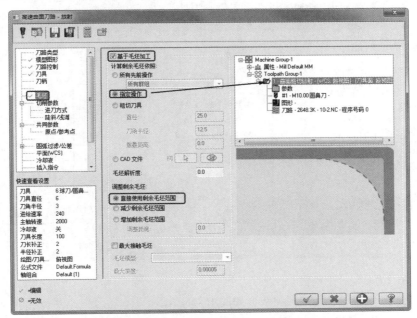

图 15-62

06 在【切削参数】选项中设置切削参数，如图 15-63 所示。

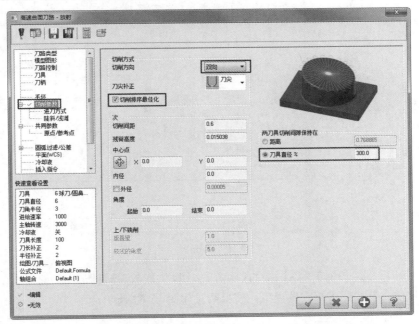

图 15-63

07 在【陡斜 / 浅滩】选项中设置陡斜参数，如图 15-64 所示。

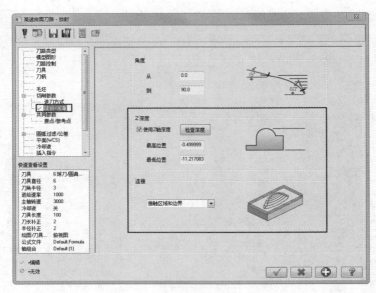

图 15-64

08 在【共同参数】选项中设置共同参数，如图 15-65 所示。

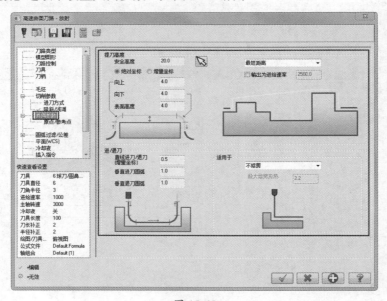

图 15-65

09 单击【高速曲面刀路 - 放射】对话框中的【确定】按钮，生成放射状精加工刀路，如图 15-66 所示。

10 单击【实体仿真】按钮进行实体模拟，模拟结果如图 15-67 所示。

技巧点拨：

放射精加工产生径向发散式刀轨，适用于回转体表面的加工，由于放射精加工存在中心密四周梳的特点，因此，一般工件都不适合采用此加工方式，这种加工方式较少使用。

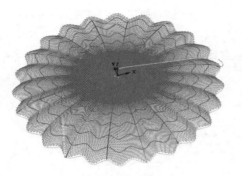

图 15-66

图 15-67

15.2.2　流线精加工

流线精加工是遵循所选曲面的形状和方向来生成平滑且相对平行的流线刀路，要加工的曲面不能自相交，否则刀路会产生冲突。曲面流线方向一般有两个方向（即空间 U 向和 V 向），所以流线精加工刀路也有两个方向，可产生曲面引导方向或截断方向加工刀路。

上机实践——曲面流线精加工应用

对如图 15-68 所示的流线曲面进行流线精加工，生成的加工刀路如图 15-69 所示。

图 15-68

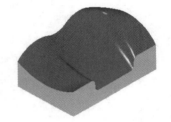

图 15-69

01 打开本例源文件 15-7.mcam。

02 在【铣床 - 刀路】上下文选项卡的【3D】面板的【精切】组中单击【流线】按钮，选取刀路曲面后弹出【刀路的曲面选取】对话框。单击【流行参数】按钮，弹出【曲面流线设置】对话框，保留默认的曲面流线设置，单击【确定】按钮，完成设置，如图 15-70 所示。

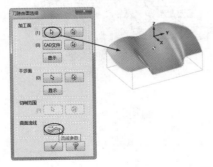

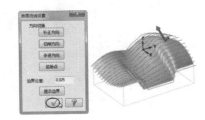

图 15-70

03 在弹出的【曲面精修流线】对话框的【刀具参数】选项卡中新建一把直径为 10.0 的球刀 / 圆鼻铣刀，如图 15-71 所示。

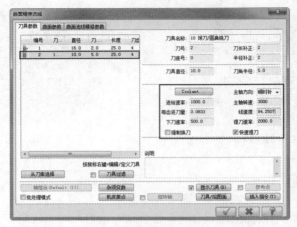

图 15-71

04 在【曲面精修流线】对话框中的【曲面流线精修参数】选项卡中设置流线精加工参数，如图 15-72 所示。

图 15-72

05 单击【间隙设置】按钮，弹出【刀路间隙设定】对话框，设置间隙的控制方式，如图 15-73 所示。

06 根据设置的精修参数生成流线精加工刀路，如图 15-74 所示。

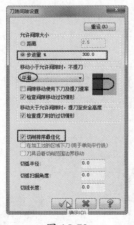

图 15-73

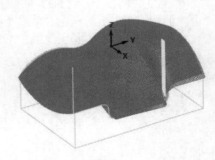

图 15-74

07 单击【实体仿真】按钮，进行实体模拟，结果如图 15-75 所示。

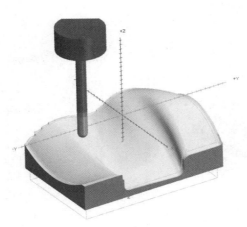

图 15-75

技巧点拨：

曲面流线加工主要用于曲面外形比较简单的曲面精加工，而流曲线相对比较复杂时并不适合此铣削方式。

15.2.3　等高外形精加工

等高精加工也称"深度轮廓加工"或"等高轮廓铣"，此铣削方式适用于高度凸起且陡斜面较多的外形加工，在工件上会产生沿等高线分布的刀路，相当于将工件沿 Z 轴等分。等高精加工与挖槽加工的加工对象是相同的，也可以用于粗加工或半精加工。

上机实践——等高外形精加工应用

对如图 15-76 所示的零件先进行残料的二次开粗，再进行等高精加工，精加工刀路如图 15-77 所示。

图 15-76

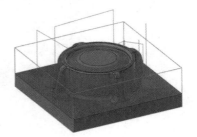

图 15-77

01 打开本例源文件 15-8.mcam。

02 在【铣床 - 刀路】上下文选项卡的【3D】面板的【精切】组中单击【等高】按钮，弹出【高速曲面刀路 - 等高】对话框。

03 在【模型图形】面板中的【加工图形】选项区中单击【选择图形】按钮，然后选取所有的实体图形，如图 15-78 所示。

04 在【刀路控制】面板中单击【切削范围】按钮，然后选取串连，如图 15-79 所示。

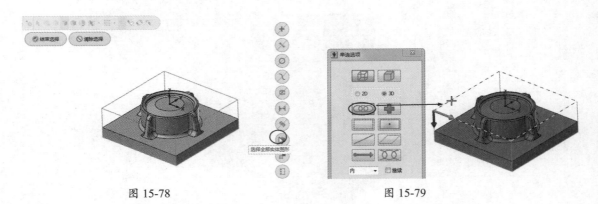

图 15-78   图 15-79

05 在【刀具】选项中新建一把 D6 的球刀，如图 15-80 所示。

图 15-80

06 在【毛坯】选项中定义毛坯，如图 15-81 所示。

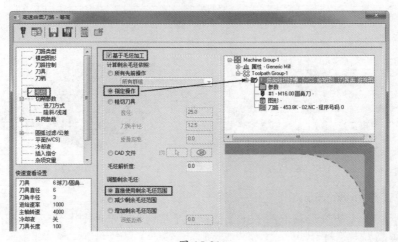

图 15-81

07 在【陡斜 / 浅滩】选项中定义切削参数，如图 15-82 所示。

08 在【共同参数】选项中定义共同参数，如图 15-83 所示。

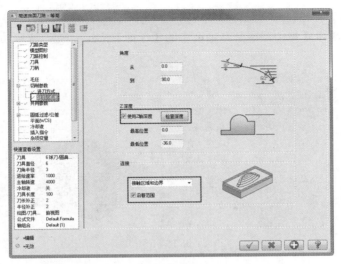

图 15-82

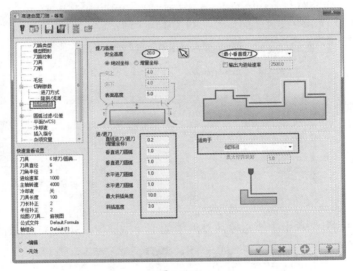

图 15-83

09 单击【确定】按钮 ✔，生成等高外形精加工刀路，如图 15-84 所示。

10 进行实体模拟仿真的结果，如图 15-85 所示。

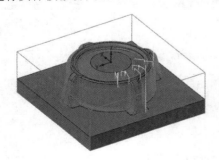

图 15-84

图 15-85

11 单击【传统等高】按钮 ，按信息提示选择零件图形作为加工对象，随后弹出【刀路曲面选择】对话框，然后单击【切削范围】选项区中的【选择】按钮 ，选取切削范围的串连，如图 15-86 所示。

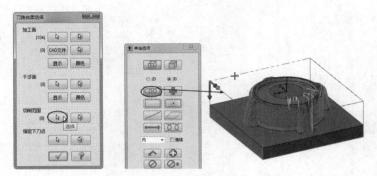

图 15-86

12 选取切削范围后弹出【曲面精修等高】对话框，在【刀具参数】选项卡中选择等高残料加工的刀具作为等高精修加工的刀具。

13 在【曲面参数】选项卡中设置曲面参数，如图 15-87 所示。

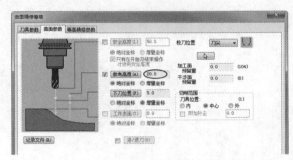

图 15-87

14 在【等高精修参数】选项卡中设置等高外形精加工专用参数，如图 15-88 所示。

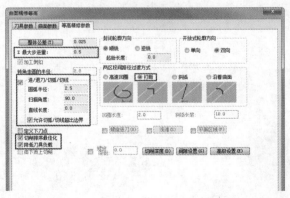

图 15-88

15 单击【切削深度】按钮，设置切削深度，如图 15-89 所示。

16 单击【间隙设置】按钮，设置间隙的控制方式，如图 15-90 所示。

图 15-89　　　　　　　　　　　　　　　　图 15-90

17 选中【平面区域】复选框并单击【平面区域】按钮，弹出【平面区域加工设置】对话框，该对话框用来设置曲面中的平面区域加工刀路，如图 15-91 所示。

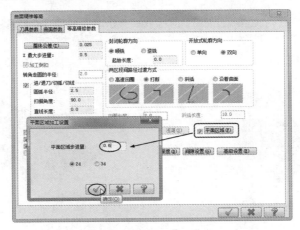

图 15-91

18 单击【确定】按钮 ，生成等高外形精加工刀具路径，如图 15-92 所示。

19 定义用于实体模拟的毛坯，如图 15-93 所示。

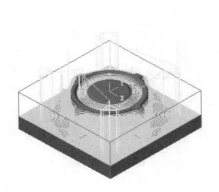
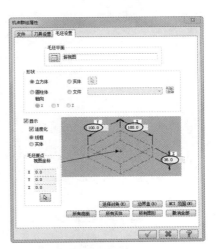

图 15-92　　　　　　　　　　　　　　　图 15-93

20 单击【实体仿真】按钮 🖳 进行实体模拟仿真，模拟结果如图 15-94 所示。

图 15-94

技巧点拨：

等高外形通常用于半精加工，主要对侧壁或者比较陡的曲面进行去材料加工，不适用于浅曲面加工。刀轨在陡斜面和浅平面的加工密度不同，曲面越陡刀轨越密，加工效果越好。

15.2.2 残料清角精加工

清角精加工用于移除拐角剩余的材料或移除之前较大直径刀具所遗留下来的未切削材料。清角精加工沿部件表面形成的凹角和凹部一次生成一层刀路，可以是一层刀路也可是多层刀路。

上机实践——残料清角精加工应用

对如图 15-95 所示的零件表面进行残料清角精加工，加工刀路如图 15-96 所示。

图 15-95

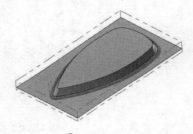

图 15-96

进行残料清角精加工，需要自定义功能区的命令，将【精修清角加工】命令调出来，如图15-97 所示。

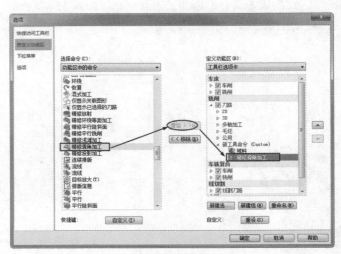

图 15-97

01 打开本例源文件 15-9.mcam。

02 在【新工具命令】面板中单击【精修清角加工】按钮 ，按信息提示选取所有曲面作为加工曲面，随后弹出【刀路曲面选择】对话框。

03 单击【切削范围】选项区中的【选择】按钮 ，选取切削范围的串连，如图 15-98 所示。

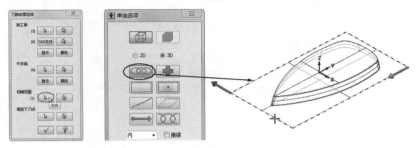

图 15-98

04 单击【刀路曲面选择】对话框中的【确定】按钮 ，弹出【曲面精修清角】对话框。

05 在【刀具参数】选项卡中新建 D10R1（【刀具直径】值为 10.0、【刀具半径】值为 1.0）的圆鼻铣刀，如图 15-99 所示。

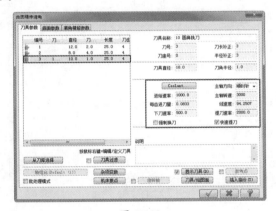

图 15-99

06 在【曲面参数】选项卡中设置曲面相关参数，如图 15-100 所示。

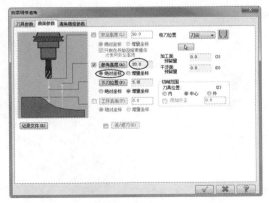

图 15-100

07 在【清角精修参数】选项卡中设置残料清角精加工专用参数，如图 15-101 所示。

图 15-101

08 单击【限定深度】按钮，设置加工切削深度，如图 15-102 所示。

图 15-102

09 单击【间隙设置】按钮，设置刀路间隙，如图 15-103 所示。

10 根据所设置的曲面精修清角参数，生成残料清角精加工刀路，如图 15-104 所示。

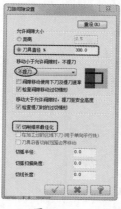

图 15-103

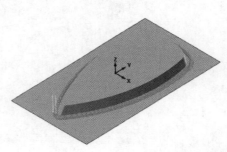

图 15-104

11 在【机床群组属性】选项面板中定义用于实体仿真模拟的毛坯，如图 15-105 所示。

12 单击【实体仿真】按钮 ，进行实体仿真，效果如图 15-106 所示。

图 15-105

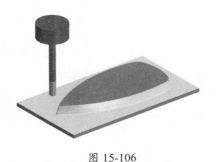

图 15-106

技巧点拨：

残料清角精加工通常对角落处由于刀具过大无法加工到位的部位采用小直径刀具进行清残料加工，残料清角精加工通常需要设置先前的参考刀具直径，通过计算此直径留下的残料来产生刀轨。

15.2.5　等距环绕精加工

等距环绕精加工可创建相对于零件外形的径向切削且步距一致的环绕刀路，刀路等距式排列，残料高度固定，整个加工区域面上具有一致的表面光洁度，抬刀次数少，因而常作为最后一层残料清除的表面精加工。

上机实践——等距环绕精加工

对如图 15-107 所示的已完成粗加工的零件表面进行等距环绕精加工，加工刀路如图 15-108 所示。

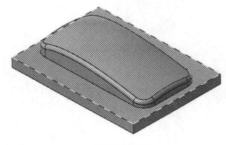

图 15-107

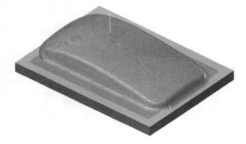

图 15-108

要进行环绕等距精加工，需要先自定义添加【精修环绕等距加工】命令。

01 打开本例源文件 15-10.mcam。

02 在【新工具命令】面板中单击【精修环绕等距加工】按钮 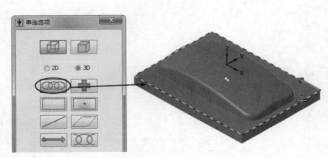，按信息提示选取全部实体图形作为加工对象曲面，随后弹出【刀路曲面选择】对话框。

03 单击【切削范围】选项区中的【选择】按钮 ，选取切削范围的串连，如图 15-109 所示。

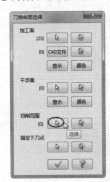

图 15-109

04 单击【刀路曲面选择】对话框中的【确定】按钮 ，弹出【曲面精修环绕等距】对话框。

05 在【刀具参数】选项卡中新建 D6（【刀具直径】值为 6.0）的球头铣刀，如图 15-110 所示。

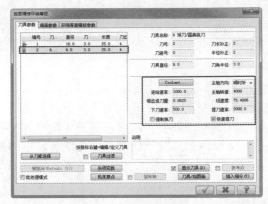

图 15-110

06 在【曲面参数】选项卡中设置曲面相关参数，如图 15-111 所示。

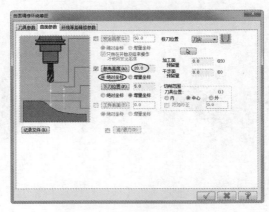

图 15-111

07 在【环绕等距精修参数】选项卡中设置环绕精加工参数，如图 15-112 所示。

08 单击【限定深度】按钮，设置加工切削深度，如图 15-113 所示。

图 15-112

图 15-113

09 单击【间隙设置】按钮，设置刀路间隙，如图 15-114 所示。

10 单击【曲面精修环绕等距】对话框中的【确定】按钮，生成环绕等距精加工刀路，如图 15-115 所示。

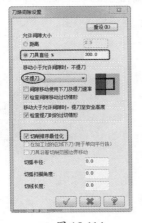

图 15-114

图 15-115

11 在【机床群组属性】选项面板中定义用于实体仿真模拟的毛坯，如图 15-116 所示。

12 单击【实体仿真】按钮进行实体仿真，效果如图 15-117 所示。

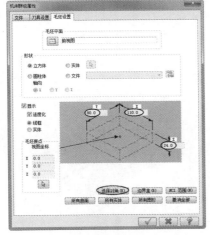

图 15-116

图 15-117

技巧点拨：

环绕等距精加工在曲面上产生等间距排列的刀轨，通常作为最后刀轨对模型进行精加工。加工的精度非常高，而且刀轨非常长，所以计算时间长。

15.2.6 熔接精加工

熔接精加工是在所选的两条曲线（此两条曲线将自动熔接）之间通过或沿着所选曲线创建精加工刀路。熔接精加工可熔接在截断方向和熔接引导方向上生成刀路。引导方向必须用户自定义，可创建 2D 熔接投影或 3D 熔接投影，因而也是投影精加工的一种特例。

上机实践——熔接精加工应用

对如图 15-118 所示的零件外形进行熔接精加工，加工刀路如图 15-119 所示。

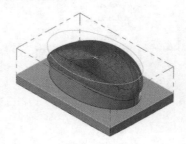

图 15-118　　　　　　　　　　　　　　　　图 15-119

01 打开本例源文件 15-11.mcam。

02 在【铣床 - 刀路】上下文选项卡的【3D】面板的【精切】组中单击【熔接】按钮 ，按信息提示选取全部实体图形作为加工对象曲面，随后弹出【刀路曲面选择】对话框。

03 单击【选择熔接曲线】选项区中的【熔接曲线】按钮 ，然后选取熔接曲线的串连，如图 15-120 所示。

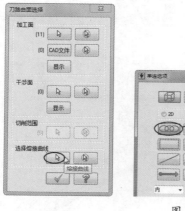
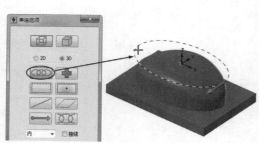

图 15-120

04 单击【刀路曲面选择】对话框中的【确定】按钮 ，弹出【曲面精修熔接】对话框。在【刀具参数】选项卡中新建 D10（【刀具直径】值为 10.0）的球头铣刀，如图 15-121 所示。

05 在【曲面参数】选项卡中设置曲面相关参数，如图 15-122 所示。

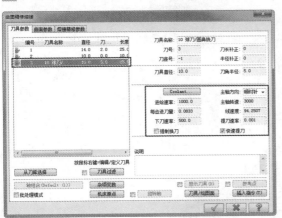

图 15-121

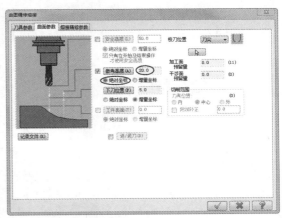

图 15-122

06 在【熔接精修参数】选项卡中设置熔接精加工参数，如图 15-123 所示。

07 单击【曲面精修熔接】对话框中的【确定】按钮，生成环绕等距精加工刀路，如图 15-124 所示。

图 15-123

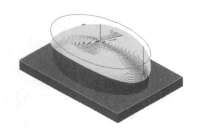

图 15-124

08 在【机床群组属性】选项面板中定义用于实体仿真模拟的毛坯，如图 15-125 所示。

09 单击【实体仿真】按钮 进行实体仿真，效果如图 15-126 所示。

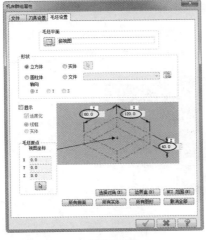

图 15-125

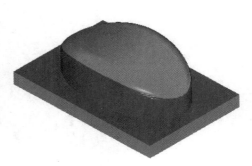

图 15-126

技巧点拨：

熔接精加工是在两条曲线之间产生刀路，并将产生的刀路投影到曲面上形成熔接精加工，它是投影精加工的特殊形式。

15.3 课后习题

（1）采用放射粗切铣削加工方式，对如图 15-127 所示的零件进行粗加工。

图 15-127

（2）采用挖槽粗切的铣削加工方式对如图 15-128 所示的模具动模板零件进行粗切加工。

图 15-128

（3）采用等距环绕、清角等精加工铣削方式对如图 15-129 所示的零件进行精加工。

图 15-129

第 *16* 章 多轴加工

 项目导读

多轴加工也称"可变轴曲面轮廓加工"，沿部件轮廓来移除材料，从而对已轮廓加工的曲面区域进行精加工。多轴加工仅针对复杂的曲面，多轴加工的机床可以为 3 轴、4 轴或 5 轴数控机床，5 轴比 3 轴数控机床多两个旋转轴。本章主要讲解各种多轴加工类型及其操作方法。

扫码看教学视频

项目分解

- 基本模型的多轴加工
- 扩展应用加工类型

16.1　基本模型的多轴加工

Mastercam 2020 的多轴加工工具在【铣床 - 刀路】上下文选项卡的【多轴加工】面板中，包括【基本模型】和【扩展应用】两大类加工类型，如图 16-1 所示。多轴加工工具用于零件的半精加工和精加工。

图 16-1

16.1.1　曲线多轴加工

曲线多轴加工主要用于空间三维曲线或复杂曲面的边缘线加工，可加工各类图案、文字和曲线。曲线多轴已将"五轴"全部替换为"多轴"加工，主要是对曲面上的 3D 曲线进行可变轴加工，刀具中心沿曲线走刀。因此，曲线多轴加工无须设置刀具补偿量。刀具轴的控制可通过直线、曲面、平面、从点、到点及曲线等方式来设置。

上机实战——曲线多轴加工应用

对如图 16-2 所示的零件进行加工，加工刀路如图 16-3 所示。

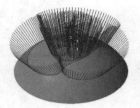

图 16-2   图 16-3

01 打开源文件 16-1.mcam。

02 在【多轴加工】面板中单击【曲线】按钮 🍌，弹出【多轴刀路 - 曲线】对话框。

03 在【刀具】选项中新建 D1 的球刀，如图 16-4 所示。

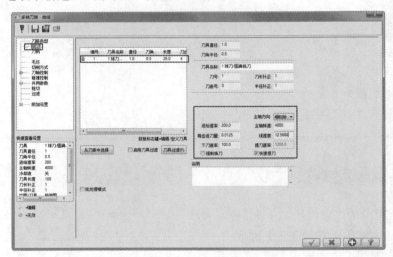

图 16-4

04 在【切削方式】选项中单击【选择】按钮 📐，框选所有模型上的所有曲线并任意单击一点作为草图起点，然后设置其他切削参数，如图 16-5 所示。

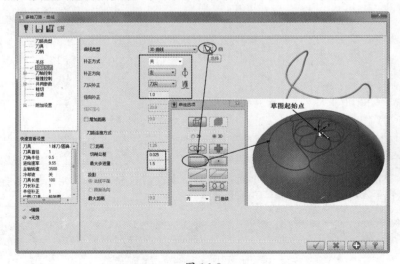

图 16-5

05 在【刀轴控制】选项中设置刀轴控制方式与其他参数，如图 16-6 所示。

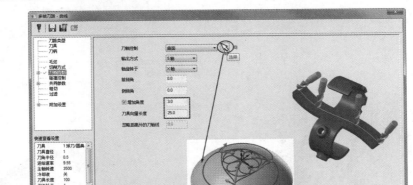

图 16-6

06 在【共同参数】选项中设置【安全高度】及【参考高度】等参数，如图 16-7 所示。

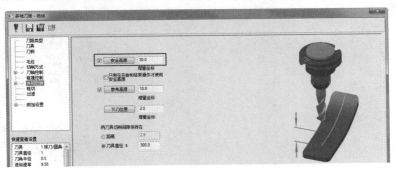

图 16-7

07 在【粗切】选项中设置【深度分层切削】和【宽度分层切削】参数，如图 16-8 所示。

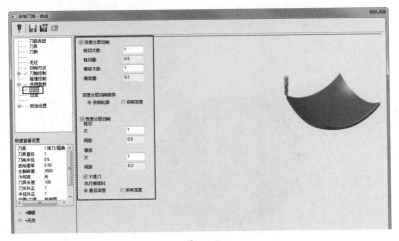

图 16-8

08 单击【确定】按钮 ✓，生成曲线五轴刀路，如图 16-9 所示。

09 在【层别】选项面板中将第二层打开，可见实体毛坯，如图 16-10 所示。

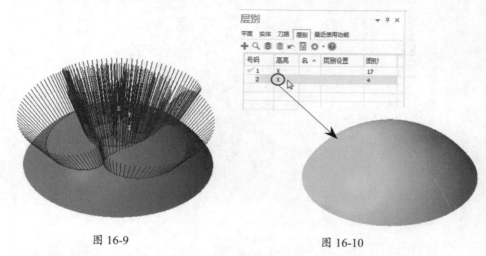

图 16-9　　　　　　　　　　　　　　　　图 16-10

10 在【机床群组属性】对话框的【毛坯设置】选项卡中，定义用于实体模拟的毛坯（选择毛坯图层中显示的毛坯），如图 16-11 所示。

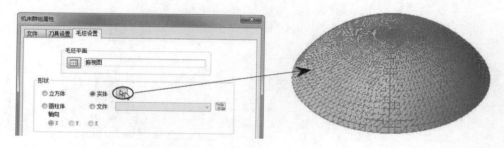

图 16-11

11 单击【实体仿真】按钮 ，进行实体仿真，结果如图 16-12 所示。

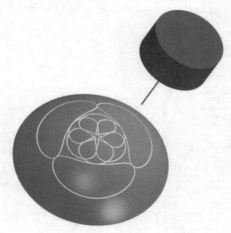

图 16-12

16.1.2　沿面多轴加工

沿面多轴加工是沿所选曲面的 *UV* 方向来生成流线刀路。因其能用 4 轴和 5 轴数控机床进行加工，因此该铣削类型可以加工空间形状更为复杂的曲面，是 Mastercam 别具特色的铣削加工类型。沿面多轴加工的操作与切削参数设置与 3D 铣削加工中的【流线】铣削类型基本相同。沿面多轴加工的刀轴可控，切削刀具的前倾角和后倾角均可更改，其加工质量也非常好，在实际加工中也是应用较为广泛的一种铣削加工方法。

上机实战——沿面五轴加工应用

对如图 16-13 所示的零件外形进行沿面多轴加工，加工刀路如图 16-14 所示。

图 16-13

图 16-14

01 打开源文件 16-2.mcam。

02 在【多轴加工】面板中单击【沿面】按钮，弹出【多轴刀路 - 沿面】对话框。

03 在【刀具】选项中新建 D4 的球刀，如图 16-15 所示。

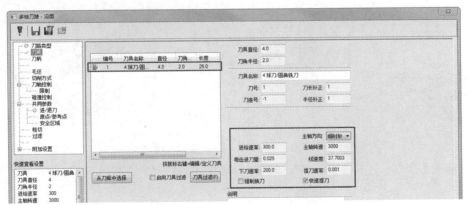

图 16-15

04 在【切削方式】选项中设置加工曲面与切削方式等参数，如图 16-16 所示。

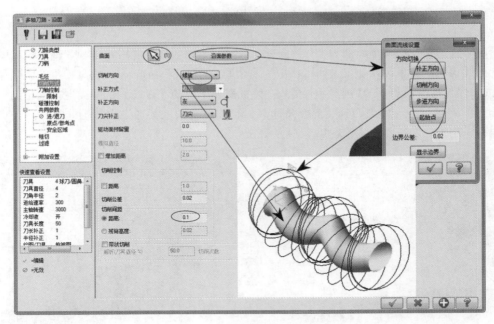

图 16-16

05 在【刀轴控制】选项中设置刀轴参数，如图 16-17 所示。

图 16-17

06 单击【确定】按钮 ，生成刀路，如图 16-18 所示。

图 16-18

07 在【机床群组属性】对话框的【毛坯设置】选项卡中设置毛坯的参数，如图 16-19 所示。

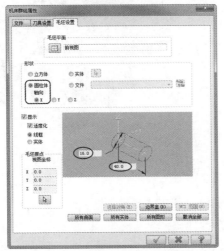

图 16-19

08 单击【实体仿真】按钮 进行实体仿真，仿真结果如图 16-20 所示。

图 16-20

16.1.3　多曲面多轴加工

多曲面多轴加工主要是对零件中的多个曲面进行流线加工。曲面必须相切连续，或者是多个相似的实体面，会创建具有相同流线 *UV* 方向的刀路。如果利用普通的曲面铣削加工方式来加工曲面组，由于曲面与曲面之间不连续，那么生成的刀路效果会很差。而多曲面多轴加工类型就很好地解决了这个问题，在多个连续曲面之间生成连续的流线刀路，大幅提升了加工精度。

多曲面多轴加工的对象可以是异形曲面、圆柱面、球形曲面或立方体表面。

上机实战——多曲面五轴加工应用

对如图 16-21 所示的零件进行多曲面加工，加工刀路如图 16-22 所示。

图 16-21

图 16-22

01 打开源文件 16-3.mcam。

02 在【多轴加工】面板中单击【多曲面】按钮🛆，弹出【多轴刀路 - 多曲面】对话框。

03 在【刀具】选项中新建 D6 的球刀，如图 16-23 所示。

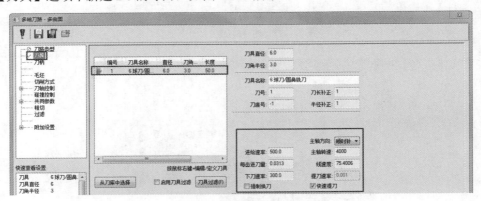

图 16-23

04 在【切削方式】选项中设置加工曲面与切削方式等参数，如图 16-24 所示。

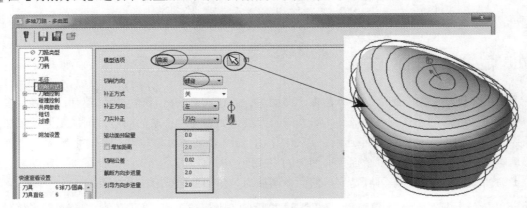

图 16-24

05 在【刀轴控制】选项中设置【刀轴控制】选项，如图 16-25 所示。

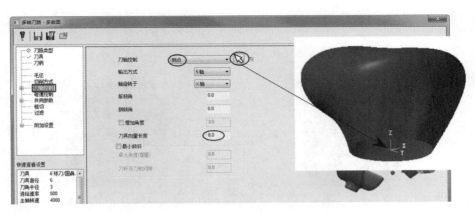

图 16-25

06 保留其他选项默认设置，单击【确定】按钮 ，生成多曲面刀路，如图 16-26 所示。

图 16-26

16.1.4　通道多轴加工

通道多轴加工主要用于管件及管道附件的内、外表面切削加工，也可以用于具有内部凹腔的零件加工。通道多轴加工也是根据曲面的 U 向流线或 V 向流线来生成刀路的。如图 16-27 所示为加工管件内壁的刀路。如图 16-28 所示为加工管件外壁的刀路。

图 16-27

图 16-28

上机实战——通道五轴加工应用

对如图 16-29 所示的零件进行通道多轴加工，加工刀路如图 16-30 所示。

图 16-29

图 16-30

01 打开源文件 16-4.mcam。

02 在【多轴加工】面板中单击【通道】按钮，弹出【多轴刀路 - 通道】对话框。

03 在【刀具】选项中新建 D4 的球刀，如图 16-31 所示。

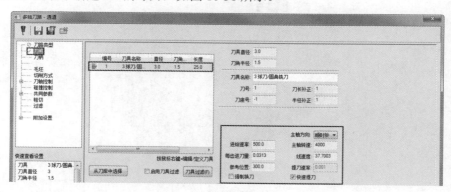

图 16-31

04 在【切削方式】选项中设置加工曲面与切削方式等参数，如图 16-32 所示。

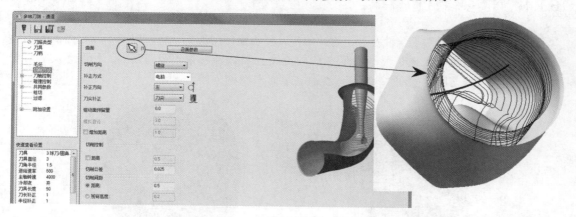

图 16-32

05 在【刀轴控制】选项中设置刀具轴控制、汇出格式等参数，如图 16-33 所示。

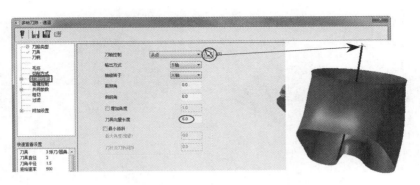

图 16-33

06 其余选项保持默认设置，单击【确定】按钮 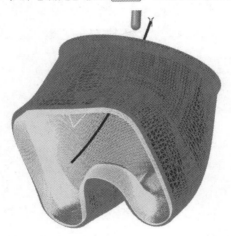，生成通道刀路，如图 16-34 所示。

图 16-34

16.2 扩展应用加工类型

前面介绍的多轴加工类型属于最基本的多轴加工类型，仅能够满足一般行业加工需要，只是适合一般的零件的五轴加工。除此之外，Mastercam 还提供了大量特殊的五轴加工方法，针对特殊的行业和零件开发的专用五轴加工刀路。下面仅对常用的扩展应用类型进行介绍。

16.2.1 投影多轴加工

投影多轴加工与曲线多轴加工类似，不同的是投影五轴加工是将 2D 或 3D 曲线先投影到曲面上，再根据投影后的曲线产生沿面上曲线走刀的五轴加工刀轨。而曲线五轴是对 3D 空间曲线进行加工，可以不需要曲面。

上机实战——投影多轴加工应用

对如图 16-35 所示的零件进行加工，加工结果如图 16-36 所示。

图 16-35　　　　　　　　　　　　　　图 16-36

01 打开源文件 16-5.mcam。

02 在【多轴加工】面板中单击【投影】按钮，弹出【多轴刀路 - 投影】对话框。

03 在【刀具】选项中新建【刀具直径】值为 0.5 的锥度铣刀，如图 16-37 所示。

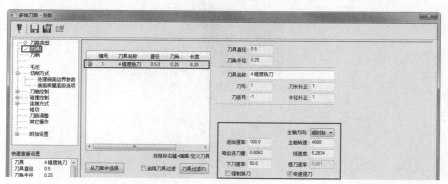

图 16-37

04 在【切削方式】选项中设置加工曲面和投影曲线等参数，如图 16-38 所示。

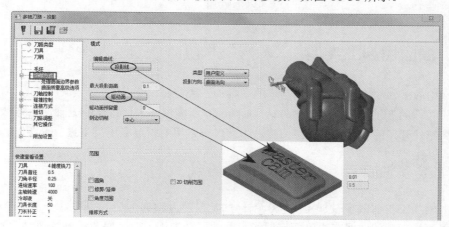

图 16-38

05 在【刀轴控制】选项中设置【刀轴控制】和【输出方式】等参数，如图 16-39 所示。

图 16-39

06 其余选项保持默认设置，在【多轴刀路 - 投影】对话框中单击【确定】按钮 ✓，生成多轴投影刀路，如图 16-40 所示。

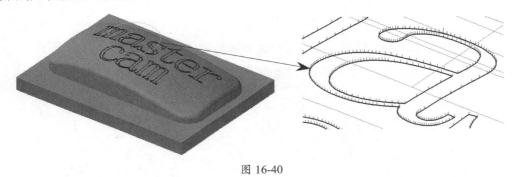

图 16-40

16.2.2　沿边多轴加工

沿边多轴加工是刀具与所选图形（零件边缘）保持接触的多轴加工方式。主要利用刀具的侧刃对工件的侧壁进行多轴加工。可生成 4 轴或 5 轴加工刀路。旋转轴可以是 X 轴、Y 轴或 Z 轴。可以选择曲面或者零件边缘作为加工侧壁对象。

上机实战——沿边多轴加工应用

对如图 16-41 所示的深腔零件进行侧壁加工，加工刀路如图 16-42 所示。

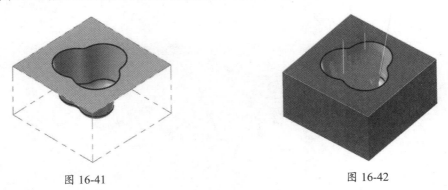

图 16-41　　　　　　　　　　　　　　　　图 16-42

01 打开源文件 16-6.mcam。

02 在【多轴加工】面板中单击【沿边】按钮 ✏️，弹出【多轴刀路 - 沿边】对话框。

03 在【刀具】选项中新建 D10 的球刀，如图 16-43 所示。

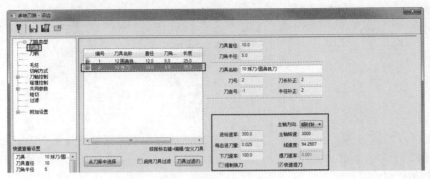

图 16-43

04 在【切削方式】选项中设置补正和加工曲线等参数，如图 16-44 所示。

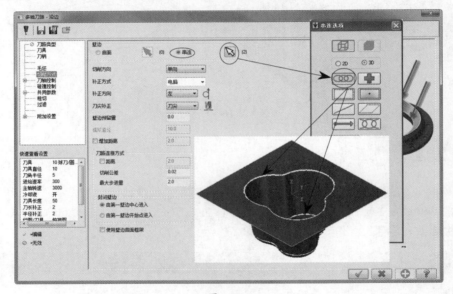

图 16-44

05 在【刀轴控制】选项中设置刀轴控制选项，如图 16-45 所示。

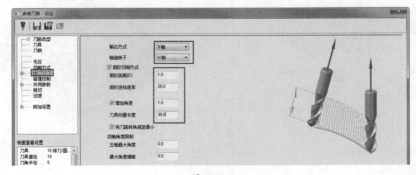

图 16-45

06 在【碰撞控制】选项中设置【底部轨迹】等参数，如图 16-46 所示。

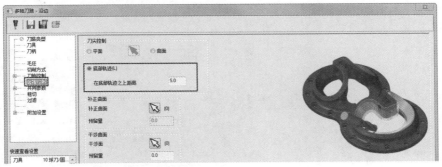

图 16-46

07 其余选项保持默认设置，在【多轴刀路 - 沿边】对话框中单击【确定】按钮 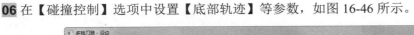，生成多轴沿边刀路，如图 16-47 所示。

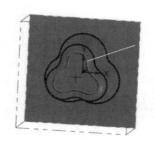

图 16-47

16.2.3　旋转四轴加工

旋转四轴加工显然是一个四轴铣削加工方式，旋转四轴加工主要用于加工具有回转特性的零件或沿绕某一轴旋转来加工四周侧壁的零件。旋转四轴的机床比三轴机床多一个旋转轴，这个旋转轴可以是 X 轴、Y 轴或 Z 轴中的任一个轴，具体需要根据机床的配置来确定。旋转四轴加工的切削方向包括绕着旋转轴切削和沿着旋转轴切削两种。根据零件外形的流线方向来选择合适的切削方向，可以获得更高质量的加工刀路。

上机实战——旋转四轴加工应用

对如图 16-48 所示的凸轮零件进行外形切削加工，旋转四轴加工的刀路如图 16-49 所示。

图 16-48

图 16-49

01 打开源文件 16-7.mcam。

02 在【多轴加工】面板中单击【旋转】按钮，弹出【多轴刀路 - 旋转】对话框。

03 在【刀具】选项中新建 D6 的球刀，如图 16-50 所示。

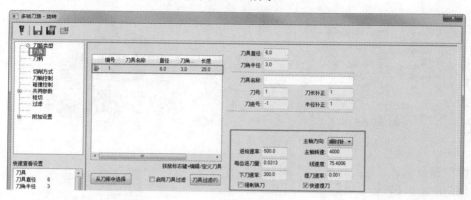

图 16-50

04 在【切削方式】选项中设置加工曲面与切削方式等参数，如图 16-51 所示。

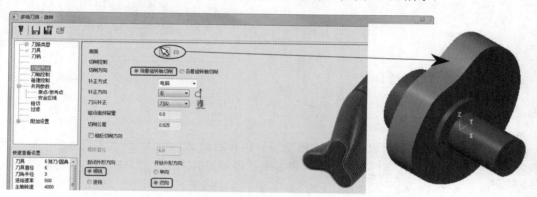

图 16-51

05 在【刀轴控制】选项中设置旋转轴等参数，如图 16-52 所示。

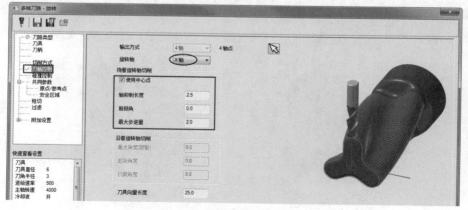

图 16-52

06 其余选项保持默认设置，在【多轴刀路 - 旋转】对话框中单击【确定】按钮 ，生成四轴旋转刀路，如图 16-53 所示。

图 16-53

16.3　课后习题

采用 3D 铣削加工类型和多轴曲面加工类型对如图 16-54 所示的零件进行半精加工和精加工，选择合适的切削方向创建高质量的精加工刀路。

图 16-54

第 *17* 章 钻削加工

扫码看教学视频

 项目导读

钻削加工类型是利用数控钻削机床进行孔、槽加工的数控加工类型，并不涉及人工手动钻削加工方法。本章介绍的钻削加工包括铣削循环加工、钻孔、扩孔、镗孔等，并详细举例说明各种钻削加工的参数设置与操作步骤。

项目分解

- 钻削加工知识
- Mastercam 的钻孔参数设置
- 模具模板钻削加工案例

17.1 钻削加工知识

钻削加工是指刀具先快速移至指定的加工位置，再以切削进给速度加工到指定的深度，最后以退刀速度退回的一种加工类型。

17.1.1 钻削加工机床

钻削加工机床包括钻床和镗床。

钻床是主要用钻头在实体工件上加工孔的机床，可以用来加工外形比较复杂、没有对称回转轴线的工件上的孔，如箱体、机架等零件上的孔。钻床可完成钻孔、扩孔、铰孔、锪平面、攻螺纹等工作。

钻床的加工精度不高，仅用于加工一般精度的孔。如果配合钻床夹具，可以加工精度较高的孔。钻床主要有台式钻床、立式钻床、摇臂钻床、深孔钻床等类型，如图 17-1 所示为摇臂钻床。

镗削是一种用刀具扩大孔或其他圆形轮廓的内径车削工艺，其应用范围一般从半粗加工到精加工。镗床是镗削加工的专用机床，如图 17-2 所示为立式坐标镗床。

17.1.2 钻削加工方法

钻削加工是用钻头在工件上加工孔的一种加工方法。在钻床上加工时，工件固定不动，刀具进行旋转运动（主运动）的同时沿轴向移动（进给运动）。

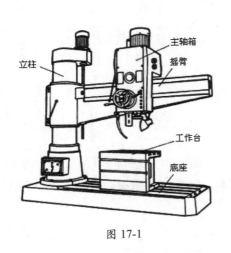

图 17-1

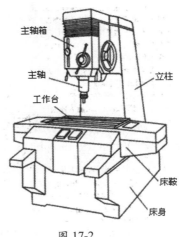

图 17-2

1. 钻孔与扩孔

钻孔是用钻头在实体材料上加工的方法。单件小批量生产时，需要先在工件上画线，打样冲眼确定孔中心的位置，然后将工件通过台钳或直接装在钻床工作台上；大批量生产时，采用夹具即钻模装夹工作。

扩孔常用于已铸出、锻出或钻出孔的扩大。扩孔可作为铰孔、磨孔前的预加工，也可以作为精度要求不高的孔的最终加工。扩孔比钻孔的质量好，生产效率高。扩孔对铸孔、钻孔等预加工孔的轴线的偏斜，有一定的校正作用。扩孔精度一般为 IT10 左右，表面粗糙度 Ra 值可达 $6.3 \sim 3.2 \mu m$，扩孔钻如图 17-3 所示。

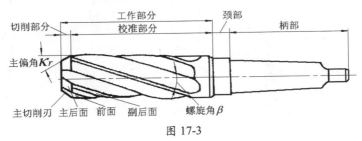

图 17-3

2. 钻削工艺特点

麻花钻为排出大量切屑，具有较大容屑空间的排屑槽，刚度与强度受很大削弱，加工内孔的精度低，表面粗糙度粗。

一般钻孔后精度达 IT12 级左右，表面粗糙度 R_a 达 $80 \sim 20 \mu m$。因此，钻孔主要用于精度低于 IT11 级以下的钻削加工，或用作精度要求较高的孔的预加工。

钻孔时钻头容易产生偏斜，工艺上常采用下列措施。

- 钻孔前先加工孔的端面，以保证端面与钻头轴心线垂直。
- 先采用 90° 顶角直径大而且长度较短的钻头预钻一个凹坑，以引导钻头钻削，此方法多用于转塔车床和自动车床，防止钻偏。
- 仔细刃磨钻头，使其切削刃对称。
- 钻小孔或深孔时应采用较小的进给量。

- 采用工件回转的钻削方式，注意排屑和切削液的合理使用。
- 钻孔直径一般不超过 75mm，对于孔径超过 35mm 的孔，宜分两次钻削。第一次钻孔直径约为第二次的 0.5 ～ 0.7 倍。

17.1.3　铰削加工方法

铰削是一种常用的孔精加工方法，通常在钻孔和扩孔之后进行，加工孔精度达 IT6 ～ IT7，加工表面粗糙度可达 R_a1.6 ～ 0.4μm。

根据使用方法，铰刀可分为手用铰刀与机用铰刀。手用铰刀有做成整体式，也有做成可调式的，在单件小批和修配工作中常使用尺寸可调的铰刀，如图 17-4 所示。机用铰刀直径小的做成带直柄或锥柄的，直径较大常做成套式结构。

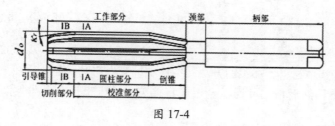

图 17-4

铰削加工余量很小，刀齿容屑槽很浅，因而铰刀的齿数比较多，刚性和导向性好，工作更平稳。由于铰削的加工余量小，切削厚度很薄，同时为了提高铰孔的精度，通常铰刀与机床主轴采用浮动连接，所以铰刀只能修正孔的形状精度，提高孔径尺寸精度和减小表面粗糙度，不能修正孔轴线的歪斜。

17.1.4　镗削加工方法

镗削加工是镗刀回转做主运动，工件或镗刀移动作进给运动的切削加工方法。镗削加工主要在镗床上进行。

镗削加工的工艺范围较广，它可以镗削单孔或孔系，锪和铣平面、镗盲孔及镗端面等，如图 17-5 所示。机座、箱体、支架等外形复杂的大型工件上直径较大的孔，特别是有位置精度要求的孔系，常在镗床上利用坐标装置和镗模加工。镗孔精度为 IT7 ～ IT6 级，孔距精度可达 0.015mm，表面粗糙度值 R_a 为 1.6 ～ 0.8μm。

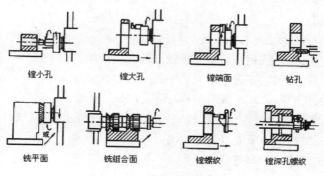

图 17-5

17.1.5 钻削加工固定循环指令

常用的固定循环指令能完成的工作包括：钻孔、攻螺纹和镗孔等。表 17-1 列出了所有的钻削加工固定循环指令。

表 17-1 钻削加工固定循环指令

G 代码	加工运动 （Z 轴负向）	孔底动作	返回运动 （Z 轴正向）	应用
G73	分次，切削进给	—	快速定位进给	高速深孔钻削
G74	切削进给	暂停—主轴正转	切削进给	左螺纹攻丝
G76	切削进给	主轴定向，让刀	快速定位进给	精镗循环
G80	—	—	—	取消固定循环
G81	切削进给	—	快速定位进给	普通钻削循环
G82	切削进给	暂停	快速定位进给	钻削或粗镗削
G83	分次，切削进给	—	快速定位进给	深孔钻削循环
G84	切削进给	暂停—主轴反转	切削进给	右螺纹攻丝
G85	切削进给	—	切削进给	镗削循环
G86	切削进给	主轴停	快速定位进给	镗削循环
G87	切削进给	主轴正转	快速定位进给	反镗削循环
G88	切削进给	暂停—主轴停	手动	镗削循环
G89	切削进给	暂停	切削进给	镗削循环

这些循环通常包括下列 6 个基本操作。如图 17-6 所示为固定循环的基本动作。图中实线表示切削进给，虚线表示快速运动。R 平面为在孔口时，快速运动与进给运动的转换位置。

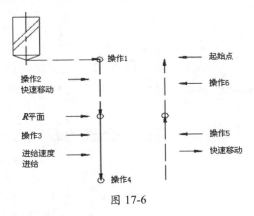

图 17-6

图 17-6 中 6 个基本操作的含义如下。

- 操作 1：在 XY 平面定位。
- 操作 2：快速移至 R 平面。
- 操作 3：孔的切削加工。
- 操作 4：孔底动作。
- 操作 5：返回 R 平面。
- 操作 6：返回到起始点。

应用钻削加工固定循环功能，使其他方法需要几个程序段完成的功能在一个程序段内完成。在 G73/G74/G76/G81 ～ G89 后面，给出钻削加工参数。程序格式如下：

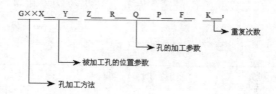

程序格式中：

- G：G 功能字。
- X、Y：孔的位置坐标。
- Z：孔底坐标。
- R：安全面（R 面）的坐标。增量方式时，为起始点到 R 面的增量距离；在绝对方式时，为 R 面的绝对坐标。
- Q：每次切削深度。
- P：孔底的暂停时间。
- F：切削进给速度。
- K：规定重复加工次数。

17.2 Mastercam 的钻孔参数设置

钻孔刀路是主要用于钻孔、镗孔和攻丝等加工的刀路。钻削加工除了要设置通用参数，还要设置专用钻孔参数。

17.2.1 钻孔循环

Mastercam 提供了多种类型的钻孔循环方式，在【2D 刀路 - 钻孔 / 全圆铣削 深孔啄钻 - 完整回缩】对话框中的【切削参数】选项中，展开【循环方式】下拉列表，包括 6 种钻孔循环和自设循环类型，如图 17-7 所示。

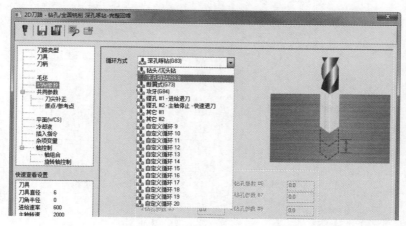

图 17-7

1. 深孔啄钻（G81/G82）循环

深孔啄钻（G81/G82）循环是一般简单钻孔，一次钻孔直接到底。执行此指令时，钻头先快速定位至所指定的坐标位置，再快速定位（G00）至参考点，接着以所指定的进给速率 F 向下钻削至所指定的孔底位置，可以在孔底设置停留时间 P，最后快速退刀至起始点（G98 模式）或参考点（G99 模式）完成循环，这里为讲解方便，全部退刀到起始点（以下图都以实线表示进给速率线，以虚线表示快速定位〔G00〕速率线），如图 17-8 所示。

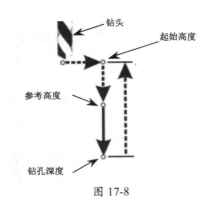

图 17-8

技巧点拨：

G82 指令除了在孔底会暂停时间 P，其余加工动作均与 G81 相同。G82 使刀具切削到孔底后暂停几秒，可改善钻盲孔、柱坑、锥坑的孔底精度。

2. 深孔啄钻（G83）循环

深孔啄钻（G83）循环是钻头先快速定位至所指定的坐标位置，再快速定位到参考高度，接着向 Z 轴下钻所指定的距离 Q（Q 必为正值），再快速退回到参考高度，即可把切屑带出孔外，以免切屑将钻槽塞满而增加钻削阻力或使切削剂无法到达切边，故 G83 适于深孔钻削，依此方式一直钻孔到所指定的孔底位置。最后快速抬刀到起始高度，如图 17-9 所示。

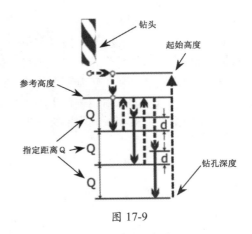

图 17-9

3. 断屑式（G73）循环

断屑式（G73）循环是钻头先快速定位至所指定的坐标位置，再快速定位参考高度，接着向 Z 轴下钻所指定的距离 Q（Q 必为正值），再快速退回距离 d，依此方式一直钻孔到所指定的孔底位置。此种间歇进给的加工方式可使切屑裂断且切削剂易到达切边，进而使排屑容易且冷却、润滑效果佳，如图 17-10 所示。

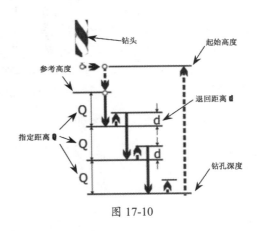

图 17-10

4. 攻牙（G84）循环

攻牙（G84）循环用于右手攻牙，使主轴正转，刀具先快速定位至所指定的坐标位置，再快速定位到参考高度，接着攻牙至所指定的孔座位置，主轴改为反转且同时向 Z 轴正方向退回至参考高度，退至参考高度后主轴会恢复原来的正转，如图 17-11 所示。

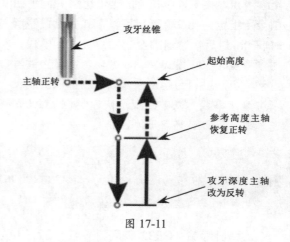

图 17-11

5. 镗孔（G85）循环

镗孔（G85）循环是铰刀先快速定位至所指定的坐标位置，再快速定位至参考高度，接着以所指定的进给速率向下铰削至所指定的孔座位置，仍以所指定的进给速率向上退刀（对孔进行两次镗削），能产生光滑的镗孔效果，如图 17-12 所示。

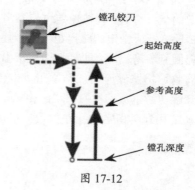

图 17-12

6. 镗孔（G86）循环

镗孔（G86）循环是铰刀先快速定位至所指定的坐标位置，再快速定位至参考高度，接着以所指定的进给速度向下铰削至所指定的孔座位置，停止主轴旋转，以 G00 速度回抽至原起始高度，而后主轴再恢复顺时针旋转，如图 17-13 所示。

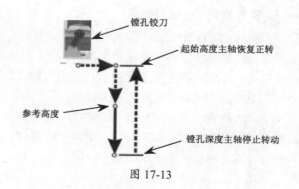

图 17-13

17.2.2　钻削加工参数

钻削加工参数包括刀具参数、切削参数和共同参数，共同参数的设置基本上与 2D 刀路的【2D-外形铣削】对话框中的【共同参数】选项相同，下面主要讲解不同之处。

1. 切削参数

切削参数包括首次啄钻、副次切量、安全余隙、回缩量、暂停时间和提刀偏移量。在【2D 刀路 - 钻孔 / 全圆铣削 深孔啄钻 - 完整回缩】选项面板中选中【切削参数】选项，该选项用来设置钻孔相关参数，如图 17-14 所示。

图 17-14

各参数含义如下。
- 首次啄钻：设置第一次步进钻孔深度。
- 副次切量：后续的每一次步进钻孔深度。
- 安全余隙：本次刀具快速进刀与上次步进深度的间隙。
- 回缩量：设置退刀量。
- 暂停时间：设置刀具在钻孔底部的停留时间。
- 提刀偏移量：设置镗孔刀具在退刀前让开孔壁一段距离，以免伤及孔壁，只用于镗孔循环。

2. 深度补正

在【共同参数】选项面板中，可以设置钻孔公共参数。如果钻削孔深度不是通孔，则输入的【深度】值只是刀尖的深度。由于钻头尖部夹角为 118°，为方便计算，提供的深度补正功能可以自动帮用户计算钻头刀尖的长度。

单击【计算器】按钮![按钮]，弹出【深度的计算】对话框，如图 17-15 所示，可以根据用户设置的【刀具直径】和【刀具包含角度】值自动计算应该补正的深度。

各选项含义如下。
- 使用当前刀具值：将以当前正被使用的刀具直径作为要计算的刀具直径。
- 刀具直径：当前使用的刀具直径。
- 刀尖包含角度：钻头刀尖的角度。
- 精修直径：设置当前要计算的刀具直径。

- 刀尖直径：设置要计算的刀具刀尖直径。
- 增加深度：将计算的深度增加到深度值中。
- 覆盖深度：将计算的深度覆盖到深度值中。
- 深度：计算出来的深度。

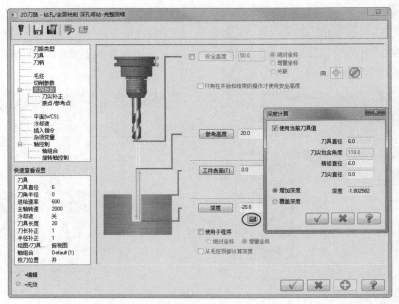

图 17-15

3. 刀尖补正方式

在【刀尖补正】选项中可以设置钻孔深度补正，如图 17-16 所示。

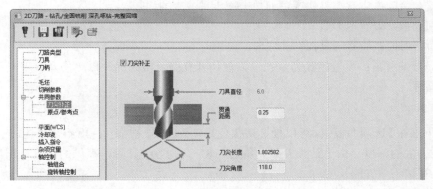

图 17-16

各选项含义如下。

- 刀具直径：当前使用的钻头直径。
- 贯穿距离：钻头（除掉刀尖外）贯穿工件超出的距离。
- 刀尖长度：钻头尖部的长度。
- 刀尖角度：钻头尖部的角度。

技巧点拨：

如果不使用【贯穿距离】参数，输入的距离只是钻头刀尖所到达的深度，在钻削通孔时若设置的钻孔深度与材料的厚度相同，会导致孔底留有残料，无法穿孔，采用尖部补正功能可以将残料清除。

17.2.3　钻孔点的选择方式

要进行钻孔刀路的编制，就必须定义钻孔所需要的点。这里所说的钻孔点并不仅指"点"，而是指能够用来定义钻孔刀路的图素，包括存在点、各种图素的端点、中点以及圆弧等都可以作为钻孔的图素。

在【铣床 - 刀路】上下文选项卡的【2D】面板的【孔加工】组中单击【钻孔】按钮，弹出如图 17-17 所示的【选择钻孔位置】对话框，该对话框包括 4 种钻孔点的选择方式，介绍如下。

1. 在屏幕上选择钻孔点位置

在【选择钻孔位置】对话框中的【在屏幕上选择钻孔点位置】方式是默认的选取方式。采用手动方式可以选择存在的点、输入的坐标点、捕捉图素的端点、中点、交点、中心点或圆的圆心点、象限点等来产生钻孔点。

2. 自动

在【选择钻孔位置】对话框中单击【自动】按钮，即采用自动选取点方式作为选取钻孔位置。将选取一系列的已存在点作为钻孔的中心点，通过三点来定义自动选取的范围。如图 17-18 所示为自动选取方式选取第一点 A、第二点 B 和最后一点 C 后所产生的钻孔刀路。

图 17-17

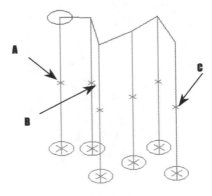

图 17-18

技巧点拨：

自动选点功能并不能将屏幕上所有的点都选中，如果是人工按先后顺序绘制的点，则按顺序选取第一点、第二点和最后一点才可以选取全部的点。

3. 选择图形

在【选择钻孔位置】对话框中单击【选择图形】按钮，在绘图区选取图形，根据捕捉图形点的位置自动判断钻孔点的中心位置。如图 17-19 所示为选取六边形的所有线后的钻孔刀路。

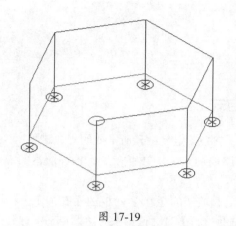

图 17-19

技巧点拨：

选择图形模式选取图素，当存在多个点重叠时，不用担心两图素的交点重复问题，系统会自动过滤掉重复的点。

4. 窗选

在【选择钻孔位置】对话框中单击【窗选】按钮，通过绘制矩形视窗来确定视窗内的钻孔点，系统会根据视窗内的点选择默认的钻孔顺序来产生钻孔刀路，如图 17-20 所示。

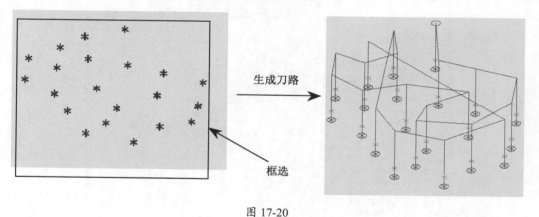

图 17-20

5. 限定圆弧

在【选择钻孔位置】对话框中单击【限定圆弧】按钮，提示选取基准圆弧。在绘图区任意选择一圆弧作为基准后，无论选取其他任何圆弧，只要跟此圆弧半径相等即可被选中，不相等或不是圆弧的则被排除。

17.3 实战案例——模具模板钻削加工案例

对如图 17-21 所示的模具模板进行钻削加工，加工结果如图 17-22 所示。

图 17-21

图 17-22

操作步骤：

01 打开本例源文件 17-1.mcam。

02 在【铣床 - 刀路】上下文选项卡的【2D】面板的【孔加工】组中单击【钻孔】按钮 ，弹出【选择钻孔位置】对话框。

03 单击【在屏幕上选择钻孔点位置】按钮 ，在图形区中选取 16 个小圆孔的圆心作为钻孔位置点，如图 17-23 所示，完成选取后单击【确定】按钮 。

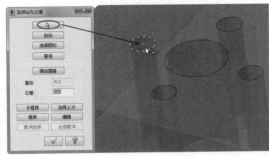

图 17-23

04 弹出【2D 刀路 - 钻孔 / 全圆铣削 深孔啄钻 - 完整回缩】对话框。

05 在【刀具】选项中定义新刀具（直径为 4mm 的标准钻头），如图 17-24 所示。

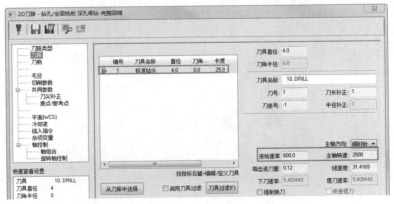

图 17-24

06 在【切削参数】选项中设置切削参数，如图 17-25 所示。

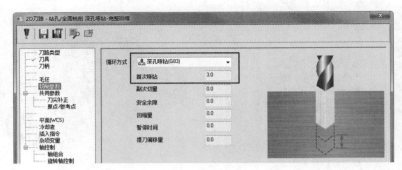

图 17-25

07 在【共同参数】选项中设置二维刀路共同的参数，如图 17-26 所示。

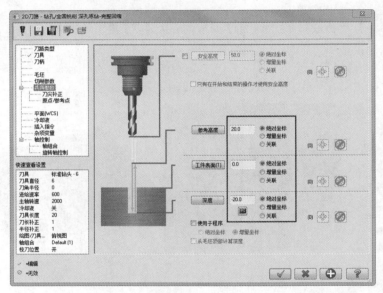

图 17-26

08 在【刀尖补正】选项中设置刀尖补正的参数，如图 17-27 所示。

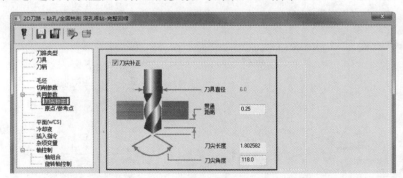

图 17-27

09 其余选项保持默认，单击【确定】按钮 ✓ ，生成刀路，如图 17-28 所示。

10 单击【实体模拟】按钮进行实体仿真，如图 17-29 所示。

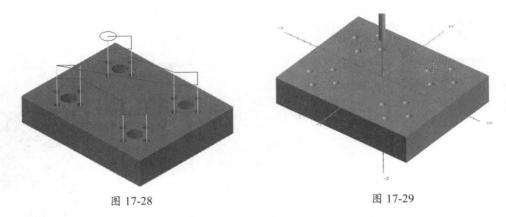

图 17-28 图 17-29

11 对于 4 个打孔，可以复制 16 个小孔的加工程序，更改钻孔位置并新增一把 D10 钻头刀具即可，其他参数完全一致，最终模拟的效果如图 17-30 所示。

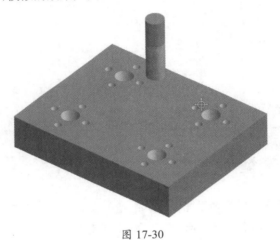

图 17-30

17.4 课后习题

对如图 17-31 所示的模板进行钻削加工。

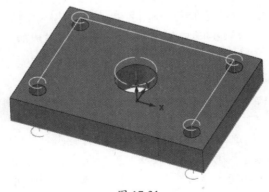

图 17-31

第 *18* 章　车削加工

扫码看教学视频

 项目导读

　　车削加工时工件做回转运动，刀具做直线或圆弧运动来切除材料形成回转体表面。其中工件回转运动为主运动，刀具直线或曲线运动为进给运动。在 Mastercam 2020 中包含粗车加工、精车加工、车槽、螺纹车削等，本章重点介绍常见的车削加工类型。

项目分解

- 粗车削加工类型
- 精车削加工
- 车槽加工
- 车削端面加工

18.1　粗车削加工类型

　　在【机床】选项卡的【机床类型】面板中单击【车床】|【默认】按钮，弹出【车床 - 车削】上下文选项卡和【车床 - 铣削】上下文选项卡，如图 18-1 所示。

图 18-1

　　【车床 - 铣削】选项卡中的加工指令与【铣床 - 刀路】上下文选项卡中的加工指令是完全相同的，这里不再赘述。下面仅介绍【车床 - 车削】上下文选项卡中的车削加工指令。

　　粗车削利用粗车刀具以回转运动方式逐层车削工件表面来生成加工刀路。粗车削是为了去除大部分的毛坯余量。如果直接加工到图纸尺寸，会因热应力、工件热变形等原因造成废品。所以，工件毛坯有较大余量时，都要安排粗加工环节。

上机实践——粗车加工应用

　　利用【粗车】车削加工指令加工如图 18-2 所示的零件轮廓，车削模拟结果如图 18-3 所示。

　　根据零件图样、毛坯情况，确定工艺方案及加工路线。对于本例的轴类零件，轴心线为工艺基准。粗车外圆，可采用阶梯切削路线，由于零件前端存在尺寸较小的凹槽，需要采用较小的车刀来完成，这并不包含在粗车工序中。粗车削工序安排如下。

- 用 T0101 R0.8 OD ROUGH RIGHT 车刀对零件外圆进行粗车削加工。
- 用 T0303 R0.4 OD FINISH RIGHT 车刀对零件中的圆弧形凹槽面进行粗车削加工。

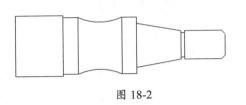

图 18-2

图 18-3

操作步骤：

1. 外形粗车刀路

首先采用粗车刀路进行加工，粗车削步骤如下。

01 打开本例源文件 18-1.mcam。

02 在【车床 - 车削】上下文选项卡【标准】面板中单击【粗车】按钮 ≡，弹出【线框串连】对话框。单击【部分串连】按钮 ↘，然后选取要车削的轮廓曲线，如图 18-4 所示。

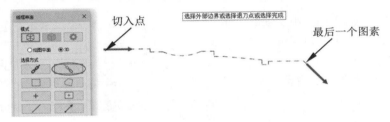

图 18-4

技巧点拨：

要想使用【部分串连】工具快速选取轮廓曲线，可以先框选要车削的部分曲线，然后在【主页】选项卡中单击【隐藏/曲线隐藏】按钮，将不需要的曲线隐藏，绘图区中仅显示需要的曲线。

03 弹出【粗车】对话框，在【刀具参数】选项卡中选择外圆车刀 T0101 R0.8 OD ROUGH RIGHT-80，设置车削【进给速度】值为0.3，【主轴转速】值为1000，如图 18-5 所示。

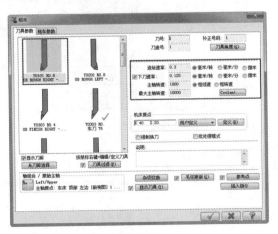

图 18-5

04 单击【冷却液】按钮 Coolant...，弹出 Coolant 对话框，将 Flood（油冷）选项设为 On，如图

18-6 所示。单击【确定】按钮 ，完成冷却液设置。

05 在【机床原点】选项区中选择【用户定义】选项，并单击右侧的【定义】按钮，弹出【依照用户定义原点】对话框。设置换刀坐标值为（40,20），单击【确定】按钮 ，完成换刀点设置，如图 18-7 所示。

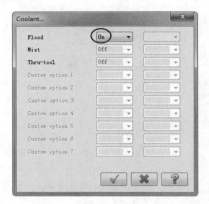

图 18-6

图 18-7

06 在【刀具参数】选项卡中选中【参考点】复选框，弹出【参考点】对话框。选中【退出】复选框，输入退刀点坐标值为（40,20），单击【确定】按钮 ，完成参考点设置，如图 18-8 所示。

07 在【粗车】对话框的【粗车参数】选项卡中，设置【切削深度】值为0.8，X 和 Z 向预留量均为0.2，【刀具在转角处走圆角】列表中设置为【无】，取消选中【切入 / 切出】复选框，如图 18-9 所示。

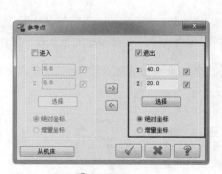

图 18-8

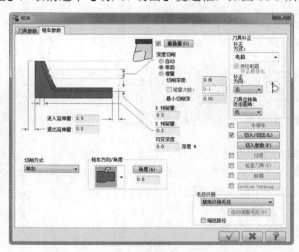

图 18-9

08 粗车参数设置完成后单击【确定】按钮 ，生成粗车刀路，如图 18-10 所示。

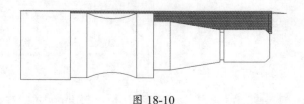

图 18-10

2. 车削弧形凹槽的加工刀路

接下来再对圆弧形凹槽部分进行粗车加工，操作步骤如下。

01 在【车床 - 车削】上下文选项卡的【标准】面板中单击【粗车】按钮，弹出【线框串连】对话框。单击【单体】按钮，在绘图区中选取加工串连，如图 18-11 所示。

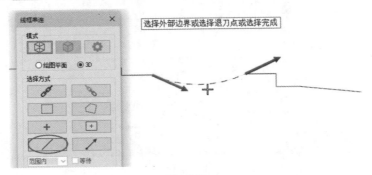

图 18-11

02 弹出【粗车】对话框。在【刀具参数】选项卡的刀具库空白处右击，在弹出的快捷菜单中选择【创建新刀具】命令，弹出【定义刀具】对话框。在【类型 - 标准车刀】选项卡中单击【标准车刀】类型，如图 18-12 所示。

03 进入【刀片】选项卡中定义刀片参数，如图 18-13 所示。

图 18-12

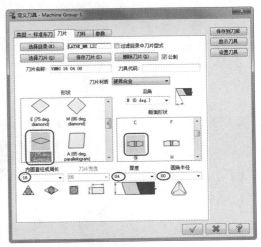

图 18-13

04 在【刀具参数】选项卡中设置刀具相关参数，设置车削【进给速度】值为 0.5，【主轴转速】值为 550，【最大主轴转速】值为 10000，如图 18-14 所示。

05 在【刀具参数】选项卡中单击【冷却液】按钮，弹出 Coolant 对话框，将 Flood 选项即油冷选项给为 On 选项。单击【确定】按钮，完成冷却液设置。

06 在【刀具参数】选项卡中将【机床原点】选项设置为【用户定义】，单击右侧的【定义】按钮，弹出【换刀点】对话框。设置换刀坐标值为（40,20），单击【确定】按钮，完成换刀点设置，如图 18-15 所示。

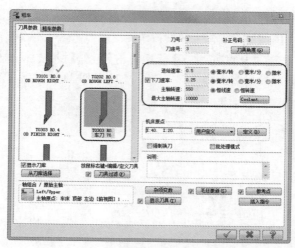

图 18-14

07 在【刀具参数】选项卡中选中【参考点】复选框，弹出【参考点】对话框。选中【退出】复选框，设置退刀点坐标值为（40,20），单击【确定】按钮 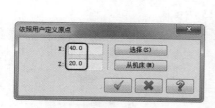，完成参考点设置，如图 18-16 所示。

图 18-15

图 18-16

08 在【粗车】对话框的【粗车参数】选项卡中，设置粗车参数，如图 18-17 所示。

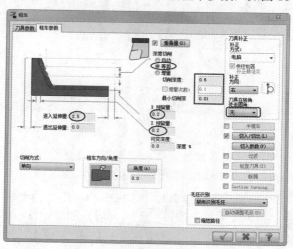

图 18-17

09 在【粗车参数】选项卡中单击【切入／切出】按钮，弹出【切入／切出设置】对话框。取消选中【使用进入向量】复选框，选中【切入圆弧】复选框，如图 18-18 所示。

10 单击【切入圆弧】按钮，在弹出的【切入 / 切出设置】对话框中将【扫描】值设为 90.0，【半径】值设置为 10.0，如图 18-19 所示。单击【确定】按钮 ，完成切弧设置。

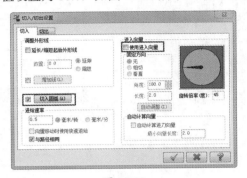
图 18-18

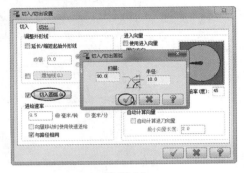
图 18-19

11 在【切入 / 切出设置】对话框的【切出】选项卡中取消选中【使用退刀向量】复选框，单击【确定】按钮，完成切入 / 切出参数设置，如图 18-20 所示。

12 在【粗车参数】选项卡中单击【切入参数】按钮，弹出【车削切入参数】对话框。选择第二项【允许双向垂直下刀】切入方式来切削凹槽，单击【确定】按钮，完成车削切入参数的设置，如图 18-21 所示。

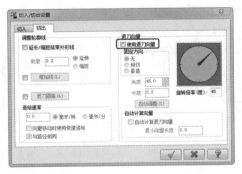
图 18-20

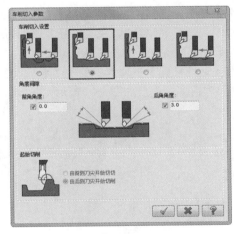
图 18-21

13 最后单击【确定】按钮，生成粗车弧形槽的刀路，如图 18-22 所示。

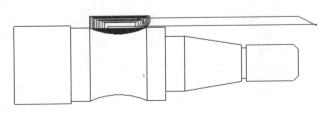
图 18-22

3. 毛坯设置和刀路模拟

粗车刀路创建完成后可进行刀路模拟，以检查车削加工过程中易出现的问题。

01 在【刀路】选项面板中单击【毛坯设置】选项，弹出【机床群组属性】对话框。在该对话框的【毛坯设置】选项卡中设置如图 18-23 所示的毛坯选项。

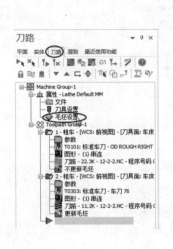

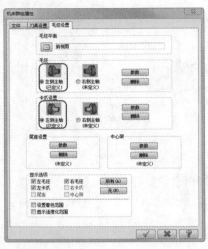

图 18-23

02 在【毛坯设置】选项卡中单击【毛坯】选项区中的【参数】按钮，弹出【机床组件管理 - 毛坯】对话框。在该对话框中设置【外径】值为 86.0，【长度】值为 320.0，【轴向位置】值为-320.0，单击【确定】按钮 ，完成毛坯设置，如图 18-24 所示。

03 在【毛坯设置】选项卡中单击【卡爪设置】选项区中的【参数】按钮，弹出【机床组件管理 - 卡盘】对话框，设置如图 18-25 所示的卡盘参数。单击【确定】按钮 ✓，完成卡爪设置。

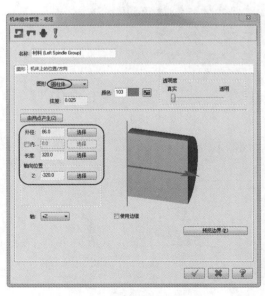

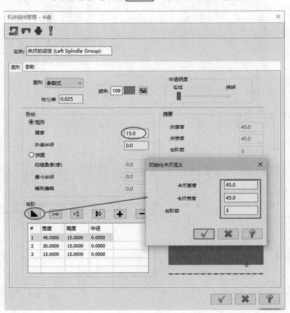

图 18-24   图 18-25

04 毛坯和卡爪设置的结果如图 18-26 所示，最后单击【实体仿真】按钮 进行仿真模拟，结果如图 18-27 所示。

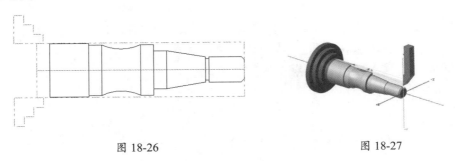

图 18-26　　　　　　　　　　　　　图 18-27

18.2　精车削加工

精车削用于车削与主轴中心平行的部件外侧残料，精车与粗车的加工操作是相同的，不同的是加工刀具和部分切削参数。下面讲解精车削加工参数的设置和加工步骤。

上机实践——精车削加工应用

利用【精车】车削工具对如图 18-28 所示的零件轮廓进行精车加工，刀路与模拟结果如图 18-29 所示。

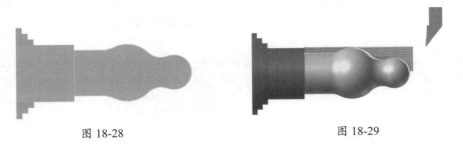

图 18-28　　　　　　　　　　　　　图 18-29

操作步骤：

01 打开本例源文件 18-2.mcam，打开的文件中已完成粗车加工。

02 在【车床 - 车削】上下文选项卡的【标准】面板中单击【精车】按钮 ，弹出【线框串连】对话框。单击【部分串连】按钮 ，在绘图区选取图 18-30 所示的串连外形。

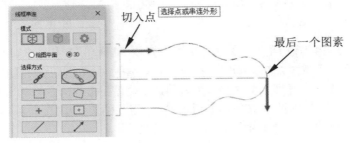

图 18-30

03 弹出【精车】对话框，在【刀具参数】选项卡中选择 T2121 R0.8 OD FINISHI RIGHT-35DEG 的车刀，设置【进给速率】值为 0.3，【主轴转速】值为 1000，【最大主轴转速】值为 10000，如图 18-31 所示。

04 单击【冷却液】按钮 Coolant... ，弹出 Coolant 对话框，将 Flood（冷却液）选项设为 On，如图 18-32 所示。单击【确定】按钮 ✓ ，完成冷却液设置。

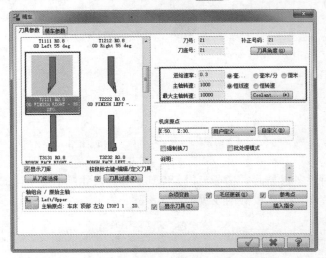

图 18-31   图 18-32

05 在【机床原点】选项区中选择【用户定义】选项，再单击【自定义】按钮，弹出【依照用户定义原点】对话框。设置换刀坐标值为（50,30），单击【确定】按钮 ✓ ，完成换刀点设置，如图 18-33 所示。

06 在【刀具参数】选项卡中选中【参考点】复选框，弹出【参考点】对话框。选中【退出】复选框，输入退刀点坐标值为（50,30），单击【确定】按钮 ✓ ，完成参考点设置，如图 18-34 所示。

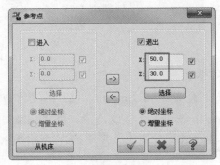

图 18-33   图 18-34

07 在【粗车】对话框中的【精车参数】选项卡中设置精车参数，如图 18-35 所示。

08 在【精车参数】选项卡选中【切入/切出】按钮前的复选框，并单击【切入/切出】按钮，弹出【切入/切出设置】对话框。在【切入】选项卡中取消选中【使用进入向量】复选框，选中【切入圆弧】复选框，并单击【切入圆弧】按钮，然后设置进/退刀的切弧参数，如图 18-36 所示。同理，在【切出】选项卡中取消选中【使用退刀向量】复选框。

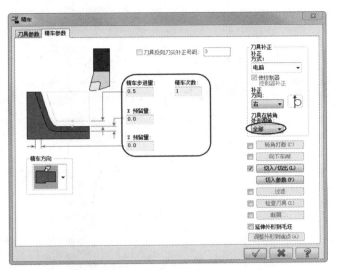

图 18-35

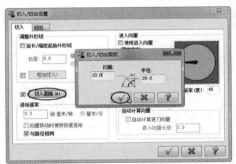 

图 18-36

09 在【精车参数】选项卡中单击【切入参数】按钮，弹出【车削切入参数】对话框，设置车刀切入方式及倾角，如图 18-37 所示。

10 单击【精车】对话框中的【确定】按钮 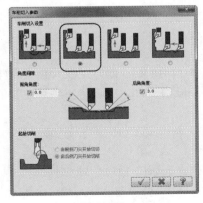，完成精车参数设置。系统自动生成精车刀路，如图 18-38 所示。

图 18-37　　　　　　　　　　　　图 18-38

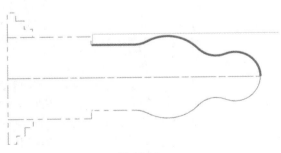

18.3 凹槽车削加工

【沟槽】车削用于车削轴零件上的凹槽，可对零件进行粗加工、半精加工或精加工。

上机实践——车槽加工应用

利用【沟槽】工具对如图18-39所示的轴零件轮廓进行沟槽粗加工，刀路模拟结果如图18-40所示。

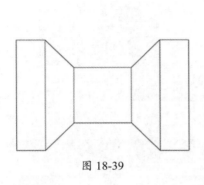

图 18-39

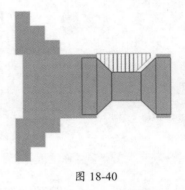

图 18-40

操作步骤：

01 打开本例源文件18-3.mcam。

02 在【车床-车削】上下文选项卡的【标准】面板中单击【沟槽】按钮 ，弹出【沟槽选项】对话框。保留默认选项单击【确定】按钮 ，弹出【线框串连】对话框，单击【部分串连】按钮 ，在绘图区选取如图18-41所示的串连外形。

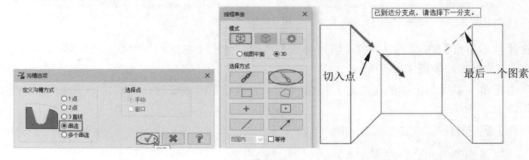

图 18-41

03 弹出【沟槽粗车】对话框。在【刀具参数】选项卡中选择 T1818 R0.3 OD GROOVE CENTER-MEDIUM 车刀，设置【进给速率】值为0.3，【主轴转速】值为1000，【最大主轴转速】值为5000，如图18-42所示。

04 单击【冷却液】按钮 Coolant... ，弹出【Coolant】对话框，将 Flood（冷却液）选项设为 On，如图18-43所示。单击【确定】按钮 ，完成冷却液设置。

05 在【机床原点】选项区中选择【用户定义】选项，再单击【定义】按钮，弹出【依照用户定义原点】对话框。设置换刀坐标值为（50,30），单击【确定】按钮 ，完成换刀点设置，如图18-44所示。

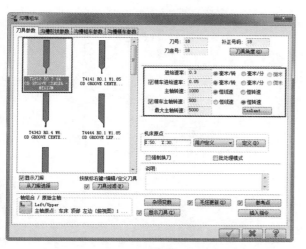

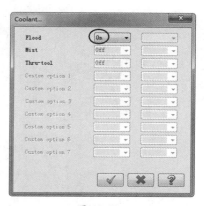

图 18-42 　　　　　　　　　　　　　　　　图 18-43

06 在【刀具参数】选项卡中选中【参考点】复选框，弹出【参考点】对话框。选中【退出】复选框，输入退刀点坐标值为（50,30），单击【确定】按钮 ，完成参考点设置，如图 18-45 所示。

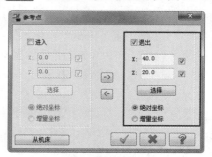

图 18-44 　　　　　　　　　　　　　　　图 18-45

07 在【沟槽粗车】对话框中的【沟槽粗车参数】选项卡中设置沟槽粗车参数，如图 18-46 所示。

08 单击【沟槽粗车】对话框中的【确定】按钮 ，系统会自动生成沟槽粗车刀路，如图 18-47 所示。

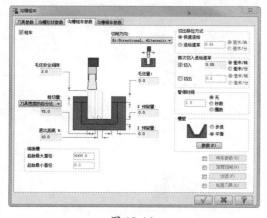

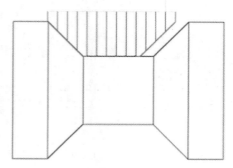

图 18-46 　　　　　　　　　　　　　　　图 18-47

09 在【刀路】选项面板中选中【毛坯设置】选项，弹出【机床群组属性】对话框，在该对话框的【毛坯设置】选项卡中设置如图 18-48 所示的毛坯选项。

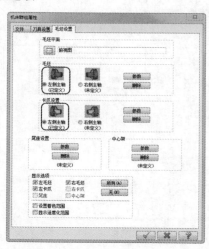

图 18-48

10 在【毛坯设置】选项卡中单击【毛坯】选项区中的【参数】按钮，弹出【机床组件管理 - 毛坯】对话框。在该对话框中设置【外径】值为 45.0，【长度】值为 100.0，【轴向位置】值为 0.0，最后单击【确定】按钮 ✓，完成毛坯设置，如图 18-49 所示。

11 在【毛坯设置】选项卡中单击【卡爪】选项区中的【参数】按钮，弹出【机床组件管理 - 卡盘】对话框，定义卡盘参数，如图 18-50 所示。单击【确定】按钮 ✓，完成卡爪设置。

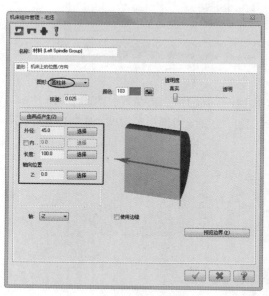

图 18-49

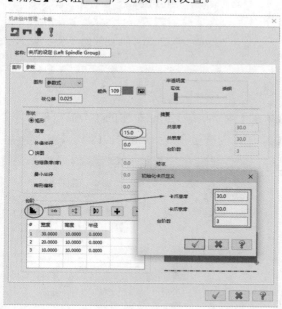

图 18-50

12 单击【实体仿真】按钮 进行仿真模拟，模拟结果如图 18-51 所示。

图 18-51

18.4 车削端面加工

车削端面刀路适用于车削毛坯工件的端面，或零件结构在 Z 方向尺寸较大的场合。

利用【车端面】工具车削如图 18-52 所示的圆柱零件的右侧端面，刀路模拟结果如图 18-53 所示。

图 18-52

图 18-53

操作步骤：

01 打开本例源文件 18-4.mcam。

02 在【车床 - 车削】上下文选项卡的【标准】面板中单击【车端面】按钮，弹出【车端面】对话框。

03 在【车端面】对话框中的【刀具参数】选项卡中设置刀具和刀具参数，选取端面车刀 T3131 R0.8 ROUGH FACE RIGHT-80DEG，设置【进给速率】值为 0.3，【主轴转速】值为 1000，如图 18-54 所示。

04 在【刀具参数】对话框中单击【冷却液】按钮 Coolant...，弹出 Coolant 对话框，设置冷却液的油冷选项设置为 On，单击【确定】按钮，完成冷却液的设置。

05 在【机床原点】选项区中选择【用户定义】选项，单击【定义】按钮弹出【依照用户定义原点】对话框，如图 18-55 所示，设置换刀点（60,30），单击【确定】按钮，完成换刀点的设置。

06 单击【参考点】按钮，弹出【参考点】对话框，选中退刀点并输入 X：60，Z：30，单击【确定】按钮，完成退刀点的设置，如图 18-56 所示。

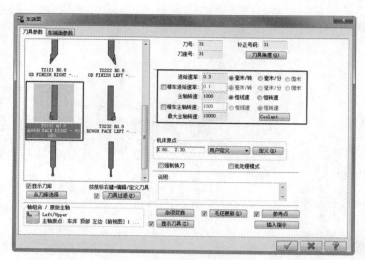

图 18-54

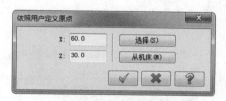

图 18-55

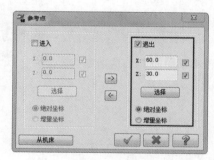

图 18-56

07 在【车端面】对话框的【车端面参数】选项卡中设置【进刀延伸量】值为1.0，【粗车步进量】值为1，【精车步进量】值为0.5，【重叠量】值为2.0，【退刀延伸量】值为2.0，单击【选择点】按钮再设置端面区域，选取两点作为端面区域，如图18-57所示。

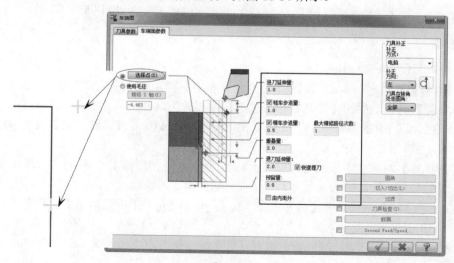

图 18-57

08 单击【确定】按钮 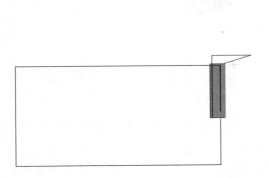，生成车削端面刀路，如图 18-58 所示。

09 在【刀路】选项面板中选中【毛坯设置】选项，弹出【机床群组属性】对话框。在该对话框的【毛坯设置】选项卡中设置如图 18-59 所示的毛坯选项。

图 18-58

图 18-59

10 在【毛坯设置】选项卡中单击【毛坯】选项区中的【参数】按钮，弹出【机床组件管理 - 毛坯】对话框。在该对话框中设置【外径】值为 100.0，【长度】值为 200.0，【轴向位置】的值为 -198.0，最后单击【确定】按钮 ✓，完成毛坯设置，如图 18-60 所示。

11 在【毛坯设置】选项卡中单击【卡爪】选项区中的【参数】按钮，弹出【机床组件管理 - 卡盘】对话框，定义卡盘参数，如图 18-61 所示。单击【确定】按钮 ✓，完成卡爪设置。

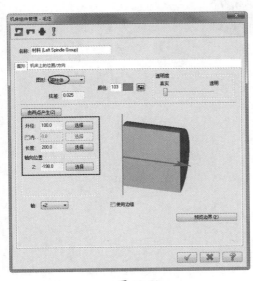

图 18-60

图 18-61

12 单击【实体仿真】按钮 进行仿真模拟，模拟结果如图 18-62 所示。

图 18-62

18.5　课后习题

利用【粗车】【沟槽】【车端面】及【切断】等车削加工工具对如图 18-63 所示的零件进行粗车和精车加工。

图 18-63

第 *19* 章　线切割加工

　　线切割加工与前面所讲的铣削和车削加工不同，它是电极丝火花加工。尤其在现在的模具制造业中的使用更为频繁。线切割加工是线电极电火花切割的简称—— WEDM，本章重点介绍 Mastercam 2020 中的常见线切割加工方式，包括外形线切割、无屑线切割和 4 轴线切割等。

扫码看教学视频

项目分解

- 外形线切割加工类型
- 无屑线切割
- 四轴线切割

19.1　外形线切割加工类型

　　外形线切割加工用于切割工件外形轮廓，外形线切割加工又分粗加工、反切割和精加工。粗加工可使大部分的材料被切除，但要保留连接部，避免废料脱离。然后使用反割刀路将余下部分切除，最后进行精加工。当零件外形轮廓中有拔模角度的侧壁时，需要四轴线切割加工。

　　在【机床】选项卡的【机床类型】面板中选择【线切割】选项，弹出【线切割 - 线割刀路】上下文选项卡，如图 19-1 所示。

图 19-1

　　在【线切割 - 线割刀路】上下文选项卡的【线割刀路】面板中单击【外形】按钮，弹出【线框串连】对话框，选取要加工的外形轮廓线串连后，再弹出【线切割刀路 - 外形参数】对话框。通过该对话框可设置外形线切割刀路的相关参数，包括【钼丝 / 电源】设置、【切削参数】设置、【引导】设置及【锥度】设置等，如图 19-2 所示。

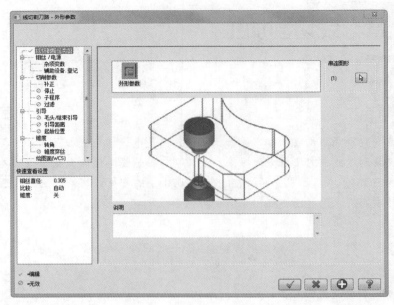

图 19-2

下面介绍在外形线切割加工过程中，常用的重要参数及其相关含义。

19.1.1　钼丝 / 电源

在【钼丝 / 电源】选项设置面板中的选项，可用来设置钼丝（电极丝的一种，快速切割用钼丝，慢速切割用铜丝）尺寸、电源及相关的补正、预留量、冷却液等参数，如图 19-3 所示。

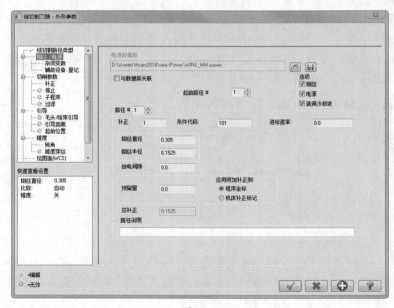

图 19-3

部分选项含义如下。

- 钼丝：选中此复选框，将为线切割机装上电极丝。
- 电源：选中此复选框，将为线切割机装上电源。
- 装满冷却液：选中此复选框，将为机床装满冷却液。
- 路径编号：对应于寄存器编号的线切割刀路。
- 钼丝直径：电极丝的直径。
- 钼丝半径：电极丝的半径。
- 放电间隙：设置是否超出电极丝直径的放电间隙，超出电极丝直径的部分将会被切削。
- 预留量：设置放电加工的余量材料。

19.1.2 杂项变数

【杂项变数】选项设置面板中的选项，用来设置电极丝切割过程中的辅助参数，一般为默认设置，如图 19-4 所示。

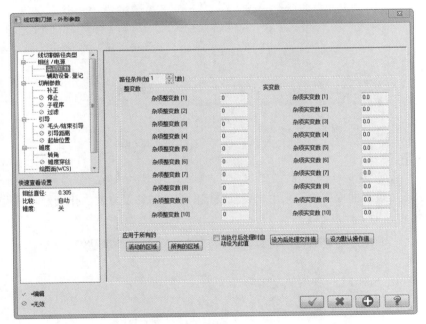

图 19-4

19.1.3 切削参数

【切削参数】选项设置面板如图 19-5 所示，部分选项含义如下。

- 切削前分离粗切：此选项组用来设置是否执行粗切或精切。
  - 执行粗切：选中此复选框，将创建线切割粗加工刀路，反之，创建精加工刀路。
  - 毛头之前的再加工次数：设置毛头之前的粗切次数。
- 毛头：该选项组用于设置毛头。在进行线切割时，线切割电极丝并不是将所有外形切割完，而是留一部分先不加工，其他加工完成后再处理这部分，这部分就是毛头。

> 毛头宽度 / 毛头切割次数：设置毛头的宽度和最终切割毛头的次数，可多次切断毛头。

> 切割方式：包括单向和反向。"单向"是自始至终都采用相同的方向；"反向"是每切割一次，下一次切割都进行反向切割。

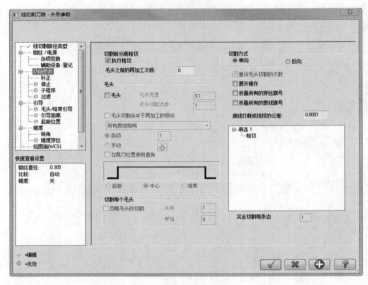

图 19-5

19.1.4 补正

【补正】选项设置面板中的选项用来设置线切割钼丝的补正方式、补正方向及优化选项等，如图 19-6 所示。

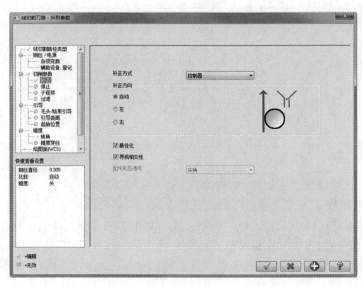

图 19-6

部分选项含义如下：

- 补正方式：其下拉列表中包含电脑、控制器、两者、两者相反和关。
- 补正方向：设置刀补偏移方向，包括自动、左和右 3 种。"左"即在刀路左侧补正；"右"在刀路右侧补正；"自动"则是根据工件形状随机选择补正方式。
- 最佳化：选中此复选框，将消除线切割刀路中小于或等于钼丝半径的电弧。
- 寻找自相交：在创建刀路之前，检查零件轮廓中是否存在自相交，检查到自相交后需要更正外形轮廓。

19.1.5　停止

【停止】选项设置面板中的选项，用来设置钼丝遇到毛头产生停止的选项及参数，如图 19-7 所示。

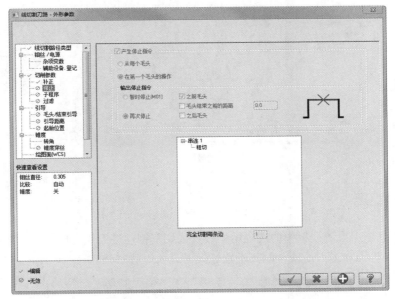

图 19-7

部分选项含义如下。

- 从每个毛头：遇到每个毛头时都执行停止指令。
- 在第一个毛头的操作：在第一个毛头执行停止指令。
- 暂时停止：遇到之前或之后的毛头暂停。
- 再次停止：遇到之前或之后的毛头再次停止。

19.1.6　引导

【引导】选项设置面板中的选项用来设置线切割钼丝进刀方式、退刀方式及相关参数，如图 19-8 所示，部分选项含义如下。

- 【进刀】选项组：设置钼丝切入工件时的进刀方式。

- 【退刀】选项组：设置钼丝离开工件时的退刀方式。
- 只有直线：设置进刀或退刀的刀具轨迹均为直线。
- 单一圆弧：采用一段圆弧退刀。
- 圆弧和直线：进刀或退刀采用直线加圆弧的路径方式。
- 圆弧和2线：进刀或退刀采用 两条直线加圆弧的路径方式。
- 重叠量：退刀点相对于进刀点多走一段重复的路径再执行退刀动作。

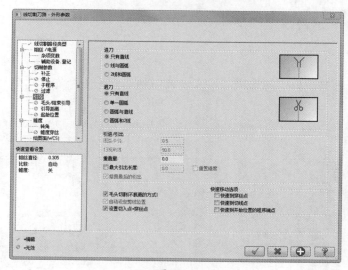

图 19-8

19.1.7 引导距离

【引导距离】选项设置面板中的选项用来设置线切割钼丝进刀点、退刀点和工件之间的距离，如图 19-9 所示。进刀和退刀的安全距离不宜过大，过大浪费时间，一般取 10mm 以下。

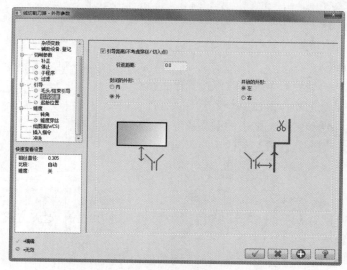

图 19-9

19.1.8　锥度

【锥度】选项设置面板中的选项用来设置线切割钼丝在切削工件时的倾斜角度，如图 19-10 所示。

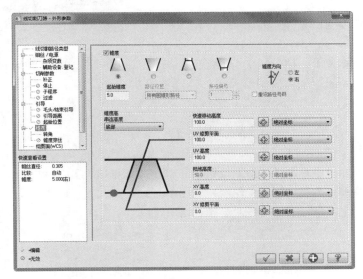

图 19-10

切割工件呈锥度的形式有多种，下面将详细讲解。

- ∧：设置下大上小的正向锥度。
- ∨：设置下小上大的反向锥度。
- ∏：设置成下大上小并且上方带直立侧面的锥度。
- ⊔：设置成上大下小并且下方带直立侧面的锥度。
- 起始锥度：设置钼丝切割的起始锥度值。
- 串联高度：设置选取的串联所在的高度位置。
- 锥度方向：设置钼丝的拔模斜度方向。包括"左"和"右"。"左"是沿串联方向钼丝往左偏设置的角度值；"右"是沿串联方向钼丝往右偏设置的角度值。
- 快速移动高度：设置线切割机上导轮引导钼丝快速移动时的 Z 轴高度。
- UV 修剪平面：设置线切割机上导轮相对于串连几何的 Z 轴高度。
- UV 高度：设置切割工件的上表面高度。
- 陆地高度：当切割带直侧壁和锥度的复合锥度时，可以设置锥度开始的高度位置。
- XY 高度：切割工件下表面的高度。
- XY 修剪平面：设置线切割机下导轮相对于串连几何的 Z 轴高度。

上机实践——外形线割加工

对如图 19-11 所示的图形进行线切割加工，加工结果如图 19-12 所示。

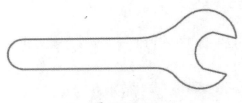

图 19-11

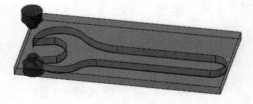

图 19-12

本例扳手图形采用直径 *D*0.14 的电极丝进行切割，放电间隙为单边 0.02mm，因此，补偿量为 0.14/2+0.02= 0.09mm，采用控制器补偿，补偿量即 0.09mm，穿丝点为原点。进刀线长度取 5mm，切割一次完成。

操作步骤：

01 打开本例源文件 19-1.mcam。

02 在【线切刀路】面板中单击【外形】按钮▓，弹出【线框串连】对话框。

03 选取整个扳手图形作为线切割加工轮廓，如图 19-13 所示。

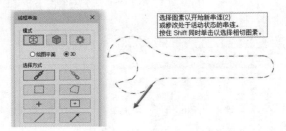

图 19-13

04 弹出【线切割刀路 - 外形参数】对话框，在【钼丝 / 电源】选项中设置电极丝参数，如图 19-14 所示。

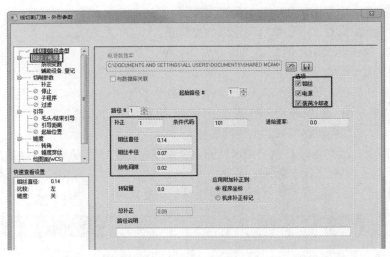

图 19-14

05 在【切削参数】选项中设置面板设置切削相关参数，如图 19-15 所示。

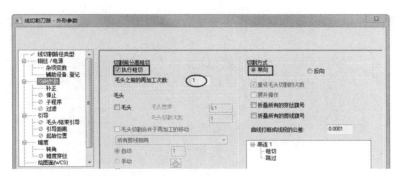

图 19-15

06 在【补正】选项中设置补正参数，如图 19-16 所示。

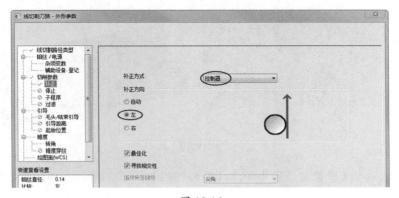

图 19-16

07 在【锥度】选项设置面板中设置【锥度高】选项组中的参数，如图 19-17 所示。

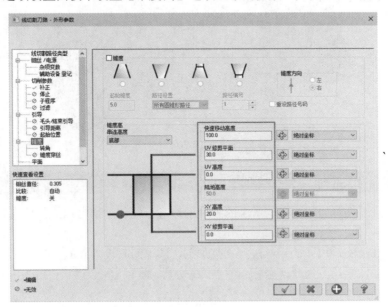

图 19-17

08 单击【线切割刀路 - 外形参数】对话框中的【确定】按钮 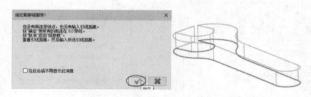 ，系统自动生成线切割刀路，如图 19-18 所示。

图 19-18

09 在【刀路】选项面板中选中【毛坯设置】选项，在弹出的【毛坯设置】对话框中定义毛坯，如图 19-19 所示。

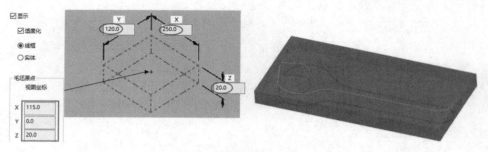

图 19-19

10 在【机床】选项卡【模拟】面板中单击【实体模拟】按钮 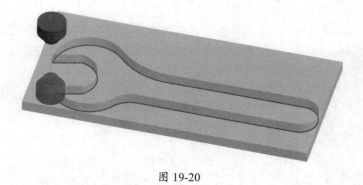 进行实体仿真，仿真效果如图 19-20 所示。

图 19-20

上机实践——外形锥度线切割加工

利用【外形】工具对如图 19-21 所示的零件图形进行线切割锥度加工，仿真效果如图 19-22 所示。

本例零件采用直径 $D0.14$ 的钼丝进行切割加工，放电间隙设为 0.01mm ，采用控制器补偿，补偿量设为 0.08mm，穿丝点为默认坐标系原点。线切割钼丝锥度设为 3°。进刀引导线取 5mm 长，切割一次完成。

图 19-21

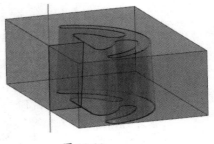

图 19-22

操作步骤：

01 打开本例源文件 19-2.mcam。

02 在【线切刀路】面板中单击【外形】按钮▨，弹出【线框串连】对话框，选取要线切割加工的串联曲线，如图 19-23 所示。

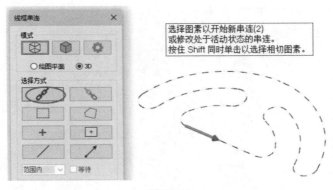

图 19-23

03 弹出【线切割刀路 - 外形参数】对话框，在【钼丝 / 电源】选项中设置电极丝参数，如图 19-24 所示。

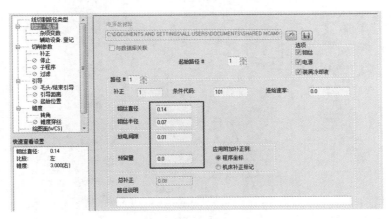

图 19-24

04 在【切削参数】选项中设置切削相关参数，如图 19-25 所示。

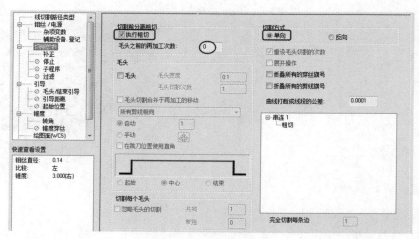

图 19-25

05 在【补正】选项中设置补正参数，设置如图 19-26 所示。

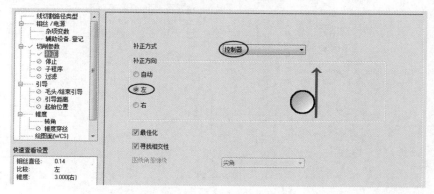

图 19-26

06 在【锥度】选项中设置线切割锥度和高度参数，如图 19-27 所示。

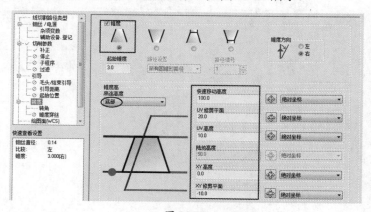

图 19-27

07 单击【确定】按钮，系统根据所设参数自动生成线切割刀路，如图 19-28 所示。

图 19-28

19.2　无屑线切割

无屑线切割也称"无废料内部切割"，可以移除带有一系列偏置刀轨的封闭外形内的所有材料。用户可以指定切割的起始位置，也可以使用程序默认的从中心向外切割的方式。无芯切割类型不会使工件生成废料块，是一种安全的切割方式。在通常情况下，当零件内部要切削的面积较小时，可使用此线切割类型。

上机实践——无屑线割加工

利用【无屑切割】工具对如图 19-29 所示的心形图形进行无屑线切割加工，模拟结果如图 19-30 所示。

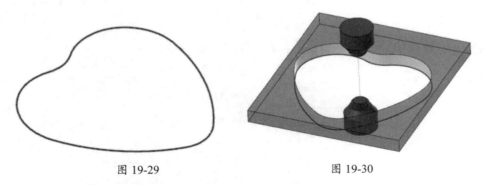

图 19-29　　　　　　　　　　　　　　图 19-30

本例将采用直径为 D0.14mm 的钼丝进行线切割加工，放电间隙设为 0.01mm，采用控制器补偿，补偿量为 0.08mm，穿丝点默认为原点。

操作步骤：

01 打开本例源文件 19-3.mcam。

02 在【线切刀路】面板中单击【无削切割】按钮圖|，弹出【线框串连】对话框，选取加工串连，如图 19-31 所示。

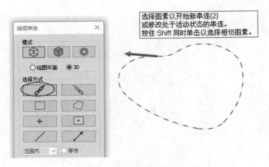

图 19-31

03 弹出【线切割刀路 - 无屑切割】对话框。在【钼丝 / 电源】选项中设置电极丝直径、放电间隙、预留量等参数，设置如图 19-32 所示。

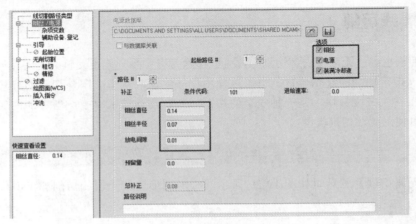

图 19-32

04 在【无削切割】选项中设置高度参数，设置如图 19-33 所示。

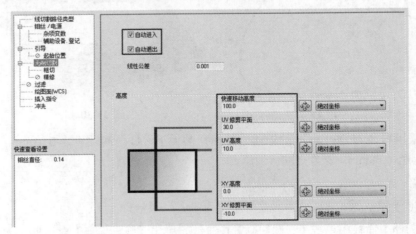

图 19-33

05 在【粗切】选项中选择【平行环切】方式，如图 19-34 所示。

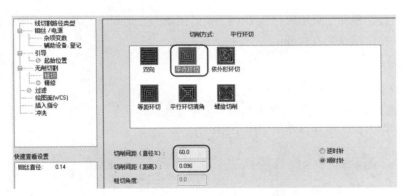

图 19-34

06 最后单击【确定】按钮，系统根据所设参数自动生成无屑线切割刀路。进行实体模拟，结果如图 19-35 所示。

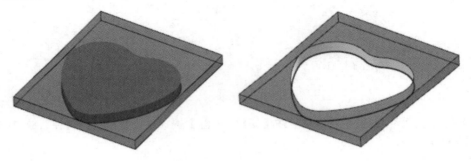

图 19-35

19.3　四轴线切割

四轴线切割主要是用来切割上轮廓（*XY* 平面）与下轮廓（*UV* 平面）形状完全不同的零件。四轴线切割可以在两个平面中切割不同的图形形状。

上机实践——四轴线切割加工

利用【四轴】工具对如图 19-36 所示的上下异形图形进行线切割加工，切割刀路如图 19-37 所示。

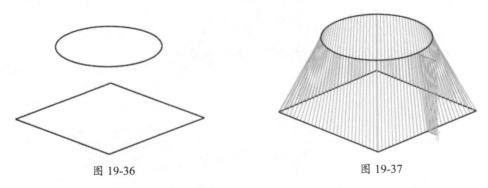

图 19-36

图 19-37

本例图形的线切割加工采用直径为 $D0.3mm$ 的钼丝进行切割，设置放电间隙为 0.02mm，采用控制器补偿，补偿量设为 0.17mm。

操作步骤：

01 打开本例源文件 19-4.mcam。

02 在【线割刀路】面板中单击【四轴】按钮，弹出【线框串连】对话框。单击【串联】按钮，选取圆形和矩形作为加工串联，结果如图 19-38 所示。

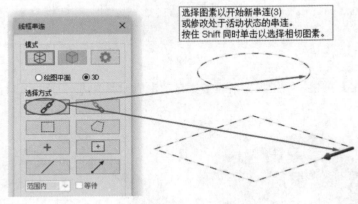

图 19-38

03 弹出【线切割刀路 - 四轴】对话框。在【钼丝 / 电源】选项中设置电极丝直径、放电间隙等，如图 19-39 所示。

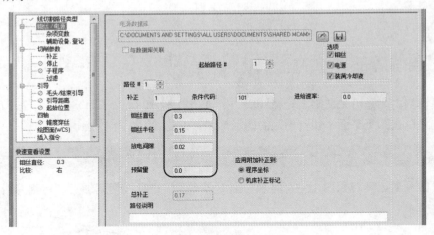

图 19-39

04 在【切削参数】选项中设置切削参数，如图 19-40 所示。

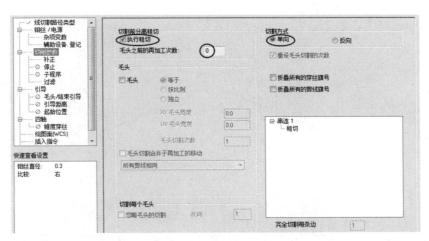

图 19-40

05 在【补正】选项中设置补正参数，如图 19-41 所示。

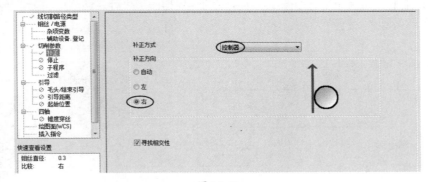

图 19-41

06 在【四轴参数】选项中设置高度参数，如图 19-42 所示。

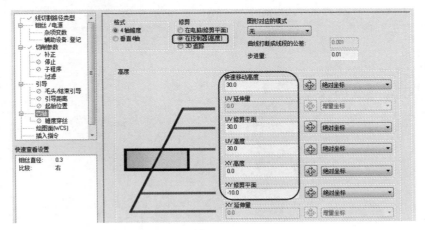

图 19-42

07 最后单击【确定】按钮，系统根据所设参数自动生成切割刀路，如图 19-43 所示。

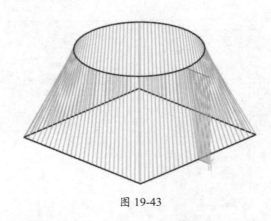

图 19-43

19.4 课后习题

利用【外形】线切割命令对如图 19-44 所示的燕尾槽图形进行线切割粗加工。模拟结果如图 19-45 所示。

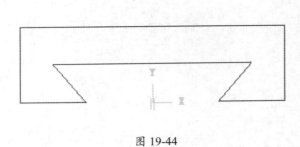

图 19-44

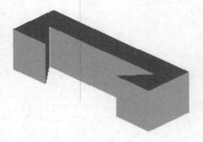

图 19-45

第 *20* 章　模具零件加工案例

模具加工是最为常见的数控加工类型，模具加工时需要注意很多技术细节，编制加工程序时，还要与实际相结合，得到高质量的加工零件。本章将着重介绍模具零件加工中的技术要点与实战案例。

项目分解

- 模具加工注意事项
- 常见编程问题
- 模具加工基本技巧

20.1　模具加工注意事项

在编写刀路之前，先将图形导入编程软件，再将图形中心移至默认坐标原点，最高点移至 Z 轴原点，并将长边放在 X 轴方向，短边放在 Y 轴方向，基准位置的长边向着自己，如图 20-1 所示。

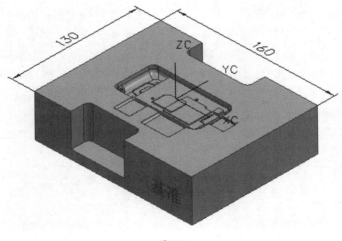

图 20-1

技巧点拨：

工件最高点移至 Z 轴原点有两个目的，一是防止在程序中忘记设置安全高度造成撞机；二是反映刀具保守的加工深度。

20.1.1 前模（定模或凹模）编程注意事项

编程技术人员编写前模加工刀路时，应注意以下事项。

- 前模加工的刀路排序：大刀开粗→小刀开粗和清角→大刀光刀→小刀清角和光刀。
- 应尽量用大刀加工，不要用太小的刀，小刀容易弹刀，开粗通常先用刀把（圆鼻铣刀）开粗，光刀时尽量用圆鼻铣刀或球刀，因圆鼻铣刀足够大且有力，而球刀主要用于曲面加工。
- 有 PL 面（分型面）的前模加工，通常会碰到一个问题，当光刀时 PL 面因碰穿需要加工到数，而型腔要留 0.2 ～ 0.5mm 的加工余量（留出来打火花）。这时可以将模具型腔表面朝正向补正 0.2 ～ 0.5 mm，PL 面在写刀路时将加工余量设为 0。
- 前模开粗或光刀时通常要限定刀路范围，一般默认参数以刀具中心产生刀路，而不是刀具边界范围，所以实际加工区域比所选刀路范围单边大一个刀具半径。因此，合理设置刀路范围，可以优化刀路，避免加工范围超出实际加工需要。
- 前模开粗常用的刀路方法是曲面挖槽、平行式光刀。前模加工时分型面、枕位面一般要加工到数，而碰穿面可以留余 0.1 mm，以备配模。
- 前模材料比较硬，加工前要仔细检查，减少错误，不可轻易烧焊。

20.1.2 后模（动模或凸模）编程注意事项

后模（动模）编程注意事项如下。

- 后模加工的刀路排序：大刀开粗→小刀开粗和清角→大刀光刀→小刀清角和光刀。
- 后模同前模所用材料相同时，尽量用圆鼻铣刀（刀把）加工。分型面为平面时，可用圆鼻铣刀精加工。如果是镶拼结构，则后模分为镶块固定板和镶块，需要分开加工。加工镶块固定板内腔时要多走几遍空刀，不然会有斜度，上面加工到数，下面加工不到位的现象，造成难以配模，深腔更明显。光刀内腔时尽量用大直径的新刀。
- 内腔高且大时，可翻转过来首先加工腔部位，装配入腔后，再加工外形。如果有止口台阶，用球刀光刀时需要控制加工深度，防止过切。内腔的尺寸可比镶块单边小 0.02mm，以便配模。镶块光刀时公差为 0.01 ～ 0.03mm，步距值为 0.2 ～ 0.5mm。
- 塑件产品上、下壳配合处凸起的边缘称为"止口"，止口结构在镶块上加工或在镶块固定板上用外形刀路加工，止口结构如图 20-2 所示。

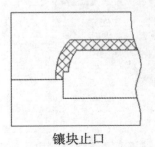

镶块止口　　　　　　　　　　　镶块固定板止口

图 20-2

20.2 常见编程问题

在数控编程中，经常遇到的问题包括撞刀、弹刀、过切、漏加工、多余加工、空刀过多、提刀过多和刀路凌乱等问题，这也是编程初学者需要解决的重要问题。

20.2.1 "撞刀"现象

撞刀是指刀具的切削量过大，除了切削刃外，刀杆也撞到了工件。造成撞刀的原因主要是安全高度设置不合理或根本没有设置安全高度、选择的加工方式不当、刀具使用不当和二次开粗时设置的余量比第一次开粗设置的余量小等。

撞刀的原因及其解决方法如下。

1. 吃刀量过大

由于吃刀量过大，可引起刀具与工件碰撞，如图 20-3 所示。解决方法是：减少吃刀量。刀具直径越小，其吃刀量应该越小。一般情况下模具开粗每刀吃刀量不大于 0.5mm，半精加工和精加工时吃刀量更小。

2. 不当加工方式

选择了不当的加工方式，同样引起撞刀，如图 20-4 所示。解决方法是：将等高轮廓铣改为型腔铣的方式。当加工余量大于刀具直径时，不能选择等高轮廓的加工方式。

图 20-3

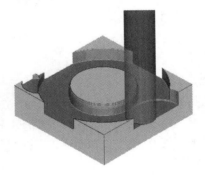

图 20-4

3. 安全高度

由安全高度设置不当引起的撞刀，如图 20-5 所示。解决方法是：安全高度应大于装夹高度。多数情况下不能选择"直接的"进退刀方式，除特殊的工件外。

4. 二次开粗余量

由二次开粗余量设置不当引起的撞刀现象，如图 20-6 所示。解决方法是：二次开粗时余量应比第一次开粗的余量稍大，一般大 0.05mm。如第一次开粗余量为 0.3mm，则二次开粗余量应为 0.35mm，否则，刀杆容易撞到上面的侧壁。

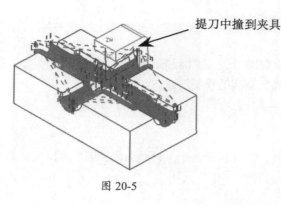

提刀中撞到夹具

图 20-5

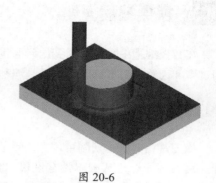

图 20-6

5. 其他原因

除了上述原因会产生撞刀，修剪刀路有时也会产生撞刀，故尽量不要修剪刀路。撞刀产生最直接的后果就是损坏刀具和工件，更严重的可能会损害机床主轴。

20.2.2 "弹刀"现象

弹刀是指刀具因受力过大而产生幅度相对较大的震动。弹刀造成的危害就是造成工件过切和损坏刀具，当刀径小且刀杆过长或受力过大都会产生弹刀的现象。下面是弹刀的原因及其解决方法。

1. 刀径小且刀杆过长

由刀径小且刀杆过长导致的弹刀现象，如图 20-7 所示。解决方法是：改用大一点的球刀清角或电火花加工深的角位。

2. 吃刀量过大

由吃刀量过大导致的弹刀现象，如图 20-8 所示。解决方法是：减少吃刀量（即全局每刀深度），当加工深度大于 120mm 时，要分开两次装刀，即先装上短的刀杆加工到 100mm 的深度，然后再装上加长刀杆加工 100mm 以下的部分，并设置小的吃刀量。

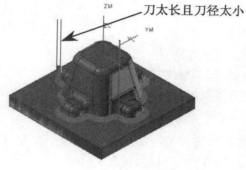

刀太长且刀径太小

图 20-7

图 20-8

技巧点拨：

弹刀现象最容易被初学者忽略，因此要引起足够的重视。编程时，应根据切削材料的性能和刀具的直径和长度来确定吃刀量和最大加工深度。

20.2.3 "过切"现象

过切是指刀具把不能切削的部位也切削了，导致工件损坏。造成工件过切的原因有多种，主要包括机床精度不高、撞刀、弹刀、编程时选择小的刀具但实际加工时误用大的刀具等。另外，如果操机师对刀不准确，也可能会造成过切。如图 20-9 所示的情况是由于安全高度设置不当而造成的过切。

20.2.4 "漏加工"现象

漏加工是指模具中存在一些刀具能加工到的地方却没有加工，其中平面中的转角处是最容易漏加工的，如图 20-10 所示。

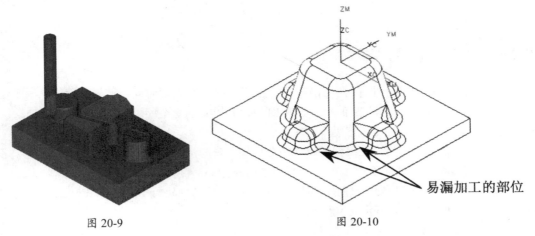

图 20-9　　　　　　　　　　　　　　图 20-10

出现"漏加工"现象的解决方法是：先使用较大的平底刀或圆鼻铣刀进行光平面，当转角半径小于刀具半径时，转角处就会留下余量，如图 20-11 所示。为了清除转角处的余量，应使用球刀在转角处补加刀路，如图 20-12 所示。

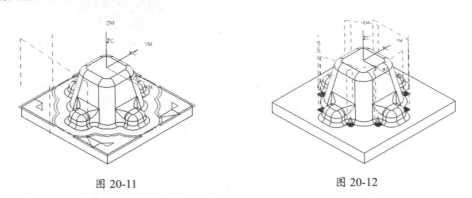

图 20-11　　　　　　　　　　　　　　图 20-12

20.2.5 "多余加工"现象

多余加工是指对于刀具加工不到的地方或电火花加工的部位进行加工，它多发生在精加工或半精加工中。有些模具的重要部位或者普通数控加工不能加工的部位都需要进行电火花加工，所以在开粗或半精加工完成后，这些部位就无须再使用刀具进行精加工了，否则就是浪费时间或者造成过切。如图20-13所示的模具部位就无须进行精加工。

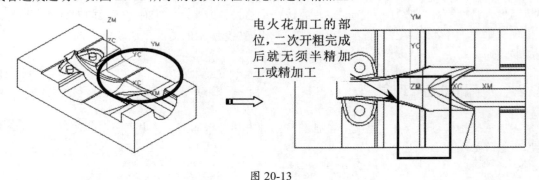

图 20-13

20.2.6 "空刀过多"现象

空刀是指刀具在加工时没有切削到工件，当空刀过多时会浪费时间。产生空刀的原因多是加工方式选择不当、加工参数设置不当、已加工的部位所剩的余量不明确和大面积进行加工，其中选择大面积的范围进行加工最容易产生空刀。

为避免产生过多的空刀，在编程前应详细分析加工模型，确定多个加工区域。编程总脉络是开粗用铣腔型刀路，半精加工或精加工平面用平面铣刀路，陡峭的区域用等高轮廓铣刀路，平缓区域用固定轴轮廓铣刀路。半精加工时不能选择所有的曲面进行等高轮廓铣加工，否则将产生过多的空刀，如图20-14所示。

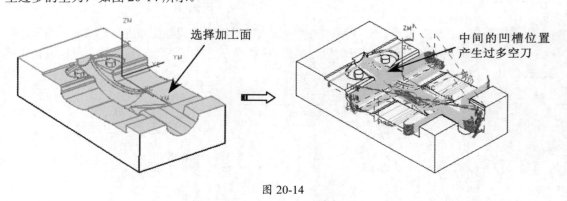

图 20-14

20.2.7 残料的计算

残料的计算对于编程非常重要，因为只有清楚地知道工件上任何部位剩余的残料，才能确定下一步工序使用的刀具及加工方式。把刀具看作是圆柱体，则刀具在直角上留下的余量可以根据勾股定理进行计算，如图20-15所示。

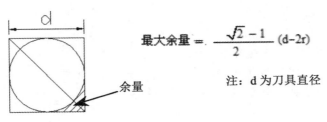

$$最大余量 = \frac{\sqrt{2}-1}{2}(d-2r)$$

注：d 为刀具直径

图 20-15

　　如果并非直角，而是有圆弧过渡的内转角，其余量同样需要使用勾股定理进行计算，如图 20-16 所示。

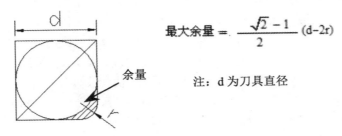

$$最大余量 = \frac{\sqrt{2}-1}{2}(d-2r)$$

注：d 为刀具直径

图 20-16

　　如图 20-17 所示的模型，其转角半径为 5mm，如使用 D30R5 的飞刀进行开粗，则转角处的残余量约为 4mm；当使用 D12R0.4 的飞刀进行等高清角时，则转角处的余量约为 0.4mm；当使用 D10 或比 D10 小的刀具进行加工时，则转角处的余量为设置的余量，当设置的余量为 0 时，则可以完全清除转角上的余量。

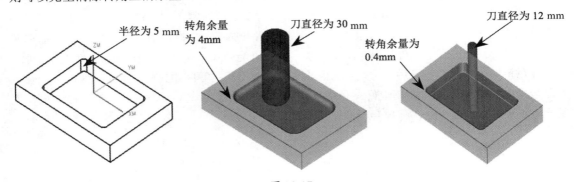

图 20-17

　　当使用 D30R5 的飞刀对上图的模型进行开粗时，其底部会留下圆角半径为 5mm 的余量，如图 20-18 所示。

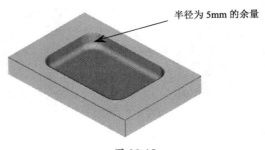

图 20-18

20.3 模具加工基本技巧

Mastercam 将二维刀路和三维刀路分开，并且三维刀路又分开粗和光刀，因此，合理选用刀路能获得高质量的加工结果。掌握一些常用的技巧，就能快速掌握 Mastercam 的编程加工。

Mastercam 加工主要分 3 个阶段，开粗、精光和清角。

20.3.1 开粗阶段

开粗阶段主要的目的是去除毛坯残料，尽可能快地将大部分残料清除干净，而不需要关注精度或表面光洁度的问题。主要从两方面来衡量粗加工，一是加工时间，二是加工效率。一般给低的主轴转速，大吃刀量进行切削。从以上两方面考虑，粗加工挖槽是首选刀路，挖槽加工的效率是所有刀路中最高的，加工时间也最短。开粗时外形余量已经均匀了就可以采用等高外形进行二次开粗。对于平坦的曲面一般也可以采用平行精加工大吃刀量开粗。采用小直径刀具进行等高外形二次开粗，或利用挖槽及残料进行二次开粗，使余量均匀。粗加工除了要时间和效率，就是要保证粗加工完后，局部残料不能过厚，因为如果局部残料过厚，精加工阶段容易断刀或弹刀。因此，在保证效率和时间的同时，要保证残料的均匀。

20.3.2 精光阶段

精光阶段的主要目的是精度，尽可能满足加工精度和光洁度要求，因此，会牺牲时间和效率。此阶段不能求快，要精雕细琢，才能达到精度要求。对于平坦的或斜度不大的曲面，一般采用平行精加工，此刀路在精加工中应用非常广泛，刀路切削负荷平稳，加工精度也高，通常也作为重要曲面加工，如模具分型面位置。对于比较陡的曲面，通常采用等高外形精加工来光刀。对于曲面中的平面位置，通常采用挖槽中的面铣功能来加工，效率和质量都非常高。曲面非常复杂时，平行精加工和等高外形满足不了要求，还可以配合浅平面精加工和斜面精加工。此外，环绕等距精加工通常作为最后一层残料的清除工序，此刀路呈等间距排列，不过计算时间稍长，刀路较费时，对复杂的曲面比较好，环绕等距精加工可以加工浅平面，也可以加工陡斜面，但是千万不要拿来加工平面，那样会极大地浪费时间。

20.3.3 清角阶段

完成了开粗加工阶段和精光阶段加工，零件上的残料基本上已经清除干净了，只有少数或局部存在一些无法清除的残料，此时就需要采用专门的刀路来加工。特别是当两曲面相交时，在交线处，由于球刀无法进入，因此，前面的曲面精加工就无法达到要求。此时一般采用清角刀路。对于平面和曲面相交所得的交线，可以用平刀采用外形刀路进行清角，或采用挖槽面铣功能进行清角也是比较好的选择。除此之外，也可以采用等高外形精加工来清角。如果是比较复杂的曲面和曲面相交所得交线，只能采用交线清角精加工来清角了。

20.4　综合训练：玩具车外壳凹模加工

对如图 20-19 所示的玩具车模具凹模零件（或称型腔零件）进行加工，模拟结果如图 20-20 所示。

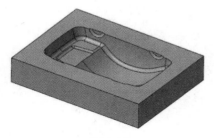

图 20-19

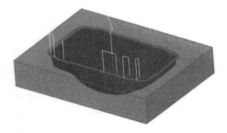

图 20-20

一般情况下，型腔零件的加工要求比型芯零件的加工要求高，所以前模面必须加工得非常准确和光亮，该清的角一定要清。根据凹模零件的几何特点，加工型腔零件的全部铣削工序如下。

（1）使用 D16R1 的圆鼻刀，对凹模零件整体采用【挖槽】铣削类型进行首次开粗。

（2）使用 D8 的球刀对凹模侧壁进行等高外形精加工。

（3）使用 D8 的球刀对凹模底部曲面进行平行精加工。

（4）使用 D6 的球刀对凹模零件整体进行环绕等距精加工。

（5）最后进行实体仿真模拟。

1. 挖槽粗加工

使用 D16R1 的圆鼻刀，对凹模深腔进行挖槽粗加工。

操作步骤：

01 打开源文件 20-1.mcam。

02 在【机床】选项卡的【机床类型】面板中选择【铣床】类型，弹出【铣床 - 刀路】上下文选项卡。

03 在【铣床 - 刀路】上下文选项卡的【3D】面板中单击【挖槽】按钮🎨，双击零件选取全部实体图形，结束选择后弹出【刀路曲面选择】对话框。单击【切削范围】选项组中的【选择】按钮　，选取如图 20-21 所示的边界。

图 20-21

04 选取加工范围后再弹出【曲面粗切挖槽】对话框，如图 20-22 所示。

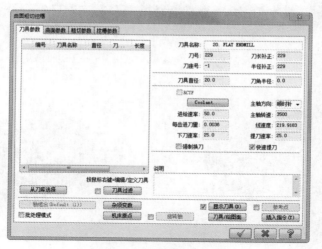

图 20-22

05 在【刀路参数】选项卡中新建 D16R1 的圆鼻铣刀，如图 20-23 所示。

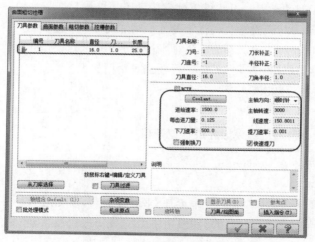

图 20-23

06 在【曲面参数】选项卡中设置曲面参数，如图 20-24 所示。

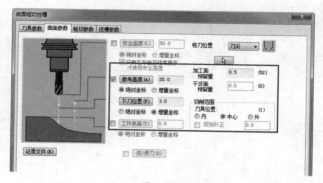

图 20-24

07 在【粗切参数】选项卡中设置挖槽粗加工参数。设置【Z 最大进给量】值为 1.0，如图 20-25 所示。

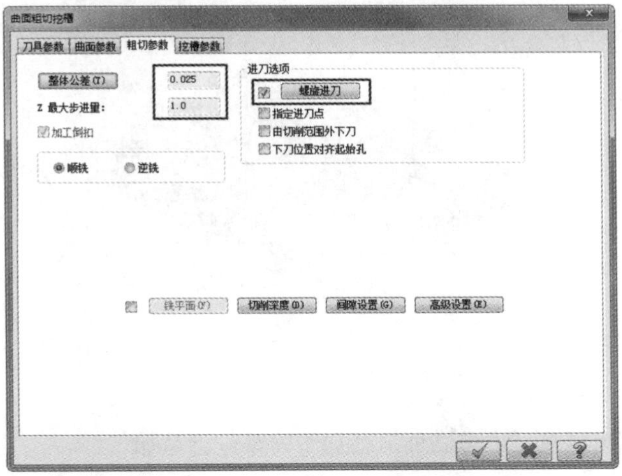

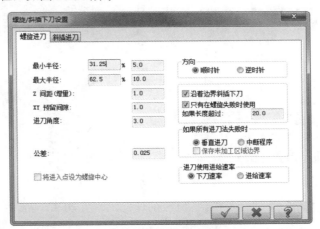

图 20-25

08 单击【螺旋进刀】按钮，弹出【螺旋 / 斜插下刀设置】对话框，在【螺旋进刀】选项卡中设置最小半径和最大半径，如图 20-26 所示。

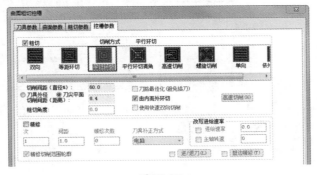

图 20-26

09 在【挖槽参数】选项卡中设置切削方式，如图 20-27 所示。

图 20-27

10 单击【曲面粗切挖槽】对话框中的【确定】按钮，系统根据所设参数自动生成挖槽粗加工刀路，如图 20-28 所示。

图 20-28

2. 等高外形精加工

使用 D8 球刀对凹模侧壁采用等高外形精加工刀路进行精加工。

操作步骤：

01 在【3D】面板中单击【传统等高】按钮，双击零件选取全部实体图形后弹出【刀路曲面选择】对话框，选择边界范围曲线，如图 20-29 所示。

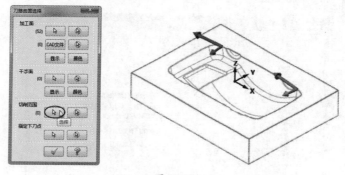

图 20-29

02 在弹出的【曲面精修等高】对话框中新建 D8 的球刀，如图 20-30 所示。

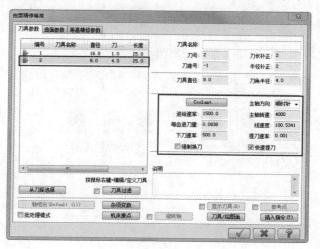

图 20-30

03 在【曲面参数】选项卡中设置曲面参数，如图 20-31 所示。

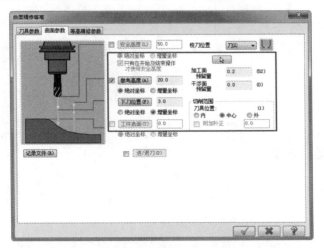

图 20-31

04 在【等高精修参数】选项卡中设置等高外形精加工专用参数，如图 20-32 所示。

05 单击【确定】按钮 ✓，根据设置的参数生成等高外形精加工刀路，如图 20-33 所示。

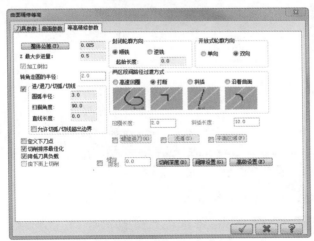

图 20-32

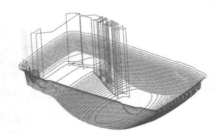

图 20-33

3. 平行精加工

使用 D8 的球刀对凹模底部前面进行平行精加工操作。需要提前自定义功能区，将【精修平行铣削】命令调出来。

操作步骤：

01 单击【精修平行铣削】按钮 🔧，选取所有实体图形后弹出【刀路曲面选择】对话框，选取曲面切削范围，如图 20-34 所示。

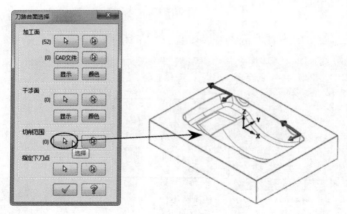

图 20-34

02 弹出【曲面精修平行】对话框，设置曲面精加工的各种参数，采用曲面精修等高操作中所创建的 D8 球刀作为当前刀路使用的刀具，如图 20-35 所示。

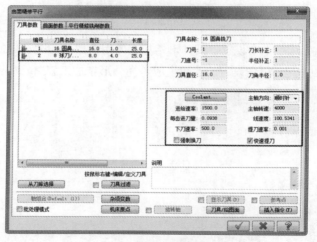

图 20-35

03 在【曲面参数】选项卡中设置曲面参数，如图 20-36 所示。

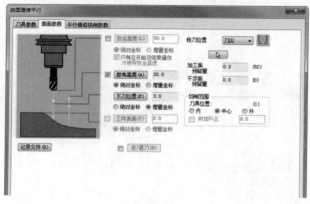

图 20-36

04 在【平行精修铣削参数】选项卡中设置平行精加工参数，如图 20-37 所示。

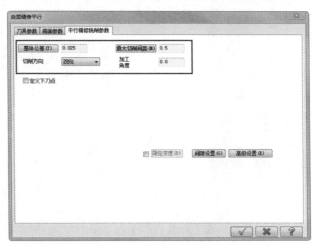

图 20-37

05 在【平行精修铣削参数】选项卡中单击【间隙设置】按钮，弹出【刀路间隙设置】对话框，设置如图 20-38 所示的刀路间隙参数。

06 单击【曲面精修平行】对话框中的【确定】按钮 ，生成平行精加工刀路，如图 20-39 所示。

图 20-38

图 20-39

4. 环绕等距精加工

使用 D6 的球刀对凹模进行环绕等距精加工操作。【精修环绕等距】命令需要优化自定义功能区时调出来。

操作步骤：

01 单击【精修环绕等距】按钮，选取所有实体图形后弹出【刀路曲面选择】对话框，接着再选取切削范围曲线，如图 20-40 所示。

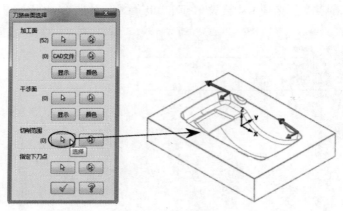

图 20-40

02 弹出【曲面精修环绕等距】对话框，在【刀具参数】选项卡中新建 D6 的球刀，如图 20-41 所示。

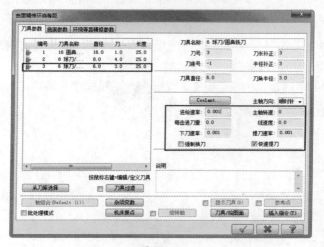

图 20-41

03 在【曲面参数】选项卡中设置曲面参数，如图 20-42 所示。

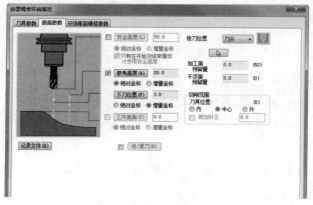

图 20-42

04 在【环绕等距精修参数】选项卡中设置环绕等距精加工参数，如图 20-43 所示。

05 单击【确定】按钮 ，完成环绕等距精加工刀路，如图 20-44 所示。

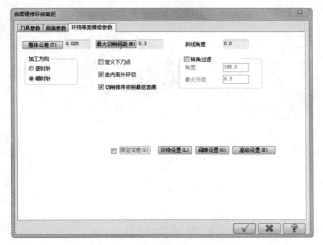

图 20-43　　　　　　　　　　　　　图 20-44

5. 模拟仿真

在 Mastercam 中若要进行多刀路实体仿真，需要在【刀路】选项面板中按住 Ctrl 键选择要进行仿真的多个刀路。

操作步骤：

01 在【刀路】选项面板中单击【毛坯设置】按钮，弹出【机器群组属性】对话框。在【毛坯设置】选项卡中设置加工坯料的尺寸，如图 20-45 所示。

02 坯料设置结果如图 20-46 所示，虚线框显示的为毛坯。

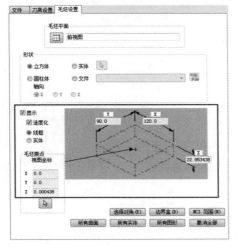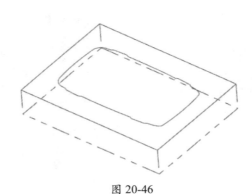

图 20-45　　　　　　　　　　　　　图 20-46

03 按住 Ctrl 键依次选取要进行仿真的 4 个刀路，在【机床】选项卡的【模拟】面板中单击【实体模拟】按钮 ，进入实体仿真界面，模拟结果如图 20-47 所示。

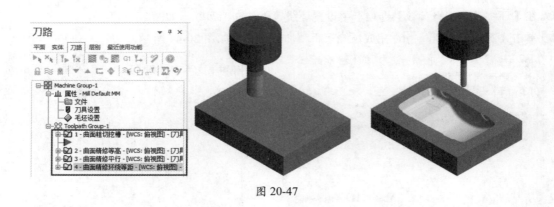

图 20-47

20.5　课后习题

对图 20-48 所示的一次性勺子凸模零件进行加工，结果如图 20-49 所示。

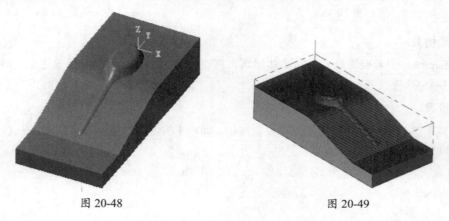

图 20-48　　　　　　　　　　　　　　图 20-49